U0208441

刘心武文粹

刘心武建筑评论大观

刘心武——著

译林出版社

1987年·华盛顿东区美术馆

故苏城内（水彩）

总 序

　　这套 26 卷的《刘心武文粹》，是应凤凰壹力文化发展有限公司之邀，从我历年来的作品中精选出来的。之前我虽然出版过《文集》《文存》，但这套《文粹》却并不是简单地从那两套书里截取出来的，当中收入了《文集》《文存》都来不及收入的最新作品，比如 2015 年 1 月才发表的短篇小说《土茉莉》。

　　《文粹》收入了我八部长篇小说中的七部。因为《飘窗》和《无尽的长廊》两部篇幅相对比较短，因此合并为一卷。其中有我的"三楼系列"即《钟鼓楼》《四牌楼》《栖凤楼》，我自己最满意的是《四牌楼》。《刘心武续〈红楼梦〉》这部特别的长篇小说，我把它放在关于《红楼梦》研究各卷的最后。我将历年来的中篇小说和短篇小说各选为四卷，再加上一卷儿童文学小说和两卷小小说，这十七卷小说展现出我"小说树"上的累累硕果。我的小说创作基本上还是写实主义的，但在上世纪八十年代，改革开放，国门大开，原来不熟悉、不知道、没见识过的外国文学理论和作品蜂拥而入，现代主义、后现代主义引起文学创作的借鉴、变革之风，举凡荒诞、魔幻、变形、拼贴、意识流、时空交错、文本颠覆甚至文字游戏都成为一时之胜，我作为文学编辑，对种种文学实验都抱包容的态度，自己也尝试吸收一些现代主义、后现代主义的手法，写些实验性的作品，像小长篇《无尽的长廊》，中篇《戳破》，短篇《贼》《吉日》《袜子上的鲜花》《水锚》《最后金蛇》等，就是这种情势的产物，至于意识流、时空交错等手法，也常见于我那一时期的小说创作中，但总体而言，写实主义，始终还是我最钟情，写起来也最顺手的。短篇小说里，《班主任》固然敝帚自珍，自己最满意的，还是《我爱每一片绿叶》《白牙》等；中篇小说里，《如意》《立体交叉桥》《木变石戒指》《小墩子》《尘与汗》《站冰》等是比较耐读的吧。我的中篇小说里有"北海三部曲"《九龙壁》《五龙亭》《仙人承露盘》，是探索性心理的，其中《仙人承露盘》探索了女同心理；另外有"红楼三钗"系列《秦可卿之死》《贾元春之死》《妙玉之死》。短篇小说里则有"我与明星"系列《歌星和我》《画星和我》《笑星和我》《影星和我》，这展示出我在题材上的多方面尝试。但我写得最多的还是普通人的生活，特别是底层市民、农民工的生存境况和他们的内心世界，长篇小说里不消说了，像中篇小说《泼妇鸡丁》，短篇小说《护城河边的灰姑娘》，还有小小说中大量的篇什，都是如此。我希望《文粹》中从自己"小说树"上摘取的果实排列起来，能够形成一幅当代的"清明上河图"。

我的写作是"种四棵树"。除了"小说树"，还有"散文随笔树""《红楼梦》研究树"和"建筑评论树"。《文粹》的第17卷至21卷是"《红楼梦》研究树"的成果。虽然这些文章此前都出过书，但是这次在收进《文粹》时又经过一番修订，吸收了若干善意批评者的合理意见，尽量使自己的立论更加严谨。第22卷《从〈金瓶梅〉说开去》是新编的，其中收入了我研究《金瓶梅》的若干成果，可供参考。这也是我的一本文史类随笔。第23卷收入我两部自己珍爱的散文作品《献给命运的紫罗兰》《私人照相簿》。第24卷《命中相遇》收入的散文，记录的是我生命中难以忘怀的岁月、事件和人物。第25卷《心里难过》则收入的是与自己生命成长相关的散文，其作为卷名的一篇曾经人录为配乐朗诵放到网上，广为流传，也获得不少点赞，我也很高兴自己的文字不仅能以纸制品流传，也能数码化后云存在，从而拥有更多的受众。

第26卷则把我此前由中国建筑工业出版社出版的《我眼中的建筑与环境》，以及由中国建材工业出版社出版的《材质之美》合并在一起，还搜集了那以后散发的建筑评论。我的建筑评论从建筑美学、城市规划、对具体建筑的评论……一直延伸到建筑材料、施工，以至家居装修装饰等领域，展示出我"建筑评论树"上果实满枝，蔚成大观。

　　购买这套《文粹》的人士，不仅可以阅读到我"四棵树"上的文字，还可以看到我历年来的画作，以水彩画为主，也有别的品种。春风催花，夏阳暖果，不以秋叶飘落为悲，不以冬雪压枝为苦，在生命四季的轮回中，我感觉自己创造的风帆还在鼓胀，《文粹》只是总结而非终结，祝福自己在命运之河中继续航行，感谢所有善待我的人士！

2015 年 4 月 23 日　温榆斋

目 录

CONTENTS

第一卷   通读长安街

国贸中心   003

京伦饭店   004

建国饭店   005

国际大厦   006

国际俱乐部   007

北京电台   008

赛特购物中心   010

长富宫   011

国际饭店   013

长安大厦   014

交通部大楼   016

全国妇联   017

中国海关   018

恒基中心   019

中粮总公司   021

外贸部   022

北京饭店   024

贵宾楼饭店   026

长安俱乐部   027

目 录

天安门观礼台 028

电报大楼 030

民航营业大厦 031

民族文化宫 033

中国人民银行 034

百盛购物中心 036

电教大楼 037

广播大楼 039

中化公司大楼 041

光大大厦 043

燕京饭店 045

全国总工会 047

军事博物馆 049

中央电视台 050

城乡贸易中心 052

东单菜市场 053

第二卷   城市美学絮语

河城与湖城 057

城市望点 060

镜墙与青藤 062

窗含与门泊 065

水自天来眼波横 067

要理趣，不要图解 070

祈年殿的启示 073

前门箭楼传奇 076

摩天之志费思量 079

净墙壁画两相宜 083

团·线·篷·篱 086

城市夜光 088

都市项链款式多 092

都市中的野趣 094

享受"灰空间" 097

城市天际轮廓与"鸟瞰效应" 100

不容忽视的五个"星座" 104

"凝固之音乐"亟需评议 108

第三卷　　建筑·环境·人

高楼算否风景 113

窗内窗外 116

目 录

高雅的话题   119

也是高雅的话题   126

四合院   129

垂花无语忆沧桑   137

擦拭城市的眼珠   141

与台湾客同游恭王府花园   144

护城河   147

雅在情调   151

朦胧美   153

乡村风   155

合璧   157

绿叶爱你   159

瀑布灯   161

广场鸽   164

癫狂柳絮   166

墅而无别   168

穷凑合   170

净墙   172

蒲草·芭蕉·多头菊   174

登塔乐   178

盛世无忌　　　　　　　　　　　　　　181

无水亦佳　　　　　　　　　　　　　　183

秋水筏如梦中过　　　　　　　　　　　185

永嘉印象　　　　　　　　　　　　　　188

南湾湖·鸡公山·金牛乡　　　　　　　192

黄河、龙门与百佛顶灯　　　　　　　　195

关公大玩偶　　　　　　　　　　　　　199

忠都秀在此作场　　　　　　　　　　　202

蓝色舞步　　　　　　　　　　　　　　204

台北印象　　　　　　　　　　　　　　208

在台北茶寮品茶　　　　　　　　　　　211

留下的与带走的　　　　　　　　　　　214

关爱一只蜻蜓　　　　　　　　　　　　216

我们土地上的楼林　　　　　　　　　　219

大屿山礼佛记　　　　　　　　　　　　222

本土建筑大师的焦虑　　　　　　　　　224

电光与烛焰　　　　　　　　　　　　　229

第四卷　　　材质之美，家居之道

视觉之外　　　　　　　　　　　　　　233

目 录

建筑的戏剧性   235

作为雕塑的建筑   237

作为建筑的道路   240

舞蹈的建筑   243

万般艰难集一顶   245

半城宫墙半城树   247

玲珑   251

剔透   253

跃动   256

洁爽   258

说门槛   262

话说承重墙   264

片瓦无存   266

砖入历史   269

材质之美   272

觅得桃源好寄情   275

什刹海畔千斤椅   279

北京城的建筑色彩   283

我们共同的"五味盆"   285

珠走玉盘喜煞人   288

公共与共享   290

拼贴北京   293

一厘一缕总关情   301

建筑师与业主   304

建筑艺术与艺术建筑   310

从大挂历到大沙盘   313

园成景备特精奇   316

城市广场的伦理定位   318

步行街的心理空间   321

维护城市传统情调空间   324

欧陆何风情?   328

广告地理   332

四合院与抽水马桶   334

平静对待一个"拆"字   339

"城"的诱惑   342

"顶"的焦虑   345

小风景与大环境   349

温榆河的气息   352

潮白寻波   356

寻觅满井   360

目 录

重新打扮泡子河   363

床前明月光   365

野景是金   367

翁蔚泅润之气   370

车厢座   372

营造个性空间   374

空   377

四白落地   381

清冷香中抱膝吟   383

室内望点   386

瓜果装饰有奇趣   388

功利中的高雅   390

生命的气根   392

漫话水泥   395

漫话玻璃   397

漫话天花板   400

漫话厨房   402

漫话卫生间   405

漫话过道   408

漫话阶梯   411

有人打伞在等你 414

"大轮胎"与"大鸟巢" 420

化图为实 422

夜都会的光定位 425

建筑的表情 427

把它看惯 430

寻求折中最佳值 432

建筑评论——我的新乐趣 436

附录　　刘心武文学活动大事记 439

第一卷　通读长安街

国贸中心

位于东长安街与东三环交界处大北窑的中国国际贸易中心，是一组以浅褐色为基调，并大量使用玻璃幕墙的宏伟建筑。这组建筑的主体是由展览中心、商用办公楼和中国大饭店三部分构成的。欣赏这组建筑，应着重于玩味设计者所布置的三个巨大的弧面。横向发展的展览中心的顶部是一个朝天的凹弧面，这样，也就使这一部分的建筑立面有一种展翅凌空的动势；竖向高耸的商用办公楼，则令朝向展览中心的楼面转角呈柔润的弧面，体现出一种亲切的呼应；而深入于里面的中国大饭店，则又以微凹的光洁立面，仿佛展现出一个温馨的笑靥；这三个弧面，把这一组建筑的"精、气、神"提了起来，使得其整体上具有了一种交响乐的韵律与气派。

国贸中心所使用的建筑语言，基本上是西方现代派的那一套，谈不到吸收了多少中国古典建筑的传统语言，然而自从90年代启用以来，中国民众大都接受了它；我想这一方面说明越来越多的当代中国人已基本具有了吸纳西方文化精华的能力，同时也意味着，只要因地制宜、"文通字顺"地使用外来建筑语言，也能为中国的大地增添悦目的"凝固诗篇"。

国贸中心主体建筑立面所选择的浅褐色，我以为凝重而不沉重、雅致而不俗艳，也是别具一格，令人望之心旷神怡的。现在北京有的大型建筑使用玻璃幕墙做装饰时，常选用浅绿色与宝蓝色，这两种颜色当然不是不可选用，然而这是两种"险色"，倘若与建筑物其他部分的颜色没有精心的配伍考虑，则容易"扎眼"，乃至显得造作、俗气，顺便提出这一看法，仅供设计师们参考。

京伦饭店

有朋友跟我说，他觉得位于建外大街的京伦饭店气派不够大，我接过他的话茬儿说，美感往往产生于"适度"，京伦饭店以投资规模和功能性考虑而言，它现在这样的面貌，应当说是得体的。

俗话说，"量体裁衣""可着脑袋做帽子""守着多大的碗，吃多大的饭"；一座建筑物的设计，也应本着这些个原则；该大则大，该小则小；大有大的衣衫，小有小的装扮；应当忌讳的是将大做小，以及将小装大。我们在京城里可以看到这样的建筑：它的体量很大，功能性也是"肩负重任"的，却设计得轮廓线暧昧不清，立面视觉效果杂驳琐碎，仿佛是一位丈八巨人，身上却箍着一套米老鼠的童装，令人望去啼笑皆非；也有很低矮，并且用途也很平庸的建筑，却偏给戴上庞大的"皇冠"，蹬上厚重的"墙靴"，如同硬把一位弱女子，给塞到了阔大的龙袍中，望去实在颠颀刺眼。当然，也有成功的例子，比如金鱼胡同里的王府饭店，该气派就爽性"派头十足"，金碧辉煌得可以；而位于德胜门外马甸桥北的独一居饭庄，自知其小，周遭又是乡野，便干脆走"蓬牖茅椽"的路子，倒也别具一格。

京伦饭店的投资规模"比上不足，比下有余"，所以既不强装"财大气粗"，也不自甘"小模小样"；它基本上是一种"有教养的小家碧玉"的风韵，雪白的外墙、规整的窗格、简明的线条、精致的工艺、雅洁的氛围、爽朗的气度，令人感到既很现代化，又"中规中矩"，入住其中，是很舒适恬静的。我觉得连它门楣上"北京—多伦多"的英文标识，不用粗壮夺目的大写体，而用秀气平易的小写体，也是经过精心考虑的，这就好比在素净的衣衫上，不使用豪奢的胸针，而别上淡雅的康乃馨，见之令人欣悦。

建国饭店

建国饭店是 80 年代初期建造的一座完全欧陆风格的高档饭店。据说那时候来中国做生意的一些西洋商人，他们对中国只怀有单纯的商业兴趣，从西方飞过来，就是跟中国人谈生意，而且恪守"时间就是金钱"的信条，谈完就直奔飞机场，全然没有旅游观光的闲情雅致；他们不喜欢你请他们住带有中国情调的饭店宾馆，什么中国宫灯、红木古式家具、螺钿镶嵌的仕女屏风他们都欣赏不来，也不习惯吃中国饭菜，他们希望到了北京能住进如同西方一样的饭店，过他们习惯的生活，吃他们习惯的东西，因此，便出现建国饭店这样"全盘西化"的别墅式饭店。

对于北京人来说，建国饭店是长安街上的一组最具现代西方富人生活情调的建筑，它的矮小并不意味着寒酸，而是炫耀着敢于奢侈地浪费空间；它那坡形屋顶下优雅的阳台，阳台上的休闲桌椅，还有攀缘在墙体上的常青藤，以及饭店门廊前的喷水池，都传达出浓郁的西洋风情；它的前堂虽然不算很大，却以两侧的落地玻璃窗将绿化得很精美的庭院延伸进你的视野，使人心旷神怡。

如今北京有了相当多的西洋别墅式建筑，但其中有不少那样的建筑总让人觉得虽然是努力地"依葫芦画瓢"，却依然不能脱去一股子"画虎类犬"的土气。毛病出在哪里？要解决这个问题，便无妨多观察观察建国饭店。它的体量与它的斜顶、窗户、阳台等的比例，它那屋顶与墙体的色彩配置，以及整组楼体高低、退缩的变奏，都是很精心地追求着一种韵律的，大可作为借鉴。

国际大厦

中国有个成语，叫"秀色可餐"，也就是看到美丽的人儿，恨不得将其吃掉。这是中国"吃文化"的最极端的体现。中国人讲艺术欣赏，用一个"品"字，"品"是三张嘴，那乐趣似乎倒不在视觉，而是在味觉上。中国人赞赏一个艺术品好，往往说是"有味道""品味很高""韵味充沛"。所以，一幢建筑物倘若能让中国人产生出"可餐"的"酽味"，那说明中国人真是非常喜欢它。

在北京建国门外大街北侧，80年代初耸起了一栋长方形高楼，是中国国际信托公司总部所在地，门楣上有叶剑英元帅题写的"国际大厦"立体标识，这栋楼落成后，北京市民约定俗成地称它为"巧克力大楼"，在这种"群体无意识"里，体现着北京广大市民对这栋西式建筑的亲切认同。

这栋建筑获得"巧克力大楼"的称谓，当然首先是因为它的颜色。以棕色装饰立面，在北京街头建筑中虽不算多，却也并非罕见；国际大厦迤东，大北窑的国贸中心，便使用了大面积的棕色玻璃幕墙；不过这栋国际大厦所使用的棕色，不是像国贸中心那样偏浅近冷，而是很接近于精炼可可酱那样，偏浓靠暖，所以引发出了巧克力的联想。

仅仅是颜色像巧克力，那还未必令人有"咬上一口"的欲望；这栋大楼在轮廓线的处理上，表面似乎方正无华，其实它的立面与每一转角处都尽量避免着生硬，而刻意营造着圆润的意趣，这就更能让人联想起一根巨大的巧克力外壳的紫雪糕。巧克力是一种从国外引进，而比咖啡更能令中国人接纳的食品，这栋大楼用于从国外融资，因此它所引出的联想，以及所获得的绰号，都说明它的设计创意是"对口味"的。

国际俱乐部

1972 年，美国总统尼克松访华，中国与西方世界恢复接触，并很快发展为与西方国家普遍建立了外交关系，西方国家驻京外交人员逐渐增多，这样，就需要为他们提供一个社交与休憩的场所，于是在北京建国门外的使馆区，便不仅耸立起了若干栋比较精致的外交公寓，也建造了专为驻京外国人与来访外宾购物的友谊商店，并且有国际俱乐部的出现。

以今天的眼光来看，建外大街上的这个国际俱乐部无论体量、规模都实在太小气，特别是它周遭及马路对面不断冒出高拔的新建筑，因此竟有人讥它为"一个过时的鸡窝"。

不过我以为脱离其产生的具体时代与人文环境来评议国际俱乐部是不恰当的。需知那时还是"四人帮"控制意识形态的年月，设计者动辄便会落得一顶"崇洋媚外"的大帽子。但这座建筑物的设计者还是尽了最大的努力，来营造出一种与西方文化相亲和的开放氛围。它的正面并不对着建外大街，显露于街面上的是它的餐饮厅与游泳馆。在美学创意上，它打破了对称的古典格局，多少体现出了一些西方现代派建筑的非规整趣味。显露于街面的部分，无论是二楼的椭圆形厅墙，还是游泳馆的高拔立柱，以及联系二者的楼廊，在那个时代，总算传达出了些微西方建筑艺术中的健康信息。

这个国际俱乐部从 70 年代一直使用到现在，我国外交部经常在它的多功能厅中召开新闻发布会，是许多重大的时代转折、社会变迁的见证者。

北京电台

　　它位于建国门外赛特购物中心东边。这栋楼的地基比较狭促，因而它虽然层数并不怎么超俗，耸起的剪影却相当地抢眼。

　　这种"瘦长个儿"的楼房，在世界上许多城市里都有。尤其在地价金贵的地方，万丈高楼有时只好从"豆腐块"般的地皮上拔起。比如在新加坡，其繁华商业区和金融区的高楼中，就有"秀气"得令人吃惊的代表性摩天楼，在旅游明信片上，它们骄傲地呈现着其倩影，促人怀念。

　　北京人民广播电台的这栋楼，说实在的远算不上"摩天"，而且细加推敲，也未必是因为没有足够的地皮将其建造得粗壮些——它的基座与辅楼向东延伸了好几十米。这栋楼相对于目前周遭的许多建筑，用褒词形容是朴素，用贬词描述则只能说是简陋。

　　这确实是一栋简直没有多少艺术追求，唯求功能性到位的楼房。但若仔细观看，则可以看出，它的所有楼窗，上下连缀成了一条"龙"，并且从楼体上凸现了出来，使这栋楼虽然"瘦"，却并无"弱"感，相反地，倒因为有了由窗框连成的竖凸棱角，而颇具"健美"的风采。我有幸数次进入这栋楼，参与节目的直播。我发现那些有外凸窗户的房间，多半都当作编辑部的办公室，在那样的办公室里，随便一抬眼，便能从外凸的无墙体遮拦的窗户，看到我们这座大都会的万丈红尘，这种视觉效果，对电台的编辑们，有很好的心理效应，就连我这种偶尔进入其中的人，也感受到"电台""电波"与整个社会，特别是与沸腾的生活，与万众的心灵，相亲和，相交融的那么一种激情。

建筑物可以是大投资并且"元素"复杂的，也可以是小投资"元素"简单的，前者具有作为艺术品的优势，却未必一定成其为艺术；后者却只要设计者刻意把"社会·人·心灵"的因素凸现出来，哪怕只从一点上突破，也就可能获得成功。

赛特购物中心

　　90年代以来，北京人拥有了越来越多的大型现代化购物中心。位于建国门外南侧的赛特购物中心，其建筑立面的最大特色，不消说是正面那个半圆形的玻璃幕墙。我在马路对面，问过几位路人："您觉得这座建筑顺眼吗？"除了一位说："没理会"，其余各位都给予了肯定的回答。

　　表面上看，这座建筑似乎无甚"说头"。其实，我以为设计师有很深的用意。他如果将那半圆形的玻璃幕墙"正放"，那就实在是太平淡了。请您注意观看：他不仅将那玻璃半圆"倒置"，而且，那圆弧其实并非是一个"正圆"的弧，而是一个更有"动感"的抛物线弧，因此那其实也就并非一个死板的"半圆"。这个富于跃飞感的弧形玻璃墙面，与大体方正并且显得敦实稳重的楼体，互补出一种"静中有动、动中有静"的意蕴，这也便喻示出这座高档次商厦所能给予顾客们的全方位享受。

　　"到赛特，观倒虹"，赛特购物中心立面美感集中体现在那个"倒置"的抛物线上，这是读它的一个"要点"。

　　在东三环北路东侧的燕莎友谊商城，其立面与赛特购物中心的风格迥异。赛特似乎是一种从"现代派"到"后现代派"的过渡性风格，以些许"非理性"来挑逗我们的视觉；而燕莎友谊商城则富有德国式的规整、严谨，富于"理趣"。

长富宫

　　十几年前我访问日本时，曾下榻于东京新大谷饭店。东京的那座新大谷饭店什么样？你如果去过广州，看到过广州花园酒店，那么，新大谷饭店的模样也就不难想象了。那其实是 70 年代现代化大饭店的一种"定式"。北京 80 年代新建或改建的长城饭店、昆仑饭店、西苑饭店等，都可以说是从这一模式中翻化出来的"变式"。其要点是以张开式楼体或斜梯形楼窗来满足不同部位客房的采阳要求，以及高踞于顶部的旋转餐厅。

　　位于建国门外长安街南侧的第一栋建筑，是日本新大谷饭店的北京分店，即长富宫。它没有采用东京本店的那种"定式"，在设计的美学追求上，体现了一种"雅静"的沉稳风格。

　　乍看这栋建筑，似乎太"不足为奇"。特别是现在长安街上，大的建筑似乎都争先恐后地"戴帽子"，要么戴个中国古典亭子，要么戴个西洋圆尖顶，谁都怕"歇顶"。长富宫却"反潮流"，看来并非为了"节俭"（它的建筑费用恐怕不菲），而是为了另辟蹊径。如果你仔细鉴赏，便会发现它的顶部并非"任其光秃"，而是精心地加以了艺术处理的。

　　长富宫无论从什么角度去看，都是很顺眼的。这说明设计者是在貌似平实的线条、体量和比例中，很精心地去体现"简洁明快"而又"雅在无言"的现代派装饰趣味。需知人的眼睛是一种并不能准确地反映出客观事物的观察器。初学雕塑的人，往往以为只要严格地按真实人体的比例塑出圆雕，便能取得"栩栩如生"的效果，其实不然，那样制成的雕塑，安放起来后，往往令人感到不是头大便是身子短了。因此，杰出的雕塑者，便应擅长"歪曲"真实比例，而让人眼观赏时产生出"恰可好"的愉悦感来。长富宫的设计者便具有这种能力，他不是在纸面上计算出"和谐比例"而照搬，他一定是考虑到了人眼的"偏差"，于是通过纸面上比例的未必和谐，来恰可好地使这栋成品映入我们眼帘时达到"舒服"。

国际饭店

1979 年，我随"文革"后的第一个出国访问的作家代表团抵达布加勒斯特，那时罗马尼亚跟前苏联闹别扭，反而跟西方加强了联系，所以在首都盖了不少挺现代化的西方式大饭店，记得当我一眼望到位于布市闹市区的国际饭店时，心中很是震撼，当时就想：要是北京也有这么壮丽的大饭店，那该多好哇！

我的好梦很快成真，80 年代中，位于建国门内北侧，正对着北京站，一座雪白的大饭店巍然出现，而且也叫国际饭店！

国际饭店的造型特点是打破了"火柴盒"模式，它以阔大的弧形墙面显示出一种现代化的气派，顶部的圆磨状旋转餐厅，则将"观赏城市天际轮廓线"的新式享受引进了古都。不少从外地来的旅客，甫出北京站，眼中便落入了这座饭店的身影，它仿佛是古都步入了现代化的一个巨大标记。

但是，从建筑艺术的角度来衡量，这座国际饭店确是并无多少创意的一种"国际通用范式"的挪用。它不仅与布加勒斯特的国际饭店"何其相似乃尔"，后来我又有了多次出国机会，并注意观看影视中世界各地的风情镜头，发现许多的第三世界国家，在 70 年代都盖了一些这种模样的饭店，而这种模样的饭店在西欧北美，只在 60 年代一度出现，就如"喇叭口裤"一样，早就"过气"了。

不过我们不应苛求北京国际饭店的设计师。这座饭店其实早在"文革"前便有规划，并且已经挖好了地基，被搁置了几乎二十年才终于耸立起来。想到此，我们也许会更加珍惜这座建筑所隐含的历史沧桑，还有那种努力与国际社会接轨的开放精神。

长安大厦

原来在西单十字路口的东南角，有历史悠久的长安大戏院，那是梅兰芳等许许多多的名伶迷倒过万千观众的一座艺术殿堂，近年来由于市政建设发展中的需要，它被拆除了。此事引来了无数艺术家和市民乃至于外埠甚至海外人士的扼腕叹息。其实在拆除它之前，有关部门就做出了还在长安街上，将其异处重建的计划。现在这一计划已然落实，在长安街的建国门内北侧，新的长安大戏院已然开锣启用，不过，它只是全名为"光华长安大厦"中的一部分罢了。

据电视里的多次介绍，更据某些在彼处登台献艺的艺术家和有幸成为首批观众的人士评议，这座大厦里的戏院不仅堂皇富丽，在设施与容量上大大超过了原来的那座旧剧场，可谓"鸟枪换炮"，而且与大厦里的其他部分构成了一个民众娱乐消闲的福地，既氤氲着优秀的民族传统的馨香，也焕发着清新刚健的时代气息。这当然是值得庆贺的事。

但这座大厦的立面作为长安街上的一道风景，却还有很不尽人意之处。

它除了使用深浅不同，让人联想起"格子布"的玻璃幕墙的"现代化"手法外，也相当落俗地使用了中国古典宫阙的那些常见"元素"来体现"民族特色"。它在大厦的正中顶部，安排了一个天安门式的两层门楼檐顶，另外，又让两侧的楼翼略高，而高出的楼翼上，又以厚重的琉璃檐包装，使当中的"门楼"不是"水落石出"地自然挺拔，而是甚为"窝囊"地"陷落"其中，不知究竟为什么要这样地处理？或许蕴涵着什么深刻的玄机？我太愚钝，实在是仰望良久而难生美感，更无所领悟。

它的正门以同色（浅土黄？）的材料（似乎还不能称为琉璃瓦，因为毫无传统琉璃瓦的亮丽感，而是相当沉闷的一种质感）处理为一座牌坊，造型实在小气，给人枯竹扎制的草率感。

交通部大楼

这座新落成不久的大楼位于建国门内北侧,它几乎使用了所有这些年来建筑设计上的那些时髦招数,例如:亭子顶,玻璃幕墙,高立柱,去锐角的墙面转折处理,等等。

据说北京市的那位前市长,对建筑艺术一窍不通,然而刚愎自用,抱定了建筑物上安些个亭子顶便是民族传统便是美的主张,强行要求设计师们"安亭",故老百姓们私下里送他一个"雅号"曰"希亭";当然建筑物上不是不可以配置亭式部件,可是这栋楼也顶个亭子,那栋楼也嵌个亭子,到头来难免风格单一,长官意志主宰了城市建筑,其危害亦不可小觑。

这栋交通部大楼以对称手法,在楼顶上设置了两个亭子。这两个亭子似乎是唐代风格,比较雄浑粗犷,这也是近年来建筑物上的亭式部件的常选样式,比如在东四西大街上出现的隆福市场新楼,那上面的亭式垂饰便也属这一流;这种风格的亭子在日本京都、奈良很是普遍,不消说,那恰是日本传统文化深受我大唐文明影响的铁证,我们现在盖些仿唐建筑,如旅游胜地的什么什么"城",把在日本盛行的这些个亭式部件再请回来,亦无可厚非,但我总觉得像交通部大楼这样的建筑,顶上两座这样的亭子,似属多余,因为不能给过路人的观赏以新鲜感,并且,恐怕也没有多大的功能性可言。

不过这栋建筑物立面的色彩配置还是比较成功的,它以大面积的烟色墙面和立柱,体现出一种沉稳的气派,正门再以赭红色大理石镶成厚重的装饰框面,虽非华贵,却极端庄,望去很有点大国重镇的意味。

全国妇联

　　"半边天"是中国人对妇女约定俗成的总称，而具体到视觉形象上，则是用半个圆弧来体现这一意蕴，中央电视台《半边天》节目的徽号如此，位于北京建国门内北侧的全国妇联新厦，其设计构思亦未能超越这一符码系统，于是我们看到了三个互相勾连的圆弧形建筑，东边是妇联的主楼，它的弧面比较柔和，然而环拱着它的装饰性门廊，那弧形便未免有点直奔主题——似乎生怕面对它的人联想不起"半边天"来；当中的大门更以醒目的竖立得如虹霓的门架来强调出这一立意；也有人指出这构图还不只是表示"妇女能顶半边天"，这里面还有慈母情怀，乃至孕育着生命的母腹的意象。这些设计的构想不仅是情理之中的，也是完全可以表达得极其艺术的；然而不少人站立在这部分楼体前，总觉得视觉上还不是那么愉悦，我想，恐怕是那些重复使用的弧线之间，尚未寻求到一种最大程度的和谐。另外，虽然楼体很大，但因线条与配伍的装饰性部件沦于琐屑，因而给人气派不大，甚至颇为小气的感觉。

　　这座建筑的中间部分是中国妇女活动中心，它的立面依然是内凹的圆弧，然后再联通到最西面的辅楼，那辅楼则是外凸式的弧面，这两部分的弧面看去都比东边主楼的弧面顺眼。整组建筑是灰白色的楼体，配以绿色的琉璃瓦檐顶，而中国妇女活动中心的入口，却处理为酱红色的大理石门墙，并以乳白色的金属支架撑起了一个与弧形相异的，充满了棱角感，并很有现代派风味的风雨廊棚，我以为这是设计者相当成功的一笔，它多少化解了一些因"意义"过多所引发出的审美上的淤塞感。

中国海关

　　建国门内南侧的中国海关，其建筑美学上的追求有两个显著的特点：一是左右对称的亭子顶，这是突出民族风格，以体现中国气派；二是整座建筑形成一个巨大的"门"字，昭示出海关的"国门"性质。

　　关于亭子顶的运用，不仅建筑界内部，社会上其他各方面人士也都有所议论。无论是攒尖顶亭还是正脊顶亭，以及其他形式的中国古典亭子，都是我国当代建筑设计中取之不尽、用之不竭的美学资源。关键是在继承这一传统时是注入新的时代气息，有所发扬呢，还是仅仅出于"你说我民族风格不够，我就拿个亭子顶来凑"。中国海关的亭子顶在形态、体量上，与颇具现代化气势的楼体，配置得还是和谐的。

　　海关既是"国门"，便将楼体构成一个"巨门"。这是建筑设计中常有的一种思维定式。有人说这是"图解"，或"意识形态化"。其实西方哥特式建筑的高尖顶，最初大都是宗教建筑，那何尝不是图解"朝天通神"的企盼。精美绝伦的北京天坛建筑群，更是当时意识形态的产物。"图解"意念与"意识形态化"在建筑美学上，我以为是一个值得尊重的大流派，中外的古迹中都有不少这个流派的杰作，足资借鉴。问题是，"图解"与"意识形态化"在美学趣味趋于多元的现时代，会遇到越来越多的挑剔眼光，因此，使用这一美学策略时，便应格外富于创新意识，而不能"敷衍成篇"。以这个标准来衡量，中国海关的设计应说是认真努力的，但可惜给予我们的审美乐趣，毕竟还是较为单薄。

恒基中心

香港马上就要回到祖国怀抱了，位于建国门内南侧的恒基中心仿佛把香港的一角搬到了北京长安街上。

这是一座再典型不过的"港式"建筑，其特点是在广泛使用西方古典建筑语汇时，比较突出英式风味。它中心部分那有锐锥状金字塔顶的钟楼，为了使其不至古板，钟面上部的凸檐处理成弧形；还使用了若干多立克式与科林斯式的浮雕柱，以及卷翘的檐体，来营造出丰沛的"西洋韵味"。

但它其实又是很"现代"的，这体现在使用着环绕楼体的多条带状玻璃幕墙，以及关键部位的"流线形"简洁处理；它又使用视觉上较为秀气的上蹿式金属桁架来装饰楼体最高处的立面；由于非常流利地将许多不同时代的建筑语汇杂糅在了一起，履行着"同一空间中不同时间并列"的美学原则，因此，它实际上最终应视为是一栋"后现代"的大厦。

因为近年来北京的新建筑动辄以顶上起阁安亭来体现"民族特色"，已出现不少的败笔乃至大败笔，少数其实将"亭子顶"运用得较为得宜的大厦，也被连累得一样地令人"厌饫"，因此，像位于东二环路东四十条附近的富华大厦，以及这长安街上的恒基中心，因为爽性使用了"全盘西化"的建筑语汇，倒反而令人耳目一新，甚至有人激赏。

其实它们虽然"文笔通畅"，却还算不得多么富有创意。富华大厦似脱胎于英国 16 世纪"都铎风格"的沃莱顿府邸，当然，它也是杂糅了西方另外许多不同时代的建筑语汇，最终似还应归入"后现代"。恒基中心如果搬回香港，会显得更缺乏新意，但是在现在的北京长安街上，它的视觉效果却属于相当新颖的一类。

在有总体美学规划的前提下，北京长安街的建筑，其对不同风格的容纳应该是宽宏的。毕竟，北京已经是一座国际化的大都会。

中粮总公司

美国华盛顿的东区艺术博物馆，是著名美国华裔建筑设计大师贝聿铭的得意之作，其特点之一，是设计出了极其尖锐的楼体折墙；我曾在参观时特意跑到那锐折处观察，乃至以身臂"合抱"，一方面深感其趣味之诡奇，一方面也深感美国人钱多了舍得浪费，因为那样的设计新鲜固然新鲜，建筑物里面在空间使用上显然会造成人为的困难，我至今不知它那锐折墙体内的楔形空间能派什么用场。

没想到现在北京也有了这种锐折墙体的大型建筑，这就是位于建国门内南侧的中粮总公司。它正面相当开阔，两翼的转折都是锐角式，而且它后面的结构比较复杂，似乎还有锐折转角的处理。我亦无从设想它那锐角式转折的墙体里的楔形空间怎样发挥其实用功能。

撇开它那锐角式转折的墙体不论，仅就其立面效果而言，我以为这实在堪称是一幢美丽的建筑。与在马路对面同它隔路相望的交通部不同，它没有安装亭子顶，但它的顶部以多边形的双层结构，显示出了一种简洁大度的风韵；交通部大楼以两根立柱撑在两侧，构思未免落套，它却偏将两根立柱集中到横阔展开的非规整楼面的中间，给人以波俏奇诡的创新感；在楼前广场上设置了横向展开的喷水池，与整幢建筑也很谐调。

有路人望着这幢建筑，试图分析出它的建筑语言里所包含的"粮食"因素，那立面或鸟瞰的总体效果是否有些个"麦穗"的感觉？那淡褐色的墙面与灰色的连体玻璃窗所构成的交错视像又意味着什么？我以为这幢建筑好就好在没有什么图解"中粮"的前提，它摆脱了"比喻"的模式，追求一种自然通畅而又活泼奇突的"句法"，这样地使用建筑语言，在当前的设计风气下，是尤其值得肯定的。

外贸部

　　对东长安街上的几栋建筑，北京市民中存在着讥讽性的评价，说一栋是"帽子"，另一栋是"肚子"，再一栋是"裤子"。普通市民不懂建筑美学，也基本无缘进入这些建筑里面去体验其功能性效果，他们往往只是就其外观发表朴素的感想。这些感想值不值得重视呢？我们常说："群众的眼睛是雪亮的。"现在群众的眼睛感觉到某些建筑的"帽子""肚子""裤子"不那么让人舒服，并且直截了当地把感受说了出来，我以为从建筑师到规划部门及其他相关人士不但不能充耳不闻，而且应当从中引出一些必要的思索。

　　被戏称为"肚子"和"裤子"的两栋建筑我已在前面议论过。现在来看"帽子"。这就是位于东单十字路口西边南侧不远的外贸部新楼。这座建筑由中间的主楼和相对称的两侧辅楼构成，大体上是中高边低的"金字塔"构图。整栋楼的楼体处理非常平庸，稍有特色的也确实只剩那些楼顶上的"帽子"。平心而论，那些高低错落的"绿帽子"，与全楼体的比例还是和谐的；其努力摆脱仿古式"亭子顶"的创意，也值得给予一定的鼓励。主楼的"帽子"是"船形帽"，辅楼的"帽子"则有点"滑雪帽"的感觉，承托"帽子"的支础，做了"砍角"处理，因此也颇有点俏皮的趣味。

　　外贸部原有建于50年代的，具有中式歇山顶的临街办公楼，现仍保留，白色楼体的新楼耸起于灰黑色旧楼的后面，主楼大门豁然向街，上面是圆弧形的处理，并且有一部分使用了暗色玻璃弧幕，使新旧楼间产生出一定的色彩联系。

　　这栋建筑的设计虽非高明，却也不能说非常失败。所以我建议过往的路人多给它一些体谅的眼光。不过，它与离其不远的"肚子""裤子"连在一起成为嘲讽的对象，倒也说明市民们的"集体无意识"里，积淀着一种对自己城市中大型公用建筑的更高的期望，那就是不要仅是用一些"刺目"的建筑元素来"惊心"，而要用更具创意的建筑语言，来营造出一种令市民感悟到"这城市属于我们"的自豪氛围。

北京饭店

北京饭店是北京世纪沧桑的见证者。现在的北京饭店由三个部分构成。也许有的人把跟它联为一体的贵宾楼饭店也算是它的一部分；倘不从其经营权的分野而从建筑艺术的角度来观察，那么位于东长安街王府井南口迤西的这四个相连的楼体，也确实构成着一道浑然的景观。

其实最早的北京饭店是当中那一部分。它虽经一再整修，却还大体保持着民国初年的那种"西艺东渐"的风貌；你细看它的窗饰风格，很有些个西洋古典建筑的情调。它虽"美人迟暮"，却韵味犹存。这从你穿行在它横贯东西的公众共享长廊时，在那历经几十年而依然光润柔适的镶木地板上所获得的快感上，可以得到证明。

在老北京饭店的西侧，是60年代初启用的扩展部分。这栋建筑表面上并不怎么华丽，然而用料精到，内部功能性极好；特别是它那一楼的大宴会厅，开国内大饭店大面积多功能厅设置之先河，其气派的宏阔高雅，直到今天亦不显落后。它在外部形态上既照顾到与旧楼风格的统一，又在顶部很自然地使用了民族化的亭子顶装饰，因为有意不使用琉璃瓦，并使亭顶与楼体浑然一色相连，所以在视觉上给人以并不突兀的灵动感，化解了整栋楼体过于方正所引出的单调印象。

在老北京饭店东侧，则是1972年尼克松访华后建成使用的新楼，也是如今北京饭店的主楼；整个饭店的大门和大堂也设在这里。这座采取当时国际上较为先进的新型结构，却又将外部装饰减少到最简约的程度的大楼，在1976年的地震中显示出其防震设计与施工质量都居世界一流。它也是北京第一栋使用了人体感应自动扉的大楼，这在二十几年前曾是北京胡同杂院居民引为新奇的一个热门话题。

虽然现在北京已经有了甚至于可以说是太多的星级饭店，北京饭店的设施、气派、韵味都未必居于首位，但许多外国客人下榻的首选还是这家饭店；因为他们回到自己国家，当亲友们问及他们在北京住在哪儿时，一句神气的"北京饭店"，确实能使他们立时处于艳羡的目光中。

贵宾楼饭店

　　这座豪华的五星级饭店的外观并不怎么起眼。这大概是因为它必须与方方正正的北京饭店相连通。它的立面如果不保持大体方正而锐意出奇，在视觉效果上必定两败俱伤。

　　然而局促的建筑空间与相连属的环境限制并未使贵宾楼饭店的设计者敛缩起自身的想象力。他努力地在这栋建筑的内部，特别是公众共享空间的配置上，来营造出一种既华贵高雅又出人意料的优美氛围。

　　在贵宾楼饭店楼体的前方，恰好有一段早已存在的皇城城墙。这堵红墙该怎么处理？方案之一是将其拆除，以使饭店获得敞阔的前庭，并可从容配置水池喷泉太湖石圆雕之类的园林小品。但设计者没有这样做。他宁愿将贵宾楼的大门斜通于北京饭店的前庭，也尽量保留了这堵红墙。

　　我们进入了这座饭店，登上了其二楼的咖啡厅，便会眼目一亮，心中一喜。原来这个共享空间的南面完全处理成毫无界断的落地大玻璃窗，从这道窗面望出去，那堵古色古香的皇城红墙，恰好高度适中地豁露于玻璃窗之外！这便犹如颐和园昆明湖，巧妙地借景于玉泉山的妙高塔一样，令人觉得美不胜收！

　　老北京曾有"半城宫墙半城树"的美誉，加上秋高气爽时北京高高的蓝天，那碧绿、朱红、蔚蓝所整合成的京都之美，真是如诗如画，如歌如笛；贵宾楼饭店的设计者能以一面长窗，运用中国古典建筑艺术中的借景手法，将古都神韵尽搜于此，真可谓神来之笔了！

长安俱乐部

这是最近才出现在长安街上的新建筑,它的体量并不大,然而位置却极"黄金",斜对着王府井大街南口,与赫赫有名的北京饭店隔街相望。

建国门外的国际俱乐部,是一个主要供外国驻华的外交官活动的空间;这个长安俱乐部,据说是主要供外国驻华商人与中国人中搞外贸的人士活动的空间,其活动方式表面上是休闲娱乐,实质却是谈判桌旁洽谈的延伸。这个俱乐部同北京时下众多的高档俱乐部一样,实行会员制,除了少部分餐饮空间可接纳临时来客外,基本上是只向其缴纳了不菲的会员费的成员提供服务。这是一个北京绝大多数市民难以涉足的空间。对它的内部情况笔者不敢率议。不过,它的外观却是公众共享的风景,因此也就只能任公众评说。

这栋建筑的立面追求堂皇、豪华的视觉效果,既有欧陆式的钝三角形屋顶,又有前凸的中式宫廷亭窗与门檐,自然也少不了玻璃幕墙与透明式转角的时髦处理,望去活像一位满身名牌、浓妆艳抹、珠光宝气的贵妇。

从建筑艺术的角度来说,这栋楼却实在乏善可陈。它过分恪守对称的手法,缺乏独到的构思与追求,既不庄重,也非灵动,色彩繁多而未达于绚丽,线条重叠而显得堆砌。

有人说像长安俱乐部这样的建筑,是 90 年代市场经济催生出的蘑菇,有一种暴发的气息,却缺乏坚实的文化积累感。市场经济是可喜的春雨,然而北京广大市民企盼在自己心爱的长安街上,挺拔出更多富有深厚文化内蕴的"雨后春笋",而不希望尽是急匆匆用钱催出来的"雨后蘑菇"。

天安门观礼台

这里说的不是天安门本身，而是位于天安门城楼下面的观礼台，在金水河北侧是比较高的红色观礼台，南侧是比较低的灰色的观礼台。

这观礼台也算建筑？当然要算，因为它是土木工程，并且具有很翔实的功能性。从 50 年代到 80 年代，这观礼台在节日期间都发挥过非同小可的作用，今后它们依然可能发挥其令人欣喜的作用。

这观礼台就算勉强可归为建筑吧，可如此简单的建筑，难道也有什么艺术性可言不成？

是的，这观礼台很简单，而设计师能把它设计得这样地简单，简单到甚至于你稍微离远点看便可以忽略不计的地步，那可不是一桩简单的事，毫不夸张地说，能设计成这样，非大手笔不行！

一般来说，建筑师都是做加法，做加法不是很难，出奇制胜，使其设计的作品跳眼，应是设计者的着意追求，这似乎都用不着多说。但是，在天安门前造观礼台，却不能让观礼台喧宾夺主，不但不要喧宾夺主，最好能做到实有却似无，因为天安门本身实在是个完美的建筑，再往它前头增添东西，不管那东西单独拿出去看有多么美丽，往天安门前头一搁，很可能是画蛇添足、为美女增须！天安门观礼台的设计者深知此理，便刻意地做减法，尽可能地减去一切可以减去的雕饰、细节，力求平淡无奇，不但绝不令其跳眼，而且尽可能使人们漠视它的存在，这样，就既保证了天安门本身在视觉上的完美感，又使观礼台在使用时能充分地体现出其良好的功能。他使金水河前的观礼台围壁与金水河栏墙一样地呈现灰色，混为一体；使金水桥后的朱红观礼台尽可能融入到天安门的红墙中去，不令悦目。

　　建筑艺术的最高境界，是与周遭的自然环境与人文环境相融相谐，而不是一味地追求华丽抢眼。对比于天安门观礼台设计者的拳拳匠心，古长城边的某些新建筑，以及不少名胜古迹所在地的新建筑，难道不是做了不该做的加法吗？

电报大楼

城市建筑中,有一种是在其高处嵌有公众共享计时器的,如英国伦敦的"大本钟",俄罗斯莫斯科克里姆林宫斯巴斯基塔上的钟,都是世界闻名的;整体而言,北京的这种街头的公众共享计时器还嫌太少;这些年北京的新建筑此起彼耸,却很少有在设计上考虑放大钟的;倒是1959年的"十大建筑"里,其中的两座都有钟楼,一是北京火车站(它有两个钟楼,气度不凡),一是位于府右街口迤西的电报大楼。

电报大楼这栋建筑放到世界建筑之林中去考评,自然不仅属于程式化的,而且属于无论结构和装饰性考虑都比较简单的,这一方面是那个时代的总体氛围是务实和朴素的,另一方面恐怕也是投用资金所限。

但是电报大楼历经三十七年的风雨沧桑,现在我们望去,仍是悦目的。它的主体与其上耸起的钟塔的比例是十分和谐的;它墙体上所显露出的结构线条,以及窗牖与总墙面的比例,也都很得体;它的基本色调——米黄偏橘红,与其附近中南海的红墙,以及人行道的绿树,还有秋日北京那澄净的蓝空,都很匹配;它的内堂在那个时代来说显得非常精致典雅,并且有足够的公众共享空间,并且直到今天也不甚过时,我们无妨拿它和挨着它的,于近年建成启用的民航大楼做一对比,后者内堂的空间处理就反而没有它精彩。

从离它已经比较远的北海大桥上,我们可以透过中南海的绿树看到它的身影,我们会觉得它虽然是一栋非民族传统的建筑,但是却因其线条的简洁明快,能融汇在古色古香的京城传统建筑群中,不显得突兀刺眼,反起着增添情韵的作用,这也是很值得称道的。

民航营业大厦

60 年代初，在猪市大街（现东四西大街）西北角，耸起了一栋高层建筑，以一个竖高的长方形衔着一个横展的长方形的大体量形态夺人眼目。这栋镶着米黄色饰片的大楼据说是利用建造人民大会堂的剩余建材构筑的。那便是当年的民航大楼，一楼有营业厅，其余部分用来办公。在那个时候，这栋民航大楼在北京市民眼中颇有"摩天"的气派。民航嘛！以"摩天"的气派引发出人们蓝天一游的欲望，是顺理成章的构思。

近年来在西长安街西单迤东盖起了新的民航营业大厦。这栋新楼的地点相当地"黄金"，按理说，它不仅应具有跨世纪的功能性，也应成为北京这座伟大京城，特别是长安街最繁华地段的一道引人瞩目的风景；然而，很遗憾，呈现在我们眼前的这座大厦在建筑艺术上却乏善可陈。我们并不要求它奇形异状，或一定要使用过多的修饰手段，它完全可以方方正正，可以朴实无华；但摒除了浪漫情怀，你可以采用德国包豪斯建筑学派的理性路数，或其他的严谨简洁风格，来呈现出一种气势，却不可以这样地古板平庸。

众所周知，改革开放以来，我国的民航事业有了突飞猛进的发展；在长安街的黄金地段，建造一栋新的民航营业大厅，设计者本应有着饱满的创新激情，本应给予所有路过特别是进入其中成为民航顾客的人特殊的美感；然而，却不知为何，花了那么多钱，盖出来这么一栋大而无彩的楼房，我们不能不问：设计者的想象力哪儿去了？在设计时除了功能性考虑，难道艺术追求的翅膀竟始终垂敛着？附带说一下，就其营业的功能性来说，我以为也很不理想，根本就没有配置足够的"公众共享空间"，活动于其中，没有什么愉悦感，甚至于觉得局促而枯燥。

　　对比起来，这栋新的民航营业大厦，倒还不如东四西大街的那栋旧民航大楼"抢眼"。

民族文化宫

1959 年国庆节前，北京的"十大建筑"落成。十座大型建筑是：人民大会堂、历史博物馆、电报大楼、民族文化宫、军事博物馆、广播大楼、北京站、农业展览馆、工人体育馆、工人体育场。其中前六个都在长安街上。"十大建筑"即使以今天的眼光来审视，其设计中的美学意蕴也是丰沛而久远的。说实在的，虽然三十七年过去了，长安街上这几年增添了不少簇新的摩登建筑，但其中有的新虽新矣，如作为一本"巨书"来读，那么，就未必都有这十座"古典名著"那样的魅力。

现在我们来看位于复兴门内北侧的民族文化宫。我以为这是一件杰作。我喜欢它，还并不是因为它中央的塔形主楼，与两翼的环臂形辅楼，喻示着民族大团结，以及"中华民族自立于世界民族之林"，其造型非常之"切题"。我主要是觉得它那亭子顶不仅一点不勉强，而且在形态、体量以及色彩上，对整个建筑群起到了视觉上的统率作用。它墙面上窗门的数量也比例得宜。特别是整栋建筑所采用的装饰性配件，既不显得繁琐"抢戏"，也不令人感到疏落沉闷。它整体上慎用鲜红、明黄等暖色（这本是为了"图解"而最省事的做法），偏偏采用了蓝色和绿色等冷色调的配置，营造出了一种宁静安谧的和谐氛围，这就从更深的层次上，宣喻出了中华民族勤劳质朴、热爱和平的可贵性格。

据悉民族文化宫东翼的剧场将改造为一个歌舞餐饮式的场所，这不仅使长安街上丧失了最后一个严肃艺术的演出场地，也可能使那里的建筑立面大为改观，从而使这首存在了三十七年的"凝固诗篇"，化雅诗为俗调，实在令人扼腕长叹！

中国人民银行

很显然，这座建筑的艺术构思里有"聚宝盆"的意向。"意向"是一种概念性的指向。倘若停止在这个层次上，那么，很可能产生出一栋图解式的建筑，而且是笨拙乏味的图解。但这栋位于复兴门内北侧的中国人民银行大楼，其设计者却超越了"聚宝盆"的意向，而呈现出一种富于韵味的意象。"意象"与"意向"之不同，就是使单一的联想指向，导入了丰富而交融的想象空间。

中国人常常使用"元宝"（金锭、银锭的形状）来象征财富。所谓"聚宝盆"一般也都袭用着"元宝"模式。但"元宝"实在是一种俗不可耐的形态。90 年代在北京地坛公园东门对面，建成了一栋高档的商品楼"京宝花园"，其立面便是"元宝"形状；该高档公寓楼的投资者与购买者有喜爱"元宝"形状的审美自由，但中国人民银行的大楼却不该体现那样的审美趣味。感谢这栋大楼的设计者，他取"聚宝盆"之民族文化精髓，与西方现代派建筑在变形上的灵动手法，加以糅合、融通，结果构筑成了现在我们所看到的这栋新颖别致的大楼。

这栋大楼一反世界上大多数金融机构的那种以高耸入云、体壮貌雄来显示其实力的惯常手法，它不是纵向拔升，而是横向铺排；横向铺排的格局很容易落入单薄小气，它却以一个饱满的圆形前楼，先给人视觉上以丰盈充实的冲击力，然后再将后面楼体以灵动的环抱感来进一步加强你的印象，使你对这栋建筑产生出一种亲切的、可信赖的感受。长安街上使用弧形楼面手法的建筑颇多，这栋中国人民银行大楼的弧形楼体我以为是最优美的，它当中既蕴涵着一些中国民族折扇与屏风的意味，也糅合进一些海贝与西洋古典衬领的风韵，是很受看，很耐品味的。

　　我还特别欣赏这栋建筑外表保持水泥原色的设计，这使得它那相当浪漫的外形，在朴素到古拙的色彩与质感的中和下，回归于端庄沉静，这恰是国家银行所需要的一种风格。

百盛购物中心

著名诗人、杂文家邵燕祥对我说，他觉得位于复兴门立交桥东北角的百盛购物中心像是几只大箱子垒在一起，没有什么美感。

对建筑物的解读，也是仁者见仁、智者见智。也许有人觉得百盛购物中心很美。不过就我听到的评议而论，叫好的似乎不多。

据我看来，这座建筑物的设计者似乎从三个方面汲取着创作的灵感：一是西方现代派建筑那种注重体现工业化高峰的超自然气派，二是西方后现代建筑所追求的那种"拼贴式"的装饰趣味，三是中国民族建筑的檐顶风格。应当说设计者是颇具匠心的。这座建筑的位置非常显要，因此一旦落成，其优点和缺点便一定都会愈加"触目惊心"。尤其是它与正面对着长安街的中国工艺美术馆以及旅行社的办公楼相属连，这就更加重了总体设计上的难度。

我以为百盛购物中心在杂糅上述三种风格时，因为平均用力，或犹豫不决，所以三方面的因素未能互补，反倒"打起架来"。因为整栋楼体并不怎么高大，所以超自然气派的营造便施展不开。"像几个大箱子垒在一起"，如果大胆夸张一些，不必那么规整，"非理性"一点，也许其"后现代"的趣味会更凸现一点，但是现在却表现为缩手缩脚，放不开，也就耍不出幽默感来。民族形式檐顶的运用，单论应该说是成功的，但与其他部分的整合效应却并不佳。这是否是一次未能取得成功的"折中主义"尝试？

电教大楼

这是一栋落成启用不久的新楼，位于复兴门内东南角，隔着马路与百盛购物中心相望。它的全称应是国家教委电教大楼。

望着这栋楼，我便仿佛看到了设计者那颗跳动着的心。那是一颗充溢着创新欲望的心，一颗竭力从具有束缚力的"定式"与"定势"中突破出来的心。

所谓"定式"，近年来建筑设计上无非是：玻璃幕墙、中国古典亭子顶（或西洋金字塔顶）、通天柱、弧形转角（或"切角"式处理）、连通式密封窗、琉璃瓦部件（或烧陶部件）装饰……

所谓"定势"，是你不直接挪用中国古典建筑的传统语汇，便会被批评为"有悖民族传统"；而你若不大面积使用玻璃幕墙或几何模型式的外观及顶部处理，则又会被视为"不入现代潮流"。

彻底摆脱"定式"难，彻底摆脱"定势"更难。在遵守"定式"中的合理成分，并且尊重"定势"中的合情企盼的前提下，如何曲径通幽、柳暗花明？

电教大楼的设计，体现于楼体的，是一种对非玻璃墙体与玻璃幕墙之间，以及对线条与色块，还有对楼体立面的平与斜、对称与非对称这诸种关系的耐心探求，求的是和谐，是灵动感，是整合后的悦目，以及时代精神的非强制性的自然表现。

看得出，最折磨设计者的，是对顶部的构思。根据电教中心的功能性要求，顶部必须要有高耸的天线，这天线以怎样的建筑语言来托举？是采取立交桥西边广播大楼旧楼的那种苏俄式，还是其新楼的"天坛顶"式，抑或是再往西的中化公司大楼的那种西洋"蒲公英"式？显然是经过反复的推敲，甚至是经过了内心的好一番挣扎，设计者终于定稿于现在的这种方式：以四块略向内倾斜的长方结构，既不像亭子檐顶，又不喻意于"书籍""文件夹"，也不似现成的几何模型，来组合成一个顶部；而各相关的长方板块之间，则作了细心的锥形凸窗的处理；莫名其妙么？无可名状么？不管它！只问你：顺眼不顺眼？

我不敢断言，人们都像我一样，答曰：顺眼。但我为设计者力图有所突破的心思热烈鼓掌。

广播大楼

电视的深入亿万家庭曾使一些人为广播担忧，近年来的事实证明，电视不仅绝不会淘汰掉广播，甚至也未必就占到了广播的上风，有一些人在广播与电视二者间是更钟情于广播的，特别是出租汽车司机们。

复兴门外的中央人民广播电台大楼是一座有近四十年历史的建筑，它的美学创意是前苏联式的，在品字形的米黄色楼体上端，有耸起的塔楼，从比例上看，是比较纤秀的；塔楼的壁体做了镂空花纹处理，它也是安装天线的部位，设置它不光是为了装饰，其功能性是很强的。

这座建筑在很长的时间里，都在复兴门外独领风骚；因为那时附近基本上都是些单调的"板楼"；它焕发出一种庄重而典雅的文化氛围，给北京增添了一点有所变化的天际轮廓线。

它附近的立体交叉桥是北京最早建成并投入使用的，它与立交桥现在相得益彰，互相整合出了一种现代化城市的怡人风貌，这说明即使过了几十年，它也还不"显老"。

随着我国广播事业的发展，这座大楼现在当然已经不敷使用，在利用它再立新功的同时，兴建新的广播大楼当然极有必要。现在我们可以看到，在它的正后方耸立起了一栋体量似乎略超过它的新楼，这栋楼下部基本上重复着前面老楼那种稳重、对称、规整的风格，这是可以理解的，因为倘若基本形态变化太大，也许会造成视觉上的紊乱；但这栋新楼装上了显得十分沉重厚实的"天坛顶"，这"天坛顶"不仅单看十分矫情，与前面老楼的"苏式顶"合观尤其不协调。这两栋楼贴得非常近，一前一后，像列队的士兵；但这两个"战友"

却戴着风格大相径庭的"军帽";它们的"军装"色彩的反差也挺大,前面的是米黄,后面的却给人以蔚蓝色为主的印象;也许,一位是"空军",而另一位是"海军"?

中化公司大楼

　　这座大楼的设计，综合运用了近年来中国大陆建筑设计中的种种时髦手段，如高拔的楼体、弧形转角、玻璃幕墙、长框连体窗、金属桁架与大理石圆柱组合的大门、锥形尖顶、"蒲公英"式天线……但总体而言，这座大楼的外观却乏善可陈。关键是它在使用这些时髦的建筑语汇"作文"时，只是达到通顺而已，缺乏创造性的灵气。

　　最近建筑界有的人士提出，需确立新的建筑观念，"根据世界建筑界的当代精神，建筑应是为人类创造生存空间的环境科学和环境艺术。也就是说，我们应该把过去那种将建筑比附为音乐、绘画和雕塑的旧观念，彻底抛弃了。"（见9月4日《光明日报》）我们作为北京市的普通市民行进在长安街上时，不可能进入到大多数的大厦中去考察它们所营造的"生存空间"是否科学合理；但不管我们是否具有建筑美学方面的观念（无论新旧），这些建筑物总是难以避免映入我们的眼睛，从而引发出我们对这些建筑美学的外行朴素的审美反应，也就是说，到头来，我们还是会首先判定它"顺眼"还是"不顺眼"；把我们这些外行话坦率地讲出来时，恐怕一时还难免要"将建筑比附为音乐、绘画和雕塑"，而不能将这种眼光、语汇"彻底抛弃"。附带说一下，最近我们在报刊上所看到的由建筑界人士所撰写的建筑艺术评论，也还是在使用着"美观""韵律""色彩谐调""立面气势恢宏"等语汇。当然，即使是外行，我们也应学会那样的眼光：不是把一栋栋建筑物当作孤立的东西来考察，而应将它们的相互关系，以及所构成的整体人文环境，来加以评价。

　　回过头来再说中化公司大楼。不管怎么说，作为长安街上的路人，我们总希望耸起的大楼或者以其本体给予我们惊奇，或者让我们感到它在整个街区环境中起着某种特殊的作用，然而中化公司大楼在这两点上都未能赋予我们乐趣。

光大大厦

　　这栋大厦和中化公司大楼离得很近，而且都在复兴门外大街南侧，它们的高度、体量也差不多，粗粗望去，其外表都有玻璃幕墙，并且非玻璃部分的墙体也大体都是灰白色；然而，却不能说它们是"何其相似乃尔"。

　　我以为，光大大厦具有若干中化公司大楼所不具备的优点。

　　光大大厦虽然也用玻璃幕墙，但它不是平板机械地铺敷，而是结合着功能性的考虑，将墙面做若干次棱形的处理，这样既增加了楼内空间采取自然光的机会，也使大厦的外观避免了刻板单调。它那玻璃幕墙的颜色乍看与中化公司大楼很接近，但后者大体是正蓝色，总让人觉得有些个"怯"（土气）；它却避免了"正色儿"，而选取了从正绿往正蓝变化过程中的一种"中间过渡色"，看上去便比较舒服。

　　中化公司大楼在玻璃幕墙与非玻璃墙体的配置上，采取了非常规整的对称方式，显得呆板；光大大厦却力求活泼，它从高层往下，将非玻璃墙体构成四级倒梯形，这就使整栋大厦有了一些个视觉上的惊奇效应。不过，它在创新上似乎胆子还不够大，有些个缩手缩脚，还不能彻底摆脱"对称式"观念的束缚；其实，它的各个立面完全可以处理成互不相像而又交相辉映，给予人们更多的惊奇与联想。

　　光大大厦的顶部处理不能说是成功的。但它力图从中国古典亭子顶（方亭或圆亭）的模式中解脱出来，这种努力是值得鼓励的。它也不是那种西方一度时髦的几何模型式的金字塔顶。也许从设计图上看，它的顶部体现着很明确的追求，但建成后的这栋大厦，路人即使走远些从马路对面细望，也还是很难看清它的顶部究竟戴的是什么"帽子",这种暧昧的美学效应,也许倒成了它的一大特点。

特别值得称道的是,光大大厦在设计伊始,就充分地考虑到,它的位置既是在长安街街面上,也是在一条与长安街竖直交叉的街道的把口处,因此,究竟把大厦的"正脸儿"对着哪儿,才既显示出自我的"威风",又与周遭的环境相配合呢?设计者最后是将"正脸儿"斜置,望向西北;这一面并不使用玻璃幕墙,顶部是"光大银行"的金字标识,气派不凡。

燕京饭店

明成祖时兴建的北京城，基本上是在恢宏的整体设计下，一气将之呵成的。现在其中轴线上，犹见当初的惊人气概与深邃哲思。但 20 世纪以降，北京城被历史的雕刻刀零敲碎塑了，尤其是后半个世纪城中所陆续建起的楼房，多是"想起一出是一出"的"即兴演出"，不但谈不上有什么整体意识，往往其自身也只顾个"眼前利益"。

位于复兴门外木樨地附近的燕京饭店，便是这种"应时而生"，单摆浮搁的产物。大约是在 70 年代末 80 年代初，国门初开，外宾渐多，光靠北京饭店、友谊宾馆之类的地方，安置不下那么多客人了，于是有燕京饭店等新的"涉外饭店"冒出。当然，"最高级"的外宾，还是往钓鱼台送；"较高级"的外宾，也还是安置在北京饭店等处，燕京饭店是接待"一般外宾"的。

"像燕京饭店这样的方块楼，毫无艺术性可言，有什么好说的？"读友们可能会这样问我。我还真有得可说。记得 1979 年 5 月，我参加"文革"后第一次派出的作家代表团访问罗马尼亚，到了布加勒斯特，主人让我们下榻于该市的"多洛班济"饭店，那是当年罗马尼亚为接待"一般外宾"新盖的饭店之一，也是一栋长方形的，几无什么外部装饰部件的"板楼"，可是我下了汽车头一眼望见它时，却觉得它非常别致！我心里想：这楼怎么只有窗户，不见一个阳台呢？那时我以为凡高楼总得设置阳台，1973 年左右建成的北京饭店新楼，也是充满着阳台的嘛！没阳台反倒成了那楼的"戏眼"。住进去才知道，那楼里有"中央空调"，也就是说里面有"人造气候"，哗！多了不起啊！于是悟出，设计者故意不设计出阳台，恰是为了显摆其"现代化"气派。燕京饭店其实也和那"多洛班济"饭店一样，是那个历史阶段的产物，设计成那样，想必一是当时经费有限，而且要适应形势，快快上马；二是别看它方方正正，却无阳台，正显示出一种非同小可的"流线形"气派。当然，燕京饭店只是正面无阳台，其侧面还是有连体阳台的，比起罗国的"多洛班济"，更具发展过程中的折中痕迹。

这样来看燕京饭店，也就看出了它在北京城建筑风尚流变中所具有的某种文物价值。城市的建筑物不仅可供我们探讨环境科学与环境艺术，它也是城市文化发展轨迹的巨大见证。

全国总工会

　　这是一栋旧楼，位于复兴门外大街南侧。我弄不清它是一建成就是这个样子，还是后来才附加了一些个装饰性部件。但它呈现为现在的这个模样，总有几十年之久了。

　　它也属于方方正正，设计与结构都仅是功能性到位，较少考虑到艺术性的那种建筑。我之所以要议论它，是因为在长安街上，至今还存在着不少50年代至70年代建成的几乎无任何艺术考虑、没有任何装饰性部件的大体量楼房，如位于王府井大街南口对面、台基厂北口西侧的原煤炭工业部办公楼（现在被许多单位分割使用，门口挂满牌子），位于木樨地的板状住宅楼，等等；80年代末90年代初，一些这种建筑物的使用者可能是感到其面貌未免太寒酸，与长安街的整体气派太不相称，于是开始用外加装饰性部件的处理，来使其"面目一新"，比如位于正义路北口东侧的中国纺织总会（原纺织工业部），那栋楼原来不仅简陋，可以说相当地猥琐，实在是可惜占据了那么一个如此黄金的位置。近年来，这栋楼大动"美容术"，不仅加高了楼层，立面还增添了许多的装饰，如镶嵌白瓷砖的墙面，加上土绿色的琉璃瓦式檐顶，以及营造了一些对称的图案，等等。这种试图以"美容"来化解单调简陋的努力是应当肯定的，但是其方略却实在不敢恭维。它的构想，是似乎只要抹了"美容霜"或戴上了"假睫毛"，便一定会靓俏起来；其实高明的美容术不在所用的材料如何时髦、使用的技巧如何高难，而在于尊重原有素质，审体量材，以恰如其分的方式，来营造出一种韵味。在这一点上，全国总工会大楼的装饰性部件的选择与使用，给我们提供了成功的范例。

这座建筑的楼顶，本是最古板的平顶，怎么让它多少增添些趣味呢？一般性的方案，是加琉璃瓦的檐子；倘舍得大投资，或者还可以顶上起阁；但此楼的方案，是只不过沿楼顶边沿加了一圈中式建筑的"瓦口"，投资极其有限，却顿化古板为灵动，取得了很好的视觉效果。它把高层处的一些窗户，上部处理成圆弧形，再略加上些浮雕花纹，也便改进了立面的单调。它的正门未能获得充足的伸展机会，但就在那相当狭促的空间里，用上展下收的几个水泥原色的托拱，使人产生出中式宫阙风格的联想，大方而经济。整体的视觉效应，即使在这 90 年代，也还经得起反复品味。

军事博物馆

50 年代初，中国在各方面都受到苏联的影响，建筑设计上也不例外。最突出的例子是位于西直门外的苏联展览馆（后易名北京展览馆），其特点是以一个带锐锥形尖顶的主体建筑，对称地铺排开辅楼，后身则以飞机机身形状延伸，构成一个气势恢宏的群体，以喻示蒸蒸日上、欣欣向荣。苏联的此类建筑，其实是从俄罗斯古典建筑中撷取精华，加以发挥而形成风格的。"十月革命"的指挥部所在地——圣·彼得堡的斯摩尔尼大厦（原沙俄海军总部），主体结构便是高大的圆柱撑起巨大的屋架，上面再挑出锐锥形摩天尖顶。不过苏联时期的此类建筑格外注重外装饰部件，除了种种以镰锤麦穗及各民族民俗图案为题材的浮雕外，必不可少的是尖顶上的红星。

作为 1959 年向国庆十周年献礼的"十大建筑"之一的革命军事博物馆，其艺术风格是苏式的。它的整体结构与布局类似于苏联展览馆，但不像苏联展览馆那样纤秀雕琢，而是追求厚重敦实、淳朴浑然的视觉效果，这与它的功能性质是相符的。它的尖顶从体量与相对于楼高的比例而言，都不那么锐利玲珑，但因为它所承托的红星还要有叶环匹配，所以从视觉感受上，还是会使我们产生星星似乎过大过重的印象。不过当年"十大建筑"的设计考虑都相当周密精当，施工质量更属上乘，因此，当 1976 年唐山大地震波及北京时，原苏联展览馆尖顶上的红星被震坠跌碎，而军事博物馆上闪闪的红星却依然巍峨高踞。

军事博物馆虽然不是什么出色的建筑，然而它本身是一种美学时尚的历史见证，自有其独特的价值所在。

中央电视台

　　前些时到马来西亚的吉隆坡去了一趟，自然特别去观看了即将竣工的佩特罗纳斯双峰大厦，这是大马国家石油公司斥巨资兴建的，到目前为止，这座高453米，当中有 K 形桥廊沟通的双峰大厦是世界上最高的摩天大楼，成了吉隆坡市民引以自豪的一个标志。

　　一座城市以其中的一栋最具特色的大型建筑为其标识，或至少是能令其市民引以自豪，已成为人类社会的一种文化时尚，如法国巴黎的埃菲尔铁塔，美国纽约的世界贸易中心 双子大厦，等等。但这种建筑物的出现，一般都需要超常的投资额，并且建筑物本身也应具有非同小可的社会性功能。

　　近年来，我国一些城市里兴建了投巨资的重要建筑，并由于设计者不负众望，使其成了改革开放历史阶段的纪念碑，并可望以其美学上的创意流芳后世，如上海黄浦江东岸巍峨新颖的电视塔。

　　80 年代末建成，位于北京长安街西段的中央电视台，本是有资格成为京都一座标志性建筑的，谁知现在它矗立在军事博物馆迤西，显得不仅平庸，而且，恕我直言，简直是有点寒伧！它的内部功能性也许还不错，然而它的外观实在不能恭维。

　　位于西三环北路的北京市电视台大楼，虽然也不能令人满意，究竟还以左右两道冲天而去的曲线，牵动着观看者的情绪，使其至少有些个跃飞的想象；中央电视台的楼体却干巴巴的，单薄小气；楼面设色也缺乏应有的凝重与辉煌；它启用的时间并不怎么长久，但现在从近处看，已有褪色剥落的地方；这座造价不菲，而且极为重要的建筑，正被京城中，特别是它附近接连出现的建筑物比了下去，它甚至于不如其后面的那座三星级饭店梅地亚中心那样多少有些视觉上的美感。盖这样一座大型建筑洵非易事，我们只有期待另外的项目能令我们刮目相看了！

城乡贸易中心

建筑设计上不是完全不可以从理念出发，但如果仅是直露地显示理念，搞成"看图识字"式的图解，而全无理趣可言，那便是失败的设计。

位于长安街西头公主坟大转盘西北角的城乡贸易中心，我以为就建筑艺术而言，便是一件失之于浅露生硬的失败之作。

这座庞大的建筑以其中高耸的部分象征"城"，然而用几个与其相连属的矮粗一点的部分象征"乡"，再以下部一圈将"城""乡"二者环围的裙楼，来表达"城乡团结"的主题。这种用意是一目了然的。

这座建筑的功能性也许尚可。但因为它的体积很大，在北京西长安街的那一路段构成着重要的景观，因此我们不能不在艺术性上对它提出比较高的要求。

高大的城市建筑构成着城市的天际轮廓线。这样的建筑不仅应有尽可能悦目的外观，尤其应有从各个角度望去都令人视觉舒畅的天际轮廓线。城乡贸易中心的天际轮廓线却不仅从正面直视缺乏美感，从其余几种角度望去更显得暧昧不明，甚至于有笨拙失衡的感觉。

中国古代诗歌的发展，在唐时达于极盛，那时大多数诗歌都充盈着丰沛的意象与韵味，如"大漠孤烟直，长河落日圆"，"犬吠水声中，桃花带雨浓"，似乎极"无理"，却又浑成天然，给人以直观的美感；到了宋代，有一种专门表述道理的诗兴盛起来，这种诗可能不提供充分的画面与动感，但其说理却很富于趣味性，如"梅花香自苦寒来"，我们读着时还是很舒服的；但到了再后来，有人写起诗来变成押韵而已的顺口溜，直白得到乏味的地步，那我们就只能对之摇头了。当代的建筑设计师们，或许应当多多地从优秀的唐诗宋词中，汲取艺术营养。

东单菜市场

　　1980 年我在中篇小说《立体交叉桥》里，通过主人公的眼光和思绪，这样写道："（东单）十字路口西北角，把口那座古旧大棚构成的'东单饭馆'，依旧触目惊心地映入了他的眼帘。……三十年了，这座丑陋陈旧的饭馆虽然一再粉刷，却永不见拆除重建，它还要存在多久呢？"现在离我写这篇小说又已过了十六年，尽管整条长安街有了相当大的变化，但东单路口的房屋轮廓线，却很遗憾地并没有什么根本性的改变。我那小说里写到的东单饭馆，以及与其比邻的东单菜市场，都还"健在"，和当年的区别，仅在于其门面连成了一体，并且菜市场内部利用原有的高架棚空间，搭出了二层楼面而已。

　　在这专栏里，我"读"了那么多或高大雄奇或簇新泛彩的建筑，现在怎么忽然"读"起这一被我在十六年前判定为"丑陋陈旧"的房屋来了？事情是这样的，一位朋友，他对长安街，以及北京别处的若干新建筑，动不动玻璃幕墙，动不动顶些个大大小小的仿古亭子，非常地不满意；他愤激地说："我的眼睛，宁愿多对着东单菜市场看！心里还舒坦点！它虽然简陋，但立面造型总算有些独特的弧形！"听了这朋友的话，我抛弃我那小说中人物的眼光，试着用这位朋友的眼光来"读"东单菜市场，于是，我也发现，它前些年重新修整过的立面，确由三个颇长的弧线（中高，两侧对称下斜），整合为一种"祥云形"的视觉效果；这当然无论是以我们民族传统的角度，还是从西洋建筑史的角度来衡量，都属于非常"小儿科"的造型，本不足道；但是，为什么时下的新建筑，几乎很少在立面上大长度使用弧线轮廓呢？是我们的建筑师们的审美意识都过于"方正"了吗？

"通读"长安街,就此告一段落。说了一些外行话,而且"站着说话不腰疼",人家辛辛苦苦设计、建造出来的作品,仅仅因为自己不欣赏,便直言不讳地加以了批评,实在是非常冒昧!愿有关的设计者建造者,多多海涵!我所要表达的,其实只不过是许多市民们的最朴素的愿望:城市规划者,建筑师,建筑部门,以及其他有关的部门,为把我们心爱的北京城变得更加适合于人们生息,更加美丽,更值得引以自豪,拜托了!

第二卷　城市美学絮语

河城与湖城

有学者以巴黎与北京作比，认为二者的区别，体现于前者为"双岸城市"而后者为"单岸城市"，即巴黎以塞纳河上的西岱岛为"脐"，整个城市以河为脉，呈涟漪状生发而成；北京却甩开南面的永定河，取"水北山南"的阳势，以紫禁城为中心，呈井田状生发而成。论者以为这种城市面貌的差异，体现出了东西方文明的异质性。西方文明在发展中有一种执拗的"海洋—商业"取向，而东方文明则固守"内陆—农业"取向。

粗略地想来，上述分析，不无道理。欧洲的都会名城，呈"双岸"状态的确实不胜枚举，除巴黎外，伦敦骑于泰晤士河，柏林跨于施普雷河，罗马分傍于台伯河，布达与佩斯于多瑙河两岸整合为一城，布拉格由伏尔塔瓦河西岸发展于东岸，华沙任维斯瓦河北淌中分，莫斯科则由莫斯科河与其支流雅乌扎河切割……此外我们还可以毫不费力地罗列出里昂、慕尼黑、日内瓦、基辅……这些欧洲城市，大都很早就重漕运、热外贸，其"双岸"架构，洵非偶然。中国的城市，且不说北京、西安、沈阳、洛阳这些地方，就是依江的大城，如南京，它也是只在江之南侧发展自己，航道与江桥于一般市民来说，只能算是近郊景观；20世纪发展起来的沿海通商口岸中，也就是天津有海河穿城而过，堪称"双岸城市"，直到80年代，上海与广州虽都傍江而立，但黄浦江之东、珠江之南，还是被视为"城外"，或至多美其名曰"都市里的村庄"；大概是中国人潜意识里有种力求立足于"原上"的稳定感，总觉得被河汉所切割的城市太紊乱，而且那种浮动的"波上"感只能是一时用于遣兴，不堪大用，所以有些小城尚容忍其呈"双岸"或"多岸"状，一到建大城，便必甩开江河，正襟危坐般地盘踞于一方"宝地"之怀。

不过依我细想，面对毕竟是多种多样的城市格局，一律用"双岸"或"单岸"的模式来衡量城市的性格，恐怕到头来会落于胶柱鼓瑟。我们还可取另外的角度，来观察城市风貌与市民性格的某种共生性。

北京在历史发展过程中，也并非没有水道流经市内，比如现在北京崇文门、宣武门外，虽已无一条江河流经其中，但从所遗留的"水道子""三里河""河泊厂"等地名，便透露出了当年曾有水运存在。我这里要强调的是，即使现在的北京，也并非是一座纯粹的"陆城"，那些一般公园绿地中的湖池且忽略不计，北京其实是一座城区中有大面积水域的都城，从西北往中轴附近看，它有六大块湖面相属连，按顺序是：积水潭、什刹海后海、什刹海前海、北海、中海、南海。其中前三个湖面，如今仍是非圈定的自然景观，与附近基本保持古城特色的胡同、四合院居民区相连属；目前已有聪明的生意人将其开发为"老北京胡同游"的区域，吸引了不少的海外游客；确实，北京古都的神韵，在这西北城的湖区积淀最为浓酽。从某种程度上说，北京其实可称之为"湖城"，湖虽也是水域，并且北京的湖水并非淤雨而成，是源于玉泉山而最终泻于通惠河的活脉，但湖毕竟是湖，不同于江河，它是宁静淡泊、恬然安谧的，它没有竞争之态，颇具能忍之心，可是一旦发泄起内在的情感，那也非同小可——我在北京什刹海畔居住过十八年，隆冬，湖水冰封，似极静穆，但在深夜，因气温过冷，湖水因进一步冰冻而猛然膨胀，便会在湖盆中发出訇然的冰吼，那声音真是惊心动魄！

北京是常用来与上海对比的。往昔的"京派""海派"之别，且不再论。现在随着浦东开发的旺势，上海成为中国最具特色的"双岸城市"，则已是定局。尤其如今上海外滩的新姿，两座大桥，新拓岸台，露天剧场，喷泉巨雕……处处都更体现出其江城的动势与华彩；过去上海所最引为骄傲的，只是西岸高楼巨宇的剪影，而如今崛起的浦东，已用东方明珠等既具有前卫意蕴又体现着民族精神的超高建筑，勾勒着更加动人心魄的天际轮廓线，待那座不仅是上海第一、中国第一，甚至也是世界第一的摩天大楼耸起时，还有谁再好意思说浦东是"都市里的村庄"呢？

城市是人类文明的聚汇点与激发新活力的温床。城市文明应是多样的，而不应纳入一个哪怕是很不错的模式。"单岸""双岸"，"湖城""江城"，都应视为人类在地球上创造的璀璨明珠！

1996 年 1 月 15 日

城市望点

　　一个城市至少应该有一处可以远眺生趣的地方。市民们站在那个地方，能望见远处的某种特异景色，视觉上获得美感，心理上获得怡悦，我们无妨将那位置命名为城市望点。

　　比如在北京西北城，什刹海的后海与前海之间，那个狭窄相连的水域上，有一座桥，叫银锭桥，多少年来，站在那银锭桥上，扶栏朝西面望去，只要天晴，便可望见，泱泱湖水的尽头，露出青黛色的西山，那正是西山的天际轮廓线最优美的一段；在攘攘的市中心，忽有这样的一个望点，凡首次路过那里并凭栏望到西山的人，无不惊喜莫名；有许多人，一旦在那里望过一回，留下了鲜明印象后，无不尽可能地旧地重游，重温那一份闹市中的宁静与温馨。从明代以来，"银锭观山"便成为北京的一个特色景点，到清朝，更被正式列入"燕京十六景"之一。

　　北京的"银锭观山"，有人认为只是一种偶然构成的城市望点。我以为此说不妥。因为明成祖当年营造这座都城时，不仅注意实用性和单个建筑的美感，更有全局性的美学构想；"银锭观山"的取西山以滋市容的"借景"效果，多半还是有意为之的。从银锭桥西望，在逐渐如扇面般展开的湖面尽头，虽有一抹绿树，却绝无高耸的房宇塔阁，那远处的西山山影，倘有眺望线上的一座并不怎么太大的建筑，便可"一叶障目"，而使望点尽消，而当年北京建成后，在那眺望线上从无遮蔽物，可见还是有人在进行京城景观的总体把握，并非是糊里糊涂地得来了那么一个美妙的望点。法国的巴黎，也是端赖路易十四时经总体规划后，才呈现出了极富美学创意的旖旎风情；现代的巴黎市政建设中当然也有败笔，如 70 年代仿美式摩天楼建造的蒙巴拉斯大厦，严重破坏了巴黎市区天际轮廓线的柔和感，显得生硬突兀；不过，大体而言，整个巴黎的市政建设，还是有着相当出色的美学构想。1989 年，巴黎新市区建出了拉·德方斯大拱门，这座大拱门，实际上是由两座笔挺的摩天大楼，与将其连为一体的横向悬楼，组合而成；站在老巴黎的最重要的一条轴线的中点，凯旋门门洞的中心，便可遥望拉·德方斯大拱门，形成一个动人心魄的城市望点。凯旋门是古典主义建筑的经典之作，拉·德方斯则是被称为"通向 21 世纪的大门"，其建筑风格是反古典的，标新立异的，但是由于拉开了距离，两相远望，竟双双生辉，相得益彰。巴黎的这一新的城市望点的结撰，为人类创造新的人文景观提供了新思路，新经验。

上海有哪些城市望点？我不太清楚。听人说过，站在外北渡桥端的上海大厦顶层，天晴时，能够望见黄浦江入海口的壮丽景色。倘真如此，那当然便是一个绝佳的望点。当然现在的上海已有更多的新大厦拔地而起，有的高度已远超上海大厦，在其顶层眺望黄浦江入海口，也许更加容易，但并不是只要能望见，便可构成一个望点，因为，从不同的角度望过去，涌向我们视觉的线条感是不同的，有时只要稍偏离一点，便韵味大减，甚至索然寡味，所以，倘上海大厦顶层确是上海的一个宝贵望点，那么一定要加以爱惜，其要义，便是务必要防止在那从上海大厦至黄浦江入海口的眺望线中间，蹿出有破坏性的建筑剪影！从事上海市政建筑总体美学把握时，恳请尊重这一呼吁！

在这里我要沉痛宣告，北京的"银锭观山"望点，已被粗暴破坏！不知是什么单位，在从银锭桥西望的眺望线上，以一座"现代化新楼"，严重遮蔽、破坏了那本是一目了然的西山剪影，犹如在明眸中生出一片荫翳，令人扼腕跌足，浩叹乃至欷歔！

作为一个城市居民，我们有享受城市从局部到整体的美感的权利，更有捍卫已有的城市共享美，包括多年来好不容易形成的城市望点，使其不受破坏的权利。这就尤其要求对城市景观的营造握有大大小小决定权的那些人，多些美学头脑，多些历史责任感，从总体设计到具体施工，慎之再慎，三思而行！

1996 年 1 月 16 日

镜墙与青藤

　　自 70 年代以来，世界建筑业的一大发展，体现于新型建筑材料的不断发明与大量使用，其中最引人瞩目的，便是所谓玻璃幕墙的出现。我 80 年代初到西方国家访问，乍看到他们城市中耸立的以玻璃幕墙覆盖整个立面的大厦，真是眼睛一亮，顿感人类的创造力，俨然直逮鬼斧神工。

　　玻璃幕墙的出现，使现代化城市的景观，从满眼钢筋水泥的定势下突破了出来。它显得灵秀飘逸，化沉重为轻盈，以剔透掩杂芜，使城市的立面视觉效应，不再那么一味地"版画风格"，而具有了某种水彩画的神韵。

　　80 年代末至今，玻璃幕墙建筑不仅是引进了中国大陆，而且大有竞相攀比、"无楼不玻幕"的势头，不仅一些大型的公用建筑使用了玻璃幕墙，连一些矮小的店铺，也都采取了"玻璃门面"的装修策略，仿佛这样一来，便具有了"现代派"气势似的。

　　西方建筑当年使用玻璃幕墙，首先当然还是从材料、工艺上的创新，能取得更好的长线经济效益着眼的；不过，建筑师在进行设计时，他一定要有其美学上的追求。严格而言，一座大厦的玻璃幕墙，完成后也便是一面巨大的镜子，因此，也可以把这种墙面称作镜墙。鉴于此，设计者在构思镜墙建筑时，便不能只是孤立地考虑他所设计的那座楼本身，他一定要先将那座楼周遭的情况弄清楚，以便使其镜墙在反照周遭景观时，将最值得入镜的东西尽情收入，而将不堪入镜之物，尽可能地加以回避。这也就是说，设计者不仅应对一座楼的具体美学构想负责，也应对其加入城市总体景观的美学效果负责。

　　在美国波士顿，1975 年由著名的建筑艺术大师贝聿铭与亨利·柯布联手设计的约翰·汉考克大厦，整个造型极为强烈地体现出以往钢筋水泥外观所难表达的抽象意韵，在当时是令人眼目为之一震的创新之作；而其最令人心醉神迷的一点，是它在设计时就有意地考虑到，要以其镜墙，为汉考克大厦一侧的古典建筑，即1877年由亨利·霍布森·理查森所设计的"三一"教堂，"留下倩影"；结果，由于新型建筑材料的优异与施工工艺水平的超绝，那镜墙果然不折不扣地将"三一"教堂的哥特式彩影反映了出来，获得"对影成三景"的诡奇效果。这座汉考克大厦可谓镜墙大厦的经典之作。

我国近年来所耸起的玻璃幕墙建筑，也颇有些成功之作。如北京大北窑的国际贸易中心，上海的解放日报和文汇报新楼，等等。主要的优点是剪影线条简洁和谐，镜墙的工艺水平从远视上还算相当地"帅气"。缺点是尚缺乏镜墙反射的"借景效果"方面的考虑。

西方的新建筑目前已冷淡了玻璃幕墙的使用，我们这边却还在升温繁孳。当然，玻璃幕墙作为一项实用科技文明，属于人类共享文明，我们中国人取之为我所用，当然不一定要随西方人的冷热而炎凉；问题是，已不断有内行人士指出，并不是任何一种玻璃都可充任镜墙材料，我们现在有不少建筑物所使用的此类材料都是不合格的，潜伏着极大的危机，如膨胀系数不合理的问题，刚性不足而脆弱的问题，平整度不够而在组合应力上不和谐的问题，等等，搞不好，有的楼面会"破镜而不重圆"，实堪忧虑。而且，即使是一些用料、施工都还不错的这种建筑，由于是"为镜墙而镜墙"，设计时根本没有考虑那镜墙究竟想映照什么，结果，往往是反射出一些杂乱陈旧，而又很长时间内无法改造的"破景"，把不该向人们昭示的东西触目惊心地呈现了出来，其在城市总体景观中，实在是起着"添乱"的作用。这样的一些问题，都亟须有关方面正视、研究，加以避免。

其实，使建筑物墙面不至单调，除了从设计上增添装饰性构件，以及使用新型建筑材料外，对较矮的建筑物来说，以攀缘类植物与墙面亲和，营造出一种特异的韵味，是中外自古都有的美化手段，这种青藤式立面造型，并不因人类有了镜墙之类的非自然美学效应的使用而过时，在英美等国家，很多历史较为悠久的大学，都有"常青藤学院"之称，那些校园内的建筑——也不仅是前辈遗留下来的古典建筑，包括近一二十年以新的美学创意设计的某些新建筑，只要不是摩天大厦，也有不少用青藤加以装饰的，并且看得出，设计者在一进入设计时，已将青藤这一因素考虑了进去。我国毕竟还是一个发展中的国家，投资巨大的摩天大厦的营建不可过分，应适可而止；一般公用或民用的较矮建筑，也不必要在装饰性构件上花费过多投资，因此，青藤式装饰仍不失为一举数得的美学追求。

1996 年 1 月 17 日

窗含与门泊

"窗含西岭千秋雪，门泊东吴万里船"，杜工部的这两句诗，把中国传统建筑对窗门的美学追求，给了一个非常中肯的概括。的确，在中国传统建筑中，窗户绝不仅仅是为了透光和透气，一个好的窗户，应当是一个好的画框，也就是说，室主在室中面朝窗户时，他的首要感受，应当是觉得看见了一幅优美的图画。"画栋朝飞南浦云，珠帘暮卷西山雨"，这是写意画；"榆柳萧疏楼阁闲，明月直见嵩山雪"，这是工笔画。因为把窗景当成画，所以"画框"便有非常丰富的变化，这在中国园林建筑中体现得尤其鲜明。中国古典园林的墙廊上，往往开发出一个接一个形状不同的廊窗，或仙桃葫芦，或石榴蝙蝠，或扇形瓶形，或连环方胜，"画框"本身极富装饰趣味，然而更重要的是让廊中漫游者移步换景，也便是犹如在一个画廊里赏画。再进一步探究，我们便发现在中国古典建筑中窗不仅是"画"，也是诗："梦觉隔窗残月尽，五更春鸟满山啼"；又是音乐："深秋帘幕千家雨，落日楼台一笛风"；乃至"天籁"的笛孔："今夜偏知春气暖，虫声新透绿窗纱"……

在我们当前推进现代化的过程中，各种建筑真如雨后春笋般拔地而起；一般的工业、民用建筑不好苛求，但对某些本身应构成一道风景的建筑，我们便不能不对其美学上的追求有所评议。在吸收中国古典建筑的优秀传统，发扬其对"使窗如画"的追求上做得成功的例子，在北京我觉得起码有两处，一处是由美国建筑大师贝聿铭设计的香山饭店，凡去过那饭店的人都不难感受到，那里几乎每一间客房，都至少有一扇窗户，与香山一隔的景色构成着一幅生动的图画；这当然并非偶然，而是贝聿铭一进入设计构思时，便非常注重的一项美学追求。另一处是长安街上的贵宾楼饭店，这家五星级饭店的外表似无甚特色，但其内部的公众共享空间多有新颖创意，其二楼咖啡厅有意将向南的一面完全装成落地大玻璃窗，使明清以来便存在的一堵皇城的红墙，恰好落入顾客视野，我以为这是将中国古典建筑那"以窗为画"的美学原则的活用，而又融入了西洋美术的某种抽象的装饰趣味，其设计上因地制宜的巧思，似更在香山饭店诸窗之上。

中国古典建筑对门的美学追求，往往将气派置于首位。但也不是单指门体本身的形态质地，也是与周遭的环境，特别是自然环境放在一起来考虑的。本文开首所引的老杜名句，便体现出这一意蕴。"开门见山"在中国是一句家喻户晓的具有褒义的成语。所谓"一水护田将绿绕，两山排闼送青来"，是农业中国最佳的建筑环境。倘能"楼观沧海日，门对浙江潮"，那就更可居而自傲了。但工业化浪潮使得绝大多数现代城市的建筑物大门失却了"泊船""见山"的可能性，它倒很可能是"门泊洋洋百辆车"或"两街排闼送灰来"，这可怎么办呢？近代的西洋建筑，凡讲究一点的，往往采取抬高大门础基，以回旋坡道与前伸的风雨廊，来缓解城市空间日见局促所带来的焦虑感，并与或许并不太宽阔的前庭，形成一种既有所区分又颇为亲和的关系。目前中国大型建筑在门的处理上也多往此种西式风格上靠拢。不过，其实中国古典建筑处理门的美学追求仍不失为一种可以借鉴的方式。比如广州的花园酒店，初建时基本上是"全盘西化"的，营业初期据说收益不如所期，于是有看"风水"的高手建议其在"虎口"状拱门的几十米外筑一弧状花台，以"拦住虎吐"；后果然筑起了弧形花台，上面密置大盆棕榈，据说效益从此便大为好转。我不懂"风水"，不敢率议。但依我想来，这样补救酒店的"门景"，遮蔽了车水马龙的喧嚣街市，其实很符合"开门见绿"的中国古典建筑的美学追求，也许因此也就增进了出入其中的顾客的好感，成为其效益提高的原因。

愿我们的城市新建筑，能在一进入设计时，便能在窗门的把握上，不仅重视其功能性，也重视其美学意蕴。我们中国古典建筑在这方面的丰厚遗产，实在是大可借鉴活用的啊！

1996 年 4 月 15 日

水自天来眼波横

城市景观中不可无水。即使不傍河海，亦无湖泊，或虽有河湖，但某些大的建筑物与公众共享空间却离那些自然水域颇远，那么，以人工力量来营造小规模的水景，便成为必要的了。

十多年前我头一回去法国，在巴黎铁塔前面和凡尔赛宫花园看到人工喷泉浩然喷发的情景，十分激动，回来后曾撰《凡尔赛喷泉》一文，慨叹中国城市里缺乏喷泉的设置，并初步意会到，中国古典建筑的庭院乃至园林的布局中极少喷泉的设置，是由中国与西洋不同的文化心理所决定的。现在想来，确实如此。在中国人的心目中，"黄河之水天上来，奔流到海不复回"不仅是诗，也是理。中国的地势总体而言是朝东倾斜，因此在经济、文化一贯比较发达的东部地区，人们认为水的存在常态一是"泻"，一是"平"，而中国文化中影响最大的儒家文化与道家文化都强调顺应事理天意，故而在中国古代的诗词曲赋中，存在着大量咏赞瀑布与平湖的文句，以水的自然泻落与若镜映物为美："日照香炉生紫烟……疑是银河落九天"，"庐山秀出南斗旁……影落明湖青黛光"，等等。"水是眼波横，山是眉峰聚"，此为大景；"满园深浅色，照在绿波中"，这是小景。总之绝少歌赞叹水的上喷蹿跳。

以北京为例，紫禁城那么堂皇富丽的庞大建筑群，景点繁多，花样迭出，可是却无一处喷泉。而在西洋哪怕是规模要小许多倍的皇宫里，也总会有不止一处的喷泉设置。此非不能也，而是不爱也。我们都知道乾隆在位时，宫中的西洋供奉曾为他在圆明园中设计过有"大水法"的西洋楼景点，李翰祥拍《火烧圆明园》时还搭出了大堂的布景，展示那一喷泉齐溅的景观。但其实我们并不能找到自乾隆到慈禧特别喜欢那喷泉的文献资料，圆明园的"大水法"只不过是中国统治者偶尔容忍一点西洋"淫巧奇技"的小例子罢了，喷泉始终未能进入中国园景文化的主流；"英法联军"放火焚毁了圆明园后，"大水法"那样规模的喷泉可以说便绝迹于中国了。

没有喷泉的中国园林，顺应"水往低处流"的自然属性，却也创造出了种种至美的佳境，《红楼梦》所描写的大观园，以沁芳闸为核心的水景布局，基本上概括出了中国人对水的审美心态。

但近十几年随着改革开放的推进，城市人造景观中对人工喷泉的营造成了越来越热门的事情。以北京而论，虽未必有昔日圆明园那么集中、复杂的喷泉组出现，但节日期间天安门广场的临时喷泉，北京游乐园的"水幕电影"，一些公众共享空间里的音乐喷泉，以及各大饭店宾馆内外的大大小小的形态各异的喷泉，已然构成了一派新的"城中景"。十多年前，我从法国归来后曾大声呼吁引进喷泉，我以为喷泉不仅润泽着城市空气，可以与现代化的建筑物整合为一种美妙的景观，而且，那种偏"逆水性而嬉弄之"的浪漫情怀，能以激发出我们一种昂扬的创新精神；现在我的诉求可以说已经获得了满足，为此我感到欣悦。

不过我现在的心情又与十多年前有所不同。当设置喷泉在当今的城市景观中已成为滥套时，我倒要回过头来，强调一下我们民族审美传统的继承问题。我感觉，目下一些建筑物内外的喷泉，有一种赶时髦，甚至是盲目"西化"的倾向，或者是"为喷泉而喷泉"，全然道不出之所以那样"嬉水"的美学动机。其实，如果建筑物整体是民族风的，那么，在以水布景时，无妨仍取中国古典式的"泻"与"平"的造境法，比如北京王府饭店，这是一座有中国古典式大屋顶和门前有中式牌坊的豪华建筑，它的前堂，使用了很大的水量来造势，不是用以构成喷泉，而是用以构成瀑布，这就不仅赏心悦目，而且与其整体的建筑风格相吻合，是一个成功的"返璞归真"的例子。其实即使是西洋人以洋美学追求为主体的设计，有时也很会从中国古典美学中汲取精华，取得"出奇制胜"的效果，如上海波特曼商厦那宏阔的公众共享空间中对水的运用，就主要不是使其上扬，而是用沿着墙面流泻与营造出大面积水池，很有点"水自天来眼波横"的意趣。

在美国，俄勒冈州波特兰市公众共享空间中水域的配置，曾在全美乃至西方名噪一时，其实那主要是摆脱了一律喷泉的模式，大量采用了"水自天来"的人造瀑布与"水波漾漾"的人造浅池，用一种"东方（很大程度上是中国的）园林美学"来调剂了其过分反自然的城市建筑景观。当然，波特兰市在人工配置水景时，强调了"应当有用手可以接触到的水"的原则，不仅允许，而且有意营造出一些路人可以用手承接的水帘与可以伸手搅动的浅水，这一富于人情味的美学创意，是很值得我们借鉴的。

1996 年 4 月 17 日

要理趣，不要图解

我国城市大型建筑的设计，在美学追求上我是不赞成摒弃理性，走某些西方设计师的那种非理性路数的。依我的眼光看去，西方标新立异的新建筑，也是能"讲出个道道"的要顺眼一些；倘"全然没有道理"，虽激赏者在旁啧啧赞叹，我也还是不能共鸣。比如法国巴黎的蓬皮杜文化中心，它仿佛是一个没有皮肤，裸露着全部筋腱血管神经的活体，乍一入眼真是吓人一跳；然而它的美学前提中依然有着理性，似乎在昭示着我们：功能性本身，便是一种美；与其矫情地包装，莫如坦然地直露。我能接受蓬皮杜文化中心。可是我在美国却看到过一栋据说投资不菲的建筑物，设计者自称其灵感源于他的一个梦，那便是完全"不讲道理"的非理性"杰作"；我实在不能欣赏，而且怀疑它的功能性是否得以充分实现。

在建筑设计的美学旨意中体现出理性是必要的，但搞不好弄成了图解主题，那也不好。比如50年代建于郑州市中心的"二七纪念塔"，它用两个塔体图解"二"，用每塔七层来表示"七"。这是很笨拙的构思。"二七"大罢工作为中国产业工人群体力量的一次动人心魄的大展示，本是可以激发出丰富创作灵感的，无论是从中国古典浮屠或西洋方尖碑上，都可以找到许多可借鉴的素材，"二"和"七"这两个数字并不能说明什么问题，七层双塔的设计实在是胶柱鼓瑟。再如80年代北京公主坟的城乡贸易中心，用一个竖高的楼体图解"城（工）"，再用一个较矮而宽的连体楼图解"乡（农）"，再用一个将二者环围的裙楼，图解"城市（工人）老大哥和乡村（农民）亲兄弟组成了牢不可破的联盟"。这样的构思实在生硬。结果是经常有外地朋友问我："你们公主坟那边的庞然大物是个什么建筑？怎么那么难看？"我去年在某城看到了一栋新落成的市府建筑:用一个圆柱形的楼体表示"一个中心"，然后两翼展开表示"两个基本点"，左右前廊则有四根跳眼的圆柱，那是表示"四项基本原则"……图解到了这般地步，让人怎么评说好呢?

我们的城市建筑设计的确应当努力体现出时代精神，确实应当富于健全的理性并尽可能使大多数市民喜闻乐见，特别是公众共享的大型建筑，在设计构思中应当有一个"主题"，但那不应是刻板的图解，更不应是冷冰冰的"说教"。我们的设计师们应当从我们自己民族优秀的传统建筑语言的承传中，从外民族的优秀建筑语言的借鉴中，升华出富有独创性的"建筑诗句"来。中国古典美学很讲究所谓的"理趣"。中国古诗，如"沉舟侧畔千帆过，病树前头万木春"；中国古画，如郑板桥的墨竹图；中国古曲，如《十面埋伏》；中国戏曲，如《除三害》……都是在极精美的形式中，蕴涵着强烈的"理趣"。中国的传统建筑更是如此，比如北京的天坛，其总体布局与每一建筑本身，无不关合着"天道"，却也并非在那里生硬图解，而是给观赏者留下了非常宏阔的想象余地，蕴涵着丰沛的内在美张力，可以说是古建筑中最具"理趣"的典范。

"饰貌以强类者失形，调辞以务似者失情"（汉朝王充语），"假象过大，则与类相远"（晋朝挚虞语），"象其物宜，则理贵侧附"（南朝梁刘勰语）……这些中华民族的传统美学思想，至今对我们的建筑设计师仍是一笔宝贵的精神财富，特别是刘勰的这句话，一方面他认为值得去体现某种本质，可是另一方面他又谆谆告诫我们，不要直露地图解，而应当发挥艺术想象力，用"侧附"（别辟蹊径）的办法，营造出理趣来。

1959年北京在很短的时间里，便设计建造出了"十大建筑"，那时意识形态对设计者的构思不消说是起着统帅作用的，但也并没有因为要鲜明地体现"主题"，便一律生硬板涩，其中有的作品，比如民族文化宫，我以为便不失为一个摆脱了肤浅的图解思路，而在生动活泼的构想中达于理趣境界的佳作，过了三十六七年再来欣赏，仍不觉得它落后。它的最大优点，还并不在比如说其中央高耸的亭子顶塔楼，你可意会为"中华民族一定要自立于世界民族之林"什么的，而是它难得地在楼体、楼体与楼前空间、楼体的功能性构件与装饰性部件之间、各部位线条与色彩的处理等各个方面，基本上整合为了一个可称之为"大和谐"的旋律。80 年代以降，北京富于理趣的优秀建筑设计例子更多，比如中国国际贸易中心，那基本上是一组现代派的建筑，在建筑物的外貌上你找不出任何关合于"中国""国际""贸易"等的符码，然而它几个高矮不同的楼体上的巨大弧线，以及所采取的大面积浅褐色玻璃墙面，在北京固有的天宇下书写出的建筑文句，引逗出了北京市民特别是年轻一代想象外部世界的"意识流"，这效果就难能可贵。

1996 年 4 月 16 日

祈年殿的启示

北京最具代表性的建筑有三：一是八达岭长城，一是天安门，一是天坛祈年殿。长城实际上是整个中华古文明的象征，天安门的政治意义巨大，而天坛祈年殿则是中华传统文化之美的集中体现。70年代初在打开中美交往之门过程中有着特殊贡献的美国前国务卿基辛格曾回忆到，他那时头一回到天坛参观，当祈年殿映入他的眼帘时，他简直惊呆了，以至很久都无法用语言来形容那种美感对他心灵的冲击。这其实也是无数西方人首见祈年殿时的共同感受。我们自己则可能是不管有否直面祈年殿的机会，因为从小就会接触到这个建筑的图像，所以反倒"久在芝兰之室，不闻其香"了。

祈年殿实在是至美的建筑，它不仅是中华文明的骄傲，也是整个人类傲对宇宙的顶尖级文明瑰宝之一。

这样的声音越来越响亮：像北京天坛祈年殿这类的建筑，特别是由这种建筑所组成的建筑群，随着岁月的推移，不可避免要进行维修整建，那应当以"幡然复旧"为其原则，万不可任意将其增删改动。

对于上面这个观点，我基本上是赞同的。不过我以为倘过分地强调这一点，以至于弄得在保护、修复古典建筑时一味地战战兢兢，使当代建筑师的想象力与创造性不是受到合理的限制，而是成了一种古板苛酷的束缚，那就会弄成胶柱鼓瑟，不利于人类文明的良性推进。

我们都知道，直到50年代初期，天安门广场都还不是现在这个样子，后来拆除了东西两侧与南面相当不小的单层门座与围墙，才使它的面积大大地得以展拓，直到成为世界上最大的一个城市广场。这样的改动与变化，应当说适应了时代的潮流，并且在美学上也具有了新的内涵。

祈年殿呢？许多人大概并不清楚，现在我们所激赏的这座祈年殿，其实已并非多么古老的建筑，严格计算起来，它到今年只不过才一百年的"殿龄"。整个北京天坛的"坛龄"，那是有五百七十六年了。天坛始建于明永乐十八年，即1420年，最早称天地坛，最早祈年殿叫大祀殿，那时既然祭天与祭地尚未分开，根据"天圆地方"的古训，该建筑想必是上圆下方的；到嘉靖二十四年（1545年）改建为大享殿，是座镏金宝顶三层檐攒尖顶的建筑，其形态与现在人们所见差别甚明；据记载当时其三层檐瓦是上层为蓝色，中层为黄色，下层为绿色。这建筑直到清朝乾隆十六年（1751年）时才改称祈年殿，并于次年将三层檐瓦一律统改为蓝色。1889年，即光绪十五年，此殿遭雷击焚毁，次年再一次改建，历时七年方竣工，这才是世人现在所见到并发出一致赞叹的祈年殿。我们所特别要感谢的，应是那最后负责设计这座殿堂的工程师，他在复建这座殿堂时既"尊古"，而又并不"泥古"，使我们百年来得以有这美轮美奂的眼福与心灵悸动。

天坛祈年殿所创造出的视觉奇迹，给予了我们有益的启示：在营造城市景观时，不仅建造新的建筑有可能给城市增添活力，在修复、利用古迹时，也一样有可能使当代建筑设计师以他们充满创造性的想象与整合的魄力，来给传统建筑锦上添花。

前些年法国巴黎在扩建卢浮宫地下展室时，也有过激烈的争论：像这种已然以其固有形象载入了史册的建筑群，还允不允许在其中发挥建筑设计师的奇思妙想？当美国建筑艺术大师贝聿铭拿出了他那在卢浮宫中心庭院里，凸现出一个全然属于现代派手法的"金字塔玻璃顶"的设计方案时，有些人几乎气晕倒地，认为那绝对是"佛头着粪"，"天理不容"；然而当那备受诟病的"金字塔"终于建成之后，越来越多的世人都觉得那东西不但并未破坏卢浮宫的总体美感，反而给那古老的建筑群注入了一股勃勃生气，就连原来反对最烈的那部分人里头，也很有些人转变了看法。

当然，修整传统古典建筑，特别是已成为人类文明经典的那些代表作，"恢复原貌"应是第一原则，在增删、调整、发挥上一定要慎之再慎，不过，倘有设计高手真的拿出了类似重建祈年殿时改为现形态的方案，尤其是做出了将三层檐瓦统一为蓝色的决策，我们便应勇于站出来支持！我们无妨"退回去"想象一下，天坛祈年殿的檐瓦倘若至今仍是上蓝中黄下绿，我们还会不会觉得它是那样地完美无憾？

上海虽然大体上是一个新兴的城市，但历经百年后有些建筑也渐入古迹行列，包括整个外滩建筑群。我以为近年来外滩建筑群的修整，特别是堤岸的展拓，包括原外滩公园的彻底改造，都是既尊重历史原貌，又体现出因时代发展而制宜的变通精神，总体而言是成功的。不过随着浦东建筑群的崛起，浦西固有的天际轮廓线所形成的传统美感正遭受到严重的挑战，二者如何在互动中整合为一种新的上海之美，看来已构成了一个很大的课题。解决好这个课题，北京天坛祈年殿的启示，也还是意味深长的吧！

1996 年 8 月 7 日

前门箭楼传奇

　　1996 年是我国建筑界泰斗梁思成先生诞生九十五周年，1997 年又逢其谢世二十五周年，故这两年纪念他的文字不少，这些文章里，几乎无一例外地都提及他关于保存北京城墙与城门的建议终被否定弃置的遭际；未及他撒手人寰，北京的城墙与城门除少数幸存的残段与孤门外，已被尽悉拆除，实在令人扼腕欷歔。由此人们又进一步生发出关于城市改造中如何尽量保护体现地域文化的古旧建筑的讨论，冯骥才就特别关注这一问题，并在天津的城市发展过程中参与了不少具体而微的"护旧"工作。

　　我 1950 年定居北京，是北京城墙与城门近乎"全军覆灭"的见证人，对此我也是痛心疾首的。但痛定之后，冷静思考，也就悟到，一座大城，在历史的进程中一味地想维护古风古貌，实在是很难很难的。

　　北京的城墙与城门，其实早在辛亥革命之后，就被动过一次"手术"。那便是前门（正阳门）及周遭城墙街区的改造。那改造的最主要的缘由，是其旧有的格局不仅完全不能适应新时代的交通需求，而且严重地妨碍了彼时人流与车流的通畅。我们都知道，当时北京火车站建在前门的东南侧，如今遗迹仍存（拱形顶的室内车站现改造为铁路工人俱乐部），这样前门一带便必须提供疏阔畅达的公众空间，以使从轿子骡车转换到蒸汽火车时代的人际交流，在数量与速度上都能得到充分的保证。

　　改造前的正阳门，在正门与箭楼之间，有封闭性的瓮城，巨大而富有神秘感的瓮城的设置，本是刻意要使进城的过程变得艰难而曲折，当然皇帝本人穿行时会成为一种例外，那时位于中轴线的所有门洞中那些布满巨大门钉的沉重门扇都会彻底敞开，但一般官绅平民出入这座界定内外城的大门时，麻烦就多了，即使恩准出入，也必得绕瓮城从侧面穿数个门洞迂缓而行；至于敌人，那瓮城与护城河的配置，特别是箭楼的巍然屹立，都是"固若金汤"这个成语的物质性体现，是"挡你没商量"的。20世纪初对正阳门的改造，其最主要的"手术"便是拆除了瓮城。瓮城一拆，正阳门的门楼便与其南面的箭楼分离开来，各成一景了。这景象一直延续到今天。

从瓮城上剥离下来的北京前门箭楼，一个世纪以来已成为了北京的三大代表性徽号之一（另两个是天安门城楼和天坛祈年殿），由于有一种跨越几个历史时期而至今依然存在的香烟牌子"大前门"，那烟盒上总是印着它的雄姿，所以前门箭楼的形象传播可说已十分地深入了人心。

我们现在所看到的前门箭楼，其主体结构，是否是明正统四年（1439年）初建时的风貌？答案是否定的。这箭楼在乾隆和道光时代都曾因火毁而重建。1900年八国联军入侵时，又一次毁于大火。清王室再次重建时，那建筑师并没有按原样来设计这座箭楼，幸好位于城西北的德胜门也还存有一个箭楼至今，我们可以两相比较，据载，1900年毁于大火的前门箭楼，与德胜门箭楼是基本相同的，但现在我们所看到的前门箭楼，它的体量在改建时被增大了，齐平台处宽50米，最大进深24米，通高38米，建筑构件的强度与数量均有增加，是二重檐、歇山顶样式，北面凸出抱厦五间，东、西、南及两檐间开箭窗82洞。另外，其墙基的倾斜度大增，就视觉效果而言，更显得雍容儒雅。

这重建的前门箭楼好不好看？说不好看的，大约不多。拆除瓮城后面貌稳定下来，并在"大前门"烟盒上被世俗所熟知的这座箭楼，其实与清光绪年间火毁后重建的那形象，又有了变化，其一，是登楼的梯道，改成了"之"字形，并且台阶间有数层平台；其二，是梯道与城楼上的大平台周遭，增加了汉白玉栏杆；其三，是其下面两层箭窗上，增加了拱弧形护檐；其四，是在楼基的斜壁（月墙断面）上，增加了巨大的水泥浮雕。这些装饰性构件，不仅在影视照相中十分显眼，即使在用线条表达的烟盒画上，也凸现为其不可删却的细节。因此我们必须注意到，光绪年间前门箭楼的重建，并非"恢复都门旧貌"，而民初拆除瓮城后改装的箭楼，更是改变了容颜。

对这改变了容颜的前门箭楼，从审美心理上予以排拒，尤其是以"未能保持古貌"的理由而加以排拒的，从那时到如今，究竟有几多人？恐怕其人数，是本来就未必多，而随着时间的增加，更以反比例而锐减吧！

民初的那次改建，具体而言，是 1916 年，当时的北洋政府，请了德国建筑师罗斯凯格尔（Rothkegel）来主持的，前门箭楼以上所述的四大装饰性配置，全是他的设计，特别是楼基侧壁上的巨大浮雕，真亏他苦运"匠心"，以至当我把这一点向一位看熟了前门箭楼的朋友指出后，他大吃一惊说："怎么，那不是原来就有的，竟是一位洋人生给加添上去的？"可是他迟疑了一下也就表了态，"唔，看上去倒也天衣无缝……看惯了，抠下去也许倒会觉得不对劲了……"那浮雕其实说不清究竟像个什么，只是其配置于其位，使中国古典风韵中，糅进了一些西洋的趣味，既与附近的西洋式火车站有了一种必要的视觉与情调的呼应，又制衡了因拆除瓮城后楼体本身的单调感，增强了稳定效应。

古建筑作为文物弥足珍贵，尽量地加以保存，必要时投资修复，已成为绝大多数人的共识，但在公众生活方式及审美趣味不断发生巨大变革的历史进程中，某些古建筑也未必不能拆除，而修复重建时也未必不可以加以变通性更动，我在《祈年殿的启示》一文中，已表达过这一见解。但天坛祈年殿当年的改建，还并不牵扯到公众共享空间的配置，而随着世道的昌明、文明的推进，古旧建筑群如何在城市发展中适应公众共享空间的展拓，越来越成为一道难解的方程式。在梁思成先生出生前后直至他的少年时代，前门箭楼的改头换面、瓮城的拆除，以及前门箭楼楼基侧壁上巨型浮雕装饰件的出现，提供了前人的一次经验，激励着我们超越"旧物勿动""整旧如旧"的简单化思路，去探索开辟出一条既尊重文明史的"旧链环"，又大胆创造"新环节"的蹊径来！

1997 年 8 月 25 日

摩天之志费思量

到了吉隆坡，我便急着要去看佩特罗纳斯双峰大厦，那是因为我对城市艺术建筑葆有浓酽的兴趣。数年前，我在美国登上过世界按高度排名占头三位的摩天大楼，即芝加哥的西尔斯大厦（高 443.5 米）、纽约的世界贸易中心（双方塔，高 419.2 米）和纽约帝国大厦（高 381.3 米）。美国是摩天大楼的始作俑者。摩天大楼是城市经济和都会文化发展到旺盛阶段的产物。从表面上分析，可以归纳出许多建造它的目的，如地价的蹿升、财团经济对庞大的集中办公空间的需求、新兴建筑工艺与建筑材料对市场的诱惑、长线投资所能获取的丰厚利润，等等；然而，那"群体无意识"底蕴，其实包含着万丈红尘中的都会市民展示跃升心态的迫切诉求，正所谓虽"命比纸薄"，却偏"心比天高"。有社会学家做过很有趣的抽样调查，询问市民对本城高层建筑的印象，其中大多数人虽然本身的生活与那些建筑并无关系，甚至根本就没能进去过，可是他们还是觉得那些建筑，特别是其中数一数二的摩天楼，赋予了他们一种自豪感，有的来自乡间或小城镇的民工女佣，他们往家乡寄信时，不仅往往要在信中提及那摩天楼，甚至还要附上以那摩天楼为背景的照片。第三世界穷国到西方经济强国留学的学生，也往往爱给国内家人寄背景上有摩天楼的照片，头一年尤其如此。厌恶摩天楼的，倒往往是一些大都会中富裕的智识阶层人物。

摩天楼在艺术趣味上不仅是违自然的，而且是反自然，乃至于挑逗、亵渎自然的。建于 1931 年的纽约帝国大厦，高耸的尖顶还多少保持着一种古典的风韵。我记得它最高的观览处，尚有露天的回廊，虽然为了游客的安全，那密实茁厚的护墙大体齐胸，终究还给你一种与自然天宇亲和的感觉。分别建于

1974 年与 1977 年的芝加哥西尔斯大厦和纽约世界贸易中心则一扫古典气息，是所谓"彻底的现代派"，比如位于纽约曼哈顿岛尖上的世界贸易中心，设计成两个高耸的长方形"盒子"，在视觉上给你一种强迫性的突兀感。西方古典建筑中也有高耸的庞然大物，如德国科隆大教堂，但那些建筑多半都具有宗教性质，其锐耸接天的塔形尖顶不仅绝无狂妄"摩天"的轻亵意味，而且同东方佛塔造型一样，倒是竭力地想体现出一种对天庭的敬畏与臣服。纽约世界贸易中心可不一样，我记得登至它最高的观览厅，它那天花板下，爽性裸露着横切面约有一米以上的若干组大弹簧，那是用来维系楼体在风中的稳定性的，据说像那样高的摩天楼，其顶部在常态风中的摆动度也差不多是左右十米的样子；因此，人们在参观时，那顶部用以制衡的弹簧便在不间断地嗡嗡颤抖发响；我本来就属于有"恐高症"的人，在那弹簧下面更不禁发怵。但我理解，那是设计者为体现"我自摩云朝天笑"的气概而特意安排的节目。这样的摩天楼，确实不仅炫耀着市场经济高度发展后，投资规模可以何等地财大气粗，也似乎在昭示宇宙，人类在科学技术、工艺水平、施工规模，特别是超自然约束的想象力驰骋方面，已具有了怎样的可能与气魄。

摩天楼兴起于美国，截止于我写这篇文章之时，世界上已建成投用的摩天大楼（不算电视发射塔），按高度算，前十名里美国还是占有着八座，其余两座都在香港，一座排第四为香港中环大厦，另一座排第五为香港中国银行大厦。第二次世界大战后，欧洲大城市如巴黎、法兰克福等都一度效法美国，盖起了一些现代派的水泥盒与玻璃盒的摩天大楼，但他们似乎很快就意识到，那种暴发式地展示"经济奇迹"的摩天楼，不仅是反自然的，也是与他们固有的优秀文化传统难以和谐的，因此并非是不具备从高度上超过美国而"雄起"的能力，而是自觉地放弃了一味求高、盲目"摩天"的追求，试图别辟蹊径，来营造自己的都会奇观，像比利时布鲁塞尔的"原子球"、巴黎的蓬皮杜文化中心，就都是不求"摩天"而"巧夺天工"的创新之作。后来建造摩天楼的风气传到了日本，可惜日本是个地震频发的岛国，条件所限，不得不收敛了争"第一高度"的野心。再后来，则是经济相继起飞的国家，勃动起建造摩天大厦的强烈欲望。

马来西亚吉隆坡的佩特罗纳斯双峰摩天大厦，由其国家石油公司投资，楼高八十八层，高 453 米，两座"峰"在底座往上约三分之一高度处，以一座横 K 形桥廊相通。我从远、近几种不同的角度仔细地观看了它，这座已在今年二月封顶的摩天楼正紧张地进行着内外装修。它的外装修已接近于最后完成。它的外形设计，打破了美国与香港的那些原来排在头十名的摩天楼的超自然与反传统的风格，虽然它的高度现在超过了它们而暂居世界首位，望去却并不"狂妄自大"，其笋形的轮廓倒显得颇为轻盈、谦和，并且糅进了某些伊斯兰的风格（马来西亚多数的国民是马来人，虔诚地信奉伊斯兰教）。虽未最后竣工，但圆锥形的楼体那钛银色外壳显得非常规整、光润，显示出其工艺的精致。佩特罗纳斯双峰摩天大厦不消说已成为大马，特别是吉隆坡的标志性建筑，也将成为当地最新的旅游名胜，而且也引出了大马国民和吉隆坡市民的一份自豪。但也有不以为然的意见，比如一位当地的富裕人士便对我说：吉隆坡现在的交通状况已然堪忧，每天几乎有一半的时间，主要干线上总是堵车难行，这双峰大厦落成后，据说其楼内车库便可停放五百辆汽车，陡增了这许多的车位，楼外马路却一时不见相应扩充，启用后岂不造成更严重的"塞车死结"？他认为这样的建筑不过是经济起飞后"群体虚荣心"的表征。

　　哄传许久的高达 457 米的重庆摩天大厦，据有的报导，是"黄"了，从而无法夺去吉隆坡摩天大厦的霸主地位，而即将动工的上海浦东经贸大厦，原来我听说拟高 421 米，现在传来的信息是要达到 460 米，那显然是为了满足"老子天下第一"的欲望，然而台湾高雄正筹建亚洲企业中心，原定高 431 米，会不会爽性再高它一截，"不占第一誓不休"呢？其实，美国建筑学设计师勒梅热勒早在 80 年代就设计并制出了高达半英里（约 800 米以上）的"埃厄沃恩中心"模型，那是只要投资到位，从科技、工艺上完全可以达到的并非幻想型的大厦，然而即使是财大气粗、顽童心态的美国人，在诉诸实践前也不禁自问：如此膨胀的"摩天"之志，其哲学上、美学上的意义究竟何在？更何况把摩天大厦的游戏玩大了，不仅会大大地影响大自然的原有生态（首先会影响其地区的光照、气旋，破坏原有气候），而且也会极大地影响人们的社会人文生态（一座摩天大厦等于一个巨大的"蜂巢"，即使仅是工作时间"蜂集"，那如"蜂"的人们也难免会派生出诸多行为学、心理学上的复杂问题），所以"埃厄沃恩中心"至今在美国依然是一座 30 多米的巨大模型。

我并不一概反对摩天大厦的建造，但我对一味在高度上攀比、"不达第一誓不休"的心态，很不以为然。与其在高度上争第一，莫若在美学创意上多下工夫！

1996 年 8 月 5 日

净墙壁画两相宜

我曾写过一篇《净墙》，从政治社会角度，议论城市建筑墙面的遭际。在"文革"中，几乎凡能贴"大字报"和大标语的墙面，都被覆盖污染了，以至在那氛围中度过童年的诗人梁小斌，于"文革"结束不久的1980年，动情地写出了这样的诗句："妈妈，我看见了雪白的墙。……这上面曾经那么肮脏，写有很多粗暴的字。妈妈，你也哭过，就为那些辱骂的缘故……比我喝的牛奶还要洁白、还要洁白的墙，一直闪现在我的梦中，……我爱洁白的墙。永远也不会在这墙上乱画，不会的，像妈妈一样温和的晴空啊，你听到了吗？……"这种对净墙的向往和热爱，是大多数人共通的情怀。但"墙欲净而风不止"，政治风暴过去，商业熏风疾来，在我们城市建筑物的墙面上，开始出现越来越多的商业广告，以至严格意义上的净墙，特别是"比牛奶还要洁白"的无广告污染的"雪白的墙"，又开始稀少起来，我不知梁小斌可有新的诗兴，来再一次向"温和的晴空"呼唤明净？

城市建筑的墙面，抛开政治社会的角度，单从形式美的方面考察，其实，素净可能构成一种美感，而斑斓亦可能构成另一种美感；素净好比宁静无声，自有安谧的情调宜人，而斑斓则仿佛交响乐轰鸣，别有令人感奋的情愫。

在世界上的大都会中，法国巴黎给人的总体观感，是净墙颇多。巴黎老城如今仍大体保持着路易十四至路易十六时代的风貌，其建筑物造型大都很讲究线条变化与立面装饰，但其墙面乃至檐柱的基本色调，却基本上都呈灰色。现在巴黎商业广告很不老少，但直接诉诸墙面的不多，因而这些建筑物的墙面仍呈现着一派净灰，把巴黎内在的花都气息，衬托得格外优雅高贵。至于在蒙马特高地上的圣心大教堂，从圆顶到廊柱墙面真比牛奶还白，仿佛在蔚蓝色天宇中书写出的一阕圣诗。

而崛起于60年代的墨西哥国首都墨西哥城，它那大批现代派的楼宇，把西方文化中的抽象艺术与自己的民族风情嫁接到一起，刻意地在楼宇墙面上镶嵌出了大幅大幅的斑斓壁画，一时传为建筑艺术与城市风格的美谈。如果说旅游者面对着大面积的净墙会感到宁静安适，那么，当旅游者徜徉在墨西哥城楼宇上那些巨幅镶嵌画中而目不暇接时，他们耳边定会感到有踢踏舞的脆响节奏，从而自心底荡漾出欢悦的涟漪。

美国人对建筑物墙面的审美处理则另有怪招。在纽约，有些年轻人喜欢用颜料喷枪在墙上乱喷乱画，甚至一直喷到"活动墙壁"——地铁车厢的外壳上。这种"涂鸦"式的产物，有的人很不以为然，甚至深恶痛绝，但也有的人极为欣赏，而且当作重要的文化现象做严肃深入的研究。在洛杉矶，70年代则风行过用丙烯酸颜料在建筑物的整个墙面上画出相当具体的图像来。那时有一位女孩问她的父亲，可不可以让她的朋友在他们住的那栋楼房墙上画一颗星，她父亲不经意地应允了，他原以为那不过是绘出一颗五角星罢了，谁知他度假回来一看，吃了一惊：他家住的那栋五层的楼房的整一面墙上，画着一幅巨大的人像，是好莱坞的一位大牌男星的"便装照"！这种风气后来迅速蔓延，不仅有大量的业余创作，连一些著名的专业画家也投入了这股热潮，从而产生出了一批确实具有相当审美价值，值得长期保留的城市壁画。画家肯特·特威切尔说："在楼墙上作画，这是简单易行的事，不仅成本低，而且，想想吧，洛杉矶的建筑物大都平平无奇，有的是空墙好画，画了便成为艺术品！这里气候好，画出的画不会变色曝脱。这是把艺术品从博物馆和艺术馆搬到公众日常活动场所，来让市民们雅俗共赏的壮举！"美国东西海岸的壁画风格迥异，但其一派烂漫与憨直的童心童趣，却是相通的。

我们国家的城市面貌，近年来随着新建筑雨后新笋般地拔地而起，迅速地改换着容颜。如今政治性的或社会公益性的宣传性字画，直接绘制安装到建筑物墙面上的似乎不多，但商业性的广告却实在越来越有铺天盖地、见缝插针的膨胀趋势，使我们城市里的净墙逐渐成为稀罕之物，这确实构成了一个不容忽视的问题。

　　商业广告是城市生活中无法排除，也毋庸一律排除的公众共享符码，内容与形式皆好的商业广告，只要站位布局得当，不仅不是城市风景线上的污点，甚至还可以构成一种赏心悦目的点缀。不让商业广告在城市建筑上恣肆泛滥，只是一种维护城市审美效应的消极手段。积极的态度与手段，应是或坚持净墙的美学追求，或是富有创意地使用绘画、浮雕、镶嵌、拼装等多种形式，使建筑物的墙面呈现出斑斓绚丽的光彩。当然，室外墙面壁画的设置，应慎重行事。1958年"大跃进"时代，我们的城乡都曾搞过"诗画满墙"，但由于内容上的泛政治化和庸俗化，形式上的粗糙雷同，结果很快就被人们自动淘汰。现在的建筑外墙壁画应在初始设计时，便作为总体审美追求的一环加以考虑。倘若对大型壁画壁饰的审美效益尚无十分的把握，那么，营造和保护净墙应予优先考虑。我国各地的城市，应根据本地区的文化传统与现实优势，或以净墙为主，或以壁画取胜，或一城中又合理穿插，总之，净墙壁画两相宜，关键在于格调美。

1997 年 9 月 2 日

团·线·篷·篱

　　城市绿化，除了从环境保护、美化市容及其他实用性角度考虑外，还应有更自觉的美学创意融汇于内。

　　国内城市街心广场的绿化，就我所见到的而言，似乎大都落套于一个模式：突出最中心的巨型雕塑，周围基本上是配置花坛与矮树、灌木，即使点缀一些高大的乔木，也多取稀疏均匀的构图。这样的绿化构思，优点是富于浓郁的装饰性，尤其是当广场周遭有高大奇突的现代化公用建筑时，街心绿岛的巨雕便格外具有明显的符码意味。但其值得质疑的因素也是有的：许多城市都刻意在其最主要的街心圆岛上，安放象征该城市的雕塑，这些庞然大物往往要消耗惊人的资金，如用这些钱来栽种树木，则往往可以营造出一座可观的树林；于是我要问：难道非得如此这般地装点我们的城市么？

　　其实，城市中的街心绿岛与街间隙地完全可以采取另一种营造策略，那便是突出高大的乔木，使其蓊翳为一个从空中鸟瞰时，能明显感受到的绿团。在这种布局中，花坛只是点缀，不一定要排拒雕塑，但雕塑不必是庞然大物，只要比例上得宜，非中心、非对称地布置几座，便足增雅韵。这种"团"式绿化，如选取树种得当，能有耸空之势，得葆四季常青，效果尤佳；南方城市，应不难落实。法国巴黎以凯旋门为中心，辐射出多条街道，这些街道的绿化方式并不雷同，其中最著名的香榭丽舍大街，其尽头便是"团"式绿化，令人走到那里，忽在都会闹市之中，俨然森林迎面，其爽人心脾的效应，十分强烈。

　　倘若街心广场是"绿团"，那么街道两侧的行道树不消说便是"绿线"了。当然，"团"与"线"只要由植物构成便好，也不一定非得都"绿"。北京从

80 年代以降，从事城市街道绿化的设计人员，贡献很大。他们根据北京地区四季分明的特点，精心选择四季呈现不同色彩的品种，选优配置，使北京许多的通衢两侧，早春有鹅黄的迎春与嫩红的榆叶梅交错怒放，仲春有紫丁香与粉海棠争奇斗艳，初夏有洋槐放香，炎夏有竖柳成伞，到了秋天，银杏金黄，枫树殷红，冬日则有青松葆翠、绿柏抗霜……缺点么，似乎高大的树木种类欠缺，原来极多的杨树，在汰劣选优的品种改造过程中，似乎成绩还不那么明显，在引进新的行道树品种方面，看来还应有更大的魄力才好。

随着城市现代化进程的加速，特别是多车道路面的推广，城市绿化带中的"线"不再只是两道平行直线，而会是多道平行直线或多道非平行曲线。我在台北的仁爱路上，曾看到左右行的快慢车道中间，还有阔带状的绿地，如从空中望下，其间就还有四行的"绿线"，由高大的亚热带棕榈等构成，蔚为壮观。特别是现代化的高架立交桥越来越多以后，非桥地段的绿化线条便更加显得珍贵，值得城市绿化部门下大工夫经营。

上海的许多街道，是以法国梧桐为行道树的，树龄稍大后，这种行道树便两相携手，枝叶可合成绿色的天蓬，这种"篷"状效果于盛夏之际，尤令炎热中的市民欣喜。相比于上海，北京有这种"绿篷"的街道便十分稀贵，仅正义路等处的国槐在仲夏中颇具该种风貌，北京的市民把在此种"篷"下的漫步流连，当作了身心的享受。但随着现代化公共交通的发展，如双层大巴的运行，"篷"式绿化便会成为累赘，因而今后城市中的"篷"式绿化恐怕只能沦为小街僻巷中的古典式手段，在通衢大道上难以再加推行。

城市绿化的低矮一族，是"绿篱"，"篱"式手段多具有强烈的标识性功能，如通过随时修剪出的水平面的冬青、刺柏，来作为隔离或分界的矮墙。其实在"篱"的运用上，我们也应有更多的美学创意。《红楼梦》里大观园的稻香村，"外面却是桑、榆、槿、柘，各色树稚青条，随其曲折，编就两溜青篱"，这充满民族文化积淀的"篱"模式，何不在我们当今的城市绿化中，也一展其风采呢？

1996 年 1 月 16 日

城市夜光

上海素有"不夜城"之称。改革开放到如今，不仅上海的夜色璀璨度已达开埠以来最佳状态，并可望更似孔雀大开屏。一些历史上从不注重营造夜光的城市，现在也都提出了"让城市之夜亮起来"的口号。

城市夜光的营造，是一个城市活力的体现。大体而言，一所城市的夜光，由三部分构成：一是路灯与楼宇房舍窗户中灯光组合而成的"万家灯火"，其主调是丰盈温馨；二是公路上，包括立体交叉桥上，由汽车车灯所构成的流动光串——一条是前灯形成的白色光串，一条是尾灯形成的红色光串，两串的游走方向恰好逆反，形成一种血脉勃动般的欢快旋律；三是商店、娱乐场所、公共建筑及单纯广告等构成的花团锦簇的光影，这在某些街区会特别集中，可以说是城市夜曲中的华彩乐段，这也是城市居民们离家消磨工余时间的主要空间，亦即"夜生活"的舞台。

这里主要研究一下城市的第三种夜光。这种夜光，以往我们总是都笼统地说成"霓虹灯"，其实，现在世界上各城市营造夜光的手段，已不仅仅是利用将惰性气体充到玻璃管中，在通电后便发出奇光异彩的霓虹灯了；现在灯箱的使用越来越普遍，在某些城市甚至灯箱式装饰与广告的数量已超过了霓虹灯。所谓灯箱，便是将不透明的彩色玻璃镶嵌成封闭式箱体，箱体内安装强光灯，以营造大面积均匀的夜光效果；像上海南京路的肯德基炸鸡店，便不是用霓虹灯而是用灯箱来招徕夜客的——顺便说一下，这其实也是肯德基在世界各地的连锁店的统一设计，那灯箱以乳白色作底，然后用红色线段与黑色的山德士上校头像剪影来夺人眼目。另外一种现代夜光的营造方式，是用大型的射灯组，入夜后将整栋建筑物的立面照亮，使其凸现出来，或显示雄伟，或炫耀富丽。当然也还有其他一些手段，比如近些年中国许多城市时兴用"瀑布灯"来装点店面，所谓"瀑布灯"，便是用一串的小灯泡，组合为一片片的"瀑布"，或悬挂于入口处墙面门楣，或斜拉到门外的人行道上，勾连于行道树，有的更将附近的行道树也用这种小灯泡点缀起来，那就近似于夜夜都是"圣诞"的气氛了。

有位官员朋友常出境访问，他香港和台北都去过，问他两地夜景如何，他说都不错；问他有何差异，他说没什么差异，也就是香港更漂亮一些。其实这两处的夜光是有重大差异的。香港受英国影响，它马路上的车子是一律左行，因此其"车水马龙"的红白光串的蹿动，是与内地方向相反的；其霓虹灯与灯箱等虽极密集艳丽，却是法律禁止大面积扫描滚动的。台湾则主要受美国影响，台北的夜光，像美国那样近乎疯狂扫描滚动的很是不少。官员朋友本无考察境外夜光的任务，道不出差异无可指摘。但我们现在既然讲究"让城市之夜亮起来"，那么，有关的部门，便应当对夜光的营造，有一个总体的把握才好。

英国的以法律限制夜灯的大面积扫描滚动，据说是因为其街道大都比较狭窄，怕影响到汽车司机的视觉专注，以减少车祸的发生。我以为这是一项极可借鉴的做法。我们现在推进现代化的步伐实在太快，像城市夜灯的总体把握，似乎还停留在"亮起来就好"的兴奋感上，尚来不及对这一问题进行学理化的探究。我并不一概反对夜光的扫描滚动，但我以为美国式的夜光扫描滚动，特别是赌城拉斯维加斯的那种癫狂夜光，不仅存在着一个是否影响司机视觉与注意力的问题，其中也确实包含着若干社会学心理学乃至伦理学等方面的问题，那种高强度的声光色电刺激，营造出的是一派物欲横流、醉生梦死的氛围，也许具体到美国的哪一个州哪一座城，它有其那样装扮其夜色的特殊缘由，但那是并不可取法的，即使在美国，也并非处处如此的；我国现在有的城市的某些空间中，入夜大有效法此种桃红柳绿的色调并大肆扫描滚动强光闪烁一派俗艳的景象，我以为值得研究，建议改进，因为美国赌城的夜色，无论从哪方面来说，都是并不值得奉为楷模的。我曾在法国与一位记者讨论过这个问题，他说巴黎如今有些街区也出现了此种"浅薄恶俗"的"美国赌城"光影,对此他深恶痛绝。我曾在巴黎有过跨越塞纳河东西两岸的夜游,我的总体印象,是巴黎的夜光营造基本是高贵雅致的调式,其中霓虹灯较少,而乳白色与蔚蓝色的灯箱较多,不少灯箱广告采用彩照式构图,但其中很少用桃红柳绿等俗艳的色块,而大都追求一种古典油画或印象派油画的视觉效果。巴黎那些整条街整条街都保存得相当完好的古典建筑,立面都是灰色调为主,入夜常用射灯光打上去,还原出其本色来,配之以乳白色为主调的灯箱标识,只偶尔在这里那里,用一些猩红色或其他色调的光影加以点缀,望去确有一种说不出的雅韵。这除了市政部门方面或许有所引导外,也与大多数法国商人的美学眼光已脱离了恶俗有关吧。这里面也有个市民们的总体美学素养问题。那当然更是"冰冻三尺,非一日之寒"的事儿了。

如今中国大陆的城市夜光,总体而言,折射出了奔小康的一派喜气,尤其是在猪尾鼠头之际,许多城市都用成串的中国式红灯笼,组合为大面积的正红色光海,营造出具有中国民族特色的既欢乐又祥和的节日气氛,值得大大地肯定。但我以为倘过细观察,则可讨论的问题也颇不少。比如"瀑布灯"的使用,我以为用以装饰小店面小建筑为宜,有的地方用来挂在很雄伟的大楼和很豪华的饭店商家的门面上,我以为是一种"破相",因为"瀑布灯"是一种"小家碧玉"的穿戴,你用来"美化"伟男公主,便属错位了!再,我不明白为什么有不少地方,喜欢用绿光或蓝光来照射整幢大厦,是觉得那样的色调美丽优雅吗?绿光与蓝光这类冷色,在大面积的营造时,我以为是应当慎重的。我家楼窗外望出去,有一家星级饭店原来夜夜用射灯照成绿惨惨的一团,非但没有美感,反而令人望之不快,有一回我便问那里的一位部门经理,他们为什么选择了绿光。他回答说那并不是刻意地选择,而是为了响应"亮起来"的号召,派人去置办器材时,碰巧拿来了射绿光的灯具,如此而已!这说明,我们不能只停留在"亮起来就好"的初级阶段上,对城市夜光的勾勒营造,实在应当逐步地引入到美学考虑的高度上来。我是主张在用射灯显示建筑物立面时,最好采用白光还原其阳光下的原色;其次橙色光也比较雅气;节日可用红光;而绿光与蓝光最不可取,尤其是绿蓝等光在一栋建筑物上混用,除非是整合于一个精妙的光影构思中，一般来说，是难以产生美感的。上海外滩的夜光配置中，似也有较大面积的绿光与蓝光使用，敢问其美学上的追求是什么？如并无深层考虑，只不过是为了"色彩丰富"，那么，我也便不揣冒昧来进一言：宜加以更和谐的配置！

1996 年 4 月 18 日

都市项链款式多

我们常用"万家灯火"形容城市夜景，其实有的时候从有的角度观察城市，那荧荧的灯火倒未必是出自万千的家居，比如我曾在夜半飞抵阿联酋的迪拜，从班机舷窗鸟瞰，映入眼里的是几道纵横交错的灿烂珠串，那是迪拜城郊公路上的路灯构成的光影，十分抢眼，令人难忘。可见都市街巷、公路的路灯，正犹如穿着晚礼服的城市脖项上挂出的珠链，不可小觑。

直到如今，绝大多数发展中国家的乡村里，是不设路灯的。路灯是城市的产物。传统的乡村一到夜晚便整体进入睡眠状态，然而城市却总有不眠的一面，到近代则更有所谓的"夜生活"跃动着，特别是汽车的普及，使得路灯这一公众共享的照明设施成了不可或缺的东西，夜都会可能会熄灭掉写字楼和家居的灯火，却万万不能中断路灯的光焰。

一般来说，路灯的功能性是大大超越于它的审美价值的。尤其是高速公路与城市环路两旁的路灯，现在各个国家的设置方式，都是尽量使照明的亮度充分而又柔和匀净，却尽量不让驾驶员感觉到灯柱灯杆与灯体的存在。在市内一些主要的干道上，往往也是这样一种处理方式。比如入夜后从我家朝南的窗户望出去，立体交叉桥的大转盘犹如一块硕大的玉璧，而连着它的通往王府井的那条大街上的街灯，便犹如闪烁着珍珠芒晕的长长垂链，流光溢彩，构成我远行在外时，怀乡思家的生动记忆，然而，我却一直并不清楚那立交桥上的照明器与那马路上的路灯究竟是怎样的造型。这种造光而匿形的路灯系统，看来还有进一步发展的趋势。

然而夜都会这美人儿的灯光项链，注重灯柱灯体造型的，也还很多，并且款式相当丰富。我们在《福尔摩斯探案》那样的电视连续剧里，可以看到带蜷曲装饰花样的铸铁架、玻璃罩的尖顶盒形街灯，那种西洋古典式街灯的造型，是与哥特式尖拱顶建筑风格相匹配的，传达出一种特有的氛围和情调。这种街灯里最初可能点的是蜡烛，每晚由点灯人打开一面玻璃罩，用长长的引火器将其点燃，到凌晨时再由他用同样是长长的灭焰罩将烛焰熄灭。后来它可能变成了煤气灯。再后来可能是炭精灯。最后才在里面装上电灯，灯泡可能不断地更新改进着，甚至于用上了新型的节能灯。然而，这种造型的灯体，似乎成了一种人们久视不厌的定式，不仅在英美等西方国家流传至今，在其他国家，比如改革开放后的中国，也开始出现在某些地方。当然，人类总是一方面延续美好的传统，一方面不断地创新，在城市街灯的款式上，各民族创新的例子很多。各个城市中总有一些街区，是市民们流动量最大，而景观共享程度最高的地方，尤其是商业区的步行街，那里的街灯，就不仅是夜晚照明的器物，甚至在大白天里，它那独特的造型，也应成为令市民和游客们赏心悦目的部件。莫斯科著名的阿尔巴特步行街，两旁的建筑物是古典风格的，街灯却颇具现代派韵味，互为映衬，相得益彰。冬季的斯德哥尔摩街巷，人们故意在电光下还要等距地摆放些古色古香的大烛台，甚至点燃些落地搁置的"火把盆"，这就更超越了功能性考虑，是对古雅生活品位的刻意追求。我们国家天安门广场及附近街区的巨大"兰花灯"，更是把中国古典美与现代中国人的昂扬气派糅合得极为成功的设计，可谓与京都礼服配合得恰到好处的几条项链，既璀璨华美而又落落大方。上海外滩黄浦江畔更新后的路灯，与周遭环境也可谓珠联璧合，不待燃亮，亦堪观赏。

我曾在《城市夜光》一文中，提出了重视入夜后城市光影的美学意蕴的问题，但那篇文章里没有专门讨论城市的街灯。据说一些国家的建筑行业中，专有一批人是从事布光的，他们把建筑物的外光与街区的光影当作一门学问来钻研，并相应地设计、配置有关设施，以达到最佳的效果。我相信我们国家在这方面也会尽快赶上那些暂时领先的国家，给我们祖国大地上可爱的城镇，戴上串串熠熠生辉的项链。

1997 年 8 月 28 日

都市中的野趣

曾在巴黎从凯旋门出发，沿香榭丽舍大街前行，那是巴黎最繁华的人造风景区，一路上真可谓满眼豪奢、望断红尘，路尽，却不知不觉地来到了一片绿地，开头一段，还颇多人工雕琢痕迹，渐渐地，竟高树丛聚、蔚成林翳，而且那树上落叶飘落草上，并无园林工人刻意除去，就任那积叶一层盖上一层，下面的已然腐烂，成为天然肥料，上面的则黄褐挺脆，那总体情调，很有点野趣，咫尺之遥，而判若另境，不禁由衷赞叹其配置之妙！

最近在马来西亚首都吉隆坡游览，发现这座城市更是于繁嚣的现代化街区之中，时有并未刻意雕琢的大片草坡树林出现，车过彼处，几以为是穿行于绿色乡野，令人心旷神怡。至于东马来西亚（北加里曼丹）沙捞越州首府古晋，那就除了江边的街区以外，绝大部分的市区都是树木花草多过建筑物，而且若干区域的树木花草也并不精心修剪，倒是荣枯开落任由之的气象。这种都市中的野趣，显然并非是"开发不够"所致，恰恰是经济起飞的过程中，着意保护城市"肺泡"，严格控制建筑物在整个城市空间中所占比例的结果。这当然是营造现代都市文明时应追求的一份诗意。

在我们中国大陆的城市中，有的也是具有于繁华中配置野趣的基础与潜力的。比如北京市内便有什刹海等富于天然意趣的湖域，南京鸡鸣寺一带及玄武湖附近，也都颇有几缕繁华落尽、野树荒波的韵味在焉。国外一些大城市的大学，是敞开式的校园，这部分"市区"，格外地花木繁茂，每栋或一组建筑物之间，常有开阔的"野地"，就是建筑物本身，也都以披上常春藤为荣；我新近访问过的吉隆坡的马来西亚国立大学、新加坡的该国国立大学与南洋理工学院，都是如此；其实位于市内的南京大学就其基础而论，也是很有类似情调的。可惜我们多数城市在加速发育的过程中，不仅未能把营造一份都市中的野趣当作城市美学追求的一个方面，还往往有意无意地戕害着原有的一些可贵的野趣。

在一些城市里，原来仅存的一些野趣是在某些公园的边角上，那本是弥足珍惜，纵使不将之扩展，也该加以保留的，可是现在连这种公园里的小小野趣，也遭到了芟除。我家附近的地坛公园，其东南角本来有一大片杂树构成的林子，是该园林中最富野味的一隅，入夏铺成大面积的浓阴，秋来红黄绛紫相间，甚是悦目，最近却忽然全数砍伐，投巨资将其改造成一块块规整的、由"横平竖直"的塔松组合成的"松园"，不仅盛夏其荫难以蔽人，入秋也再无斑斓的色彩娱人，真不知园林部门如此劳民伤财地改造"野林"，是出于怎样的美学考虑？而这类"化野为驯"的园林处理，似乎在我国各地已成定势。

在一些国内公园绿地中，除了特意栽种的花草树木，往往也还有些自然生发出来的野生植物，这些植物有没有生存的权利？我曾和北京一家公园里正在小山坡上芟除野生多头菊的园林工人有如下对话：

——您为什么要费那么大力气拔除它们？

——因为它是野的呀！就是，它不是我们种下的！

——可是它们长在这儿有什么坏处呢？它们挺好看的呀！而且，您闻闻，它们的味道也很好呀！

——它们是野种！它们跟我们种的东西争肥！

——如果它们长在牡丹花圃那类地方里头，您拔它我能理解；可是它们长在这小山坡上，能跟这儿的草皮和树木争走多少养料呀？我看被你们拔掉多头菊的地方，草皮也并没长好，那边山坡跟"癞痢头"似的！

——那也得拔了它！领导有这个要求！它是野的！城里不能有野长的东西！

看来那多头菊，还有比如说野蓟、兔儿草、蒲公英、曼陀罗，以及湖池边的慈姑、灯芯草、芦荻……都免不了因属于"野种"而被芟除；在我家楼下的护城河边，常有园林工人将辛苦芟除的野生植物堆积一处，稍为干燥时便将其点燃，飘散出股股苦涩的气息；而那河坡芟除了"野种"后，"规定植被"又并不争气，不能将裸露的泥土全然覆盖，望去真令人啼笑皆非。

其实我国传统的城市美学追求，包括园林艺术的美学追求之中，是不仅从来不拒绝野趣，而且有时还是很能因地制宜，文野互映，来营造富于人情味的氛围的，比如济南城，原来其妙处便在于"半城荷花半城柳"；北京的恭王府花园，在精雕细刻的人造风景周围，偏以充满乡野风味的土山将其环绕，并且任其上丛生着包括酸枣棵子和荆藤的"野种"。在可能的范围内，以可行的方式，使我们的都市里哪怕只保留下一些小小的野趣，以就地抚慰都市人那焦虑的心灵，难道是一种奢望吗？

1996 年 8 月 6 日

享受"灰空间"

　　城市居民楼的阳台设计，在中国成了一个"老、大、难"的问题。阳台本是建筑物中的一个"灰空间"。所谓"灰空间"，按我的理解，就是建筑物中的某些带有敞开式部件，将该建筑物的某些部分与外部环境直接沟通而形成的那个空间，比如中国古建筑中的亭、台、榭、廊、舫、轩等，就都含有或大或小的"灰空间"；西洋建筑也很讲究"灰空间"的设置，楼宇阳台便是其最常见的形式。但是在近二十来年，中国城市中带阳台的居民楼虽然雨后春笋般拔地而起，到处都经常看到兴高采烈迁入其中的居民，但往往是随着居民的入住，阳台也便渐次地消失，那消失的方式，便是将其封闭起来，成为一间带窗的小屋，有的更拆除阳台与住房间的承重墙，使其连为一体。开始，封阳台还是住户"各自为政"的混乱状态，后来，形成了"统一行动"，有的宿舍楼因为住户属于同一单位，封闭阳台更成了各家均能分沾的一项"福利"。个别住户不愿意封闭阳台，还往往被邻居们视为"怪癖"。这样的情形越演越烈，于是人们开始呼吁：在设计和建造居民楼时，就不要搞敞开式阳台，一律地把居住单元封得严严实实，以免入住后再去补封阳台；这样的设计和施工方案，近两年果然多了起来。

　　一般中国居民为什么不欢迎敞开式阳台？浅层次的原因，是许多家庭在搬进楼房前饱受居室狭小之苦，而所搬入的楼房单元尽管宽敞了许多，却也还总觉得不够使用，因此仍千方百计地扩大居室面积；在这种心理驱使下，入住者的眼里是容不下"灰空间"的，他一看到阳台，便亟欲将其化为封闭起来的"绝对空间"。其实现在有的楼房住户人均享用的"绝对空间"并不算少，可是他们也还是要消灭仅有的那一块"灰空间",这就不能不探究深层次的问题了,那问题是出在了哪里呢?出在了对居家乐趣的追求只局限于"吃、喝、拉、撒、睡、玩"的浅薄庸俗上。

不错,家庭居室,总体而言应是一具有相当封闭性的私密空间;但好的居室,应有一部分是能与室外的自然环境直接相通的,阳台的设置,便是这种"灰空间"最惯常的存在方式。居住者从"绝对空间"到达"灰空间"应是便捷而愉快的,可以在那里呼吸到室外的气息,听到"市声",晒到阳光,或沐于微雨;还可以近观远眺,与星月对话,朝天际轮廓线浅吟低唱;"灰空间"应是居住空间中最富"自然气息"的一角,那里适宜养些花鸟,放把休闲躺椅,暂忘功利世界的烦忧,享受人生中种种最琐屑却可能是弥足珍贵的亲情之乐。西方且不去管它,我们中华民族设计建造居室的鼻祖是"有巢氏","巢",便是一种"灰空间",所以直到20世纪,我们南方的民居必有"天井"的设置,北京"四合院"中多有回廊抱厦;现在城市居民多迁入高层单元楼中,那阳台便该是"巢""天井""回廊"的变数,从继承"天人合一"的居住美学传统这个角度来思考,我们实在没有道理封闭阳台,割断我们与"天"衔接的通道;在居室中闷居,光靠开窗是无从使我们心灵与"天"相感相悟的;所以我要说,我们城市居民楼的设计建造,不仅不应取消阳台,还应逐步扩大与优化阳台。

曾到香港的"廉租屋"高层民居聚集点去观察过,那些往往显得比大陆的居民楼细高的蜂巢式建筑,许多单元是没设置阳台的,因为阳台确实是一种"奢侈",既要"廉租",那只好舍弃"奢侈";但这些多半以裙楼勾联在一起的居民楼,其间却设计出了相当宏阔的共享性"灰空间",比如位于裙楼顶层与倒数二层的活动区,那里可以纳凉、散步、交往、休憩、娱乐,实际上是居民们共用的大平台、大阳台,而在最下层往往还有大型超市、饭馆茶室及各种满足一般生活需求的各色商店,这些商业性机构往往也延伸出相当宽敞的"灰空间",并与楼间的庭院、绿地、喷水池相连,使整个居民区"室内"与"室外"的过渡显得自然而顺畅。这种在居民楼间配置共享性"灰空间"的方式,值得内地借鉴。

有的富裕起来了的中国人,以为居所的高档与否,全在封闭起来的"绝对空间"中的装修是否豪华;我曾看到有的暴发户所造的别墅,竟严实得恍若只留了不多"枪眼"的大碉堡。其实,中外古今,真正会享受的富人,其居所都是尽量追求"灰空间"配置的,你看《红楼梦》那"大观园",拥有多少处雅致曼妙的"灰空间"啊;而美国电视连续剧《豪门恩怨》里所表现的富家豪宅,不也主要"豪"在了"灰空间"的随处可见么?当然,个人的豪富是并不值得艳羡的,那些豪富之家的"灰空间"里经常演出着一些丑恶的场面;我之这样举例,不过是为了强调"灰空间"的功能性价值与审美价值罢了。

现在我们的城市中,有越来越多的公共建筑,比如大型的商厦,有的,已开始重视"灰空间"的配置,或在某楼层辟出渐次出室越廊的平台,开设咖啡冷饮座;或在敞开一面墙、摆置着大盆绿色植物的地方设置休憩点;或在穿堂水池旁特设鲜花亭;或在顶楼亭式餐厅中推出自助烧烤……可以想见,这种有"灰空间"的商厦,定会比全封闭的同类商厦更能吸引顾客。

美国有位叫理查·费诺的建筑师,他1989年将他在加利福尼亚红杉林中的居所加以改建,他并没有用很多的钱,不追求豪华,而是非常有创意地将那基本上是木结构的居所与周遭大自然浑然融为了一体。其中最令人叫绝的是他在第三层下"掏"出了一个三面只有矮栏的平台,这平台与他的卧房之间,用一个带窗户的活动墙面相分隔;活动墙面置于一个滑轨上,拉拢后便是带窗的卧房墙,推开到悬于空中的那部分滑轨后,卧房便与平台合为了一个"灰空间";他并且为卧床四脚安装了万向轮,一年中差不多有九个月,他晚上都将卧床滚到"灰空间"的平台部分,在红杉林的气息中从容安眠;这是多么富于诗意的生活!

我们虽然一时不能拥有理查·费诺那样仙境般的"灰空间",但是,难道我们还不醒悟过来吗?不要再盲目地把家居封闭为清一色的"绝对空间"了,让我们从此懂得并善于享受"灰空间"吧!

1997 年 9 月 4 日

城市天际轮廓与"鸟瞰效应"

　　凡是经济加速发展的城市，其天际轮廓线必定不断发生变化。倘若说掌握城市建设的部门及其运筹者对单个的新建筑从美学上进行考虑已难细密，那么从整体上把握城市天际轮廓线的变化，使其符合美学上的要求，则恐怕就连粗略考虑也难顾及了。因而世界上许多城市天际轮廓线的变化实际上处于一种盲目状态，它到头来变成什么样便由它什么样。城市天际轮廓线可以预先有所设计，却几乎无法事后变更。

　　在历史上不乏在建筑时进行总体上的美学把握，从而使建成的城市天际轮廓呈现出不仅是优美的线条，而且富于丰厚文化内涵的事例。中国明成祖时建成的北京城，由巍巍的城墙、瓮城、箭楼、城楼、角楼等组成的外部天际轮廓线，以及由煤山（即景山）、白塔山（上有尼泊尔式黄教佛塔）、紫禁城城堞和角楼、钟鼓楼等高耸的人为景观所构成的内部天际轮廓线，都予人一种厚重、静穆的心理感染，因为那轮廓线大体上是在一个平面上展开只偶有规则性凸变并且有一种连续的均衡感，从而无言地象征着中华文化的某种封闭性、自足性和亲地性、中庸性的特征。再例如法国路易十四和路易十五时代经过总体规划的巴黎建筑群，哥特式的尖拱顶建筑和洛可可式的有着繁琐花式外廓的建筑，交相组成了一种灵动中不断突兀上升的天际轮廓线，与明、清两朝北京城的天际轮廓线的韵味全然异趣，后来到拿破仑时代有了凯旋门，到20世纪初又有了更具象征意义的"人"字形大铁塔，巴黎的天际轮廓线充分地体现出了法国民族的自满与浪漫气质，显示着法兰西文化传统中的某种精细性、向天性和人道倾向。

但是例如美国纽约，特别是其曼哈顿岛区，那天际轮廓线的形成绝对是没有预先规划，而是任由自由经济的魔怪变戏法般将其胡乱凑成的，也许到了20本世纪60年代末70年代初，日裔建筑师山崎实（译音雅马萨奇）在曼哈顿最南端设计纽约世界贸易中心大厦时，他自己和关心纽约市容整体美学效应的部门和人士，才不仅从该建筑物本身，更从曼哈顿岛未来的天际轮廓线上考虑了一番吧，结果才设计建造了我们如今从电视以及图片上已经熟悉了的那一对方格状双塔建筑，现在该建筑已构成了纽约天际轮廓线中最富特色的"音符"，有的人说极能体现出美国人的单纯与锐气，有的人却说只暴露出美国人的浅薄与蛮横，但不管是喜是厌，人们总不得不承认那视觉刺激是相当强烈的。为使自己的城市变得更富魅力而刻意营造部分天际轮廓线的例子，还可以举出澳大利亚的悉尼，那有说如重叠的贝壳有说如连续的风帆的歌剧院屋顶，不消说以其诡异的天际轮廓剪影已深入了世人之心。最近如有机会到法国巴黎，可从星形广场的旧凯旋门超过香榭丽舍大街朝远眺望，则可发现远处的新市区中有一全然摆脱了古典风格的新型建筑，是两座摩天楼顶上又以悬空横楼相连，恰构成一个新的"凯旋门"，那天际轮廓，便并非偶然形成而是有意营造，一新一旧两座门的遥遥相望，意在体现新老法兰西的承继性与跃动性，唤起幽深的情思和明朗的向往。

北京的高楼大厦越建越多，几座最高的摩天楼都集中在东三环路一线，由北向南三座最高的大厦依次为京城大厦、京广中心和国贸大厦，其间还有非常多的大型新建筑，如最早以玻璃幕墙外观引人注目的长城饭店，最高处有圆形旋转餐厅的昆仑饭店，新建成不久的燕莎国际商城，等等，它们构成着彻底改变古城风情的壮观的新天际轮廓线，但由于缺乏事前的总体构想，以及各占地皮各行其是等等原因，有些大型建筑互相过于逼近，有些从设计图上看去相当优美或独具特色的轮廓线在建成后由于互相遮挡、重叠和不能相谐，而混合成了一种缺乏美感的轮廓线，令人扼腕。

与城市天际轮廓线相应的另一种城市总体美感，则显现于乘飞机或别的空中载体向下鸟瞰的过程中，这一过程常借助于摄影机或摄像机，被记录下来而通过电视等大众媒介让人们观看，那观看的效应便可称为"鸟瞰效应"，在"鸟瞰效应"中起决定性作用的除了建筑物、绿地、水域等等外，最重要的是道路，对于实现现代化的城市来说，尤其引人注目的则是立体交叉桥。立体交叉桥的设计与建造或许初衷只是为了解决城市交通中的疏导与管制问题，比修造一般的民居或工厂建筑物更不必着意于美学上的追求，而只需在功能性实效性上下工夫，但一旦从空中鸟瞰城市，则立交桥和公路网络往往便成了审美中最重要的对象。美国的洛杉矶城就建筑群来说是著名的"一盘散沙"，其天际轮廓线绝对无美可言，然而洛杉矶城的"鸟瞰效应"却极佳，因为该城的高速公路网络和复杂的立交桥系统绝不只是一些单纯的对称图形，而发射出令人眼花缭乱的繁花似锦的视觉冲击波，人们在鸟瞰中禁不住要惊叹人类的智慧和物质文明的飞扬，因而常有艺术摄影家从空中俯拍洛杉矶的路景，以构成扣人心弦充满魅力的佳作。所鸟瞰的城市倘有河流和桥梁，则河形和桥形能否构成一种美的组合，当然也关乎着"鸟瞰效应"的优劣。

也许我对中国城市在经济迅猛发展的建设过程中，应当注意对天际轮廓线和"鸟瞰效应"做总体的美学把握这一要求未免太高玄了，但拳拳爱心，粗粗提醒当可被有关部门和人士容纳，聊备参考，存而待研。

北京城的城墙尽管已拆除殆尽，但北京中轴线上的古建筑古园林群，历经五百年以上风云变幻而大体犹存，企盼从天际轮廓线和"鸟瞰效应"两种角度上，都能尽可能存美而防止受损，比如站在故宫三大殿的台基上，现在大体上还没有很多的现代化高楼的轮廓窜入眼中，从有些角度望去，基本上还保持着不受现代化建筑形影"污染"的古老情调，这状况应该说是好的，但我真希望今后不管在北京何处建造现代化的高楼，不管是现代派风格还是后现代派风格抑或是新古典主义风格，在设计阶段就最好先到故宫三大殿的台基上考察研究一番，看一旦那建筑物矗立起来，会不会使故宫建筑群的天际轮廓线与那建筑物的轮廓线大大地相冲，以至造成视觉上无可弥补的大不愉快，并设法解决这个问题。我们都知道巴黎城区有座建造于70年代的蒙巴那斯大厦，那大厦单看也颇雄伟，或许不乏某种美感，但因离古建筑群和铁塔都太近，结果从许多个方向在不同的高度上望去，它的剪影都大大破坏了巴黎总体天际轮廓线的和谐与优美，许多法国人都引为憾事，外国游客见了也都摇头乃至叹气。巴黎蒙巴那斯大厦造成的缺憾，最好不要在北京和别的中国城市里出现，现在预防，犹未为晚！

1992 年 10 月 17 日

不容忽视的五个"星座"

　　近十年来，我们的文化领域内堪称皇皇巨制的作品是什么？我以为是出现在若干城市里的建筑艺术精品。海内外一些专门研究建筑艺术的学者认为，近十年来中国大陆的建筑艺术有五个熠熠生辉的星座，它们之中四个在北京，一个在上海，北京的四个是：1982年建成的北京香山饭店，由美国华裔建筑师贝聿铭设计；80年代中期建成的中国国际展览中心，由柴斐义设计；1990年建成的中日青年交流中心，由中国李宗泽和日本黑川纪章共同设计；也是1990年建成并在"亚运会"中得到充分利用的国家奥林匹克体育中心，由马国馨设计。上海近十年来拔地而起的新建筑也很多，但被指认为"五大星座"之一的却是由美国建筑师波特曼设计的上海商城。当然这"五个星座"的说法也一定会有人提出异议，实际上随着近十年中国社会生活的巨大变化，建筑作为一种艺术创作，以及建筑作品直接参与社会新的文化架构的组建，所开放出的花朵、铺展出的碧草，那数量和范围都是相当繁多与宽广的，可惜我们的美学家们和艺术评论园地，对这方面已经赫然在目的成果，还缺乏足够的注意，甚少评析与探讨。

　　在文学艺术的各种门类之中，建筑艺术在面对民族文化传统与现代化的人类文化通则时，更有一种短兵相接而又时不待人的困惑感与紧迫感。上述的五个"星座"都是直接承担对外开放的社会功能的，因而绝不能只照传统旧方"炮制"，也不能回避现代化即必须是最新式的这一前提，这实际上也是今后无数作为艺术品的新建筑所面临的局面，同时，即使是一栋比较小型的建筑，从设计、施工到完成，它绝不单纯是一种艺术创造，而首先是一种经济活动，它严格地受到投资、功能要求、工期、材料、工艺、预期效益种种因素的控制，而且一旦出现在大地和天际，即使从美学意义上我们判定它彻底失败，它也要长时间"丑陋"地存在下去，绝不是如我们对付文学艺术中别的门类的"毒草"或"莠草"那样可以便当地加以禁绝或芟除的。然而在近十年来华夏大地上雨后春笋般滋生出的建筑艺术作品领域中稍加徜徉，我们的欣喜之情便不禁油然而生：有众多的作品在处理民族文化传统与现代化的人类文化通则这一相当艰难的和谐化之努力中，取得了明显的成果。上面提到的五个星座，便是其中的佼佼者。

北京无疑是最足以展现中华建筑艺术民族传统的城市，尤其是历经五百余年沧桑而仍基本保存完好的紫禁城建筑群，外在的形态、色调以及工艺之精美、配置之巧妙，已足令人惊叹不已，而通过一组组建筑语言所传达出的中华文化的深邃内涵，如天人合一、中庸之道、伦常有序、阴阳互补、五行生克……更使人回味无穷。然而紫禁城建筑群也最尖锐地暴露出它那与现代化格格不入的特征——它处处为万人之尊的帝王及其极少数"主子"着想，而几乎全然不设置"公众活动空间"（或称"共享空间"），我们在现今称为"故宫博物院"的紫禁城中参观时可以发现，权倾一时的晚清"军机处"的办公室，竟是养心门外一溜矮小窄隘的房屋，纵然在举行大典时，太和殿前面的广场可以供臣子们跪伏，但他们进退时所暂憩的两厢朝房，也相当窄小；而所谓现代化的前提之一，便是封建专制的结束与民众参与的必然，故而体现在建筑艺术的革新上，最鲜明的特征便是对公众活动空间的重视与精心配置，当然，那种为帝王的威严而使用的令人感到被威慑被压抑的建筑语言，也便改变为使民众从个体感受上生出解放、舒展、欢愉种种情绪的新的建筑语言。但西方资本主义的建筑艺术，又一度走向用排山倒海的物质感压倒个体自我存在意识的"语体"之中，最突出的例子便是美国纽约曼哈顿的高层建筑群，其中似乎又以日本建筑师山崎实设计的世界贸易中心的那对一百一十层的高达411米的方形双塔摩天楼体现得最为充分，笔者作为一个心灵中毕竟充弥着中华文化积淀的个体，几年前在走进那建筑物中参观时，确实有一种被西方"物质文明"压抑得透不过气来的感觉，而一位陪同我前往的美国文化人亦称他同样有种"失却自我"的不快；这说明对于现代化，我们不应盲目地向西方的文明产物认同，我们应吸取的是那些已成为当今人类共识的文化通则，如对封建专制、殖民主义、种族歧视、性别歧视、强权主义、恐怖主义、无知愚昧、蔑视文化、闭关自守、拒绝沟通、环境污染、生态破坏……的断然摒除，以及对科学技术、人的创造才能、人在法律许可范围内的自由行为、人际之间和人与大自然之间的和谐意愿与努力、人的心灵的净化与提升……方面的充分尊重与孜孜不倦的追求。把握住了这一点，再充分地从我们民族文化中弃糟粕咂精华，则必然有成功的建筑艺术精品产生。

贝聿铭所设计的香山饭店，一般观者不难从其外表上看出，那构思灵感显然一部分源于中国西藏的佛寺建筑，营造出一种东方式的庄重与宁静的氛围，但其最成功的部分，还是内部大堂空间配置的匠心，既有东方文化的均衡和谐意蕴，又有相当前锋的现代化风格与气派。柴斐义设计的中国国际展览中心，首先以简洁的线条和明快的结构，充分展示出新型建筑材料所体现出的现代高科技感，从而为首先目睹它的北京市民带来了一种进入崭新视觉感受的快意，而它那内部可以随机调整的展览空间，又使参观者对当今的中国必须以开放的姿态融入世界大家庭这一点获得了一种无声然而强烈的启示。中日双方设计师通力合作的中日青年交流中心，乍见颇感怪异的建筑语言并不给人一种"洋"的感受，而体现出东方玄学的神秘与深奥，但其后现代主义（Post modernism）的前锋色彩，相信在西方建筑艺术界眼中，也是相当浓酽的。中日青年交流中心的建筑语言也许令现今许多中国人接受起来（指审美接受，其功能接受——启用即几乎不成问题）还有诸多心理障碍，那么，几乎全中国民众都从有关"亚运会"的电视报道中看到的亚运村国家奥林匹克体育中心，相信已令大多数人产生出哪怕是不自觉的审美认同，特别是那斜拉悬挂屋盖结构所形成的双帆形剪影，望去令人欢愉而振奋，堪称是一个既体现出民族昂扬精神和对传统建筑语言中的对称趣味厚重情调的充分承袭，而又充分地现代化——蕴涵着革新、开放、个人与群体的和谐、人造景物与自然环境的和谐、竞争精神、对高科技的尊重、对力量与聪明才智的赞颂种种因素——的建筑"句子"。

十年没有去上海了，所以不能一睹上海商城的芳容，但从所见到的图片上获得的感受，可以意识到那并不是西方任何同类建筑的一个赝品，而很见设计者的创新激情；波特曼在西方建筑界是素以擅长处理"共享空间"，并在这方面有理论建树的大家，可以想见，上海商城内部的"共享空间"的配置处理，一定极富特色。

　　笔者对建筑艺术只是个有浓厚兴趣的外行，写此文的目的无非是痛感社会上尚未形成将作为艺术重要门类的建筑加以审美关注的风气，一般报纸副刊的美学评论似乎至多只及于所谓城市雕塑及其他建筑艺术中的环境配置构件，而绝少论及建筑物及建筑群本身，面对着实际上远不止前面所提及的五个星座的大量新的建筑艺术成品，我们实在应该使建筑艺术的评论活跃起来，并大大提升包括我们自己在内的广大民众的建筑艺术审美意识。

1992 年 3 月 12 日

"凝固之音乐"亟需评议

黑格尔老人曾说："建筑是凝固之音乐，音乐是流动之建筑。"真是精辟至极之论。中国大陆自改革开放之后，各处新建筑如雨后新笋，尤其是大城市里，体量巨大，并且除了注重功能性，也相当注重装饰性，乃至把投资额的相当部分用在艺术性追求上的建筑物，出现得越来越多；可是，对这些建筑物的公开评议，却非常之少；这是很不正常的现象，亟待改变。其实，一部音乐作品倘若真是失败了，那么再不去演奏演唱它，也就罢了；可是，一件"凝固之音乐"作品，特别是一栋耗巨资建造起来的庞然大物，一旦屹立在城市的地皮上，那么，倘若它被判定为丑陋颠顶，我们只能是"其奈它何"！需知：拆除一栋建筑物所费的资金，往往并不亚于，乃至有时还要超过兴建它的投资！

为了促使城市新建筑提升其美学意蕴，报刊上的公开评议是至为必要的。这绝不仅是建筑行业本身的那些专业报刊才该承载的任务。谁来评议呢？建筑学专家当然最有资格评议，然而，社会公众，不管是谁，其实都有权利来评议他所生活于其中的空间里的建筑物，即使他本身并不能使用那栋建筑，但那建筑物既然构成了他视野中的一道不能回避的风景，他甚至不能"眼不见为净"，那他就有权大声地道出哪怕是简单到极点的感受："真漂亮！""好难看！"对"凝固之音乐"表达自己的喜厌爱憎，那是文盲也有其一份权利的。当然，最好所发出的评论能超越直觉，而达到理性的层面。不过，那所道出的"理"，却完全不必由建筑学的专业术语所构成。

在西方，特别在美国，出现了专门的建筑评论家，但他们就往往并非建筑界当中的专业人员。例如美国建筑评论家保罗·戈德伯格，他就说过："我看到的一些杂志有详细的数据、美丽的摄影，像一本汇集了各种直观资料的画册，但缺少建筑的核心，即使刊载一些论文，也只是建筑的介绍，而且大多数是由建筑师自己写的……我认为从记录已经竣工的建筑物这一点来说，确实还是有价值的，但对评论作品来说，建筑家并不是合适的人选，因为建筑本来是应该由建筑家以外的人来加以批评的。"我们知道美国早期的建筑艺术评论大家刘易斯·芒福德，便并非建筑界的内行，而是一位作家；他曾著有《来自生活的素描》一书，显示出他所持有的评价"凝固之音乐"的首要原则，并非是建筑学上的那些原理，而是对体现于建筑物中的人情、人性和人道精神的诉求。戈德伯格继承了刘易斯的这一优良传统，比如他在评论美国兴建摩天楼的浪潮时说："建筑既是美学观念的表达，也是形象、价值和力量的体现……这些美国创造的精华，把美国人对技术和发展的信念，同美国人对充满戏剧性效果的追求结合起来……新一代摩天楼体现了美国人对于商业、环境以及他们自己的历史的看法的转变……它们似乎是呼唤人们走向纯洁、光明和新秩序的号角，它们的玻璃幕墙似乎给郁闷的城市中增添了轻快感，它们开阔的底层空间好像给狭窄、稠密的城市带来了活力和欢乐……这些大厦被当作新时代的产儿而受到人们的称许与欢呼，但是盲目的抄袭和模仿，急功近利的商业化追求，随之带来了新的千篇一律，这大概是人们漫步于曼哈顿，虽高楼林立、眼花缭乱，但给人以深刻印象的建筑却屈指可数的缘故……"对他的此种评论我们不一定去认同，但他的"自外于"建筑界的身份选择，以及他那把社会性和人性的美学考虑置于纯建筑学理之上的评论角度，对我们显然具有很高的参考价值。

我个人并不自信具有成为建筑评论家的可能，然而我对建筑物的乐于说三道四实非近年伊始。最近我在北京一份在市民中颇为热销的《为您服务报》上开辟了一个专栏，叫《通读长安街》，每周配图点评北京长安街上的一栋（或相关的一组）建筑物，打算一连串地将长安街上的当代建筑加以评议，故号称"通读"；我以为长安街上的当代建筑物实在还都难称"音乐"，所以且把它们当成"翻开之巨书"，或充其量可当成"凝固之诗篇"，直抒我的"读后感"，企盼多少起到些掀建筑评论浪头的作用。

《文汇报》的《笔会》近来很重视对"凝固之音乐"的评介，不过，似乎一时也还是内行评介内行的材料居多，这虽然挺好，却还不足以搅动一池春水，使建筑艺术的评论走出学院的圈子，达于泼辣灵动。其实上海作家中对建筑艺术饶有兴致，并有话可说的人物大有人在，我记得两年前到上海偶遇吴亮，他就不经意地说出了他对上海淮海路店铺时髦装修的印象，道是给人一种"镀金时代"的感觉，那所镀的一层东西，"一撕便可整个剥落下来"，寥寥数句笑谈，颇令我振聋发聩；我想以他的学识见地，哪怕是仍旧漫不经心地通读一下上海的新建筑，那所能引出的效应，也该是强烈的；唯愿像他这样的俊杰有评议"凝固之音乐"的兴致！正是：大家且鼓舞起来，令建筑评论升温！

1996 年 8 月 8 日

第三卷　建筑・环境・人

高楼算否风景

所谓风景，按人们约定俗成的划定范畴，一是大自然本身的美丽景色，一是历史的或民俗的人文景观，其余的东西，则难归入"风景名胜"的行列。比如外地人到北京，登长城参观十三陵、逛故宫游颐和园，以及到十渡或京东第一瀑，自然是正儿八经地欣赏风景，至于逛王府井或秀水东街，到夜市上吃风味小吃或进肯德基快餐店领略美式炸鸡，则只能算是旅游中的一种调剂或余兴，似乎不好视为一种与风景的亲近。

北京古老城墙的拆毁，多年来很为一些珍惜文物的人所诟病，而眼见着一个个凝聚着几百年北京特有的文化特征的四合院的破坏与湮灭，更令许许多多的中外人士痛心疾首。近十来年北京的高楼大厦真如雨后春笋般争先恐后地拔地蹿升，不仅有大量按相同图纸建起的可以归类的居民大楼，也有许多具独特面貌的豪华饭店、宾馆、体育场馆、购物中心、写字楼不断地竣工投入使用。往者北京的天际轮廓线是一种平面展开的近于对称的均衡之美，如今北京的天际轮廓线却呈现出一种竖向地犬牙交错的峥嵘之势，已绝不均衡，美不美呢？似乎也已构成了一个不得不细加思考的问题。

有一种比较普遍的看法，是高楼破坏了北京的景观。不像这般尖锐的看法，是认为高楼虽不得不建，但还是少建为宜，高楼单独看去虽未必难看，但高楼毕竟不是风景。但我也听到一位朋友的看法，他认为高楼本身也是一种风景，而且是一种很不错的、体现着时代精神的风景。

那位朋友说，我们不妨回忆一下，当 1959 年北京的"十大建筑"落成后，不仅北京人引为自豪，就是外地仅仅从照片和新闻电影中看到的人，也都认为那不仅是祖国欣欣向荣的政治性社会性符号，并且也是一种美丽的景观，能引出旺盛的审美激情。实际上当年那"十大建筑"从设计到施工，也确实都既注重了实用也绝没有忽视美观，甚至有大量投资是用在了装饰性部件上，包括建筑物周围的绿化和大型的雕塑作品——突出的例证之一便是农业展览馆。"十大建筑"一度成为北京的"新风景"，成为旅游观光的热点，不必再加讨论，那是事实。但建于70年代初的"前三门"居民楼呢？那是绝对只考虑其实用性（根据当时和现时标准是否真正实用是另一问题，这里且不评议），而节省掉一切装饰性的板式建筑，像一堵单调而灰暗的高墙，当初建造高楼没有同1959年搞"十大建筑"时那样以它来增加观瞻的用意，但据我那位朋友讲，当年无形中仍有些北京市民把那一大排高楼当作一种独特的景观，加以品评，而他本人也曾亲眼见到刚从北京火车站走过来的外地出差者，兴奋地站在马路对面点数着那高楼的层数，并啧啧地发出着赞叹……这就说明，在许多见识并不宽广的中国人心目中，任何高出于一般建筑物的大楼，都能激起一种自发的朦胧的审美愉悦。

　　高耸的大楼，一般称为摩天大楼，最先盛行于美国，尤其是纽约、芝加哥等东部都会。在纽约，1931年建起了120层的高达381米的"帝国大厦"，直到70年代初，它都保持着"世界最高大楼"的纪录，并且至今仍是到纽约游览的旅客们参观的热点之一，笔者几年前也曾登到其顶层俯瞰过纽约市容；但自那以后的二十多年来，纽约盖起了越来越多的更高的楼房，如今纽约最高的建筑应是高达411米的两座并立而造型却显得极为方正古板的双塔形"世界贸易中心大厦"，我也曾登临过其顶层，穿窿上裸露的水桶般粗的银色金属大弹簧随时在瑟瑟发响，提醒游客那大厦的上部在空气流动中有着左右前后若干米的晃动——惟其如此才绝不会断裂坍塌——令我感到惊心动魄。但全美最高的大楼现在并不在纽约而在芝加哥，1974年落成的芝加哥西尔斯大厦高达443米。如不严格地论楼房而按建筑物的绝对高度计，则整个美国亦未能领高耸之风骚，加拿大多伦多电视塔高达548米，一度称霸全球而号称第一，但这几年似乎又有别的国家别的建筑物超过了它，惜手边无资料，无法引用，不管你喜欢不喜欢，上述的摩天大楼，以及像纽约曼哈顿那样的摩天大楼群，确已构成了我们这个星球上的一种风景，而这种大楼风景，也不管你喜欢还是不喜欢，随着我们实行改革开放，已初露端倪于中国许多城市，北京近几年来，更大得风气之先。像亚运村的新建筑楼，已成为北京正式的旅游景点之一，自不消细说，像建国门外到大北窑一带，也时常有北京本地人和外地来京的人有意地在那连串的、形态各异的高楼下散步，把那些高楼当作一种风景来欣赏，而位于大北窑路口的国际贸易中心建筑群，就连一位从香港来的文化界朋友也对我发出这样的赞叹："真漂亮！没想到北京也有了这样的景观！"而从大北窑北望，位于呼家楼的高达 50 余层的京广中心大厦，银闪闪地挺拔于蓝天白云之中，更令人眼一亮心一震。

如何使古老的北京与现代的北京自然融合？如何最大限度地保护北京那些凝聚着数百年文明成果的古老胡同和四合院，同时又最迅捷地使北京更适应整个世界的现代化潮流？如何使新建的大楼在采用世界最先进设备的同时又具有浓郁的中国民族特色？这当然都需要详加探讨，但对大楼不再抱有排拒的态度，而认定那是一种新生的风景，应成为我们的共识了吧？

1992 年 3 月 3 日

窗内窗外

华人血统的知识分子真正进入西方文化主流的,有人说屈指数不到二十个人。头两名,一是美国的建筑艺术大师贝聿铭,另一是法国的大画家赵无极。贝聿铭的作品,不仅遍布美国各地,好评如潮,也出现在了中国,最新的一例是香港中国银行大厦,这栋造形如竖立餐刀的玻璃面大楼高七十层,据说不仅是香港最高建筑物,也是欧亚大陆上最雄奇的建筑物;他在中国大陆的作品,则有北京的香山饭店。

据说北京香山饭店建成后,一位中国官员前去参观,他说:"嘿,这种建筑我以前就见过。这是中国式的。"贝聿铭当时觉得,这位官员似乎不太高兴,因为他大概觉得既然请了你美国建筑艺术大师来,总该搞出个洋气派的东西,否则又何必非跨海越洋地请你来设计呢?贝聿铭当时听了却心中窃想——因为他设计香山饭店时所追求的,恰恰是西方建筑艺术与中国建筑传统的融合。他后来在一篇文章中回忆此事说:"你知道,当时正值四个现代化开始之时,因此他们希望所有的一切都要'追上'西方,所以那位官员说的那句话并不含赞赏之意,不过我还是把它当作一种褒奖。"也许贝聿铭是误解了那位中国官员对香山饭店的评价,但他关于此事的回忆还是颇值得我们玩味。

其实,香山饭店的某些素质,是很洋的,例如前堂的设计,就体现着贝聿铭最拿手的准则:"如果你要创造令人精神舒畅的户内空间的话,那你就得考虑各个立体结构之间那些空着的地方。"他的处理,是把那些"空着的地方"充分地化为了另一种自然有机的结构,手法是相当"现代派",相当泼辣奇突的。这种大面积的"户内空间",已成西方大型公共建筑必不可少的组成部分,但在中国传统建筑中几乎是没有的。不过贝聿铭对香山饭店的总体设计，却是基于这样的想法："我想看看能否找一种建筑语言，一种仍然站得住的、仍能为中国人所感受的并且仍是他们生活中一部分的建筑语言。"他并且希望以此给中国年轻的建筑家们一种启发，那就是"完全现代派的国际风格不适合我们，我们应该有自己独特的中国风格"。

贝聿铭在寻找"为中国人所感受的并且仍是他们生活中一部分的建筑语言"时，是非常下工夫、非常精心的。他说："我记得自己从小就有一个有趣的想法，即在中国人的观念中，窗户的作用和意义与世界其他地方大不相同，与日本也不同。""在西方，我们是个非常讲究实效的民族。窗户就是为了让光线、空气和阳光等等进入室内。因此窗户的设计必然是符合这一特定需要的目的，也总是从实用角度出发的……但是，在中国，窗户却是一幅图画。一个窗户构成一个景色，而这个景色则是由屋主来设计的。窗户的形状就是这幅画的框架。最理想的是每个房间外都应该有个花园。但花园不必太大。花园里的花草则不是现实的，而是自然世界的一个缩影。从这些窗户中人们可以看到这个缩影。这就是他们的生活方式。因此，在建造香山饭店时我就广泛地采用了这类形式的窗户。"倘有机会到北京香山饭店，你就会发现，那整座建筑的的确确体现出了上述设想的一切。我记得在香山饭店后面的庭园中，还有一处屋壁是一整面无门无窗无透气孔的素白墙体，紧临着池塘；那就是贝聿铭刻意设计的一个中国式"园趣"——他让园林工人在墙体前稍偏斜地栽植了一株形态古雅的老松，这样，在正午以后的日照中，便形成了一墙三树的美景——即松树本身而外，墙上树影亦成一树，水中倒影又成一树，蔚为奇观。

不过我们应当意识到，贝聿铭是一个美国人，一个美国建筑师，在美国几乎没有人不知道他，都把他视为美国自己国家最杰出的人物之一，他的建筑艺术并不是一种美国少数民族的分支文化，而是美国主流文化中最活跃的浪潮之一。你再翻回去读上面我所引的他的话，他是用"我们西方"如何如何和"你们中国"又如何如何那样的语气讲话的。对于中国人来说，他是一个窗外人。

在香山饭店里，我们中国迎来了一幅法国抽象派绘画大师赵无极的作品，赵无极早已归化法国，法国人都把他看作"我们法国人"，所以我们也不必因他的血统而非把他认作"我们中国人"。他的绘画作品中尽管确也浸透着某些中国传统绘画中的大写意及文人画的笔趣等等因素，但那作品总体而言却是一种西方绘画，一种法国绘画，所以，一般中国人未必能欣赏喜爱。他的画悬挂在香山饭店公共活动区，大概是觉得价值昂贵，而不少中国人又确有一种难以抑制地伸手抚摸展品的癖性，所以，饭店就用玻璃框把那幅画框压了起来——而赵无极的那种画，是不能压上玻璃来欣赏的，何况玻璃板对光影的反射映照，也使得人们无法辨清那幅画的真面目，据说赵无极本人和不少法国文化界人士，都对此大为遗憾而又无可奈何。赵无极的那幅画虽然挂在了窗内，但对中国人来说，也无异于一种窗外风景，并且是我们所不熟悉的窗外风景。

我们现在打开了国门，也敞开了国窗——我们要保持固有的审美情趣：窗是一幅画，窗体是画框，而窗外景物是画幅，我们要维护它的和谐，洁净与安宁；我们也要打破以往那狭隘的视野。盆景式的风景诚然是足可品味的，然而天然的田原，窗外的风物，更可怡我性情，富我心智；让窗外的阳光洒进来，让窗外的和风吹进来，让窗外的花香飘进来，让窗外的鸟语传进来，让窗外的润泽浸进来……而窗外人望着我们的窗户，他就更该感到是一幅既悠久又新镌、既独特又贯通、既深邃又明朗的中国画；窗内窗外，将有着更多的沟通与理解，合作与欢愉！

1991 年 4 月 19 日

高雅的话题

80 年代初，著名作家肖军在美国旧金山接受记者访问，有这样的一问一答：

记者：肖军先生，您对美国印象最深的是什么呢？

肖军：（照例以他中气十足的大嗓门）这儿的厕所真好！

肖军今夏告别了满布厕所的人间，到想必是无此设施的另一境界去了。肖军一生与虚伪无缘，且不善"外交式的幽默"，他对大洋彼岸厕所的赞美，是真诚而郑重的。

中国人最恨自己的同胞"崇洋迷外"，何况所崇所迷的竟是洋人的厕所，退回十多年，肖军说出那样的话，肯定要多添几场批斗会，说不定还会遭更酷烈的毒打。但说来也怪，即使是现今最以爱国和革命自居的人，也绝不见拒绝外国洋人造的小轿车、彩色电视机、电冰箱、组合音响、录放机、洗衣机、电动吸尘器……以至于电动剃须刀，就算上述那些玩意儿有几样他不喜欢不稀罕吧，洋式的即由抽水马桶和冷热水浴盆等组成的卫生间，则一定愿意享用。

这"东方闲话"专栏的开篇，就想闲话一番厕所，或曰闲话一番卫生间。也许有人以为这个话题怪诞不雅，窃以为这个话题不仅正经，而且颇为高雅——因为这实际是个文化问题。

在中国，即使是相当有知识的人，往往也仅仅把文化理解为诸如科学、教育、艺术、出版等具体的社会现象。你同他谈一本书，谈一出戏，谈一部电影或一个电视节目，他能意识到你在谈文化。你同他谈吃饭、穿衣，他的意识就模糊了，你同他谈拉屎、撒尿，他就简直不能想象那也是文化。当然，汉语中的"文化"这个词，按以往约定俗成的理解，一般只有两层意思：一是最一般的老百姓心中眼中口中的那个"文化"，即"学文化""文化程度"等话语中所包孕的一层意思；另一层意思就是上面所说的社会对知识的具体运用以及所派生出来的种种形态。其实自从世界上出现了"文化学"这样一门学问以后，"文化"的第三层意思就主要指的是一个社会群体的物质生活和精神生活的状态，以及由此派生出来的种种习俗、心态、思维惯性及情感模式等相当宽泛的方面了。任何没有死亡的社会群体都不可能没有吃、喝、拉、撒、睡这五个至关重要的生存环节，因此，研究分析一番其吃、喝、拉、撒、睡的方式及由此形成的心态，当然是绝非庸俗荒唐的话题。这回我们限于篇幅，将拣出拉、撒两桩闲话一番。

中国人是重口腔而轻肛门的。其实从纯粹的生物学、生理学和健康角度来观察，则口腔与肛门的重要性难分高下，也并无荣耻之分。一个社会组织起来，本应对吃喝和拉撒同等重视，然而在中国，为吃喝所设的饭馆与为拉撒而设的厕所，其水平竟往往有天渊之分。清朝以前的情况，不大好研究，即以晚清为例吧，那饭馆的水平，恐怕绝对是世界一流的。据北京东兴楼原经理邹祖川的回忆，20世纪初该饭馆已达下列状况："路北一千多平方米，全是出廊大房；路南带戏台的庭院前面有十一间宽大的楼房和东西配房，后面有七间前出廊后出厦的四合大房……店堂中的桌面铺的全是挑花台布；餐具是象牙筷、银勺；碟碗等瓷器一律是蟠龙花纹，上面有'万寿无疆'字样。宴席上的冷荤，在顾客入座前就摆好，为了防尘，把各种冷荤菜碟放入银质带盖的圆盘内，客人入座后，方将盖打开……"这还没有说到各色亏中国人想得出做得出而且吃得掉的菜肴汤点。清人得硕亭的《草珠一串》中咏道：

> 酒筵包办不仓皇，
> 庄子新开数十堂。
> 庆寿客归收币帛，
> 喜筵明日候台光。

的确，无论是婚丧嫁娶，还是迎送往来以及别的什么屁大的事，都可以成为中国人大吃大喝的理由。从某种意义上说，中国文化的的确确可以概括为"吃的文化"。但不重视拉、撒并不等于没有拉、撒的文化。1887年，日本人宇野哲人来到北京城，在领略了北京叹为观止的茶楼酒肆和百味美食以后，他也为北京人的拉、撒方式而目瞪口呆，在《第一游清记》中有这样的叙述："北京城内之不洁，虽尝有所耳闻，然堂堂一大帝国之帝都，如此不洁则未必想象……街路行人繁忙场所，市民踞路之左右大便者，不遑胜数，其多者五人乃至十人，列臀为之，其为之者不以人见为耻，通行男女见之者不为怪。三十年前，日本亦有立于路旁小便者相连之所，然无白昼露臀大便者，于草间林下无人之地为之者有之，然未见于人群杂沓繁华之地为之者。大便尚然，小便则到处为潴，为行潦。路上人粪之外，骆驼马骡驴犬豚等之粪有之，粪秽叠叠，大道狼藉……"读者不要误以为这位宇野哲人是个蓄意反华的"倭寇"，他其实是个对中国儒教崇拜得五体投地的人物，他在参拜曲阜孔庙的孔夫子塑像时曾"不觉垂头……渺此小躯旋为伟大圣灵所摄取，恍不知有我，又不见有人"。他的游记中说了中国许多好话，但中国人的拉、撒方式和态度，确实令他惊诧莫名。

民国以后，像上述随地大小便的情景在都市里是减少或大体禁绝了。但公共厕所的水平，一直很低。1949 年以后，以北京为例，公共厕所的水平虽有提高，但进展缓慢，最明显的是相当于东京银座的北京王府井，那南口唯一的公共厕所，凡进去过的相信都绝不会恭维，实在是有损王府井以及首都的名声。

西洋人在进入工业化时代前后，即已普及了抽水马桶。抽水马桶的发明，其意义绝不亚于电灯、电话、轮船、飞机，它使享用者的生活，发生了甚至可称得上是质的变化。一般认为现今抽水马桶的原型是英国人康明斯和布拉马设计的，他们于 18 世纪末各自获得了这项发明的专利权，两个多世纪以来抽水马桶虽然有一些小的变化和改进，而大体上仍根据原来的原理并保持原来的构造。抽水马桶和以抽水马桶和给排水系统构成的卫生间，成了西方现代文明的极其重要的组成部分。在西方，一所房屋的价值往往不仅取决于它的总面积和建筑装潢水平，而且取决于它有几个卫生间的。在西方报纸的分类小广告上，你会看到几乎每一个房屋买卖的广告上都不厌其烦地写着，他所卖的或他所想买的是带几个卫生间的。例如"四室一厅一卫"或"三室一厅二卫"，有时还标明"一卫一厕"或"两卫一厕"，即供洗浴的卫生间（也许仍有抽水马桶）和仅供大小便的抽水马桶间（有时单为来客准备）是分开设置的。西方的公共厕所，已绝无中国式的"茅坑"，都安装有抽水马桶。当然，有两种抽水马桶，一种是拉索式高水箱的蹲式抽水马桶，一种是扳钮或脚踩式低水箱坐式抽水马桶。前者较多地为亚洲人安装在亚洲地区，又被称为"亚式抽水马桶"，这或许是因为造价低廉，以及较易为习惯蹲"茅坑"的民众所接受——确实，长久取蹲式大便的人肛门匝肌的运动是一回事，乍坐到坐式马桶上往往不得劲，拉不出屎来。不管怎么说吧，倘若中国所有的私家厕所和公共厕所都装上了蹲式抽水马桶，那也是很不错的事。早有人说过，衡量一个地方文明程度的最准确的标志，就是那里的公共厕所的状况。我是很同意这一说法的。但国人中似有相当多的人听了这个说法便摇头不止乃至撇嘴生气。也许，衡量一个地方文明程度的标准还是应定为餐桌上的状况。那么，我们中国人只要摆出一堂"满汉全席"，即可放心等待"百夷来仪"，安享中央之国的尊严了。

在中国人的文化心态中，缺乏"卫生间的意识"，实际上也就是缺乏"给排水意识"，因为卫生间文化的核心是给水和排水这两项技术及其所关联着的需求愿望。

1982年我曾去过东北一所名城，到那里后主人为表示对我的情谊，照例采取了"宴请"这一中华民族的传统文化方式。宴请即吃美食是高于一切的。因此下火车后并不将我送到住地，更不问一问我要不要洗洗脸净净手，而是直接把我送到了该市最高级的一家餐馆，并直接将我引到该餐馆最豪华的一个单间内一张已摆得琳琅满目的大圆桌边。开宴了，一道道风味别具的菜肴川流不息地送了上来。但我这人太不争气，实在憋不住了，想方便一下，主人作难了，问服务员，说是楼内无厕所，得下楼去街上的公厕。无奈，一位主人陪我去了，那公厕在这里不再描写吧，我相信每一位中国读者都是极易想象的。我从公厕回来，望着闻着满桌的菜肴，禁不住一阵阵恶心。我百思不得其解，为什么造这么漂亮的一座楼房来大摆宴席，却可以不设一与之匹配的干净（我还不敢要它漂亮和舒适）的有抽水马桶的厕所？！

近几年，高档饭馆日渐增多，也开始附设卫生间了，但仍经常挂着"暂缓使用"的牌子，或仅供"外宾"使用，或虽可使用并且也安装了抽水马桶，但漏水、排水不畅或有水管而无水流。虽说如此，大多数嚼客似乎并不在意，饭馆方面则心安理得。

在许多风景名胜地，风景极美，点缀其间的饭馆供应极佳，但厕所却令人胆颤心惊，乃至无插脚之处。将供"外宾"（所谓外宾包括一等洋人二等海外华裔三等港澳同胞）的有抽水马桶的厕所（或仍无抽水马桶只较为干净）与供国人的保持国粹式"茅坑"的厕所分设，则是近一二十年最常见的中华文化现象，于今似乎达到顶峰状态。"外宾用厕"在无外宾或外宾较少时往往紧锁厕门。由于并不经常使用，在开启后又往往由于供水不足或排水不畅散出阵阵秽气，仍达不到国外一般公厕的水平。

我有一位画家朋友，家住北京一小胡同中的一座旧式小楼的二楼，常有外国人去他那里看画采访。他最伤脑筋的便是外国人停留时间长了要去他的"卫生间"，他家绝无"卫生间"，而胡同中的公厕又实在简陋，于是只好请客人到大立柜后去用他家自备的马桶（实际上是高腰痰桶，因为北京市很难买到南方那种真正的木质马桶）。客人常大吃一惊，并表示用那东西难以解决问题……这还都算不得什么。最有趣的是，他向有关部门提出来，他愿捐献一笔款子，将胡同内离他们院最近的那座公共厕所改造成一座有抽水马桶的镶白瓷砖的西式厕所，竟不仅遭到拒绝，还遭到嘲笑。嘲笑者所用语汇之一是"吃饱了撑的！"还真令人鼻酸——我们这个民族就怎么意识不到，唯其吃得撑了，才更应将口腔的享受移一部分到肛门的享受上去啊。难道我们世世代代永远这么在拉、撒上马马虎虎吗？

在过去，我们的卫生间简陋，也许确实是因为我们经济上落后，科技上落伍。最奇怪的是我们今天能够做到的事，我们也不去做。比如，我们直到如今所生产的刷马桶的刷子，都仍然只是那么一个刷子，不用时，只好靠在墙边，刷子毛湿漉漉地贴着地面。而世界上许许多多国家和地区，都早已生产出有盅状座子的马桶刷，那工艺是极普通的，道理也很简单，刷子不用时放置盅中，省得靠墙和接触地面。我们与人家的不同之处，就在于我们没有那样一种把厕所安排得精心些的想法。我们不是早就在餐桌上采取了"把各种冷荤菜碟放入银质带盖的圆盘内，客人入座后，方将盖打开"等等精心入微的措施了吗？我们到头来总是重摄入而轻宣泄。这令人不得不联想到我们中华文化的其他方面，例如教育，我们崇尚教师说了算的填鸭式，而想方设法压抑学生的排遣宣泄的欲望；又例如对社会生活的组织，我们崇尚"有口皆碑""众口一词"，而不注重社会的"给水排水"配套工程。

西方的公共厕所问题也并不是都解决得那么好。比如在纽约，游人很难找到公共厕所，而且地铁中和码头上的公厕经常发生暴力事件，令人望而生畏。为了解决燃眉之急，有时只好去咖啡馆或快餐厅要一杯咖啡或冷饮，然后利用一下附设的厕所——那些厕所往往相当小，不过有抽水马桶、洗手池并有烘手机，足能较为舒适地排泄一番。巴黎也许是公共厕所最好的城市。那里有一个叫让–克罗德·德科的富翁在1979年发明并帮助市政当局设立了若干小巧玲珑的单人公共厕所。外形颇像扁圆的大罐头盒，壳体用铝合金制成，往壳体上的自动收费孔投入规定数额的法郎，门便自动开启。里面雅洁舒适，抽水马桶在你离座后自动冲水并旋转更换，附设的洗手池上还放着花瓶，并自动喷出香雾，有的还有轻柔的音乐伴奏。但规定时间是十分钟左右，如欲延长，则需在里面再次投币，否则厕门会自动开启。法人在美食方面不让我华人，而他们还顾及到"美便"，算是在口腔和肛门二者关系上真正体现出了平等和博爱精神。

50年代，中国有一幅很有名的漫画，画上梳着"两把手"的慈禧太后扭着一位建筑师斥责说："你真是花钱能手，我当年盖颐和园都没有想到利用琉璃瓦修饰御膳房！"画家那种反浪费的民族精神在今天看来也是值得尊敬的，但也确实反映出我们中国人一贯轻视厨房的清洁舒适方便的传统——固然我们十分讲究餐厅的排场和餐桌上的色、香、味，可"君子远庖厨"，是"眼不见为净"的。颐和园偌多建筑，最差劲的也确实是厨房。而厕所，就更提不上。纵观堂皇富丽的故宫，简直找不到一个可供肛门排泄享受的专门场所。外国古代也许同慈禧太后的观念差不多，但到了现代，人家最舍得花钱的建筑部位，反倒是厨房和卫生间。厨房是电器集中地（从电灶到冰箱到电热水器电洗碗机到红外线烤箱电动管道杂物切碎器……），卫生间是给排水集中地。为厨房和卫生间大力投资，乃至超过对客厅卧室书房的投资，已绝非笑柄而视为理所当然。我去过国外不少公寓楼，里面各单元的起居室、卧室、书房等大小有别，但厨房及卫生间几乎是一样大一样好的。而在我国，目前最新式的公寓楼中，厨房和卫生间也仍屈居最差的部位。而且绝大部分新盖的公寓楼中仍无带洗澡设施的真正卫生间。中西文化对比，这也算是重要的一例吧。

在卫生间问题上，我承认自己是"全盘西化"的主张者。抽水马桶，给水排水，热水洗浴，雅洁的瓷砖装潢，溶水的卫生纸，无臭有香的排泄环境，这种生活方式既由人类创造出来，就是全人类的文化财富。我们中国既入球籍，我们中国人既要进入现代文明，就没有理由不接受这一文化财富。现在的问题是我们尽管已为"外宾"和"首长"及少数其他人准备了西式卫生间以供使用，却还没有或很少有为公众谋卫生间之利益的意识，臭烘烘的茅坑还满布于中国各地而无大改进的前景。所以，闲话一番总不至于被认为多余乃至判定为忤逆吧！

据目击者说，"文革"中有一回肖军被"造反派"打得晕死过去，躺倒院中，后来他女儿肖芸来了，扶他坐起将他摇醒。他刚一清醒便紧紧与女儿拥抱，父女二人当着众人在那院中拥抱得不剩一丝缝隙，而脸上洋溢着绝无悔恨凛然不移的表情。这绝非题外话——请读者诸君想象那景象那表情。我以为中国的一切希望均在那象征性的父女拥抱图中。

1989 年 1 月

也是高雅的话题

曾写过一篇《高雅的话题》，所议及的并非贝多芬的交响乐也并非毕加索的绘画，而是中国的厕所问题。

这回要议论的是垃圾箱。

在我国各个旅游胜地，垃圾箱的设置相对而言是比公共厕所的设置及时而充分的。我们往往会看到一些在造型上相当费心思和用料上相当讲究的垃圾箱，比如说陶瓷烧制出的形如熊猫、福鱼的垃圾箱，而且在一些风景名胜地还摆得颇为稠密，结果不少游客拍摄的旅游纪念照上，就无意中都有它们出现，有时在湖光山色的背景中，还相当地突出，仿佛那拍摄者在取景时刻意将其作为一种美的事物加以容纳一般。

坦率地说，这类几乎无处不在的垃圾箱，我不仅不愿说它们的好话，而且简直必欲摒除而后快！

首先，这类垃圾箱几乎大都存在着实用价值不大或有限的弊病，它们的掷入口总是不够大，游客想往里面投掷废物必须离得很近，有时离得极近也还是没有把弃物投入其中的把握，因为那掷入口往往塞阻着先到的弃物，而其实那垃圾箱的腹中又并非饱胀而仍空疏；由于掷入弃物不便，很多游客便只好将弃物掷在它的周遭；我也问过游览地的清洁工人，他们在埋怨游客不能耐心将弃物准确掷入的同时，也抱怨那种陶瓷垃圾箱的沉重与笨拙，他们想倾倒那垃圾箱腹中的弃物不仅要花费很大的气力，还必得用钩子之类的工具才能掏刮干净，有时就由于游客的乱掷和倾倒的费力，时间不够，他们便只好放弃全部的清扫倾倒而任其一部分依然如故，这样恶性循环的结果，就使得一些场所的垃圾箱永无全体清爽之日。

当然有的这类垃圾箱掷入口也许还比较阔大，倾倒起来也还比较便当，但它们的造型，却几乎全都相当鄙俗而粗糙。记得前几年我在苏州园林游览时，就总有体积相当不小的熊猫啃竹子造型的垃圾箱强行跃入我的眼帘，由于设计者美学上缺乏创意，那熊猫过分写实而竹子比例又与之不称，加以成批生产工艺粗糙显得十分拙劣而颟顸，与周遭园林精致的亭榭雅秀的盆景全然不谐，实际上起到了一种丑喧宾而夺妍默主的破坏性作用，稍有挑剔眼光的游览者，便会遇之而觉触目惊心。

把垃圾箱设计得有独特的形状涂饰以鲜艳夺目的色彩图案，当然是一种善意的构想，我却以为属于有悖于建构一种雅致的旅游环境的画蛇添足式的行为。

垃圾箱的设置，我以为应遵循以下两个原则：一是要充分体现其功能性，特别是要让游客可以非常便当地将废弃物投掷其中，不能要求游客都有超凡的瞄准能力，更不能希求大多数游客都有不惜近距离乃至挨近垃圾箱往里塞置废物的高度公德心，当然相应也要让清洁工便于倾倒和处理垃圾箱。二是要尽可能使其不干扰游客对周遭景物的欣赏，从这个意义上说，垃圾箱的色彩越单调越好，形状越单纯越好，在游客眼中越可以从景物中忽略越好，它应当是一种游客遇到想扔掉手中废弃物时才去刻意寻觅的一种存在——当然最好又能使游客在这时发现它就在并不太远的地方。

记得在北京的一些公园中见到过海外同胞捐赠的一种铝合金框架的袋式垃圾箱，架上两只敞口尼龙袋并列，用文字标明一只供容纳可以再生利用的纸木制品，另一只供容纳不能再生利用的塑料制品及其他杂物，我以为那是一种既实用又颇能唤起游客环境意识并且也不碍眼的垃圾箱，但不知怎么的游人们总不能与那分类容纳的构想相配合，废弃物全然混淆不清，这种垃圾箱后来不知怎么的也就再见不到了。又记得在不少旅游地见到在山路丛林之中，放置着一些拙朴的竹编筐，大敞口，深腹，旁有双耳可供提运，与周遭景物情调颇为相谐，功能性极强而清洁工收敛倾倒都很方便，想必造价也颇低廉，我以为那是相当理想的垃圾箱，其设计摆置者的用心，是大大高于优于那些熊猫或福鱼形的陶瓷垃圾箱的设计生产者的。

旅游地的厕所和垃圾箱的设置，以及其功能性和同周遭景物的相谐性的研究和讨论，也是旅游文化中的一个不可忽视的方面，希望我这篇短文不至于使一些高雅之士感到好笑，我可是实实在在地觉得自己是在议论着一个相当高雅的话题。

1992 年 9 月 29 日

四合院

——长篇小说《钟鼓楼》中的一大角色①

北京还有多少个大体完整的四合院？不知道哪个部门掌握着精确的数字。现在人们开始认识到保护野生动物的重要性，1980年玉渊潭栖落过几只白天鹅，其中一只被路过的青年工人用气枪击毙，曾引起过公众的广泛激愤。其实，国内野生天鹅的数字，大大高于明清以来建成的四合院的数字，但直到目前，对于粗暴地对待四合院的行为——毫不吝惜地加以阉割、毁损乃至拆除，除了少数研究古代建筑史的专家外，人们似乎大都心平气和。四合院，尤其北京市内的四合院，又尤其是明清建成的典型四合院，是中国封建文化烂熟阶段的产物，具有很高的文物价值。从某种意义上说，它是研究封建社会晚期市民社会的家庭结构、生活方式、审美意识、建筑艺术、民俗演变、心理沉淀、人际关系以及时代氛围的绝好资料。从改造北京城的总体趋向上看，拆毁改建一部分四合院是必不可免的，但一定要有意识地保留一批尚属完整的四合院，有的四合院甚至还应当尽可能恢复其原来的面貌。如果能选择一些居民区，不仅保护好其中的四合院，而且能保护好相应的街道、胡同，使其成为依稀可辨当年北京风貌的"保留区"，则我们那文化素养很高的后人，一定会无限感激我们这一代北京人的。

公元1982年12月12日，其中薛家正举行婚礼的这个位于北京钟鼓楼附近的小院，便是一个虽经一定程度毁损，有所变形，然而仍堪称典型的一个四合院。

---

① 此文系作者获茅盾文学奖的长篇小说《钟鼓楼》中的一节。

所谓四合院，顾名思义，就是由四组房屋以方形组合而成的院落。没有到过北京四合院的人，顾名思义之余往往会产生这样的想法：这样的院落有什么稀奇呢？岂不单调、寡味？

　　其实不然。它在方正之中又颇富于变化，在严谨寡淡之中又蕴涵着丰富多彩。

　　即以我们已经迈入并且初步熟悉了的这个院落为例。它是坐北朝南的。这是四合院最理想、最正规的方位。当然，在东西走向的街道胡同中，胡同南面的四合院，不得不采取与它相反而对称的格局。为了使院内最深处的正房成为冬暖夏凉的北房，南墙上往往要开出一排南窗，因而正房后面必有一个窄长的小院；如果办不到这点，或只好以南房为正房，或将挨着院门的一溜北房作为正房，而改变进门以后的院落格局。总之，在东西走向的胡同中，路北的四合院一般总显得比路南的四合院优越。据说当年路北和路南的四合院之间的差价，有时会相当惊人。如果是在南北走向的街道胡同中，或走向不正的斜街中——如离钟鼓楼不远的大、小石碑胡同，白米斜街一类地方，则往往采取这样的盖造：顺着街道胡同的走向设一个大门，进门以后，并不是四合院本身，等于留出一块"转身"的地方，然后再按东西走向街道胡同的格局，盖出院门朝南的四合院来，这样，里面的房屋便不至于也呈南北走向或斜向了；当然，也有按街道胡同走向盖的，这种四合院的价值，在当年不消说要等而下之了。

　　我们已经迈入其中的这个四合院不仅方位最为典型，其格局、布置也堪称楷模。如果说整个院落是一个正方形或准正方形，那么，四合院的院门绝不会开在正面的当中，它一般都开在其东南角（如果是与其相反而对称的那种四合院，则开在其西北角）。这院门的位置体现出封建社会中的标准家庭（一般是三世同堂）对内的严谨和对外的封闭。院门一般都是"悬山"式的高顶，顶脊两边翘出不加雕饰的"鸱吻"。地基一般都打得较高，从街面到院门，一般都设置三至五级的石阶，石阶终端是有着尺把高厚门槛的大门，双开厚木门的密合度极高，想透过门缝窥视里面，几乎是不可能的。当然门上都镌刻、漆饰着"忠厚传家久，诗书继世长"一类的门联。门上有门钹（类似民族乐器中的钹，故名。钹钮上挂着叶形的金属片，供来客叩击叫门）。门边往往有一对小石座，或下方上狮，或整个雕为圆鼓形。

明清之际的四合院，一般并不是贵族公卿的正式住宅；看过《红楼梦》就知道，贵族的府邸无论其规模、建制、格局都与一般单纯的四合院有极大的差别；只有当贾琏那样的贵公子要私纳尤二姐时，才会在花枝胡同（此胡同今天还在，距钟鼓楼不过数里）去找一个四合院暂住。一般说来，四合院是没有贵族身份的中层官吏、内务府当差的头面人物、商人、士绅、业主、名流，以及从平民中涌现的暴发户和从贵族社会中离析出来的破落户这类人物居住的地方。有时电影、戏剧和图画中把四合院的院门表现为顶上砌有琉璃瓦、门板上装有"铜钉"（即铜铸圆碗形门饰）、门上装的不是门钹而是狴犴衔环，显然都是一种毫无根据的臆想。封建社会等级之森严，也反映在建筑格局的严格规定上，即使是贵族府邸，也不能乱用琉璃瓦和乱用门饰。以清朝为例，它的贵族有亲王、郡王、贝勒、贝子和公五等，而公又分为镇国公和辅国公，辅国公又分为"入八分辅国公"和"不入八分辅国公"。什么是"八分"呢？就是八种特殊的标志：一、朱轮（所乘骡马车车轮可漆成红色）；二、紫缰（所骑马匹可用紫色缰绳）；三、宝石顶（官帽上可饰以宝石）；四、双眼花翎（官帽上可饰此种花翎）；五、牛角灯（可用此种灯照明）；六、茶搭子（盛热水的器物，略同今日之暖瓶，可享用此物）；七、马坐褥（乘马时可用此物）；八、门钉（府门上可饰以"铜钉"，而钉数又有细致的规定）。由此可见，并非贵族住宅（至少不是贵族正式住宅）的四合院，其院门上是绝不能饰以铜钉的。

推开四合院的院门以后，是一个门洞，门洞前方，是一道不可或缺的影壁，影壁既起着遮蔽视线的作用，又调剂着因门洞之幽暗、单调所形成的过于低沉、郁闷的气氛。影壁一般以浅色水磨青砖建成，承接着日光，显得明净雅致。影壁上方一定都仿照房屋加以"硬山"式长顶，顶脊两端也有向上翘起的"鸱吻"。影壁当中一般都有精致的砖雕，或松鹤延年，或和合万福（雕出两对蝙蝠张翅飞舞），或花开富贵，或刘海戏金蟾……有的不雕图像而雕题字，简单的就雕个"福"字，复杂点的一般也不超过四个字，而以两个字的居多，如"吉祥""如意""福禄"之类。除了壁心有砖雕，有的四角、底座还有细琐的雕饰，或回纹草，或莲花盏，与中心图案题字相呼应。有的还在影壁右侧种上藤萝或树木，春夏秋三季，或紫藤花开，或绿荫如盖，或秋叶殷红，使人一进院门便眼目为之一爽。

我们所迈进的这个四合院，如今门洞中堆着若干杂物，门洞顶上还吊着一对破旧的藤椅——这对藤椅前面已多次提到，下面还要提及它的主人；门洞前面的影壁，中心的砖雕已被毁损，不过影壁右侧的一株榉树还在，而且已经有水桶般粗、三层楼那般高。

在门洞和影壁的东边，有一道墙，墙上有很大一部分是门；那四扇屏门虽是对开的，但每扇又可折叠为对等的两半，关闭时，便呈现出四块门板的形象；可以辨认出来，当年门板漆的是豆绿色，而每块门板上方，各有一个红油"斗方"（即呈菱形状态的正方形），每个"斗方"上显然各有一字，四个字构成一个完整的意思——如今已无从稽考。从这道门进去，是一个附属性的小偏院，现在为荀兴旺师傅一家所住，南边是两间不大的屋子，北边是里院东屋的南墙，东边则是与别院界开的院墙。当年这个小偏院是供仆役居住的。标准的四合院，一般都少不了这样一个附属性的小院。而小院的院门，不知为什么，绝大多数都采取这样一种轻而薄且一分为四的样式——也许，是以此显示出它在全院中地位的低微，并便于仆役应主人召唤而随时奔出。

从影壁往西，是一个狭长的前院。南边有一溜房屋，一共是五间，但分成了两组，靠东的三间里边相通，现在为京剧演员澹台智珠一家居住，靠西的两间，现在住着另外一家——我们下面还要讲到他们——值得注意的是，有一道南北向的墙，又把那两间房屋及前面的空地隔成了另一个小院，与现在荀兴旺师傅家的小院遥相对应。不过，那墙上的门换了一种样式，现在我们看到的是月洞门（即正圆形的院门；有的四合院则是瓶形门、葫芦门）。这个小院，当年是为来访的亲友准备的，那两间南屋，一般都作为客房。而院内的厕所，当年也设在那个小院之中，一般是设在小院的西北角上。小院的北面是里院西屋的靠墙，西面则是与邻院隔开的界墙。

外院澹台智珠所住的三间南屋，过去是作为外客厅和外书房使用的。民国以后，又常把最东头的一间隔出来，把门开在门洞中，并在靠近院门处开一个窗户，由男仆居住，构成"门房"（即传达室）。里院外院之间，自然有墙界开，而当中的院门，则是所谓"垂花门"。它的样式，一反总院门的呆板严肃，而活泼俏丽到轻佻的地步——它的特点，是在"悬山"式的瓦顶之下，饰以倒垂式的雕花木罩，木罩左右两端的突伸处，精心雕出花瓣倒置的荷花或西番莲；整个木罩的雕刻、镶嵌极为精致，而又在不同部分饰以各种明艳暖嫩的油彩，并在可供绘画处精心绘制出各种花鸟虫鱼、亭台楼阁、瓶炉三事、人物典故……四合院中工艺水平最高、最富文物价值的部分，往往就是这座垂花门。可惜保护完好的高水平垂花门如今所存已经不多，而且仍在不断沦丧。我们所进到的这个四合院，垂花门尽管彩绘无存、油漆剥落，但大体上还是完好的，在相当大的程度上尚能传达出昔日的风韵。

垂花门所在的那堵界墙，原来下半截是灰色的水磨砖，上半截是雪白的粉墙，墙脊上还有精致的瓦饰；现在已经面目全非，不仅墙脊上的瓦饰早被人们拆去当作修造小厨房的材料，整堵墙比当年也矮了一尺还多——70年代初搞"深挖洞"时，砌防空洞的砖头不够，居委会下命令让各院都拆去了一些这类界墙以做补充。讲究的四合院，这里外院的界墙上，往往还嵌着一些透景的变形窗，或扇面形，或仙桃形，或双菱连环，或石榴朝天……我们讲到的这个四合院，当年也还没有那么高级。

垂花门的门板早已无存——据说当年的垂花门一般也不上门板；垂花门两侧原来也有一对石座，今亦无存；垂花门里侧当年有四块木板构成的影壁（可装可卸），也早已不知踪影；进垂花门后原有"抄手游廊"，即由垂花门里面门洞通向东西厢房并最终合抱于北面正房的门廊——到过颐和园的乐寺堂两厢，便不难想象其面貌，当然，它绝不会有那般轩昂华丽——现在除了北面正房部分的门廊尚属完整外，其余部分仅留残迹，而南面垂花门两边部分连痕迹俱无——"深挖洞"时因烧砖缺乏木料，那部分走廊的木质部分已全部捐躯于砖窑的灶孔之中。

当年四合院的里院，才是封建家庭成员的正式住宅。现在张奇林一家所住的高大宽敞的三间北房，是当年封建家长的住所，当中一间是家长接受晚辈晨夕问安的地方，也是接待重要或亲密客人的客厅，往往又兼全家共同进膳的餐厅；两边则是卧室。北房一般绝不止三间，我们所进入的这个四合院就有五间北房；不过另外两间一在东头一在西头，不仅比当中的三间较为低矮凹缩，而且由于已被东西厢房部分遮挡，所以采光也较差劲，这两间较小较暗的房屋叫"耳房"；有的四合院"耳房"还向后面呈 L 形延伸过去，当年一般是作为封建家长的内书房、"清赏室"（从摩挲古玩到吸食鸦片都可使用）的；讲究一点的四合院，两边耳房外侧又有短垣与外面断开，墙上嵌月洞门或瓶形门，门上并有砖雕横匾，对应地题为"长乐未央，益寿延年"或"西园翰墨，东壁图书"。现在，东西耳房当然都与张奇林家隔断，并且居住着互有联系的一老一少——我们下面也要描述到他们那独特的存在。

一般四合院，也就到此为止了。需要补充的，不过是东西耳房一侧，往往还设置厨房和储藏室。有的较气派的四合院，正房和耳房后面尚有小小的花园，最后面不是以界墙与邻院隔断，而是有一排罩房代替界墙的作用。我们进入的这个四合院，并没有罩房，而且与邻院隔开的界墙，仅与正房相距二尺而已。

当年四合院的东西厢房，是供偏房，即姨太太或子女孙辈居住的。当儿孙辈绵绵孳生，一个四合院已居住不下时，则只好另置新院移出一房或几房儿孙，不然，只能把外院的南屋也统统辟为居室，将就着住了。四合院的所谓"合"，实际上是院内东西南三面的晚辈，都服从侍奉于北面的家长这样的一种含义。它的格局处处体现出一种特定的秩序，安适的情调，排外的意识与封闭性的静态美。当年里院有大方砖砌出的十字形甬路，甬路切割出的四块土地上，有四株朱砂海棠——如今仅存一株，而且已大受损伤；不过，后来补种了一株枣树，现在倒长得有暖瓶般粗了。在正房的阶沿下，当年在石座上有两只巨大的陶盆，里面种着荷花。沿着"抄手游廊"，点缀着些盆花，吊着些鸟笼。如今这类画面也都消逝殆尽了。

我们已经知道，如今西屋靠北头的两间，住着正在为小儿子办喜事的薛家，南头那一间呢？门时常锁着，那位女主人并不每天回来，她另有住处。而东屋北头的两间，住着那位说话永远聒噪夸张的詹丽颖。南头那间住着一对年轻的夫妇，他们都是工厂的工人，这天上早班去了，所以暂且锁着屋门。

为了获得一个对今日这个四合院更准确的印象，我得提醒读者，几乎每家都在原有房屋的前面，盖出了高低、大小、质量不同的小厨房；而所谓"小厨房"，则不过是 70 年代以来，北京市民对自盖小屋的一种约定俗成的称谓；它的功用，越到后来，便越超过了厨房的性能，而且有的家庭不断对其翻盖和扩展，有的"小屋"已全然并非厨房，面积竟超过了原有的正屋，但提及时仍说是"小厨房"；因为从规定上说，市民们至今并无在房管部门出租的杂院中自由建造正式住房的权利，但在房管部门无力解决市民住房紧张的情势下，对于北京市民自 60 年代末、70 年代初掀起的这股建造"小厨房"、并在 70 年代末已基本使各个院落达到饱和程度的风潮，也只能是从睁一只眼闭一只眼到心平气和地默许。"小厨房"在北京各类合居院落（即"杂院"，包括由大王府、旧官邸改成的多达几进的"大杂院"和由四合院构成的一般"杂院"）雨后春笋般地出现，大大改变了北京旧式院落的社会生态景观。这是我们在想象今天北京的四合院面貌时，万万不能忽略的。

我们所进入的这个四合院，目前除了张奇林家通了自用的自来水管外，其余各家都还公用一个自来水管，它的位置，在垂花门外面的西侧。进入冬季以后，为了防止水管冻住，每次放水前，要先把水管附近的表井（安装水表的旱井）盖子打开，然后用一个长叉形的扳子，拧开下面的阀门，然后再放水；接完水后，如果天气尚暖，可暂不管，以便别家相继接水，到了傍晚，或天气甚为寒冷时，则必须"回水"——先用嘴含住放水管管口，用力吹气，把从管口到井下阀门之间的淤水，统统吹尽（使淤水泄入到旱井中），然后，再关上井下闸门，盖上井盖，这样，任凭天气再冷，水管也不会上冻了。对于当今这样用水的成千上万的北京杂院居民来说，这里所讲述的未免多余而琐屑，但是，几十年后的新一代北京居民们呢？如果我们不把今天人们如何生活的真实细节告知他们，他们能够自然而然地知道吗？即如仅仅是六十年前的北京，我们可以估计出来当时许多居民是买水吃的，但那卖水的情景究竟如何呢？可以方便查阅到的文字资料实在很少，我们往往需要通过老前辈的口传，才得以知晓其细节的。当年在北京卖水的大都是山东人，聚居于前门肉市街一带（那里的水井多且水质好），除了用小驴拉木质大水车往远处卖水外，还有用小木推车在近处卖水的。小推车两边各挂一只木桶，前面还有一副对联："一轮明似月，两腿快如风"。最有趣的是横批："借光二哥"。为什么不写"借光大哥"呢？因为都是山东人，忌讳"武大郎"。了解了这些细节，当年北京市民的生活图景，便凸现在我们眼前。我们从中所体味到的，绝不仅仅是当年人们的生活方式，而是一种特定的文化发展阶段的剖面观——是的，我们对"文化"这个词汇的理解应当超出狭义的规范，实际上，一定的生活方式，它所具有的所有细节，便构成一种特定的文化，不仅包括人们的文字著述、艺术创作，而且包括人们的衣、食、住、行乃至社会存在的各个方面。

现在我们走进了钟鼓楼附近的这个四合院，我们实际上就是面对着20世纪80年代初北京市民社会的特定文化景观。对于这个院落中的这些不同的人们的喜怒哀乐、生死歌哭，以及他们之间的矛盾差异、相激相荡，我们或许一时还不能洞察阐释、预测导引，然而在尽可能如实而细微的反映中，我们也许能有所领悟，并且至少可以为明天的北京人多多少少留下一点不拘一格的斑驳材料。

生活，在这个小院中毫无间断地流动着。1982年12月12日这一天已经进入了下午。我们已经认识的那些人物远未展示出他们的全部面目，而新的人物仍将陆续进入我们的视野。世界·生活·人。有待于我们了解和理解的真多啊！

1984 年 5 月

垂花无语忆沧桑

　　一位女摄影家拿了一张黑白艺术照给我看，说："这是北京一个四合院的大门，你看，它多么独特啊！"

　　我拿过来一看，对她说："不对，这不是四合院的大门，这是四合院的二门，即称作垂花门的通向内院的那个门。我知道你为什么把它当作大门了——你会对我说：这就是在街上照的，不是进到一个四合院里照的呀！——是的，我相信这是你在街上对着如今的街门照下它的，但它确实不是四合院的大门，而是垂花门；我都能猜出来你是在哪儿拍的这张照，这是在现在的东四十条大街上照的，东四十条原是一个胡同，后来展宽为大马路，那个四合院在这过程中被拆去了前院，所以里面的二门就成了现在的临街门。你仔细地看吧，这是一个垂花门，为什么叫垂花门？你看它有一个凸出的门罩，仿佛旧时轿子的轿顶，又像旧时床帐的帐顶，轿顶和帐顶上面，常垂下粗大的流苏，底端坠着标志吉祥的荷包，既给人以华美感，也给人以稳定感，我以为四合院的二门造型，便与此相通，在构造复杂雕刻精美彩绘鲜艳的大门罩下垂的木料底端，刻出倒垂的莲花或西番莲花朵的形状；你拿来的这张照片上的门，已然旧朽，油漆剥落，门罩破损，但其上的垂花，却依然默默地开放，引出我无限的遐思……"

　　女士告辞后，我玩赏那张垂花门的照片良久。我觉得这张照片浓缩着北京胡同四合院文化的盛衰沧桑。

　　以居民楼和绿地为主体的"小区生态"，正蚕食着老北京的胡同四合院生态，人们可能更多地把这当作一种社会生态，其实，这也是一种环境生态。昔日的北京胡同，大多数尽管与闹市相衔，却成为闹中取静的区域，喧阗的市声在胡同口即被阻断，长长的胡同里，或许会有"磨剪子磨刀"的吆喝，以及收旧货先生的打击小鼓的韵律，却在古槐的浓阴中愈发加深了悠长的宁静感。那主要由灰黑色墙体组成的胡同院落外观，也许会给不知底里的人一种单调的窒闷，其实，推开每一个院门，特别是四合院的院门，绕过或大或小的影壁，你马上就可以看到若干与屋宇回廊相得益彰的植物和宠物，如果你跨进了总是与大门错开的二门即垂花门，那么，照得你眼明的，很可能首先并不是建筑物本身，而是那些融汇着中华数千年琴棋书画文化精华的环境生态所营造出的情调韵味。

……你多半会看到四株对称的西府海棠或垂丝海棠，在仲春烂漫地开放着浅粉或绛红的花朵；当海棠花变为海棠果时，也许屋阶下盆栽的石榴花已展开了一种只好命名为石榴红的火一般的苞蕾；或许还有养在阔口黑陶盆中的白莲或红荷，又或是根根直蹿天宇葱绿宜人的石蒜……有的人家则是搭架养攀缘植物，或紫藤，或葡萄，或茑萝，或蔷薇，或金银花，或竟只不过是牵牛、丝瓜，在这些主要的植被左近，必还有许多的盆花、盆景，或直接栽培在檐下墙根的草花，如一串红、荷包花、江西腊、西番莲、夜来香、美人蕉、玉簪棒等等；特别讲究的人家，或许还种芍药、牡丹、太平花、芭蕉树；有的在书房前栽下一片翠竹，有的在屋后栽下梨、桐、枣、椿……至于槐、榆、柳、桑、杏、桃、柿，以及合欢、文冠果、迎春、榆叶梅等等更是四合院里的常客，与这些姹紫嫣红的植物供娱于主人的，一定还有若干的宠物，如波斯猫狸猫银猫，板凳狗卷毛狗看家犬，以及养在大陶盆中的龙睛、珍珠、七彩等肥胖的散尾大金鱼，还有挂在回廊上的各种鹦鹉八哥文鸟蓝靛颏红靛颏……也有养在瓦罐、葫芦中的小小昆虫：蛐蛐、油葫芦、蝈蝈……四合院的生态是一种私人自享的性质，因而朝精致化、个性化、风格化、静谧化乃至神秘化的方向发展，总体而言，是将生活的空间诗化，"庭院深深深几许"，"梨花满地不开门"，"庭树不知人去尽"，"密雨斜侵薜荔墙"……胡同四合院是与这些古诗的传统一脉相连的，其音韵宜用古琴筝琶相配，其气息宜用檀香百合香徐徐地氤氲，书房里该有线装书，客厅里应放红木明式座椅……

然而时代严厉地淘汰着胡同四合院文化，北京现在出现着越来越多的"小区文化"，这些以方块楼为特征的居民区不仅构成着与胡同四合院全然不同的景观，也改造着老北京人的生活方式，重组着人际关系，刮去北京人眼中旧的审美趣味，往北京人眼里填塞着西方传来的趣味和情调；即以新居民小区的绿地花圃而论，那生态环境应该说是比四合院的气派大多了，有的确实非常壮观、绚丽，但那是公众共享的性质，因而是朝着铺张化、一体化、范式化、意识形态化、交响乐化的趋势发展，总体而言，是将生活空间叙事化，这样的格调，是与大群的人晨练、成双成对的恋人旁若无人的当众示爱、卡拉 OK 与交谊舞的响亮音波，以及用水泥、石头、不锈钢等材料制作的硕大的雕塑相协调的。

人类的生活方式，总是要随着生产力的发展而不断演进的，传统的社会生态，包括环境生态，不可避免地要被瓦解乃至淘汰，北京胡同四合院的命运，便是如此。凝视着女摄影家拿来的垂花门照片，真不禁百感交集，是的，北京现在还残存着一些保留着旧时情调的小胡同，但严格意义上的四合院，已达到屈指可数的地步，能全面传达出我上述描绘的那种诗境的北京四合院，似乎已近乎绝唱。如今北京四十岁以下的一代，他们中的绝大多数，都会把从狭隘胡同里早已沦为"杂院"的旧四合院里迁出，搬进新建"小区"的居民楼当作一桩美事，只有少数乃至是极少数徐勇式的人物，才对即将消逝的胡同四合院产生了一种难得的审美兴趣；可是就我看到的这类摄影家所拍的胡同四合院的照片而言，我总觉得他们的兴趣，与对父母以至祖父母脸上皱纹的欣赏相近，四川画家罗中立的"超级现实主义"绘画《父亲》是这种趣味的第一次强有力的显现，徐勇等的北京胡同四合院摄影是另一次冲击波，这种艺术现象本身，便宣告着胡同四合院文化的不可避免的衰老与走进死亡，我在一张旧垂花门的照片上，看出了昔日之美，也听见了挽歌高唱。

那垂花门默然无语，然而我相信它也有一个灵魂，它的灵魂，一定在忆念着无数的往事，那烟云般的往事，有几多人的悲欢离合、生死歌哭？有阳光下的欢笑，也有月影中的阴谋，有无辜的陨灭，也有罪有应得的下场，有平凡得令人起腻的苍白人生，也有惊心动魄的灵肉搏击……是的，它都知道，它记得，它默然无语，不负评价之责，不讴怨颂之曲……它会在哪一天，被什么人拆除掉？拆它的人，想必并不会有我这般的情思！

当然，一直有一些重视传统的人士，特别是建筑界、文物界、文学艺术界的知识分子以及某些有见地的官员，他们一再发出在发展北京市政建设的过程中，要尽量保护北京的胡同四合院的呼吁，这种呼吁也不是全无回应，并且北京也做了一些有关的尝试，比如在东城菊儿胡同中，拆了原有的已不堪其居的四合杂院，修建起低层楼宇式的"新型四合院"，企图在私享空间的诗意美与共享空间的叙事风格之间寻求一种折中的平衡感，这一由著名建筑家吴良镛主持的设计显然是有创意的，不仅得到国内许多人士的首肯，也得到了国际上包括联合国有关部门的赞扬与表彰，北京许多有待拆建的胡同里的危房改造工程，都拟以菊儿胡同的吴氏设计为样板；不过，这一模式也引出了尖锐的不同意见，如有的批评家认为，这种折中的设计方案并没有保留住原四合院的生态美感，相反，却使杂居的人家之间有了更逼近的隐私被窥感，反不如干脆住进西式的居民楼区心里来得踏实；所以，胡同及四合院文化的保留与"移步"，看来还需要做更多的研究探讨，同时也应允许与吴氏不同的设计付诸实践，在多样化的实践中摸索出更好的路数。

岁月悠悠，人事迭换，文明的演进，既从传统中生发，亦破传统之茧而飞升，一百年后，北京人恐怕只能到作为文物保留区的一小块地方去领略胡同四合院的原汁风味了。

面对垂花门照片，我喟叹，却并不悲伤。

1993 年 11 月 11 日

北京二十层公寓楼中

擦拭城市的眼珠

世界上有的城市是河城，比如英国伦敦在泰晤士河两岸发展，法国巴黎在塞纳河两岸繁衍，我国的天津则有海河穿过，今日的上海随着黄浦江东岸的开发，也将成为地球上的一大河城；世界上还有一类城市是湖城，它们的市区中有大面积的湖域，成为城市的重要景观，在我国，像济南、北京、芜湖等都是很典型的湖城。湖城里的湖，如同城市的眼珠，市民们应备加爱护。

提到北京的水域，人们一般首先容易想到近郊的颐和园昆明湖、圆明园福海等处，更远的郊区还有密云、怀柔、十三陵等水库，知名度也都颇高，但北京不仅郊区有湖，它的市区里也有湖，并且不止一个，特别值得我们格外珍惜的则是城市从城区西北迤逦相连一直贯通到中西部的一串明珠式湖泊，它们从北往南分别是：积水潭、什刹海后海、什刹海前海、北海、中海、南海。中海与南海由红墙环围，合称中南海，不仅全中国人都熟悉这个名称，在全世界这恐怕也是一个知名度极高的符号。北海则是一座著名的皇家园林公园。积水潭和什刹海却是无围墙的开放式水域，它们与周围的居民区浑然化为一体，从自然景观的角度来说，它们带有某种难得的野趣；从人文景观来说，它们附近虽然分布着某些昔日的贵族府第园林，但总体而言，却是最具平民风情的一隅。

我在北京什刹海岸边居住过十八年，那正是我从十九岁到三十七岁的青春岁月，我在那里走上工作岗位，娶妻生子，并且写出了我的成名作《班主任》，也是从那儿出发，有了人生中的第一回出国旅行的经验（是参加中国作家代表团访问罗马尼亚）。不仅是那里的人文环境哺育了我，什刹海这水域本身，也就是说，那里的自然生态环境，也滋养着我。在我的小说和随笔中，什刹海是一个经常出现的角色，这不是偶然的。

　　什刹海实在美丽。以往的什刹海，未曾浓妆，总是淡抹，野味十足，韵味天然。它的湖水并不清澈，因为其中有水草，有鱼蚌虾蛇，在前海东部入夏还有大片荷花；但那种深绿酽碧意味着生机盎然，有别于当年附近游泳池里的那种散发着漂白粉味道的透明纯粹。湖畔广植着垂柳，前海西岸还有大排的白杨，这里那里，还点缀着些桃、杏、榆、槐，并且可以找到春天开出喇叭花似的大花的楸树，以及银杏、海棠、榆叶梅、珍珠梅……在后海与前海之间的咽喉式相连通处，有小小的银锭桥，站在那桥上西望，晴天能看到西山青黛的剪影，那是曾被古人称为"燕京十六景"之一的"银锭观山"。记得湖畔的高树上，总是有许多的鸟窝，成群的燕子、乌鸦、喜鹊、麻鹊，以及羽毛华丽的叫不出名儿的野鸟出没在其间；夏夜，湖边还有许多蝙蝠在月光下剪刀般掠过……在那段岁月里，在什刹海边散步，或倚湖栏凝视潋滟的水波，曾化解了我心中许多的郁结，激活着我对真、善、美的追求热望，给予我许多的灵感，也带给我浓烈的美感，使我原本粗粝的心灵，增添了细腻与温柔……

　　这些年我也还时不时地去一下什刹海。什刹海变了。它有点浓妆艳抹了。它被开拓为了北京的一个新的旅游景区。在前海西岸恢复了"荷花市场"。"荷花市场"是我以前也未曾赶上过的以售卖茶食酒饭为主的一种大众消闲排档，从几十年前传下来的资料看，它有热闹多彩地展示民俗的一面，也有杂芜混乱的一面；当年该市场是季节性的，未能解决好废弃物的处理问题，所以东岸曾垃圾粪便堆积如山，形成一大城市痼疾。50年代初，新中国曾派出解放军战士与市民们并肩劳动，疏浚湖泊，清除岸上的污秽，广栽树木，砌岸修栏，才使什刹海去痼弃疾，变得分外地清爽明媚。现在搞市场经济，恢复"荷花市场"，展拓什刹海的旅游优势，这都无可厚非；但是看来依然未能解决好市场与旅游的废弃物处理问题，特别是如今时兴塑料袋、瓶、饭盒及易拉罐与一次性筷子，还有一些纸质软包装与冷饮包装，这些东西有的商家不能很好地处理，有的游客乱抛乱掷，有关部门的管理也跟不上，今夏出现的局面，从北京电视台在《今日话题》节目里所拍的镜头来看，那真是到了惨不忍睹的程度！湖中的"白色污染"已经从西到东连成了片，杂乱的废弃物边上泛着浊沫，湖里基本上已没多少鱼类，因此水草过分旺盛，淤积的水草弄得湖水缺氧，这就更妨碍鱼类的生存……《今日话题》的编导请我在节目里亮个相，说上两句，我在镜头前说：城市的水域，尤其是湖城里的开放性湖域，好比是城市的眼珠子；我们都懂得人身上的眼珠子有多么重要，一个人美不美，很大程度要看眼睛长得怎么样，眼神儿是否清澈动人；如果一个人眼珠子浑浊了，甚至于长上了"萝卜花"，那还能叫美人吗？不仅不美，还严重影响其健康地生存！我呼吁人们像爱惜自己的眼珠般珍惜什刹海，一定要从我做起，从今天做起，擦拭这城市的眼珠，还它一个明眸亮睛！

　　我曾去过丹麦的首都哥本哈根，那是一座倚海的城市，水域似乎不足为奇，可是那里的市民对城里的两个淡水湖却极为珍爱，湖中绝无人们抛掷的废弃物，湖岸上设置着若干造型上并不起眼，然而使用起来绝对方便的垃圾箱（这种设计是对的，我们的垃圾箱往往设计得触目惊心却又难于将弃物不脏手地顺利、准确投入），无论大人小孩扔东西一定是扔进那里面，没有扔不准确掉在箱边，或废弃物爆满而仍无人来收走的情形；那湖里总是游弋着些天鹅、野鸭，湖畔花坛里有些优美的圆雕，周遭的古典式建筑倒映在湖水中，情调典雅。但是我要说，哥本哈根的这两个城内的开放式淡水湖形状未免过于规整，无论站在哪个方位，两个只隔一条马路的湖都一览无余，哪里有我们北京什刹海那么富于柳暗花明、移步换景的沛然情趣！哥本哈根人能把他们城市的眼珠时时擦拭得雪亮耀人，我们北京人怎么就不能把我们的什刹海保持得晶莹鲜丽呢？

1996 年 9 月 9 日绿叶居

与台湾客同游恭王府花园

下午去皇冠假日饭店。

前天约好，到这里与刘国瑞先生小聚。刘国瑞先生是台湾《联合报》的副社长、联经出版社社长，我们第一次晤面，是1991年，那回他带领一个很大的台湾出版界代表团，来广州举办台湾书展，他们约请了若干大陆作家，在书展期间相见；第二次与刘国瑞先生谋面，是今年一月份在台湾，我应邀参加由《中国时报》人间副刊举办的"从40年代到90年代——两岸三边华文小说研讨会"期间。前天家里人接到国瑞先生电话找我，唤我接电话时，说是"大概是个安徽人找你"，确实，国瑞先生的"国语"里，带有浓厚的安徽音。今天到皇冠假日饭店，见到国瑞先生，才知道他是和他太太来大陆私人度假，他们说已游览过若干北京著名的名胜古迹，我便问他们去没去过北京的一些"小风景"，如恭王府花园、五塔寺、智化寺……他们竟茫然无知。于是我便建议他们去恭王府花园一游，我领他们坐上出租车，只用了一刻钟左右便到了位于柳荫街的恭王府花园。他们大吃一惊。国瑞先生说，看了这里，台湾所有的花园都"无足观"了！恭王府花园确实值得细细品味。花园的正门，是中西合璧的风格。恭王奕䜣，是清末最早与西方文化碰撞的中国人之一，他内心里对西方文化的容纳度，究竟如何，有待考究。但整个恭王府花园，应当说基本上还是中国文化的结晶。有人说这座花园在乾隆时期已经存在，曹雪芹彼时很可能涉足过，《红楼梦》中大观园的构思描写，很带有这座花园的痕迹，我以为此说甚有道理。

一进花园正门，便有一座巨石赫然障目，这便是"独乐峰"，此"峰"两厢都是土山，"山"上小径曲折，怪石嶙峋，藤木翁翳，循此"山"可迤迤逦逦绕园一周，我引国瑞伉俪往东登临了一小段，把一块长条石上的刻字指给他们看："易曰：介于石，不终日，贞吉。"彼此不禁相对一笑，这是当年奕䜣对自己夹在"后党"与"帝党"之间，并且也夹在"中"与"外"之间，应付之苦，却居然还"玩得转"的复杂心态的写照。

"山"西则有一段砌成"长城"的模样，有城门洞，进园时也可从此长驱直入，门洞上题曰"榆关"，我对国瑞先生说，这大概体现出了园主"不忘本"的意识——他们的祖先，毕竟是打破了山海关，才到中原来建立了王业的，所以，有时候园主会从这里雄赳赳地跨"关"入园，也算是重温灿梦。

园中有多处水域，园西的水池最大，池中有颇大的水阁，而所有水域，又由小渠连通，《红楼梦》中的大观园，也是如此——当然更大、更美。

园中的大小建筑群，全由长廊、抄手游廊、穿山游廊、上山坡廊等回环连缀，最东面的建筑群由几个院落重叠构成，或垂花门里绿竹成丛，或月洞门内芭蕉抽叶，或廊前盆莲怒放，或檐下紫薇盛开……我们穿行其中，国瑞先生感叹不已，我对他说："倘若没有鸦片战争、甲午海战……由着这种文化自足地发展，今天中国的人文景观，又该如何呢？"那是难以想象的。我们一起进入了大戏台，这是一个室内的大戏台，复原为了当年的模样，所有的木柱、檐板、顶棚，全手绘着古藤绿叶紫花的图样……据我所知，这是目前北京仅存的一个复原保护起来的贵族室内大戏台，我对刘氏伉俪说："也许，这种《红楼梦》里所描写过的文化，是过分地灿烂，特别是过分地精致了，已达于'烂熟'的程度，所以，终于走到了其尽头……现在我们只能在北京的这种很特殊的地方，才能一睹其光华了，它已成为了一种'文物'，也就是'化石文化'了！现在你走在北京的大街上，扑进你眼里的，很可能都是些西式的高楼，还有麦当劳、肯德基……快餐店，鳄鱼、苹果……专营店等等西方商业文化的符号……嗳，一部中国的近代史，该怎么说呢？"

当我们在相当于《红楼梦》中的"凸晶馆"前的平台上，坐在石桌边的石墩上歇息时，国瑞先生也不禁感慨地说："台湾还不是一样！到处是西方文化，特别是美国文化的斑斑痕迹！"他又说，他前些时在台湾电视中看了这边拍的电视连续剧《北洋水师》，竟浮想联翩起来……刘太太一旁笑说："他原来是几乎不看任何肥皂剧的，这回真是个例外！"国瑞先生告诉我，他是安徽庐江人，指挥甲午海战的丁汝昌正是他们家乡所出的名人之一，且从祖上论，丁、刘两家还有姻亲关系；他说这部电视剧对丁汝昌以理解和肯定为基调，令他很能认同；甲午一役，淮军从此垮掉，中国从此窝囊到底，实令人百年后仍扼腕气结……

我们离开恭王府花园时，不知他二人如何，我心中竟颇恋恋不舍。我虽定居北京，说实话，如无一定的机缘，也是很难真抬起脚往这座花园里迈的。

这是座神秘的花园。

在观月平台下面由太湖石砌成的山洞中，石壁上镶着一个福字碑，上面镌刻着康熙的玉玺印记，这是一桩非常奇怪的事，无论是伪造康熙御笔、错把伪造品奉为真品，都是死罪，而倘若那是真的御笔，又怎么能不置于大堂正室，或至少置于园中最显要的地位上，却胆大妄为地将其安放在一个阴暗的山洞里！这不也是死罪吗？为什么以谨慎著称的奕訢对此却安之若素，不以为悖逆？又为什么无人告发？为什么竟听由那康熙御笔福字碑就那样一直地留在了那个古怪的位置，直到今天？

忽然又忆起，1992年冬，在瑞典斯德哥尔摩的郊区，盖玛雅家中——盖玛雅是一位汉学家——她丈夫是一位建筑学家，因而他们的藏书里有很大一部分是有关建筑艺术的书籍；我从他们的书架上，取下一本足有五寸厚的大书来，随意翻看着，那大概是一位德国人写的关于中国古代园林的书，在那本书里，我惊喜地发现，有一章是专门讲恭王府花园的，写书人考察这花园时，大约已在20年代，花园已废，水池枯涸，荆榛遍地，屋宇的瓦隙中都长出了小树，但从书上他拍出的照片看，这座花园依然充满了难喻的魅力……

一座花园的兴废，浓缩着许许多多的况味，不仅是历史、时代什么的。

一座花园的神秘性，昭示着我们许多的憬悟，也不仅是关于命运、气数什么的。

哪天再去探访？独自？偕谁？

1994 年夏

护城河

我住的这栋二十层高楼下面有一条小河，是北京残存的一段护城河。

明成祖在五百多年前修建北京城时，为了万世的基业，不但将城墙宫殿苑囿修造得宏伟奇瑰，也精心挖掘灌注了护城河——围绕全城有一圈相当宽阔的，围绕皇城又有一圈虽不怎样宽阔却相当深的，然后围着紫禁城又有一圈气象森严的。经过五百年的风云变幻，如今紫禁城的那一圈仍完好如初，北京市民俗称为"筒子河"，因为形状过分规则，如长筒状，故有是称。皇城周遭的护城河消亡得最厉害，如今北京有"北河沿""南河沿"一类地名，但那里已是宽阔的柏油路面，早不见护城的河道；北城地安门再迤北有一座后门桥至今残迹仍存，但桥下亦无河道水踪；或许天安门前金水桥下的一道流水勉强可算是它的一点余泽，但细加探究，便可发现那道绿水颇有点"来无影，去无踪"的味道，其"来处"或勉强可解释为从中南海经现中山公园东流，而"去处"呢？至少到今"南河沿"一带，便消失在现北京饭店脚下，据说是顺暗沟继续东流了，那"暗沟"得有多长呢？因为从那里迤东，至少得二十里外，才又有河道出现。北京的古城墙基本上已荡然无存，我现住的这栋楼对面的二环路和立交桥，便应是昔日北城墙和安定门城楼所在，现在唯一能唤起一点发古之幽情的，便是楼下的一道护城河。现在北京原最外圈的护城河，南段、西段、北段尚有踪迹可寻，东段基本上无存，而所存各段中，以我们北段最为完整。

前些年北护城河大力整治了一下，不仅疏浚了河道，镶铺了河壁和河岸，近沿岸栽种了许多花草树木，因而堪称一景。昔日河中应倒映着不动的箭楼城堞，以及缓缓移动的驼队骡车，如今却倒映的是塔楼和板儿楼，以及快速滑驶的汽车长龙。

夕阳西下时，我常到护城河边散步，这时就想，护城河护城河，其首要的功能，应是护城，但这河自始掘至今，究竟发挥过几次护城的功能？

当年雄踞紫禁城中的统治者，也许没想到过最坏的情况，就是敌兵蜂拥城下，"黑云压城城欲摧，甲光向日金鳞开"，那时护城河便是一道逼使他们付出惨重代价的障碍，即使他们终于渡过头道护城河，甚而攻破了城墙，突进到市区，那么皇城外的护城河便又是一道陷坑，按最不济的状况推想，敌兵竟又窜入了皇城，那么，要攻入紫禁城又谈何容易，如今到北京游览故宫的人，无妨到那"筒子河"边现场替攻方设想：在没有重武器特别是没有枪炮的前提下，所有宫门前的桥早已变成收拢的吊桥，城堞间又万箭齐射，你怎能强渡那并无斜坡状河岸只有陡直河壁且深不可测的"筒子河"？想来当年建城的统治者和为其效劳的建筑师按这样的逻辑推想下去，一定会发出骄傲的微笑——纵使敌军已突进到"筒子河"边，一道护城河仍可令他们手足无措，而这样必定也就争取到了时间，使京畿以外"起兵勤王"的救兵得以赶到，从而转危为安！

在安定门护城河段边漫步时，我脑海中常闪现出些刀光剑影，硝烟云梯，以及泅水的士兵、城堞间的射手，耳边便仿佛响起了兵器撞击的铿锵和攻守双方的嘶声呐喊……但稍一定神，便不禁自笑，因为我那些玄想，竟丝毫没有历史的依据，尽是些从拍得未必高明的电影和电视连续剧得来的印象。

仔细一想，历史不仅无情，而且颇具挪揄意味，明成祖建都时哪里想得到，到朱氏王朝覆灭时，不仅那巍峨的城墙丝毫不成为屏障，三圈护城河也简直不起一点作用——当李自成率领农民起义军进逼京城时，不仅没有一支吃皇粮的军队愿意为皇帝死战，不仅紫禁城城堞上绝无一支射向来师的飞箭，所有护城河上绝无一架收拢的吊桥，就连靠拢他身边向他报告消息的官吏也再无一个，结果崇祯皇帝只好在大惊讶大苦闷大绝望中带着唯一的一个忠于他的老太监，慌忙从紫禁城北门跑进煤山（现景山公园），吊死在山脚下一棵槐树上。

李自成骑着马，率领起义军入城了，何需攻渡护城河，座座桥梁任他跨，扇扇城门为他开——不止一个官吏像生怕赶集晚了便得不着便宜货似的跑去打开城门"迎降"。

后来清军打入了山海关，那关门也是由门里的人主动打开的——守将吴三桂降了清，多尔衮率清军挺进被李自成起义军放弃的北京城时，那护城河亦毫不成为其障碍，什么泅渡攻桥一类的场面丝毫没有。

清代衰败时，1860 年英法联军攻打北京，1900 年八国联军攻占北京，虽在郊区有一些官兵和民众进行了抵抗，但任何一道护城河也都没有起到阻挡来犯者的作用，倒是叶赫那拉氏先是在 1860 年随咸丰皇帝，后在 1900 年作为掌握实权的太后，带着光绪皇帝越过三道护城河，逃往了热河与西安。

护城河真令人惊讶。至少北京的护城河如此，而且还颇有点令人哑然失笑。

殚精竭虑、不惜工本地设计修造出来，难道只是为了静静地倒映一点城堞角楼，为一些垂柳的根系提供比较充分的滋养吗？

不知怎么我又忽然想到了十七八年前的事。我原籍那穷乡僻壤有个小青年非常荣幸地当了兵，而且分配到北京卫戍区，更进而分派到一个在中央首长经常出入的场所执行保卫任务的连队，他在休假时来看过我一次，兴奋地提及江青会见他们的情况，说江青一身戎装，精神抖擞，同他们一起开会"批林批孔""批大儒"，又"批三项指示为纲"，说他们连队已成为江青"亲自抓的一个点"，江青有一次还拍着他肩膀问："小同志，要是有一天修正主义翻天，你们怎么办呀？"他和同伴们的回答声震屋宇，那答案可想而知。当时报纸上也确实刊出过他们那个连队开展"革命大批判"时种种报导，动辄半版、大半版，或一整版，或一整版外还要"下转第 × 版"。"筑成反修防修的钢铁长城""一千年一万年永不变色"，是其中出现频率最高的词句。我想同乡小伙子他们那个连队即使够不上"钢铁长城"，总也够一条令"修正主义"望而生畏的"护城河"吧。回想那时江青一伙的气焰，确乎也够称万丈，他们甚至连普通平民一点点私下里的窃议——那真是够驯顺够窝囊的——也大张旗鼓、磨刀霍霍地搞起了"清查"，他们的权势，真有点铜墙铁壁、万丈护壕的外观，巍巍乎、泱泱乎不可一世。但事隔不过一年多，到 1976 年 10 月，江青为首的"四人帮"竟"嗯喇喇大厦倾"，似乎是一个晚上乃至仅是几个小时，也没怎么动用众多的人力，便被"解决"了，他们的"铜墙铁壁"呢？"护城河濠"呢？丝毫不见踪影。记得在当时人们大体上是自发举行的敲锣打鼓、喜气洋洋的欢庆游行的人潮中，我也看到了小战士他们那个"江青抓的点"的队伍，这还并不令我惊讶，令我感到心中滋味无法形容的是，在迎面而来的一支队伍中，有分明是曾给江青写过效忠信——不止一封，而且最后一封离那天游行的时间也不算太久——的人，也在那里"随大流"地扬臂高呼口号，当然不是向江青致敬的口号而是相反的口号。江青诚然是"多行不义必自毙"，而那些分明如蝇逐臭般崇拜着她的人，一旦她被送进了秦城便转眼加入了"义师"，甚而率先尖声发出了对她的讨伐，这世相又该让人如何评说呢？

至少北京这座古城，那已不复存在的城墙和依然残存的护城河昭示了我们：墙也好，河也好，再高再厚，再宽再深，终究抵挡不住历史的脚步，更拗不过客观的规律，既调动不起人性中的忠贞也淘洗不净人性中的奸诈，到了关键时刻，无须坝坍河枯，坏事也罢好事也罢，竟都可能如风过花谢或日吻花开地自然出现，你痛心也罢欢欣也罢，没拆的墙会静静地立在那里，没填的河也会默默地继续流淌，它们的价值，也许到头来仅仅是构成了一道风景。这是真的，北京远郊的万里长城，不是正召唤着成千上万的世人"不到长城非好汉"吗？而倘若你有兴致，也无妨到我家附近的北护城河边来遛遛，几百年来这条河边并没有出现过什么攻守的浴血战斗，而今垂柳依依，玫瑰艳红，正好让你享受一番宁静与安适。

1991 年 8 月 19 日

北京安定门绿叶居中

雅在情调

富而思雅，在所必然，富不能自然生雅，而且往往还不知不觉中就落了俗，所以欲生雅，先要识雅。

所谓雅，很难用物质标准衡量；当然做一个"雅皮士"，需有中等以上的收入，才会有趋雅的闲情逸致，也才有享雅的经济实力，不过有的人收入不高，却雅得可以，有的人富甲一方，却俗得惊人；因此我们无妨这样说：雅是一种不能完全用金钱换取的东西，是文化修养的体现，也是个人情趣的提升。

且不说人的内在雅，且说人所处的外在环境的雅。

有的人，很喜欢到麦当劳、肯德基一类的洋式快餐店去吃东西，除了觉得那汉堡包炸鸡块味道别致外，据说那原因之一，便是店堂布置得雅致悦人。其实这类快餐店，在国外应算作最俗的场所；我曾问过一位年轻的女郎：为何喜欢这样地方？她说，喜欢厅堂中摆放的那些绿色植物，比如她座位旁边的散尾葵——又名凤尾竹——就给她一种优雅的感觉；这里不去分析洋快餐店通体而言是雅是俗以及"洋为中用"后的感觉变异问题，这里只想说：那年轻女郎对绿色植物的感受，确是一种雅识。

在建筑物中摆放真的植物，而且主要不是为了观花，是为了观叶赏绿，这在我们中国有着悠久的传统——当然，与西方的不同之处在于，我们更注重植株的根茎枝的形态，并常辅之以山石草苔的点缀，追求一种把大自然缩小为一幅立体图画的趣味，构成叫作盆景的专门装饰物；但正如中国盆景作为一种人类文明，西方人可以安然享用一样，西方人在现代合成材料配置的室内空间中摆放纯自然状态的绿色盆栽植物，以营造雅致情调的做法，当然也属于人类文明的一个分支，中国人的"折而赏之"，亦属正常。

室内环境的装饰布置，是一门大学问，这里只略谈一下绿色植物的点染问题；由于我们所身处的室内空间——无论是公共空间还是私人空间——都越来越趋于：一、构成材料的高科技化和高复合化；二、非自然界色彩的大量使用；三、活动其间的人的穿戴越来越像游动的花朵；因此，返璞归真的盆栽绿色植物的较大面积的点染，便构成了一种化解俗气的雅物——它们营造出一种情调，滋润着都市人往往不免焦躁的心灵。

以追求情调的眼光检视我们对家庭或仅是一个人的私人空间的布置，就会发现有时我们虽然舍得投资，却没能进入雅境；这里提出几点建议，仅供参考：

*除非万不得已，不要使用假花假叶来布置你的私人空间；

*即使有经济能力在自己家中摆放切花，也不要因此放弃绿色观叶植物的盆养或水养；而且在切花与绿色植物的数量对比上，一般应把握后者大于前者的原则；

*在你的水族箱中栽种适量绿色水草无疑是恰当的，但在你的真绿萝上点缀塑料假花之类的做法则是俗气的；

*除了对你豢养的猫、狗、鱼、鸟乃至乌龟、蜗牛之类的宠物有感情，以及对能为你开出艳丽喷香的花如君子兰、茉莉等植株有感情外，还一定要培养对绿叶的感情；

因为在现代人所置身的都市"盒式"室内空间中，绿叶几乎是唯一把高度程式化的紧张生活与美好大自然联系起来的心灵符码。

当然，人们对室内空间的雅致情调的追求会因个性的不同而导致不同的营造方式，但豪华昂贵并不一定构成雅，雅是一种情调，作用于心灵，又将心灵的美感进一步外化，这应是所有雅人的共识。

1993 年 5 月 21 日

朦胧美

家居布置中，光的把握极为要紧。有些人很注意家具摆设的色彩情调，知道应把握一个求雅的原则，却没有"雅光"的概念。

有的人对白天的室内光尤其没有讲究一下的念头；对夜里的用光，也只停留在照明的实用层次上，以为越亮越好，或者不刺眼便是雅了。

先说夜晚的照明。功能性的用光，自然应有足够的亮度，但有不少家庭喜欢在屋顶安装吊灯，由于我国新建住宅尤其是高层单元房一般内跨度都不足 3 米，一些家庭花了不少钱，买了吸顶灯或吊灯，安装在天花板正中，由于比例上往往不谐调，一打开，"四面光，亮堂堂"，那灯显得过大、过亮，其效果是华丽而颟顸，实不足取。最近的一个潮流，则是把家里的天花板，修造得和饭店宾馆的酒吧间一样，一般不再用吊灯，而用了若干凹缩进去的圆筒，内安射灯，从情调角度衡量，当然比前例好，但仍有个内跨度太小而比例失谐的问题。再说，私人空间也不宜去向公众共用空间看齐。

比较而言，不用顶光，而用若干台灯、落地灯、射灯，在居室中巧妙而适当地切割为若干不同的光区，除了发挥其功能性的作用——如读书、写作、制作、进餐等等而外，灵活启闭它们，营造出不同的光影效果，特别是在消闲的时候——如看电视、促膝谈心、倚在沙发或安乐椅上冥想，等等——那光调可以朦胧一些，构成一种温馨、安谧的情调，应当说，是一种把私人生活雅致化的明智安排。

白天，光似乎是个不花钱便可以尽兴享受的东西，而且有的人可能会问：白天的家居用光，难道也有一番讲究吗？对于雅人，那自然也是要讲究一番的。

当然，首先是窗帘的选择和运用；窗帘的功能性和装饰性一般人都注意到，但不仅仅是把握室外光的泻入度，也不仅仅是作为一种装饰，我们完全可以用细腻地品味生活的热情，把我们居室四季窗外的光照规律熟悉起来，加以精心设计。比如我有一位朋友，他每到星期天，便会把客厅的窗帘完全拉开，让外光斜射进来，把他家一盆龟背竹的叶簇剪影，投射到墙壁上，构成一幅巧妙的水墨画——而且是随着时间推移，有所变化的"动画"；当然，随着季节的不同，他会适当移动那盆绿色植物，以保持"构图"的优美，并把窗帘的开合度与开合曲线，配合着加以调整。安装百叶窗并注意经常调节，不消说是白天寻求"雅光"的最简便方式，但要懂得，一般而言，百叶窗保持乳白色或灰色为宜，彩色及有花里胡哨的图案的百叶窗，很难取得雅的效果。

如果白天在家中不做什么事，特别是节假日想寻求一份宁静与懒散，那么，即使室外赤日当空，运用窗帘或百叶窗把室内的光影弄得朦胧一点，也很利于心的憩息。不过各人性情不同，"雅光"也有不同的雅法，只要别忘了光是我们生存中的重要伴侣就好。

1994 年夏

乡村风

当然，我们都怕俗。这些词儿听起来就让我们浑身不舒服：世俗、庸俗、鄙俗、恶俗……但是，村俗呢？

不要把村俗等同于民俗。民俗指的是迄今仍留存于民间的某些风俗，而村俗指的是一种带乡村气息的风格。

村俗，换个说法，也就是乡村风。

城市人的住宅，大体而言，都是工业化的产物，不仅"硬件"免不了钢筋水泥、角钢玻璃，就是屋里的"软件"，也充斥着化工合成的制品，更不要说城市人那越来越被微电子技术宰制的处境了。

于是，在工业化产品的裹挟中，以适度的乡村自然物品点缀都市的空间，便成了一桩雅事。

在豪华的五星级大饭店中，在极尽人造辉煌之能事的大堂一侧，却摆放着地道的乡村磨盘和石碾，当它们映入客人们眼中时，一般来说，会令人不觉心中一爽，磨盘和石碾引出一种意向，就仿佛有一股稻禾的香气，伴随着潺潺溪流的声响，沁入人的心灵，化解着焦虑与隐忧。这样布置的创意，当然比一味地往欧式的华堂中摆放中式的硬木鎏金宝座胜过几筹。

一位文化人的客厅，通体是现代派的风格：具抽象意味的家具，精致的玻璃器皿，配色夸张的壁纸与地毯，大盆的绿叶植物……可是在一角，他用暗红的丝绒铺敷台子，顶上用两个射灯照向台子上的一个摆设，那摆设是什么呢？是一个从农村收集来的竹编罱泥箕！也许有人难以与他的审美趣味认同，但也可能会有比较多的人能从他的这种追求中，获得一种轻松、谐谑的感受，唤起一种对久违的乡村熏风的向往。

在充满顶级名牌商品的购物中心，偶尔摆上一只乡村的木桶，里面随意插入一捆真的麦子；在最高档的饭馆，在墙柱上吊些农村的竹篮，甚至直接吊些大蒜辫子、玉米串子、辣椒串子；在出售最新潮的电视音响的地方，在一角放一只藤筐，里面扔些新采的松果；在雅致的卧室里，也无妨摆一只农村的石臼，里面储些从乡野采回的野菊花头；当然在书房里更可以点染若干乡俗野趣，比如葫芦瓢、扁担钩、鸭盆鹅凳……甚至在电脑旁放一个小小的蝈蝈笼，也会生发出意想不到的雅趣。

在个人的装束上，当我们在非正式场合穿消闲服时，不仅女士用未经加工的石子或算盘珠一类东西做项饰可能会很妩媚，男士用粗麻线打的腰带替代名牌皮带也会令人觉得相当潇洒。

城市人，尤其是大都会的上班一族，他们在拼命谋求现代化的成功感时，往往会突觉失落、孤寂与焦躁，如不愿用堕入庸俗、鄙俗、恶俗的手段麻醉自己，那么，适量地在自己出没的都市空间中刻意地营造出一爿乡俗，确不失为一种滋养身心的妙招。

怪不得有人宣布，都市生活已步入了"后现代"，而后现代的特征，便是"同一空间中不同时间的并置"，我想，其实也是都市风情与乡村风味的杂糅。

1994 年夏

合璧

玉璧当然是美好的东西，有两种玉璧特别讨人喜欢，一种是极为纯净的，显得晶莹高洁，品味醇厚，令人怡然爽目；另一种则是所谓的"合璧"，就是它由两种以上的美玉天衣无缝地构成，或质地相异而组合巧妙，或色彩不同而相映生辉，显得华贵富丽，奇诡神秘，令人联想无穷。

以"合璧"的风格创造出具有浓郁特色事物，也是一经久不衰的时尚。

自20世纪以来，在我们脚下的土地上，就出现了许许多多所谓"中西合璧"的东西。比如建筑，拿上海来说，一方面，随着各西方强国在那里建立租界，各式各样的西方建筑，接二连三地开始涌现，另一方面，在租界内外，一些中国的军阀、官僚、工商业主，也陆续盖起了一些投资不吝的房屋，他们一方面向往西方人的高楼大厦，特别是西方建筑外部线条的错落花哨与内部设施的完备考究，另一方面，他们又留恋中国文化传统中的诸如对称、环合、中庸、静穆等因素，故而他们让设计师造出了一些"中西合璧"的建筑，这些既有西洋风味，又分明体现出中国本土情调的楼宇，从20世纪20年代以后，越盖越多，直到20世纪中期，方才暂告一段落。且不说那些军阀官僚盖出的华宅别墅，像上海城区处处皆可看到的所谓"石库门"房，我以为便是参照西方"公寓房"又结合中国古民居楼而设计出的一种"合璧"，中国共产党便诞生在这样的一栋房宇里。我们还都很熟悉的遵义会议会址，那所楼房，也是典型的"中西合璧"，在北京，现在仍保留着不少这类的建筑，例如张自忠路东头路北的原北洋政府官邸（当年"三一八惨案"即发生于其大门前），便是一个很大的"中西合璧"建筑群。

在 20 世纪 80 年代以后，随着中国大陆的改革开放，"中西合璧"的建筑风格又一次成为时髦的东西，比如这十来年里北京所建成的星级饭店，有许多诚然是"全盘西化"的，如长城、昆仑，但王府饭店和台湾饭店就都是"合璧"的造型，看上去别有一番味道；再如贵宾楼饭店，外观上无甚特色，里面却是极富巧思的"合璧"设计，我特别欣赏它那二层自助餐厅的构想，整个厅堂装修与家具设备虽是欧陆风格，向南的一面却有意搞成通体的落地窗，恰好让窗外早有的一段皇城红墙显露无余，典型的中国宫廷红墙黄瓦映入厅内，令人不禁眼睛一亮，这"借景"真是太棒了！其实"中西合璧"又何止体现在建筑上，像服装设计、日用品外观设计与包装设计，乃至个人的发型、修饰，都可以用"中西合璧"的方式，取得摄人心神的效果。而"合璧"的方式也未必只是"中西"的"合"，"东方风情"与"西方风情"可以合，"北方风格"与"南方风格"也可以合，还可以有无数的"合璧"法：阿拉伯与古希腊，黄土高坡与蓝海碧波，中国书法与马蒂斯，巴拿马草帽与京剧脸谱……在"合璧"的创意中，设计者与享用者，都能获得极大的身心快感。

1994 年夏

绿叶爱你

现代化的建筑，越来越多地采用非原质、非传统材料，室内的装修，也越来越呈现非自然的人工创意，特别是进入电脑时代后，大量的电子装备更强化了"非自然"的人造环境那冷冰冰、硬棱棱的外观，于是，在现代化的办公室及其他公众共享空间，在个人的居室中，摆放引进于自然的植物，便成为非常重要的一环了。

当然，在建筑物内摆放植物，是自古以来便有的一种做法，中外皆然。但我们如果细细推敲一下，便不难悟出，以往这样做，大体而言，其目的，只在增加美感，也就是重在装饰趣味上。以中国传统的室内布置法为例，其特点为：一、主要摆插花与盆花，也就是说，重在观花；有时也摆观果的植物；如果是观叶的，大多也看重于那叶子怪异如花；二、所摆放的植物，体积大多不会太大；三、对所摆放的植物，常常刻意改变其自然形态，意在与精雕细镂的室内人为环境相谐调，也就是说，摆放植物的目的不是为了引出对自然的尊重与向往，而是为了令植物臣服人类、取媚人类。

现代人的审美趣味与以往的不同之处，其中很重要的一点，便是在对大自然的狂暴劫掠中，由于派生出了严重的环境破坏与环境污染问题，遭到了大自然的严厉报复，于是憬悟：所谓伦理关系，不仅存在于人际之间，也存在于人与大自然之间，首先存在于人与动物与植物之间。虽然人类的文明一方面体现为创造出了雄奇诡异的非自然景象，如城市、高速公路、摩天楼、桥梁、运动场等等；另一方面，却越来体现于对大自然的尊重与亲和，首先是对现存动植物取舍上的慎重与重在保护。所谓"向大自然索取"的口号，遭到越来越多的人厌弃,现在人们更乐于听取"与大自然为友"的呼吁。这一现代人的觉醒意识,落实到室内布置这一细微处,便体现为越来越时兴在室内摆放观叶植物,而且往往并不追求那叶片有什么如花的色彩,最好就是单纯的、原生态的鲜绿,又往往愿意摆放体积大的绿色观叶植物,其潜意识里,不消说是在竭力地将大自然延伸、融汇到极端非自然的人造环境中,以求得心灵的慰藉与平衡、愉悦与安适。

当然,由于光照等原因,室内难以存活所有的观叶植物,因而有识之士,早就开始选培耐阴易养的盆栽观叶品种,现在这样的一些观叶植物也逐渐地进入了中国的新建筑和居民住宅之中:巴西木、凤尾竹、大叶绿萝、合果芋、大海芋、龟背竹、红宝石、常春藤、朱蕉、万年青、鱼尾葵……人们在室内养它们,完全不是期待它们开花结果,而是为了享受它们那一派自然的绿意。

我曾写过一篇小说,题为《我爱每一片绿叶》,那是以叶喻人,表达我的一种人文情怀。现在我进一步意识到,就我个人与我家所养的观叶植物来说,比如我与客厅里那株高过人头、盘成图腾柱的大叶绿萝之间,其实是完全平等的关系,我们同是大自然的产物,又恰在一个时空里存活,我们的生存都很不容易,却也都很为自己的勃勃生命而自豪,而欢悦,因此,不仅应该说:我爱绿叶;也应懂得:这绿叶,它也爱我,我们的相亲相爱,体现出了我们各自的生命尊严,同时也整合出了一个较为完整的自然生态。

虽然我已在以往的某些文章里,提及过一定要在室内摆放绿色观叶植物的当代时尚,却还都没有上升到自然伦理的高度,现在我痛快地倾诉出了这一见解,希望能获得较多人的共鸣。让我们都能获得绿叶的爱意!

1994 年 10 月 28 日绿叶居

瀑布灯

猴年伊始，呼啦圈风靡了大江南北，报刊上已有不少文章报导，评述了这一浪潮，我不再凑热闹。

从小姑娘到妙龄少女到芳龄少妇直到中年女士的嗜穿健美裤即紧身踏脚裤，似也已蔚成风气，且日渐火炽，因我身为男士无缘体验其妙曼所在，因而也不拟置喙。却想说一说所谓的瀑布灯。瀑布灯，就是一串串长长的、时常是密聚的、由均等体积的小电灯泡构成的灯幕，在大多数情况下，其悬垂下挂的态势令人不禁想起山崖间的瀑布，故许多人这样称呼它。瀑布灯犹如呼啦圈、踏脚裤一样，也已风靡了大江南北，成为一种时髦，因为瀑布灯是装饰建筑物的，其景观当然比呼啦圈和踏脚裤更炫人眼目。

回忆起来，瀑布灯在北京的被广泛采用，也仅是近一年多里头的事儿。街上许多的个体饭馆，都极重视瀑布灯的招徕功效，一般的做法是把瀑布灯如帐幔般从饭馆的屋檐下扯挂到马路边的行道树上，老远望去，便萤萤然充满温馨的情调，构成绝佳的无声广告。问过一位个体饭馆老板，据他说，瀑布灯投资少，安装易，而效果好，比搞霓虹灯省事多了，也比安装些红红绿绿的彩灯显着雅气。问他从哪里学来的，他说是广州。

倘仅是小饭馆使用瀑布装饰，倒也罢了，有趣的是许多中高档饭馆，以及饮食业以外的商店、商场，也一传十、十传百地挂起了瀑布灯，残冬里有一天我从建国门外五星级的长富宫大饭店外面经过，发现它那楼体下部也大量地使用着瀑布灯装饰，而初春的一天有位从国外来的朋友请我到也是五星级的贵宾楼饭店相聚，发现那大堂里也从穹顶上挂下一串串的瀑布灯，与那人造水瀑布交相辉映，这么说，造价低廉、耗电节能、安装便当的瀑布灯，是既入寻常百姓家，也成王谢堂前燕了！

四月里同《中国旅游报》的朋友共赴河南参加洛阳牡丹花会的活动，从郑州出发绕着登封少林寺抵达洛阳古城时已然夜色苍茫，正在面包车上问往何处下榻时，车窗前出现了一座由瀑布灯装饰的楼房，原来那恰是我们要去的友谊宾馆，正是瀑布灯之下，必有栖憩之所也。

回到北京后，听到有人说，瀑布灯其实同肯德基炸鸡、麦当劳巨无霸汉堡包，以及呼啦圈、踏脚裤等等货色一样，都是西方一些发达国家早已有的东西，呼啦圈在美国大行其道是 60 年代的事儿，踏脚裤的样式早在 70 年代盛行喇叭口裤（现在已绝迹，何日"死灰复燃"？）时已经出现，而瀑布灯，至少 80 年代初我在日本东京、大阪访问时便已见到，当时很觉新奇，几疑是银河落于九天。

议论到瀑布灯之类的东西来源于西方国家的时候，有人便颇为忧心忡忡，那忧虑也确实不无一定的道理，例如瀑布灯这一景观，它通常在夜间格外引人注目，灿灿烂烂固然不乏某种美感，但你也挂我也悬，时髦固然都很时髦，却由此模糊了建筑物本身的轮廓气质，特别是一些本应突出显示我中华民族特色的场所，让瀑布灯那么一搅和，便真不知身在何处，或者叫作身在某种世界性的浅薄文化之中，失却的不仅是民族感地域感，也失却了历史感与必要的艺术性哲思。

但我们置身在这样的一个时代，几乎没有哪一个民族哪一个国家甘于、敢于完全自我封闭不与世界上其他民族、国家沟通，随着科学技术的发展、传布、流通、普及，种种世界通行的东西越来越多，大如玻璃幕墙的高层建筑，小如各类家用电器直至电子表签字笔，而种种世界通行的生活方式也超越意识形态、社会制度、民族特点而浸润于全球，例如享用工业生产的软饮料、快餐食品，穿西服扎领带或穿夹克衫蹬运动鞋或穿牛仔裤与套头 T 恤，乘 TAXI 乘电气火车或乘喷气式客机旅行，等等，要想百分之一百地保持本地域本民族历史上传统上所固有的生活方式而不受一星污染一丝外部世界干扰，那即使是起圣人于地下，恐怕也难以做到了。当然目下的中国大地上远有比瀑布灯更撩得人心乱的事物景象，比如信用卡和自动取款机，比如股票市场和赛马彩票，诸如此类，真可以用"惊心动魄"一类的字眼来形容。

但四月份在河南，却也在少林寺外的大广场上见到了上千少年人练古老的少林拳法功夫的壮观景面，可见呼啦圈也未必能将我中华古老的锻炼方式"呼啦"扫荡；而在洛阳、开封、郑州等竭力仿照西方模式装潢排场的三星级宾馆中，也时时见到穿着中国蜡染布衣装足踏中国式绣花布鞋的洋女娇娃，与中国女士们的踏脚裤装束相映成趣，可见时髦风尚，也还是在中外之间双向流动的；倘若西方国家并不害怕中国餐馆的迅猛蔓延，不畏惧北京烤鸭天津包子之类的中国食品将他们"赤化"，那么我们似乎也应当对肯德基的炸鸡或麦当劳的汉堡包心平气和，"西洋快餐穿肠过，中华佛祖心中留"，实不足虑。

在三门峡黄河游首游式的大典上，我们见到了灵宝市农民表演的"百佛顶灯"，一百位身披袈裟的和尚每人头顶一只燃着蜡烛的白瓷碗，在鼓乐声中排出种种阵式，忽成莲花宝座，忽成卍字法轮，最后竟急步穿动一锤定音为巨大的"佛"字，气势磅礴，法相庄严，据说此节目曾到广州演过，偌大一个体育场，当灯光忽闭，而百佛所顶的百盏蜡烛闪烁出那巨大的"佛"字时，虽是率先得香港（究其据是西方）文化影响最劲的广州人，亦哄然为这地地道道的土得掉渣儿的来自河南黄土坡黄河畔的纯粹的民族文化展现而尽情喝彩……

想到"百佛顶灯"一类的民族文化活瑰宝的虎虎生气，再望见都市街衢的一串串瀑布灯，我不仅不忧心忡忡，而且深为自己生活在这样一个既能与民族历史相亲又能与外来文化相通的开放性时代而庆幸！

1992 年 5 月 30 日

广场鸽

报载，为迎接国际奥运会检查团的到来，北京市在国家奥林匹克中心的广场上放养了四百只广场鸽，想必那四百只广场鸽将长期在那里飞翔栖息，并将逐步扩大数目，说实在的，如无上千只鸽子，要想形成一种生态景观，那是难以达到目的的。

广场鸽在海外是一种最常规的城市生态景观，不仅西方发达国家几乎处处皆然，就是一些第三世界国家，也早有广场鸽的放养。唯独我国，以幅员之大，城市之多，广场之无城不具，以及众多广场面积的宏阔，却长期处于不仅无鸽而且禁鸽的状态，实在也太有点不合群儿了。

在我国的报刊上，倒是多年来已发表过无数的图片和文章，介绍海外广场鸽与建筑物交相生辉以及游人给广场鸽喂食的情景，在电视荧屏上此类画面更屡见不鲜，因此，近些年来不少国人由观而慕，由慕生情，由情生意——提出了"为什么我国城市广场不放养鸽群？"的问题。据说有关部门几年前也曾试图在北京天安门广场放养鸽群，终因反对意见占了上风而作罢。

反对放养广场鸽的诸条理由中，最主要一条是鸽粪污损古建筑的弊病，这确实是一个不能回避的问题，海外一些地方，如意大利威尼斯圣马可广场，法国巴黎协和广场等，每隔几年，就需耗巨资为古建筑物洗刷鸽粪污迹；再进一步分析，像意大利、法国等处的古建筑，一般外观都呈灰色，鸽粪或白或灰或黑，洒落其上，对比度不算太大，不那么触目惊心，但我国的古建筑，特别是北京的红墙黄瓦，如洒落上鸽粪，那是虽点滴而必显露无遗的，就是过一段时间清除一次，耗资多少且不计，技术上完成的难度恐怕也比较大。据此，在我国放养广场鸽宜慎重的原则，应可成立。

但利弊相衡，城市广场鸽的放养，利方面的分量，还是远超于弊的。且不去说外在的效应——使城市公众共享空间充溢着活泼欢快、温馨迷人的气氛等等；这里要强调的，是广场鸽对缓解都市人心灵中的紧张感、焦虑感、压力感，起着难以言喻的重要作用。记得我去冬在瑞典斯德哥尔摩市中心的"森特儿广场"，那里有个白发苍苍的老妇人，弹奏着一架自己用小车推去的电子琴，忘情地高唱着圣诞歌曲——她是在推销自己的歌曲录音带——歌声中，不惧冬寒的鸽子围绕着现代派风格的玻璃方塔翻飞……这时我与陪我游览的瑞典朋友都不禁驻足倾听仰望，瑞典朋友告诉我说："我的心是最冷最硬的，可是你听，你看……我们为什么不能更相亲相爱呢？"我望着那些旋飞的鸽子，那些落地理翎的鸽子，那些爽性大胆落到闲坐在广场长椅上的市民肩上的鸽子，那些围绕着穿戴着色彩鲜艳夺目的瑞典儿童，从他们手中抢食撒下的饼干屑的鸽子……我的心也变得格外温柔，格外宁静。

愿有更多的中国城市广场，放养起温驯美丽的广场鸽来！

1993 年 4 月 3 日

癫狂柳絮

有客自远方来，赞扬北京的绿化，我也为北京的日渐美丽而自豪。北京绿化过程中，有个植物选种问题，选种得当的例子很多，比如大量栽种的单瓣月季——有人说那就是"金达莱"——从春末一直能开到冬初，艳红地成为分布于各地的"花毯"，煞是悦目；再如大量引进的美国常春藤，初夏便爬满各处墙柱，叶片肥大，碧绿滋润，到了深秋久不落叶，而变为殷红，美如春花；还有银杏、白蜡杆、小叶枫等行道树的配置，一入秋季，叶片陆续变为金黄，与蓝天灰瓦红墙构成北京独特的古都情调……

但北京的绿化也有败笔，选种也有失误，大量柳树的品种选择不当——它们入春后扬出的柳絮太多太密，而且一直飞扬到仲夏，久不停息；也许开初是以为这种柳树的绵绵柳絮可以营造出一种诗意，"岂是绣绒残吐，卷起半帘香雾""粉堕百花洲，香残燕子楼，一团团逐队成球……""几处落红庭院，谁家香雪帘栊？"但现在的北京人很难有当年大观园中的众才女咏诵柳絮词的雅兴，他们的办公室里飘进了团团柳絮，使桌面办公系统不堪其扰；他们的家里蹿进了球球柳絮，无旮旯不去，清除起来极为麻烦；柳絮在露天场地的肆虐，更使得呼吸道感染和过敏反应的疾患增加。

我对这癫狂柳絮的厌烦，自使用电脑以来，与日俱增，因为我的书桌与外界虽有两层窗户相隔，但柳絮仍不断光顾，有时就大摇大摆落在键盘上，随手一拂之际，很可能就破坏了程序，造成紊乱。

柳絮本来应是柳树生命力的延续，但现在它们对柳树并不起种子的作用，柳树的繁殖一律靠扦插，柳絮除了给一些诗人以诗思外，我真是想不出它还有什么积极作用，而诗人们对它也不尽是恭维，"癫狂柳絮随风舞，轻薄桃花逐水流"就不是什么好话，而且柳絮还带累得桃花也挨了批。

柳絮的癫狂，我深有体会。它本轻浮，却又往往故作高深，一副"好风凭借力，送我上青云"的架势，但当风向变化时，它又卑躬屈膝，往原来不屑一顾的方向去附庸，就是钻人家的裤裆、滚人家的床下也在所不惜；它貌似千军万马，不可一世地劫掠春光，其实无足轻重，"空挂纤纤缕，徒垂络络丝"，并不能取得浮云蔽日般的效果；它污染环境，散布"流言"，上下搅和，唯恐天下不乱；它还嫉贤妒能，好好的池塘，它非落些不三不四有时更白腻腻一片的"闲言碎语"，好好的纱窗，它非沾些不伦不类有时更蛛丝般惹人嫌的"道听途说"；它织不出个完整的逻辑，自我矛盾百出，而又恬不知耻……

听说北京柳絮过多过密而且飘散期过长的问题，已引起有关方面的注意，有的专家已经提出用新的树种来逐步取代现有的柳树，保持用其绿化的优点——如着绿早、树冠大、落叶晚、枝条美……而避免其扬絮癫狂的缺点，据说那样的也属柳树一类的树种并不难引进到北京。作为一个北京市民，我殷殷期待着。

1993 年春

墅而无别

现在无论翻开哪一份报纸，多半会看到房产广告，许多是发卖别墅的广告，有时那广告会占到报纸的一整版。广告上的词句这里不抄亦不论，只说说看广告上所附的别墅图的一点感想。就我看到的多数外观图而言，一是有千篇一律之感；二是虽有某些不同，但基本上是照抄国外的定式；三是所挪用的定式，往往已是滞后五年乃至十年以上的旧案。我也曾到某些正开发建造的别墅工地现场参观过，这里且不评论布局、施工、别墅建筑的实用功能等方面的优劣，只说我的一种感觉，那就是——墅而无别。

所谓别墅，严格的含义，应是指与房主人常居的房屋有别的，建筑在风景区或农村的供度假消闲的建筑；因此，别墅是社会富裕阶层的屋子，虽别墅与别墅之间可能存在着很大的差价，但别墅既是富而再有的产物，因此，它所应有的第一特点，便是与众不同。中国的文化传统中，别墅文化是很发达的，现在各地保留的一些名胜景点，便是以往达官贵人的别墅，如现在的北京动物园，原是清末的"三贝子花园"，现仍存在的畅观楼，是那个时代留下来的"中西合璧"式别墅中的一个成功的例子；再如南京中山陵附近的"美龄宫"，以及报上不断传出拍卖消息的庐山别墅；它们的最大特点，便是不仅与众不同，与邻也不同，都是很有个性的建筑。

当然，现在别墅的含义，显然是大大地展拓了。一位儿子在美国定居的朋友有一天高兴地对我说："我儿子他们一家住进自己的别墅啦！"并拿出彩照给我看。我一细问，她儿子并不是另有房屋，那照片上的花园洋房就是她儿子一家日常居住的地方，因此她所说的"别墅"，实际上是"像别墅那么样的单栋的漂亮房子"的含义。在世界各国中，相对而言，美国人住得是最好的，有相当多的美国一般民众，他们不是住在许多家合住的公寓楼中，也不是住在相连的单开门的住宅中，而是拥有和别人家以绿地隔开（并不一定有篱栅）的单栋的房屋中，我在美国去过许多这样的居民区，高级的，房与房间的绿地比较大，每栋建筑的风格对比度也比较大，房后还有游泳池或马厩；一般的，房距较小，建筑风格对比度也较小；也有一些房屋面貌雷同的居民区；但那一般都不是美国人的别墅。我曾应邀去美国人的湖边别墅度周末，那也不是多么昂贵的别墅，但其建筑风格，是相当别致的。

中国目前开发的别墅区，似多属于类似上述美国居民区的建筑群，而且多半是建筑物比较雷同的那一种；这也有可以理解的一面，我们毕竟是发展中国家，开发别墅房产，主要还不是为了真让许多人入住，主要是希望有人买去当作不动产——不住，而准备在机会到来时转手赢利。对于盖别墅的经济意义我不是通人焉敢妄论，但我总是在想，别墅这东西盖起来可是不容易再拆改的，它构成着一定的人文景观，也就是说别墅是一种重要的社会文化沉积物，如果开发得过急、过热、过粗，那么，我们有可能留下一片又一片毫无建筑美学意义的"洋楼"，让后人望之摇头用之不甘拆之又不易，那可是得不偿失啊！

墅而无别，也就取消了这种建筑在美学上的意义。我们中国有许多不同时代的私人别墅，虽历尽沧桑，易主无算，其建筑美学上的光彩，至今熠熠生辉；西方如 1936 年赖特设计的宾夕法尼亚州匹茨堡的"流水别墅"，因其强烈的美学创意，已成为经典作品。我当然不是说现在房地产公司所开发的别墅都应达到这样的水平，但把建筑美学的思考放进开发的运作中，应不算苛求吧！

1993 年秋

穷凑合

一座相当漂亮的新楼拔地而起，并且正式投入了使用，但它周围的渣土、余弃的建筑材料乃至于工棚，却长久地存在着，这种现象，在我们国家可谓司空见惯。

据说存在这种现象，是因为我们国家没有专门的"清扫公司"。有些国家的"清扫公司"，不管建设，只管清扫。你楼房盖完了，建筑部门撤了，打个电话给"清扫公司"，可以提条件，或三天内将周围废物拆卸清扫干净，或两小时内完事，只要你肯付款，如想快，则多付，对方立即出动一套清扫和运输机械，三下五除二将建筑周围清扫得干干净净。

我看在中国成立"清扫公司"也不难。国外也有将清扫任务承包于建筑部门的，我们也可以学习。我认为关键并不在于我们做不到，而在于我们是不是树立了非那样不可的观念。

也许是因为我们穷惯了。穷则产生凑合的心理。差不多就得了，一美遮百丑，何必那么"较真"呢？将就将就吧！这样就形成一种心理沉淀——对事物缺乏足够的质量要求，缺乏整体观念。

这几年北京市的霓虹灯多起来了。这当然是好现象。但读者无妨做个调查，你到附近有霓虹灯的地方转转，你看那些霓虹灯是不是都很完整。前不久我打两条繁华街道经过，功能完全、毫无毛病的霓虹灯竟占不到一半，这说明了什么？厂家生产的质量不高？用家使用的方法不对？也许都是原因，但最令人深思的，还是为什么双方都能凑合着过下去。

不是我这人眼尖，实在是因为经常乘公共汽车经过建国饭店，望见的次数太多——该饭店正门后的楼体上和西侧楼体的二楼尽东头，都各有一块窗玻璃不知道怎么给打碎了，于是前者在破碎处粘了一块塑料薄膜，后者则整个以一大块塑料薄膜替代。开始我以为不过是暂时的应急措施，但此种景观至少已持续了一年之久，前几天又一次路过时，仍见那二楼上赫然糊着一大块塑料薄膜。连建国饭店正面楼窗也可以如此凑合，不怕"破相"，则其他种种类似现象的存在，便似乎更不值得惊讶了。

然而我要大声疾呼：清除这种"穷凑合"的陋习！首先要树立起尽量严格的质量标准和力求完整的审美观念！

1984 年 10 月 27 日

净墙

　　十几年前的青年诗人，现在自然都不年轻了，但他们那时写下的诗篇，有的却依然鲜活，记得梁小斌曾深情地吟诵过"雪白、雪白的墙"，那是从"文革"满墙"大字报"、大标语的噩梦惊醒后，对建设性的和平生活所抒发的珍惜之情。"文革"中"造反派"所写"大字报"的主要特点，倒还不在字大，而是充满了恶意，或造谣污蔑，或无限夸大，或生拉硬扯，或强词夺理，或集上述诸手段之大成，动不动还要"揭老底""挂黑线"，无限上纲，人身攻击，将被批判者"一棍子打死"。现在公开贴"大字报"的现象偶尔还有，但已非多数人感兴趣的情绪、观点表达方式。越来越多的人寄希望于法制的健全与实施的力度。不过"大字报"式的文体，似尚有小小的市场，因为可以较轻易地获得轰动效应吧，所以有人爱写，也有人爱登，并且也有人爱看，但以这种文体写成的文章，作为商业潮中的一种社会填充物，于涉及者而言只不过是"纸老虎"，并无大碍，与"文革"中那"真老虎"似的"大字报"，已不可同日而语。

　　满眼曾被"大字报"污染刺激，一旦发现墙体可以是雪白、雪白的，那心情真是难以形容。但雪白、雪白的墙体摆脱了"大字报"的亵渎，却又可能被花花绿绿的商业广告所涂抹包裹。我个人对"大字报"向无好感，对商业广告的心理反应则比较复杂，一方面，我觉得健康美丽的商业广告，即使仅从人文环境的装饰效果来说，有时倒也颇能增加几许情趣；另一方面，又感到商业广告现在大有无墙不占的汹汹之势，于是乎，便忽然忆及梁小斌的诗，并且对雪白、雪白的墙面，增添了他那诗不可能提前发出的感叹。

　　一个健康的社会，一定要刻意保留一些"净墙"。不仅中南海的红墙应是净红的，紫禁城的城堞应是净灰的，我们的一些严肃的公共设施的围墙，一些学校、医院、博物馆、居民区的墙体，也应大体是素净的，并且其中应当有大面积是雪白、雪白的！

现在无论走到中国的什么地方，似乎都难看到长长的、素净的墙面了。城市中不顶"广告帽"的沿街楼房也越来越少。就如同我们的电视荧屏上，似乎已没有不带广告的节目了。而在我们素来视之为典型商业社会的某些西方国家，却不仅仍可见到颇多的净墙，并且，他们的某些电视节目，甚至于某些电视频道，乃至于干脆整个的公办电视台的节目里，根本就没有广告；当然，也有私人办的电视台，基本上整个儿是播广告。这里并不想得出我们不如人家的结论。各有各的国情，更何况我们毕竟是在开创着自己全新的发展模式，在探索中尚有相当大的调整余地。不过，我们自己静下心来，细想一番，恐怕还是应当做一些自我提醒：注意保持一定数量的净墙，一些雪白、雪白的，让我们眼亮心爽的墙。当然这净墙的概念还可以延伸，一直伸进我们的日常行为，我们的人际关系，和我们各自的灵魂。

1996 年夏

蒲草·芭蕉·多头菊

　　我家客厅中有一个粗陶坛子，插着十多枝蒲草棒儿。来客常捏捏那蜡烛状的蒲棒问："是真的吗？哪儿弄来的？"都以为稀罕，都觉得别具一格。

　　蒲草棒儿是朋友从北京东郊一处池塘中采撷来的。那朋友是位司机，据他说那野池塘边是一个垃圾集中站，他那天开车办事路过该处，偶然发现。他送来时那蒲棒的烛状花穗已呈咖啡色，但蒲秆仍是青绿的，所连带的蒲叶比蒲棒高出许多，柔软地呈弧线弯垂下来，更加青翠；我一见就喜欢得了不得，家里也不是没有颇为漂亮的细瓷或玻璃的花瓶，但立即意识到那都不与蒲草般配，急中生智，将妻子暂时闲置未用的一只四川泡菜坛除去盖子，插进了那束蒲草，刚一摆定，朋友和我的家人便都齐声喝彩起来。

　　过些时候，蒲棒秆儿和细长的叶子都干枯如淡褐色了，我便剪去了那长叶的弯曲下垂部分，这样整体形态又呈另一面目，但仍不脱其田原气息，那蒲棒儿也真如耐用材料做成的工艺品，至今一年多了，丝毫没有变形。

　　北京风景区的水域颇多，近一年来我去游览时总注意观察，看有没有蒲草，令人迷惑不解的是，竟一次也未遇上！蒲草并不是南方水域才易生长的东西，何以已难寻觅？

　　几个月前陪一位海外归来的友人去友谊商店购物，忽然在自选区发现了两束捆好的蒲棒，比我家的短、细，烛状花穗的形态也差得多了，而上面粘贴的标价令人咋舌而不敢置信，问一位收款员，她说许多驻京的外国人士都买，买时还都有获得意外快乐的表情，问货源来路，则答曰专门从南方进的。出得友谊商店，我感慨不已。北京人为什么不自己多在水域中栽种些蒲草，并揽过这笔生意呢？其实不仅可以在友谊商店供应老外，拿到农贸市场上去，只要价格得宜，一定会有喜爱田野之美的北京人购买。

这就联想到了北京的切花生意，以市民为销售对象的切花买卖，甚是萧条。记得夏天去南京，每处农贸市场，农民的花车、花摊至少总有两三处，像唐菖蒲、石竹花，也不过三五角钱一枝。最近妻子去了趟西安，据她回来形容，西安的切花买卖也比较普及，两三元钱足可购一大束鲜花；北京自然不必与广州比，但落后于南京、西安许多，总不免令人遗憾。有位朋友告诉我，北京其实是生产切花最多的城市，因为北京无数的宾馆、饭店，每天都需要极大数量的供应，现有的生产切花的单位，靠这方面的收入已获得极佳的经济效益，所以不必再面向一般市民搞薄利多销。这解释我想是成立的。另外也有朋友告诉我，北京一般市民的喜好，仍是饲养盆花而并不追求瓶插切花，许多人家花瓶里插的，几乎还都是塑料或绢质的假花，所以也曾有些南方的个体户来北京试着开花店卖鲜花，却都迅即失败告退。这解释我就半信半疑了。据我自己的感觉，北京人在盆景植物方面，已有从观花朝观叶方面转移的倾向，而对瓶插鲜花的追求和对瓶插假花的厌弃倾向，也开始出现。另外因为现在迁入高楼的人越来越多，糊墙纸、地板砖、组合柜、百叶窗、沙发、吊灯……城市味儿够浓的了，所以愿以田原山野的情趣,加以调剂。我家客厅中的陶坛蒲草之所以广受赞誉，盖出于此。因此，至少从长远来说，我以为面向北京市民的切花业（不仅卖鲜花，也应包括鲜叶，以及如蒲草棒儿一类的植物），仍是大有可为的。

还有一种解释，是说北方气候严寒时间居多，鲜花生产必得在暖房或暖窖中进行,所以成本必高,价格必昂,因此难以形成鲜花市场。倒也是。《红楼梦》里的大观园，按说应就在北京城里，但作者为了创造一个至美的艺术世界，便将若干只在南方才能露地生长的花木，也汇聚到了大观园中，最明显的例子，是栊翠庵那盛开的红梅。大观园里有荼蘼架、木香棚、牡丹亭、芍药圃、蔷薇院、芭蕉坞，前几种植物北京地区可以生长，芭蕉行不行？芭蕉在大观园中是颇重要的点景植物，贾宝玉所居怡红院中的前庭，便是蕉、棠两植，构成所谓"怡红快绿"的情调；而潇湘馆虽以千百竿翠竹著名，我们也千万不能忘记，那后院中除有大株梨花也还有芭蕉树，"芭蕉叶上听秋声"，林妹妹的伤感，当不仅由前院的风过凤尾触发，也常因后院的雨打芭蕉而引动吧？但芭蕉一般来说是只生长于长江以南的，黄河以北确实少见。北京城西南角的"人造古董"大观园，那"怡红院"中的西府海棠是真的，拍电视剧时的芭蕉便是假造的，我去年与友人同游该处，该是芭蕉树的地方连假的也没有，很感缺憾。不过今年仲夏与妻子去恭王府花园游览，那大戏堂西侧的院落中，便有露地生长的大芭蕉树，不仅苗壮挺拔，油绿滋润，而且在卷舒有致的肥大叶片中，还露出一串饱满的果实，令人惊叹不已。那树龄看上去总有几十年之久吧，经历过如许多的寒暑交替，"风刀霜剑严相逼"，它竟顽强而蓬勃地生存下来了！

恭王府花园中的露地芭蕉，引出我许多的联想。看来许多事未必是不能做或做不成，问题是我们有没有大胆尝试的勇气和努力求成的决心，当然，还必须要有相应的科学技术。以往北京露地竹林相当罕见，故宫御花园中的小片竹林常引得游客驻足赞叹，似乎那竹子也是借得帝王之威，才足以特殊地存活，而如今露地竹林在北京已不稀奇，紫竹院公园便有大片大片的竹林，且包括着许多品种，经园林技师精心指导、园林工人悉心培植，其郁郁葱葱之势，已使《红楼梦》中的潇湘馆越发可信而不必再争论其有无可能。再如《红楼梦》中写到的探春所居秋爽斋中晓翠堂后的梧桐树，原来总觉得北京难以培植，现在也多起来了。

我家书房中，每到仲夏初秋，便有大瓶的鲜花供在案头，那鲜花并非从花店买来的红黄蓝白的大朵名贵花卉，而是一大捧花朵只有硬币般大小的野菊花，北京市民管它叫多头菊，因为它虽然主干直耸，最高可长及一米，却一律从主干上半部又分叉长出许多的花头。我家案头瓶中所供的多头菊，全系我骑车到近郊所采。它不仅成为我写作生涯的提神物，也多次为亲友所赞美。它确有一种质朴的美，而且在瓶中留花时间颇长，甚至干枯后仍有一种乡野的风情潴留，实在令人喜爱！

令人困惑的是，在许多公园绿地之中，园林工人常将多头菊当作不仅无用而且有害的杂草芟除，比如我家附近的青年湖公园，东北部有一处回廊式建筑，它旁边入夏便有一片的多头菊开放，我曾长时间地倚坐在廊柱上，咀嚼那一片小小的野趣，我想一所公园，有刻意栽种的花木，也有不经意自然生长的植物，互相搭配，不是更有生意么？谁想今夏我去该处时，那一大片多头菊竟被悉数芟除，而芟除后堆作坟丘状未及时运走，经几场大雨，又沤烂而散发出腐臭气息，我很惊讶，很痛惜，坐在回廊上想：芟除它们，是出于什么动机呢？它们的生长，真的妨碍了附近非野生植物的成活繁茂么？恐怕未必！看来仅仅因为它们是规定范畴之外的！拔除后的那块地方，光秃秃，空荡荡，虽有几株木槿、核桃，却让人望去觉得心里也缺了块什么似的。

《红楼梦》里的大观园，是设计得最精密的，曹雪芹托言是一位名号山子野的园林工程师所为，他在植物布局上，就为随意生长的植物留有充分的余地，稻香村的设置不消说是为了展现出一种田原的风光，数楹茅屋外，以桑柘槿榆各色树之新条随其曲折编就两溜青篱；芦雪亭周围全是自然生长状态的芦苇；而"呆香菱情解石榴裙"一回中，一群女孩子"采了些花草来，围着坐在花草堆中斗草"，提到的花草有观音柳、罗汉松、君子竹、美人蕉、星星翠、月月红……那星星翠就很像是一种非刻意栽种在花圃中的野花。大观园之所以成为美的极至，一在于除旧套图创新，二在于弃陋规广包容，这对于我们的启示，是丰富而深刻的。

1991 年 11 月 15 日

登塔乐

我喜欢塔。尤其是中国式的密檐塔。旅游中，当我在舟车上望见天际轮廓线上的塔影时，心中总涌出一种莫可名状的喜悦。

定居北京逾四十年，虽不敢说已将北京的塔一一访遍，但只要有闲暇有条件，我总要去亲近那些美丽的塔。前些时还专程去了房山的云居寺，该寺原有南、北两座高塔。南边的压经塔惜已坍毁只剩石基，但北边的罗汉塔仍巍然屹立，保持着辽代的古朴风格，周遭还存有四座唐代小方塔，徘徊塔下，极富情趣。我还常在夏秋骑车到广安门外的京密引水渠旁，瞻仰那美轮美奂的天宁寺塔，它在夕阳中呈现出的剪影，总使我觉得是一首沐灵诗，一阕沁魂曲。

北京的塔数目不少，种类也多，但几乎都不可入内攀登，白塔寺和北海琼岛的喇嘛塔如此，香山碧云寺和西直门外五塔寺的金刚宝座塔如此，就是众多的密檐塔，也少有设阶梯可登至塔顶的；像颐和园佛香阁，也是直到近来才收费允登——但严格推敲起来，那算不算是一种楼阁塔，也还成问题，在我心目中，高度和宽度之比倜小到了那种程度，也就只能算楼阁而非塔了。

到北京以外旅游，只要有塔，我总要想方设法一观，只要那塔能拾级而上，我总要积极登攀。像杭州的六和塔、西安的大雁塔、山西应县的大木塔……固然登而忘返，就是广州市内的六榕塔（相对而言是座小塔）、南京中山陵旁的灵谷塔（建于1929年，是个假古董），我也津津乐登。

我的爱塔，只能算"自作多情"，因为我上面所举出的塔，都是佛塔，按佛教本义，"塔"的梵文发音应为"窣堵波"，又可称"塔婆"或"浮屠"，其意应是"圆冢""灵庙"一类的意思，用以安葬"舍利"（佛"涅槃"后"荼毗"——

即火葬——所凝结出的骨烬，后来把那些勤修"戒、定、慧"的和尚火化后遗留的骨烬也算作"舍利"，为之建塔埋存），所以塔一般又称"舍利塔"，后来佛寺建造的高塔除了藏"舍利"外，又供藏佛经和法器。总之，倘是一虔诚的佛教徒，其爱塔之心应是"皈依三宝"的一种体现，登塔更应是一个从"渐悟"到"顿悟"的修炼过程。但是，很惭愧，我登佛塔时却很少想到佛教的种种教义，我那完全是借佛塔之便，欣悦自己的灵魂。

其实我这种"随喜"的态度，绝不算稀奇。一千二百多年前，杜甫、高适、薛据、岑参、储光羲他们同登长安慈恩寺塔（就是留存至今的大雁塔，不过那时只有六层，第七层是后来加盖的），每人都留下了诗篇，哪一篇也没有正经咏颂佛理，全是抒发自己的社会观人生观，如杜甫云："高标跨苍穹，烈风无时休。自非旷士怀，登兹翻百忧……回首叫虞舜，苍梧云正愁……黄鹄去不息，哀鸣何所投？君看随阳雁，各有稻粱谋！"岑参云："塔势如涌出，孤高耸天宫……连山若波涛，奔走似朝东……秋色从西来，苍然满关中……誓将挂冠去，觉道资无穷！"忧国忧民，牢骚满腹，真从"窣堵波"的原意上衡量，却是"文不对题"。

也有朋友讥讽地问我爱登塔是不是因为心底里有一种"向上爬"的欲望。我倒并不以为凭借自己的能力一级级一层层"向上爬"有什么不光彩之处。但我的爱登塔，确实并非是有一种"势当凌绝顶，一览众山小"的心理冲动，我在本文一开始就说过，我爱登的是密檐式塔，一般这种塔都是必须循层渐上，而且每层均可停留倚望的——我登塔，同许多急匆匆直奔顶层以完成"到此一游"任务的游客不同，我是"慢功细活"的游法，登得慢，而且每层必定勾留良久，从四面眺望景色，并将在各层中获得的印象于心中加以比较；登至顶层后，往下返回时更要再在各层做相当的逗留——我的经验告诉我，一般在塔的顶层，我总感觉天际轮廓线变得并不那么优美。下面景物同我心灵的距离拉得过远，有一种不愉快的疏离感；而在各层细加比较的结果，一般总可以找到一个最使我眼目愉悦、心灵舒畅的层次，倘是十三层宝塔，那一般是第九层；倘是九层宝塔，那一般是第七层……当然也不尽然，比如广州六榕寺的花塔，那倒是唯有立于顶层方觉有最佳的观瞻和心理感受。寻找到最佳层次后，一般我总要在那一层久久地流连。所以，我可以回答那讥问我的朋友：如果我心底里确有一种"向上爬"的潜在欲望，那么，它并不是一种不切实际的"野心"，而是一种为自己设定的经过努力能够达到的佳境。

　　登塔，确为人生一乐。愿今后能从容地登上许多尚未登临过的高塔。

1991 年岁末绿叶居中

盛世无忌

泉州开元寺的阔庭中，八株大榕树巨冠相错，浓荫蔽日，把前面的紫云大殿掩映得神秘莫测。

开元寺与北京广济寺、杭州灵隐寺齐名，始建于唐代，已有一千多年的历史。那紫云大殿，内有近百根海棠式巨柱，所塑五方佛金身魁伟，瑞相庄严，确有盛唐气象。

然而，最令人始而惊异，继而赞叹，嗣后深思不已的，却是这样一些发现：在露台台基上有七十余垛浮雕，竟全是古埃及风格的斯芬克司像！有女首狮身，有男面羊身……转到殿后，正中的两根石柱，竟是不折不扣的古希腊科林思式造型，而柱上的圆框形浮雕，又分明具有古印度婆罗门教神话色彩！我们久久地绕柱观赏着：其中表现两个角力者奋搏的浮雕，在圆框内使两个人物随圆周互呈倒置状，仿佛随着用力立即就要在圆内旋转起来，神韵毕肖，生动活泼。

开元寺是正宗佛寺，自唐、五代至宋，旁创支院一百二十区，然而它却毫不犹豫地容纳了来自埃及、希腊、印度的异教的造型艺术，坦坦荡荡、堂而皇之地将它们有机地融合在典型的中国式建筑的紫云大殿中，既无"崇洋迷外"恶谥之虞，也无"西方腐蚀"祸患之惧。这说明我们的祖先，特别是处在国力强盛、自信心充足时代的祖先，并没有那么多神经衰弱式的忌讳；是凡属好的、美的东西，管它来自何方、属于何教，只要有利于我者，便坦然用之。

开元寺给我们的启发还不止此。紫云大殿佛前两行斗拱共二十四个，各雕有形态特异的飞天，这些飞天与印度石雕的飞天以及敦煌壁画上的飞天迥然不同，不是呈现着一种失重的轻盈姿态，而是体躯丰腴，女身鸟脚，背上长着厚实的双翅，似乎是以强劲有力的鼓翅飞动，才战胜了地心的引力；她们袒胸露臂，手持各种乐器及礼品，腹部以下围穿着薄如蝉翼的裙子，头上则以美丽的花冠，承受住粗大的梁架。谁能说开元寺的建筑艺术仅仅是兼收并蓄呢？

盛世无忌，并不是说放任一切。号称"刺桐港"的泉州，唐时已设有专司接待外宾和管理外贸的"参军事"。可见对于有损中国利益的行为，我们的祖先也是主张绳之以法的。当然，或因国力的衰微，或贪吏恶霸作祟，这期间和后来，也都不乏抱住"国粹"拒绝吸收外来营养者，不乏专嗜"鸦片烟"而对"洋人"媚态百出者。如何像建筑开元寺般地大胆吸收外国的长处以助我中华之发展，实在是一个值得深思再深思的问题！

1980 年秋

无水亦佳

似神斧劈来，石峰裂痕宛然；苍松月桂，掩映着跨筑于裂罅之上的双层飞檐彩阁；崖壁上错落有致地分布着填红石刻，或篆或隶，或楷或草；远有鸟鸣，近有松涛。置身在这情景之中，真令人通体舒畅，俗念顿消，这就是福建省福州市郊鼓山风景区的灵源洞。

登阁品茶，扶栏俯望，只见枯涧之中，松塔枕着落叶，兰草生于石隙，都不禁发问："这涧中怎无飞瀑流泉？"热心的导游姑娘遂指点起崖壁上一首宋人刻诗："重峦复岭锁松关，只欠泉声入座间，我若当年侍师侧，不教喝水过他山。"她解释道：五代时，有个修炼的和尚叫神晏，他时常来此诵经。那时，这阁楼之后是白练似的瀑布，楼下和楼前是奔涌的泉水。有一天，闽王王审知来拜会他，两人在这里谈禅，泉水过于喧哗，神晏大喝一声，这一喝，就把泉水憋回去了，从此以后泉水就改了道……阁下石壁上有径长五尺的"喝水岩"三个刻字，我们原以为这里有泉水喝，故称"喝水岩"，现在才知道"喝"是"大喝一声"的意思。

我们在"喝水岩"一带流连，几个游客，正指点着风景，展开着争论：有的说这里山、石、草、树都佳，独欠泉水，美中不足；有的说崖壁上的种种石刻，特别是跨过枯涧的"蹴鳌桥"下的宋刻"寿"字，高两丈多，阔一丈多，笔法遒劲，实在可以抵偿泉水枯竭的缺憾。我们也不免议论起来。联想到北京的风景，如八达岭、香山、景山、天坛等处，也都缺水。谢冕忽然指着一处石刻，惊呼起来："看！看！"我们几个同时望去，只见是四个草书刻字："无水亦佳"。

谢冕是专攻文学评论的,他受此启发,遂大发议论:"这'无水亦佳'四个字,比"不要求全责备'更具文学批评上的指导意义。完美的艺术品，就同完美的风景一样，总是罕见的，绝大多数的艺术的现象，它们的魅力，甚至往往是与它们的某种缺陷辩证地统一在一起的……"他这么一说，我们几个便"心有灵犀一点通"地纷纷补充例子："比如京剧的程派、麒派唱腔。""比如我们所熟悉的古希腊维纳斯立雕，她原来的胳膊究竟什么样子？但人们现在望着她，总觉得'无臂亦佳'！""比如《红楼梦》，八十回以后失传当然是千古遗恨，但比起许许多多首尾完整的作品来说，它堪称'无后亦佳'！"……

这一番触景生情，由情入理，循理发愿。在今后的创作中，我们要力求扬长避短，逐步形成自己的艺术个性；不知对那些动辄以一元化的"完美"标准要求作品的某些批评家们，能否有点启发。

1980 年秋

秋水筏如梦中过

离开浙南永嘉县楠溪江风景区时，现任景区管理局金荣耀局长给了我一大本由北京大学地理系和县政府在三年前编就的开发该景区的《总体规划》，翻阅一遍后，方知旅游也是一门地地道道的科学，如乘竹筏在大楠溪中游览，如何安排最为合理，则有公式 $R_1=L \div S_1 \times M \times T \times T_1$，$R_2=L \div S \times M \times T \times T_1$，$R=R_1+R_2$，各英文字母自然都代表着特定的数据，而 R 是合计出的最大乘筏旅游客容量。而客容量中又有最大日容量、年容量和瞬时最大容量等等。

然而今秋我们"作家书画家楠溪江采风团"游览楠溪江时，除了在狮子岩遇上过一队上海休假旅游的工人，就简直没有再看到别的游客。楠溪江"养在深闺人未识"，尚未像张家界、九寨沟那样"一朝选在君王侧"；"君王"便是闻风而至的游客，不讲科学的风景区开发和毫无科学教养的游客乱窜，常导致自然美景的破坏，令人扼腕；楠溪江静若处子，名声未噪，交通还不那么畅便，游客尚未狂蜂浪蝶般涌来，也好，可从容按《总体规划》科学地开发，渐臻"梨花一枝春带雨"的境界。

形容一处新发现的美景，人们常爱用"小桂林""小三峡"一类的比附性称谓，我们采风团向金局长建议，楠溪江既然确实独具秀色，就千万不要再采取那样的方式命名景观，也不一定都把景区的山石用动物、人形或神怪来加以想象，从而构成景点；楠溪江风景之美，全在自然淳朴，尤其是乘竹筏在大楠溪中漫游，那感觉是完全不需要加以润饰雕琢的。《牡丹亭》里的杜丽娘说"一生爱好是天然"，乘竹筏在大楠溪中顺流而下，游客们便都能如杜丽娘般地将自我融汇到天然中去。

乘船游漓江，乐趣是看山，看水中倒影；武夷山玉女峰下的九曲溪，乐趣除了看山外，还有观石（岸边巉岩常被指认为某种动物或人形神像）；而乘竹筏游大楠溪（楠溪江主干），其最大的美感则是观赏两岸的滩林。

楠溪江又称溪又称江，似矛盾，又显累赘。然而乘筏一游，便感到的确是既有溪感又有江感。它比九曲溪阔大，水面宽度常常达于中等江河，因而视野开阔。然而就它总体而言又是浅溪，堪称世上最洁净的透明绵软的水流从斑斓的卵石上潺潺流泻，水底的卵石上不生绿苔，水中也无浮萍荇藻，晶亮见底，小落差的滚动中也不起白沫，可随处舀一碗啜食而获得与饮用瓶装矿泉水同样的感受。有些水域也颇有深度，比如雄踞江心、人称"巨型盆景"的狮子岩一带，水流忽成浓绿色，旋着涡谷，竹筏通过时，便需格外小心。

楠溪江中的竹筏保持最古朴的形态，就是若干根粗大的毛竹并排绑扎在一起，前端用火烘烤后带着焦痕弯曲向上，形成筏头，而没有挡头的后部扎块木板，木板上设四把竹椅，游客四人一组，由筏老大撑筏引领前行。

远处也有浅黛的山影，两岸也有翁翳的竹林、成长的冷杉、高大的乌桕和甜槠，青瓦灰墙的农舍时隐时现，飘出些蛋青色的炊烟……然而那些都不是楠溪江中乘筏畅游的妙处所在,妙处全在那两岸的滩林。两岸有相当宽阔的滩涂，布满砾石和卵石，间或也有黄沙和黑土，自然而然地杂生着形态不一的灌木，入秋后便生出深深浅浅的绿，又兼有鹅黄绛红的颜色，这本已赏心悦目，更美轮美奂的是滩上还错落有致地生长出一丛丛的芦苇、山荻和白茅，它们修长的叶片高过灌木，叶端弯曲下垂，仿佛摆定一个舞姿；而从叶丛中蹿出更高的花穗，有的如火炬，闪动着紫红银白的色泽；有的如狐尾，末端纤毫毕现；有的如半开的折扇，垂向一侧……微风一过，轻轻摇曳，逸出绒毛；夕阳铺来，或如镀金，或成剪影，勾引出游客无限的情思。由于滩林往往十分宽阔，把树林、竹丛、村舍、山峦都推成了淡淡的背景，因而在竹筏上你会感觉到天格外地高、岸格外地低、水格外地丰满、竹筏格外地轻盈，这时你或者可以想得很多很多，或者简直可以什么也不想，你只感受到两岸有一种自远古以来就存在的宁静和温馨朝你环拥过来，而你的身心便自然而然地融进了那瑰丽的永恒之中！

据那《总体规划》，我们一路所经过的滩林，有的段落将辟为垂钓区，有的段落将辟为游泳区，而有的地方还将成为野营野炊区。这从吸引游客、以丰收入方面来看，自然都是必要的，也可以处理得尽可能科学，尽可能艺术，然而，我却宁愿它更多地保持那古朴天然的原貌，我相信会有越来越多的游客，具有那样的素养，就是他们到大楠溪这样的地方来，主要不是寻求一种外在的娱乐，而是为了获取内心的慰藉与安宁。

同行的诗人邵燕祥对采访他的当地记者这样概括他的感受："杜甫说春水船如天上过，我说楠溪江秋水筏如天上过。"我偷来他的句子，而改掉两个字：秋水筏如梦中过。是啊，那是一个多么美丽的梦：竹筏时而似乎摩擦着河底卵石，时而似乎空无所依，两岸一队队的苇、获、茅草缓缓后退，仿佛连续地吟诵着一首无字的长诗…什么样的公式，能测出这个实实在在的梦境之朴拙与曼妙呢？

1992 年 1 月 5 日

永嘉印象

　　听来的印象，极不可靠。眼见的印象呢？也未见得就可靠。因为事物的真相，常潜于深处。但哪怕是走马观花，总还是比道听途说强，把握真相虽决不能止于走马，却完全可以始于走马。

　　羊年深秋，到浙江省温州地区的永嘉县走了趟马。近年来耳闻中的永嘉，名声不雅。主要是该地出了若干虚假广告，坑害了不少顾客，不少传媒对此予以了曝光批评。到了永嘉县后，县里的干部对虚假广告的问题并不掩饰，承认一度确实有若干相当恶劣的案例。1989 年初开始，一直到 1991 年上半年，县委、县政府，特别是县工商管理局等职能部门，狠抓了打击虚假广告的工作，除了认真查处有关厂家和个人，还举办了展览，进行了广泛深入的群众性宣传工作。我漫步在永嘉县城的街道上，琳琅满目的各类商品从店内一直铺陈到店外的人行道上，虚假不虚假？也实难辨别。听说该县有一种特产叫乌牛早茶，沏出来汤醇味甘，我便走进一家食品店寻觅，只见柜台里摆放着一袋袋封装好的各式茶叶。我问："哪一种是乌牛早？"售货员告诉我："没有了！那茶叶只出在乌牛镇一个地方，又只有早春一季采下来的才能算数，出得不多，哪能剩到现在？"他介绍我另买几种上好的云雾茶。走出那店铺，我认明是一家国营商店。个体户会不会诳我这个外地人呢？我走得远些，到一家小小的个体商店里去，故意指着一包没标明品种的袋装绿茶说："我买这包乌牛早，多少钱？"那老板娘笑了，摆摆手说："哪儿还有乌牛早？你怎么认的？"我一脸正经地说："怎么不是？我就买这乌牛早，有多贵？"老板娘笑得两眼眯成双钩，戳穿我说："你是上面工商局下来查我们的吧？"我就说是北京来的游客，问她是不是让县里狠抓打击虚假广告吓坏了，她更呵呵地笑着说："我怕什么？打击的是那些开厂子的贪心鬼，我又不到报上登广告去！听说外边有人谈我们，什么'永嘉永嘉，永假永假'！……"她笑容渐渐收敛了，叹口气说："我们怎么会'永假'呢？真恨那些人，把我们全县的脸都给丢尽了！"我买了她一包当地另一种特产甜味绞股蓝。

历史上的永嘉郡，应是现在温州市区；现在的永嘉县城，50年代末在瓯江北岸的上塘镇发展起来。温州市正在大兴土木，二十多层高的气派宏伟富丽堂皇的温州商业中心等大厦已拔地而起，但总体而言，城市建筑目前仍呈现着陈旧感，街道也显得相当狭窄。永嘉县城即上塘镇反而市容整齐，四五层高的新楼排列在宽阔的马路两旁，马路还用梧桐树和冬青类灌木分隔开慢行道和快行道，望去清爽畅快。整个县城散发着一种小康的气息，着意打扮的岂止是年轻姑娘，老妪以下的妇女都竞相以不让大城市的新潮服装和发型招摇过市。而老翁以下的男士大都西服革履，儿童们的穿着色彩更加绚丽。而且大都很强调服装的商标。西服的商标一般都缝在左边的袖口上。我在县城里没有遇上一例讨饭的。县城里的商店以售卖各种时髦服装鞋袜、箱包、皮带、化妆品的为最多。然而在一条并无多少店铺的小巷中，我意外地发现了一家个体书店，更使我意外的是那书店里主要出售各种工具书和中外文学名著，包括《莎士比亚全集》和《今古奇观》，那些连北京某些国营书店也不能免俗的纯粹消费消闲的出版物，它都几乎没有。那店主何以有这样的品位，又何以能维持和赚钱？可惜我未及深入了解。

县里的居民住宅绝大多数是近年来建起的小楼，样式格局互相雷同，景观失之于单调，但似乎住房问题远比诸如北京这样的大城市要缓和得多。县里现在最好的招待所是一栋盖在机关院里的没有前厅的旧楼，最好的礼堂也只是一座有二十多年历史的发黑建筑，在我们去过的东南西北的若干县城里——其中有的总体面貌远比永嘉贫穷，而宾馆礼堂却颇轩丽——这是我们见到的最朴素最符合中央三令五申禁止大建楼堂馆所精神的招待所和礼堂。我特意从县里一所小学的前门进去从后门穿出，我得承认那新修的校舍相当不错，操场宽阔，操场上的体育器械也很够派。我愈发觉得永嘉固然未必"永佳"，但绝不可乱讹为"永假"。

永嘉县全境除瓯江边一小片是平原外，几乎全是山区，以前长期处在贫困状态。称为"穷山"，并不过分。十一届三中全会以后，经过十年来的发展，这才摘掉了"贫困县"的帽子。但永嘉县境内有一条楠溪江，却从来不是恶水，溪面宽阔，水质清纯，溪流中有天然盆景般的狮子岩，两岸有一流的滩林美景，以往县里的人不懂得风景也是财源，况且肚皮未饱，天天驶在江上，耕在江畔，也觉不出什么风景之美。现在眼睛亮了，心里活了，请来了北京大学、清华大学的专家学者，搞了调查，经上报国务院批准，已确定楠溪江风景区为国家重点风景名胜保护区。一千五百多年前，南朝宋人谢灵运曾当过永嘉郡太守，他的山水诗中有"洲萦渚连绵，白云抱幽石"，"石浅水潺溪，日落山照曜"，"密林含余清，远峰隐半规"，"石横水分流，林密蹊绝踪"，"企石挹飞泉，攀林摘叶卷"……名句，都是楠溪江风景区的生动写照。楠溪江上至今仍有宋代女词人李易安居士《武陵春》中吟到的"只恐双溪舴艋舟，载不动许多愁"的那种舴艋舟，是一种短胖的乌篷船。夏日扯帆船行溪中，宛若活现的古画。乘竹筏顺楠溪江而下，饱览两岸如梦如幻的自然风光，更是人生难得的享受。相信不久以后，永嘉的楠溪江将成为张家界、九寨沟那样的地方，不再是"养在深闺人未识"，而是"一朝选在君王侧"，"回眸一笑百媚生"。"君王"便是中外游客。

永嘉的山陵上有许多近年来用白石造起来的"椅子坟"，八成埋的是死人，二成却是生人的"阳宅"；永嘉的村落边常露出色彩鲜艳样式复古的风俗小神庙；这也是温州地区各县中普通都有的景象，令外地游客目瞪口呆。

从永嘉县县城乘汽车走一个多小时，可到达一个叫桥头的小镇，那是一个近七八年中产生的奇迹，国家没有投资一分钱，而由搞个体经营的农民集资，建成了被称为"东方第一纽扣市场"的商业中心，周遭分布着许多生产小商品的工厂和作坊，还建起了一座山上公园，最近又另辟出一大块地皮平地起楼。我随意进到楼里一家参观，舌头吐出便难缩回——里面的装修水平和家具档次以及家用电器的齐全和卫生间、厨房的现代化水准，都与电视广告上画面所差无几，只是配色上稍显土气、局部工艺上仍觉粗糙而已。又参观了一家个体尼龙拉锁工厂，厂房宽敞，进口的全套日本设备，有二十来位工人，该厂不可能有虚假广告问题——因为厂主根本不用做广告，已有全国十多个省市的服装厂抢着来订货，厂主自己的住宅固然堂皇富丽，可他为工人盖起的宿舍小楼，也相当舒适漂亮。

至今全国报刊上除了小块报道外，尚无一篇长达整版或数页的报告文学写过桥头镇———来可能是这里的新奇现象难以消化，二来也是因为当地人并不在意广告和宣传，他们所生产、批售的五千多种纽扣，不仅几乎垄断了全国大半纽扣市场，也已引起了海外服装行业的兴趣，连远隔大洋的墨西哥客商也提出来要与他们联营哩。"桥头现象"使永嘉变得更难用一句话加以评价。

永嘉永嘉，正因为你缤纷驳杂，我探索你的兴趣在不断地增加！

1991 年冬

南湾湖·鸡公山·金牛乡

　　原来对于河南信阳，我脑海中只有一个单纯的概念——信阳毛尖。

　　到了信阳，自然去参观出毛尖茶的茶山。好客的信阳人带我们几位作家去龙潭茶乡之前，先把我们带到了南湾湖。原来没听说这么个湖，刚接近时，因为是行走在一座大坝上，因此只当是一座人造水库，草草望去，湖面倒也开阔，对岸一抹新绿，风景不坏，但是不如北京密云水库那般开阔。

　　乘上了水摩托，眨眼间如箭出弦，一飚千尺，这才发现原以为是对岸的地方，只不过是几座前后视像相叠的岛屿。水摩托不时斜倾弯转，呈S形疾驰，这才恍然，原来南湾湖乃是一大片边缘充满长岬状半岛的水域，而当中又有许许多多星罗棋布的小岛，无论大岛小岛，一律芳草萋萋，绿树蓊翳；湖水则极为洁净，近看碧蓝，远观翠绿，再远灰青，倘没有摩托快艇掀起的白浪大波，那必定是明澈如镜的恬静景象。

　　水摩托停在了一座有些建筑物的岛屿前，拾级而上时，主人告诉我们已来到了该地久负盛名的鸟岛，但一时间我们并没有感觉到有鸟群的存在。到了岛上，才知当地为了吸引游客，正在制高点上加速修造一座观鸟阁，我们抬头一望，那钢筋混凝土的骨架已嶙峋而立，顿觉乃一败笔——不仅那拟定修造得堂皇富丽的观鸟阁与周遭充满野气的自然景观互相抵牾，而且，大兴土木的行为必定破坏鸟群的原始生态，果然，主人跟着便告诉我们，因为修造这座观鸟阁，鸟群都被惊吓得迁到了与此岛相邻的另一岛上去了，一旦那观鸟阁真的建成，恐怕也只好在上面安装一排望远镜，请游人从镜头里一睹众鸟芳容了。

　　这种急于开发旅游资源以使本地区快速致富的做法，我见到不止一例，实在应当及时矫正，尤其是对待中原地区难得一见的鸟岛生态景观，这样的开发不仅缺乏远见，也陡失近利。

经主人朝对面岛上指点，终于看出那茂密的绿树丛中，显露出许多白点和灰点。再细观察，白点跃动着，偶有飞起又飞落的，是颈腿皆长的鹭鸶，灰点活跃性较差，且大都较粗胖，是颈腿皆短的一种水鸟。主人带我们翻过山坡，找到一道从此岛通向彼岛的土堤，土堤两边有围湖造出的小块稻田，沿土堤登上那尚未受土木之役搅扰的小岛，抬头观望，才终于体验到了鸟岛的奇趣——岛上的林木阔叶针叶混交，但凡针叶树如冷杉、黄松之上，都无鸟巢，甚至也无鸟儿栖息，而凡阔叶树几乎都属麻栗一类，上面都有鸟巢和鸟儿，一棵麻栗树上往往还不止一个鸟巢，我们踩着洒满灰白色鸟类流迹的落叶和山径朝上走去，因为人少声轻，鸟儿管自飞来飞去地忙它们的事，大鸟儿或觅食或叼草或喂食或教飞，小鸟或在巢中嗷嗷待哺或在林间咻咻学飞，啾唧之声交相呼应，真是一座美妙的天堂！据说鸟岛上的候鸟最多时达 10 万余只，品类有 27 种之多，但那天我们虽大饱眼福，却觉得绝无那么庞大的数字，品种亦只觉大都是鹭鸶或鸬鹚。

南湾湖已被河南省定为省级风景名胜地区，而距信阳市南约 40 公里的鸡公山，则是国家级重点风景名胜区。鸡公山属大别山系，其主峰报晓峰顶端的岩石酷似引颈吭啼的公鸡。因为是南北暖冷气流的交融点，所以气候适中，各种南北植物几乎皆可在此山成活，而又湿润宜人，常有云气飘浮，入夏则俨然一清凉世界，所以从晚清到民国到抗日战争初期，先后有众多的西洋传教士、外交官、富商到此山上修筑别墅，入夏便纷纷从武汉等地上山避暑，因各国来的洋人都尽量按所来国的样式建造那些别墅，因而山上房屋曾有"万国建筑博物馆"之称，又有"十里风飘九国旗"之说，当然中国的一些军阀官僚、买办富豪也不甘落后，陆续也盖起了一些别墅，其中直系军阀吴佩孚手下的十四师师长靳云鹤在 20 年代初建造一座"颐庐"，据说他因嫉恨西洋人趾高气扬，所以故意造得体积庞大，气势夺人；后面一座英国人建筑以走兽之王雄狮为装饰，他便以飞禽之王蝙蝠将其赛倒，又派兵四季把守院门，严禁外国孩子入内嬉戏。此别墅明明竭尽豪华之能事，他却偏称其为"庐"，以示对满山西洋楼之不屑，这位师长大概别无善迹，后不知所终，但他造"颐庐"以压洋人之气的作为，至今在鸡公山传为美谈。现鸡公山风景管理局局长徐公乃一出语诙谐之人，他说："我这个'山大王'好当，因为我这里宾馆招待所一律'四无'，一无空调，二无电扇，三无蚊帐，四无凉席，因为全用不着！"目前鸡公山盘山公路直通山顶，又正与外资合作敷设一条索道，可通往步行不易达到的瀑布群。

信阳之美，岂止南湾湖、鸡公山而已，临告别前，我们又在夕阳泻金时，匆匆参观了城郊的金牛山乡，该乡境内原有九十九座秃山，经十多年的奋力改造，目前已成了名副其实的花果之乡，我们乘汽车转了十几座山头，只见遍山茶树，茶树间有的套种着桃杏梨苹，有的套种着樱桃山楂，山路旁不仅广植油桐、泡桐，更有核桃、石榴之属，最令人感兴趣的是大株藤本的猕猴桃，种植在两米左右高的棚架之上，叶肥花壮，据说品种从新西兰引进，结果时最大的赛过柠檬……年轻的女乡长李丽告诉我们，改造秃山不仅使全村大富，也使该乡成了信阳市民喜爱的一处游览胜地，他们还引进了外资，实行着多种经营，并将建成中原最大的亚热带植物园。信阳归来，再饮毛尖茶时，脑海中便回旋着丰富的画面与思绪，南湾湖的一片天籁，鸡公山的天人合一，金牛山乡（我只昵称它为金牛）的人定胜天，融汇着中原大地多元整合的历史文化积淀，又勃勃然喷发着新的生机，确如那一芽一叶的雨前茶一般，入口先微觉苦涩，而越品便越感到舌根生甜、香溢齿颊。

1992 年 5 月 8 日

黄河、龙门与百佛顶灯

我曾在一篇总题为《灯下拾豆》的随感录中写道：

> 我不喜欢舞台上的三种舞姿：
>
> 男人像女人般柔媚；女人像儿童般天真；儿童像木偶般滑稽。我不明白，这样的舞姿为什么比比皆是？

这段话一经发表、转载之后，颇有一些读者给我来信，对这段话大表赞同。

我想我之所以说这段话，以及一些读者之所以赞同这段话，其实都无非是呼唤阳刚之气。

我们这个民族，曾是十分的阳刚的。再远的不去说它，仅就三国时期而言，鼎立的三方，其主要代表人物哪个是女人般柔媚的？刘、关、张的阳刚自不消说，曹阿瞒那"老骥伏枥，志在千里"的气概，更是雄壮逼人。孙权呢？一千年后的伟丈夫型，词人辛弃疾还说："生子当如孙仲谋！"可见也绝非阴柔女气之辈。但到了今天，我们不得不承认，至少就电影、电视和舞台上的男角色的总体状况而言，却实在有欠缺之感。近两年来更有"丑星"成批走红的现象，这当然不能说不好，然而"丑星"是一种中性化的角色，故而阳刚的男星欠缺，依然是一个无可回避的问题。

一位研究了数年中国文化的美国朋友，对我说，美国的民族意识里，有一种固有的勃勃野气，比如他们时下的男影星，如史泰龙、施瓦辛格、布鲁斯，都是肌肉暴突、精力无限的魁伟形象，深受一般民众的喜爱。而女里女气带"娘娘腔"的奶油甜点型男子,不仅不能获得大多数人好感,甚而会遭到嘲笑与厌弃;而美国人所最喜欢的风景区,一是尼亚加拉大瀑布,一是西部大峡谷,其特点也都并非秀丽明媚,而是壮阔雄奇……他说他近年来喜欢录下中国电视里的戏剧小品,一为从中学习中国俗语,一为研究中国当代人的审美趋向。他惊讶地发现,十个小品里,几乎总有八个以上表现出男性对女性的畏惧、讨好、服从,乃至甘受斥责愚弄,怕老婆,"妻管严",雄弱雌强,女令男从……成为一种处理戏剧冲突的时髦模式;他又说近年来参观了若干中国新建成的游览场所,光"大观园"就有好几个,还有许多条仿古街道,他所获得的总体印象,是当今的中国人很喜欢柔美的、繁琐的、缤纷的、艳丽的景物……

听了那美国朋友的话后,我也坦率地对他说:依我看来,当今美国人所崇尚的阳刚,如施瓦辛格那样的形象(香港人呼作"大只"),实在只是一种肤浅的俗文化的图腾。大峡谷之野性美,固然是刚柔相济中突出了雄峻之气,却也未免过于单纯。我承认他对中国的观察印象中确实触及到了一些我们时下的弊病,但我又不得不严肃地对他说,就我们中国悠久的文化传统而言,对阳刚的审美追求那是非常之强烈,而留下的印迹也是非常之多的。且不说长江、黄河在中国人心目中的浩荡雄阔之感历久不衰,所谓"五岳"的指认和中国人世代相续地将其作为大自然中最主要的审美对象的那种激赏乃至膜拜,便是中国人绝非只懂得欣赏小桥流水、亭台楼阁、曲径通幽一类阴柔美的明证。

我同那位美国朋友的争论未能充分地展开。不过,那争论多日来一直萦回在我的思绪之中。

今年仲春,有机会到河南一游,在洛阳参观了龙门石窟。对龙门石窟我心仪已久,以往只看到有关图片,便已觉得整体气魄真是奇伟阔朗,及至真的走拢奉先寺那以卢舍那佛为中心一组巨雕前时,不禁顿感有一种似乎是从民族历史深处辐射出的震撼力穿透了我的魂魄:实在是太雄健伟峻了!那东侧的力士雕像孔武壮硕,尤具阳刚之气,是显而易见的。当中的卢舍那佛,据说建造者为讨好当时的女皇帝武则天,故意将其雕成具有女性特点。尽管如此,那眉宇间、神情上,依然笼罩着勃勃英气,充分体现出了大唐盛世的强劲雄风和容纳百川的壮阔胸怀。在龙门石窟的最大收获,便是使我意识到我们应当把今天对阳刚的召唤，同对我们民族文化传统中的阳刚气脉的探寻采补结合起来。根植在民族文化传统中的阳刚之树，本应在今天有着更壮阔的树冠、更繁茂的枝叶、更健美的花果啊！

洛阳之后，我又去三门峡市参观游览，耳闻目睹，身受心领，更增强了在龙门石窟形成的感慨。

对我来说，旅游之乐，对自然景观、历史人文景观和现时风俗景观的兴趣，是一样浓厚而且相互融合的。三门峡的黄河自然景观因覆卧于人、鬼、神三门上的大坝而形成了独特的库阔河湍气象，极爽人的胸襟，它与龙门石窟，互补为一种豪迈之气。不过对三门峡黄河段和洛阳龙门石窟的景观，我原来有过一些从图片影视中获得的印象，算是有了一定的心理准备，因而身临其境时，赞叹有余而惊讶不足。真正令我惊讶或曰惊诧或曰惊奇的，则是在三门峡那"一式一节"开幕式上所出现的当代民俗表演节目。

首先令我激动的是"亚武天锣"。只见一群灵宝市亚武地方的农民身着古代武士装束，个个袒露出两根肌肉健壮的胳膊，极为豪迈地跳跃着，他们将大锣高举过头用力敲击，并极为放纵地"嗷嗷"狂叫。他们极潇洒极自然极狂放地变换着队形，绝不追求几何图形式的齐整，体现出一种粗犷甚而狞厉的雄性壮美，其间更有一条高大健硕的汉子，高举一面辉煌的大纛，举重若轻地旋转于其间……一时间锣声喊声掌声喝彩声交混为一种比黄河咆哮更壮人胆魄的音响，置身其境，真觉得是我中华民族的千年阳刚之气在凯旋欢聚，令人振奋不已。

亚武天锣之后便是引发我终于写下这篇文章的灵宝市湖滨区百名农民表演的"百佛顶灯"。

佛教本是外来文化。佛教东来，首先落足于河南，现存白马寺便是中华第一寺。又有达摩到嵩山少林寺创建了禅宗一派，而少林寺又渐以武僧著名，这就使得凡河南和尚都绝无贾宝玉气，而充溢着雄性的魅力。灵宝市湖滨区的"百佛顶灯"表演者据说几乎都并非和尚，而是当地壮硕粗憨的农民，他们对佛教与和尚的认同，显然很大程度上是出于对坚韧顽强、执著刚毅的修行精神的尊崇。据说古时有和尚在夜晚化缘时为随时向施主双手合十以示感谢，便将灯笼顶在头上，渐渐形成"和尚顶灯"或称"佛顶灯"的风俗，"百佛顶灯"的表演便由此演化而来。

"百佛顶灯"的表演在一队击鼓和尚敲击出的鼓点声中开始了。我原料想他们的表演无非给人一种杂技式的感觉，谁知咚咚的鼓声中，一百名身着袈裟的和尚刚顶着燃有蜡烛的白瓷碗列出队形，我就顿时觉得有一股肃然的庄重之气从他们那群体中喷薄而出。只见那一百位健壮的顶灯佛随着越来越急促的鼓声变换着越来越复杂的队形，他们忽而聚簇为莲花宝座，转动开合；忽而持续为卐字法轮，庄严旋转；忽而又分散开去，并随着密集急促的鼓点极为迅捷地竞走般地穿梭移动，充分显示出一种大无畏的越艰排险的气派和动势。这时观看者忍不住都用力鼓掌高声喝彩赞叹起来，而不知不觉之中，他们的快速走动已变换出了一个巨大的"佛"字，在一锤定音的猛厉的鼓声中，"佛"字大放光彩，令人心眩神迷——那并不一定是唤起了宗教情绪，更大的可能，是引出了一种对钢铁般的意志和磐石般的坚定以及江河般的豪迈所汇聚出的阳刚之美的激赏。

至少在一瞬间里，我感到无论是三门峡黄河段的自然景观，还是洛阳龙门石窟的历史人文景观，都被灵宝市农民这一"百佛顶灯"的当代民俗景观给比下去了！

自然景观的雄奇，只能算潜在的阳刚；历史人文景观的壮伟，也只是凝固的阳刚；而"亚武天锣""百佛顶灯"一类当代民俗景观的豪放，则闪烁着我们中华民族生生不息、世代相续的内在蕴力之美，是活鲜鲜的阳刚！

倘若说我们当代社会生活尤其是文学艺术中确实有阳刚匮乏的征候，需要采补滋养的话，那么，我呼吁，到黄河那样雄浑的自然景观中去！到龙门石窟那样的历史人文景观中去！而且,更千万别忘记,莫放过到虎虎有生气的如"百佛顶灯"的民俗景观中去的机会。

1992 年 5 月

关公大玩偶

　　洛阳最令我心仪的地方是龙门石窟。尽管石窟历经种种劫难破坏甚烈，那最大的奉先寺一窟的卢舍那佛的双手和座基都已残缺，两旁的二弟子、二菩萨、二天王、二力士、二供养人也无一完整，但面对着那先人在岩石上所倾注的憧憬与情怀，仍强烈地感受到历史、文化、艺术的冲击力扑面袭来。龙门石窟造像实在是看不够、品不尽的寰宝。

　　从洛阳去往龙门的路上经过另一处名胜关林，我以前未曾听说过洛阳关林，乍见"关林"指示牌时不禁有些吃惊，因为古代尊如皇帝，其坟墓也不过称为"陵"而已，我以前只知道孔夫子的坟墓称为孔林，现在关公的坟墓也称"林"，则其地位已跃居历代皇帝之上，属圣人级别了。

　　孔夫子的事迹史书上明文记载不少，又留下了一部《论语》，关夫子的事迹信史上比较简单，他似乎也没有留下什么著作或语录，人们对他的印象，大多来自《三国演义》小说，或戏曲舞台上的演出，但中国自元明之后，对关夫子的尊崇，从朝廷到民间都在不断升级，以致最后达到不可思议的程度，清顺治时已敕封他为忠义神武关圣大帝，乾隆时更加封为忠义神武灵佑关圣大帝，他是道教中三界伏魔大帝，又是佛教中的护法伽蓝，民间视他为武神、财神、商神、判狱断讼之神和旱时求雨之神及疗疾除灾之神，我在日本、法国、美国的唐人街中国餐馆一类地方，都看到过所供奉的关圣塑像，像前必有长燃的香烛，海外华裔同本土文化的相连，关夫子的作用似乎已超过了孔夫子，真令人感慨万端。《红楼梦》"薛小妹新编怀古诗"一回中，李纨议论道："……古往今来，以讹传讹，好事者竟故意的弄出这古迹来以愚人。比如那年上京的时节，单是关夫子的坟，倒见了三四处。关夫子一生事业，皆是有据的，如何又有许多的坟？自然是后来人敬爱他生前的为人，只怕从这敬爱上穿凿出来，也是有的。"李纨是金陵名宦之女，从金陵嫁到北京似不可能路经洛阳一带，因此她所见到的那些关夫子坟中，当不包括关林。据记载当年吴王孙权将关羽的首级献给了当时洛阳的魏王曹操，企图将刘备张飞的仇恨转移到曹操身上，曹操不上此当，用沉香木雕刻了关羽的身躯，将其首级放在一起，加以厚葬，地点便在今之关林，因而关林是关夫子的真坟，当无可怀疑。

到了关林里面，只觉殿堂轩昂，花木繁茂，殿内的塑像经过修整，亦极堂皇，游客如织，其稠密度不让龙门，但不知怎么搞的，我虽亦颇有兴致，却全然丧失了在龙门时的那种对历史、文化、艺术的丰富联想，只觉得好玩而已。

也确实好玩。在五开间的歇山式三殿中，有一关夫子的睡像，原来据说是木雕而带机械传动机关的，观众一进殿门，落脚在踏板之上，右手寝床上的关羽像便会从仰卧状变为坐起状，据说有那胆小心虚的事先未经人介绍，猛一见吓得昏死过去，闹出过人命。现在则有某"军转民"的国防工厂设计制作的机器人关夫子，外壳用合成材料制作，通体漆成朱红色，身着戏装般的纱衣，旅游手册上说睡像前有一仙鹤造像，游人将一钢珠投入鹤啄，睡像便会坐起，但我那天随众多游客另购专门的观览票进去时，却未见到有仙鹤造像，亦未见有人使用钢珠，倒是有一男一女两位工作人员，使用一架音质不甚悦耳的录音机，播放着事先录好的配乐和说明词，配合着那录音的乐曲与说明，他或她揿动一处按钮，则那化工合成的关夫子睡像便徐徐坐起，坐定后又微微转过头颅，并睁开一双丹凤眼，屈曲上伸的右臂还做出捋胡须的动作，稍后，则又随着乐曲再转正头颅，从坐姿又渐渐复原到睡姿，这时游客们便发出快活的笑声，绝对没有人昏倒，大概也不会有人心中胆寒，依我之见，那关夫子即民间叫得最口顺的关公爷，在游客心中实在只不过是一个硕大的玩偶。

随着旅游事业的发展，游客将成倍地增加，中外游客中完全只倾心于做探古之游、文化之游、艺术鉴赏之游的人士，比例本来就不一定高，今后大概还要相对地降低些。绝大多数游客，他们要看的是热闹，要逛的是美景，而且，他们还有一个极为强烈的意识，就是要"玩"，"那地方好玩吗？"会是他们最常见的口头禅，所以，倘若那旅游点只有非专业眼光不能领略其妙处的文物而一点儿"好玩"的因素也没有，则很难为大多数游客所趋奔，例如洛阳北郊邙山乡的古墓博物馆，投资颇巨，设计颇精，格调极雅，其展品的历史、艺术价值极高，但因与其他景点均不顺路，所以连我们一大群对其颇有兴趣的参加洛阳牡丹花会的作家、记者，也都没有挤出时间一往，据说当例如关林、白马寺那样的地方人头攒动人流如粥时，洛阳古墓博物馆也还是颇为冷清，为什么？那道理很简单，就是"不好玩"。

龙门石窟的游客，未必都是真能从历史、文化、艺术角度鉴赏那些石雕的，但窟前有黄河，河上有大桥，对岸有香山寺，窟外又有大面积的工艺品与小吃摊档，很好玩，因而只抱着玩的目的去一游的人们，在潜移默化中，也一定多少受到些文化艺术的熏陶；关林中的游客，有不少是真怀着虔敬之心，去朝圣求福的，但也有许多人仅只是去看看热闹，门票钱外另掏钱进三殿看睡圣起坐，则纯然是怀着一种迪如在美国迪斯尼游乐场看电子大玩偶的嬉戏心情，我想那也无妨，也许一些少年人经受了那大玩偶的刺激后，便会去找《三国演义》的小说来读，从而到头来也有文化艺术上的高层次收获。

如何使旅游景点的自然景观、人文景观和娱乐设施互相妥当地配合，以吸引低、中、高不同层次的游客，从而既使旅游也成为招财进宝的无烟工业，又通过吸引游客有形无形或深或浅地传播和增强精神文明，这是一个很值得详加探讨的问题。

就我个人而言，关林游过一次足矣，可以不必再去，然而龙门石窟却一定要有机会便重游，多少次都不会生腻。

1992 年春

忠都秀在此作场

重檐歇山顶的殿堂四周搭着架子，殿外布满灰泥，小心翼翼地迈进殿去，只见一个年轻的工人，正在殿内用模子倒备用的瓦当，那有翔凤图案的瓦当，在地面上已经摊了几排，只待风干，便可取出供修复殿顶使用。虽是风和日丽的仲春天气，殿内光线却颇幽暗。刚进殿去，心中不免暗想，鼎鼎大名的山西洪洞广胜寺下寺水神庙，原来不过尔尔。

然而，当瞳孔放大到能清楚地观察殿堂内的壁画时，却倏地震惊了——难怪这里早就定为了全国重点文物保护单位，即使完全没有绘画史知识和特殊的艺术鉴赏力，光凭直觉，那充满殿壁的灿烂画幅，也一定能使你怦然心动。这水神庙是一座风俗神庙，除山门、仪门和厢房外，主要建筑就是这一座并不算宏伟的明应王殿。晋南自古缺水，这里的霍山脚下，有一股霍泉，附近洪洞、赵城两县，为分享这股泉水，纷争多年，后经谈判，在泉西建分水亭，并于元代延祐六年（1319 年），合资修筑了这所水神庙。据说明应王殿内的壁画，是当中挡上临时屏障，由两县派出各自最好的画工，分别赛画而成的。现在我们细加品评，也难分出优劣，东西两边的壁画，实在都是稀世佳作。

最有名的一幅壁画，自然是南壁东侧的元代杂剧演出图。画工用成熟的现实主义手法，完整地画出了元代杂剧的演出场面，不但将台上苍幔、布景及做戏的十一个分饰生、旦、净、末、丑的角色画得栩栩如生，还有意画了一个从后台掀开苍幔一角，朝前台窥视的人物，使六百多年前的生活气息，扑面袭来。整幅壁画上方，是深黄的横额，上书"大行散乐忠都秀在此作场"。画幅正中的忠都秀，身着朝服朝冠，手捧牙笏，扮演的是一位男官，仔细看去，可看出这位演员的两个耳垂上，有着备戴耳环的小孔，可见是位女扮男装的名优。因为戏剧界对这幅壁画极为重视，照片和复制品时常出现在书刊上，所以它的光辉，掩没了殿内其他壁画。其实就画论画，东壁北侧的《卖鱼图》，实在比《忠都秀作场》还要生动。画中六个人物分作三个层次。最前面的两个，左侧是一位贫苦的渔翁，他表情憨厚朴实而又充满焦虑惶惑，因为右侧那个称鱼的衙史，提秤钩时右手分明腾出两根手指在捣鬼，以便少算分量；渔翁右手不安地提着尚待过秤的鱼，左手微弯着两根手指头恳请给个合理的价钱，而称鱼者眼神狡黠，嘴角微斜，毫不为其所动……这不是做戏而是实际生活的场景了，谁见了这生动而深刻的画幅，能够无动于衷呢？

一阵刺鼻的气息，把我们从至美的境界中拉回。原来是附近的一所焦炭厂在出炭。离此不远还有一所化工厂。怎样防止这些工厂排出的废气污染腐蚀稀世的瑰宝呢？这实在是值得注意的问题。

但愿忠都秀能永远在此光华四射之地作场。

1983 年 4 月

蓝色舞步

九年前，我在青海湖边惊呆了。

湖水蓝得动人心魄，而且那么宽阔，那么雍容，那么自在。

是一种纯净的宝石蓝，把蔚蓝但显得单薄的天空比下去了。风不大，湖水波动着，却并没有卷起白沫的浪头，酽酽的、荡换着一个个波峰的蓝，让人陶醉，想不出语言来形容，只在心里叹佩着大自然的奇妙。

青海湖中有驰名遐迩的鸟岛，据说那里鸥鸟成群，蔚为壮观。我那次所到的一隅离鸟岛很远。去的那天没见到一只飞鸟，并且湖边没有树丛礁石，湖上没有船舶帆影，视野所及也不见岬角与对岸，就那么汪洋恣肆的一片纯蓝，一直蓝进你的五腑内脏，似乎从那一刹那起，才懂得什么叫真正的蓝色。

那是大自然的本色之一。没有受到污染的宇宙蓝。

人们写过千万篇颂绿爱绿的文章，我也写过好几篇，绿自然是喜人醉人迷人益人的颜色。然而人们对蓝色的爱似乎尚不及对绿色的爱。人们对绿色几近于崇拜。谈到环境保护，人们首先想到的是保护绿色、增添绿色，西方的环境保护主义者甚至自称是一群"绿的"——中国时常翻译成"绿党"，但据西方的朋友告诉我，那些环境保护主义组织并不认为他们是一种政治党派，所以翻译成"绿色和平组织"较"绿党"来得准确——绿几乎成了环境良好的一种象征。继续喜爱、尊崇绿色吧，那是一点也没有错的。然而，也千万别忘了大自然那纯净而优美的蓝色！

八年前在四川境内做了一次深入穷乡僻壤的腹地游。有一回进入了一座少有城市人涉足的竹山，一群光屁股的娃娃在林边上啃吃零食——原以为是饭团、红苕（番薯）或野果，后来一细看，才知道都是笋头。那里遍山野都是茂密的竹林，那竹子的品种倒也并不稀奇，就是最一般的毛竹，但触眼心惊——不在其多，也不在其密，也不在其高，而是那一派明艳清朗的绿色，如一浪接一浪滚扑而来的绿潮，直要把你的灵魂也浸成绿色！

"这里的竹子是不是品种特异啊？"我惊疑地问，"为什么格外殷绿呢？"

"其实，竹子也就是一般的绿，不过，请你抬头看天，"陪同我们进山的当地乡干部对我们解释说，"我们这里没有一点工业污染，气候又总是那么好，所以，蓝蓝的天空底下，竹林也就格外绿幽幽哩！"那乡干部去过成都、重庆那些大地方，所以有对比，有领悟。我们顺他手所指处抬头一望，呀！确实，成都、重庆等地何尝见到过那么明净而纯粹的蓝天！蓝得透明，蓝得晶莹，蓝得优雅，蓝得坦率——蓝天之下无雾无烟，无土无尘，所以满山的翠竹，才绿得格外艳丽，格外素洁，格外浓烈，格外森郁啊！

处子般没有被污染的蓝天，护卫住处女般没有被伤害的翠竹，那情景是任何画幅、照片、影片都难以表达充分的，必须身临其境！

我爱青青翠竹，我更爱湛湛蓝天！

三年前去成都，那是我出生之地，我对她充满了特殊的难以言喻的感情。成都近些年市容变化很大，不少漂亮的大楼拔地而起，许多原来狭窄陈旧的老街改造成了宽阔豁朗的现代化快、慢车分道行驶的新街，城市的绿化工作也很有进展，到处是新栽的绿篱和伞状的行道树，几处古老的名胜也都加强了保护，花木繁盛，亭阁翻新。然而，近郊一带工厂的烟尘，仍然浓密地随风倾泻。我骑车顺环行道行驶，便痛心地看到许多的树木和绿篱的叶片上，都积着颇厚的一层灰土；也许我去时正是雨季之后，干旱了多日，所以未经雨水浇淋的树木绿篱就更显得蒙尘铺垢，十分扎眼。其实细看那些植物，它们本身的叶片，仍在努力地绿着，然而没有明净的蓝天与它配合——我抬眼望天，一片非蓝非白的灰色，除了自然的云层，显然浮动着厚厚的工业微尘。因此在赞叹我故乡建设事业迅猛发展的同时，我不得不为故乡天空缺少明净的蓝色而遗憾！

当我们在大地上播种绿色的同时，让我们也在天空中制造出明净的蔚蓝吧！

我虽出生在四川，却定居北京四十年，也算是个地道的老北京了。北京四季分明，而四季之中，北京之秋最具有魅力。北京的旅游旺季是秋天，绝非偶然。北京秋景的魅力，有人说是殷红金黄的秋叶，那当然是北京之秋的骄傲之一——香山的黄栌叶尤其令人心醉。有人误以为"香山红叶"是枫树叶，当年以枫叶为国徽的加拿大总理特鲁多访华时，曾专门驱车前往参观，到了那里才发现香山红叶的美景主要由黄栌树的卵形叶片构成，与五角形的枫叶全然异趣；当然北京也有并不发红而主要呈金黄色的大叶枫及小叶枫。还有白蜡杆树，一到秋天也叶片黄得迷人；再有银杏树即白果树，一入秋，满树小扇子状的叶片呈现出柠檬黄，更爽心悦目；还有一些树木，如椿树、槐树、柳树，秋末也都有短暂的殷红明黄时期；北京宫殿的红墙以及白塔苍松配以色调明暗深浅不一的各种红叶、黄叶，确是北京秋景一绝；但我以为北京秋景之美，还有一更大的主角，便是那秋高气爽的北京蓝天——她变得特别高远，特别明澈，特别洁净也特别安谧，那是一种罕见的蓝色，非人世的颜料所能模拟，北京秋天的红叶黄叶倘没有那明净澄澈的蓝天衬托，那是任你艳丽也欠空灵的！啊，北京秋日的蓝天，你默默地护卫着多少美影，你幽幽地诉说着多少深情！

　　北京秋日的蓝天，至今还未受到大的伤害，这同北京的环保工作者们的努力，以及北京以外特别是北京北部各省市各地区的环保工作者们的孜孜努力是分不开的，但我们应当通力合作，进一步维护北京的自然环境，尤其是防止沙尘的南飞和工业废气、微尘的污染，以使北京之秋能保持着永恒的魅力！

　　一曲《蓝色的多瑙河》，引出人们对蓝色的多少欣悦，一曲《维也纳森林的故事》，又引出人们对绿色的多少憧憬：约翰·斯特劳斯，这奥地利的圆舞曲之王，不管他当年谱曲的初衷如何，他这些千古名曲给予一代又一代闻曲者的感受，都是对大自然的亲近与尊崇。十二年前，我有幸在一个傍晚横渡多瑙河，那一天夕阳西下时，天边并无七彩云霞，只有红得润泽如番茄的一个硕大的椭圆形太阳缓缓地降落于一片苇丛如天际轮廓线的对岸，我不禁议论说："真像一幅水印木刻画！只是晚霞不够绚丽多彩！"陪同我们的外国友伴便告诉我们说："这里方圆几十公里都是自然保护区，所以空气澄净，烟尘很少，所以没有那种五颜六色的焰火般云霞，你们要懂得，这种干干净净的日落景象，并不是任何地方都能看到的啊！"我们这才"啊呀！"一声，赶忙抓紧每一秒钟欣赏那清朗润泽的日落美景，再一俯视多瑙河，虽在暮色之中，蓝幽幽，清澈澈，河湾处莲叶田田，贴水如绿玉盘，莲花也出水便开，张瓣如黄玉盏；不知名的水鸟从芦苇丛中飞出，鸣叫着划过太阳的脸庞，斜窜上天……呼吸着滋润芳馥的气息，仿佛有那《蓝色的多瑙河》旋律回荡于心头，至今回想起来，仍不禁心荡神驰。随《蓝色的多瑙河》翩翩起舞是人生一大乐事，而在蓝色的回忆中旋转着热爱大自然的舞步，也是心灵的一大快事。

我们所居住的这个星球自然不能失去绿色，然而更不能失去蓝色。即使把世界上所有的陆地都铺上厚厚的植被，成为翡翠般的板块，那总面积也仍远远逊于地球上的海洋，海洋因而构成着我们这个星球的主体色彩——蓝色。更何况包裹着地球的大气层，它的主调也是淡蓝色。据升到太空的宇航员们形容，从天际回望地球，她不是一颗红星，不是一颗黄星，也不是一颗绿星，而是蔚蓝色的水蒙蒙的一颗无比美丽的星球。

我们都知道，植物、动物同为生物，只不过植物比动物低等罢了。然而动物从低等向高等的进化过程，并不是从植物转化突变为动物的过程，一般都认为动物最原始的初祖是从海洋中产生出来的，逐步从低级向高级、从水生向两栖，又从两栖到陆生，渐渐发展突变到高等哺乳动物，再经由直立和劳动，变化为人。所以，我们在把绿色颂为生命的象征时，更应将蓝色奉为生灵的摇篮。绿出于蓝，却未必胜于蓝。碧绿加碧蓝，是我们这个星球最美的颜色！

愿每一个晴朗的日子，我们仰首瞭望时，都能有蓝得醉心的天空，引逗出我们灵魂中欢快的舞步！

1991 年 4 月 22 日

台北印象

"台北是一个丑陋的城市！"

从桃园机场乘车驶往台北市时，接待我们的台湾朋友焦先生这样说。

确实，台北让我吃惊，去台湾以前，综合各方面得到的信息，有一个先入之见，就是台湾很富裕，全岛人均年收入，已突破了一万美元，而外汇存底，更名列全球之冠，也就是说，台湾人手里掌握的美元，竟比美国人还多，并且不是多一点点，而是多许多！那么，台湾人的钱都用到哪里去了？按说，有这么多钱，台北应该建设得跟香港不相上下，甚至应当比香港更璀璨辉煌，可是，我在台北浏览市容的观感，却不得不与焦先生的评价认同。

北京人的年均收入，比起台北人来，那简直差远了去了，但北京人一定要知道，就目前的市容而言，北京远胜台北；台北最重要的街道，无论是忠孝路、仁爱路，还是信义路、和平路，哪一条都没有北京东西长安街那么壮阔；立体交叉桥的大量建造与空中鸟瞰效应的优美，北京也远在台北之上；像京广中心那么高和里面那么气派的摩天楼，台北也暂付阙如；北京的地铁虽然不尽如人意，但台北至今还并无地铁，地面交通之淤塞、混乱以及废气污染之严重，都令人提及便禁不住要长叹息；台北近年在修造高架式的"捷运"，以起地铁的作用，引进的是法国技术，却不料两次试车两次起火，至今不能营运，而且还爆发出承建机构贪污浪费的大丑闻——据说现在建成的"捷运"，光每个车站配备的垃圾桶，一只的投资就折合一万美金！北京的星级大饭店，也许是太多了，而且一个比一个气派，台北似乎反没有北京这么多，像我们下榻的福华大饭店，五星级，收费之高，世人无不咋舌。但那大堂，就没有北京王府饭店堂皇富丽，客房的设施，任何一个细节，也都没有超过北京四星级饭店的水平。北京大型的购物中心，商业文化达到的水准，也许稍逊于台北，数量却多于台北；更不消说北京城里就有故宫、天坛、北海、景山……无与伦比的古迹园林，台北最古的建筑，也就是一个明代的西门，所谓的"总统府"，不过是日据时代的一座并不雄伟的红砖楼——当年的"总督府"。台北的"中山纪念堂"未必有广州的那一座悦目，而所谓"中正纪念馆"的建筑，仅就建筑美学的创意而言，也乏善可陈。也许最值得一提的，是台北的"国家剧院"与"国家音乐厅"。这两座巨资建造的复古风格的庞然大物，望去令人触目惊心，未竣工，便有不少抨击者，批评其华而不实，或简直认为是建筑艺术创作中的败笔——不过依我看来，倒不失为如今台北市的标志性符号。

看来台湾人把他们的钱，更大量是花在向外投资，以及旅游上面了，也许还有某些微妙的心理在起作用，所以，台北近二十年的变化虽大，整体的市容，还是不敌新加坡、香港，不仅难称美丽，这简直可以谥之为丑陋。

不过，这样说，也许都是因为，原来对台北期望太高了，如果我们不要先有一个很高的标准，"就市论市"，那么，台北应该说还是一个极有特色的城市。

即使在冬季，台北仍处处见绿，如我漫步了好几次的仁爱路，快慢车道之间的绿岛上，是高耸的椰棕，人行道上，则是樟树，都绿叶纷披，郁郁葱葱。有的地方，还有粗壮的榕树和修剪得非常漂亮的松柏。台北几乎每条街都是商业街，布满了密密匝匝大大小小各种档次的商店，以各类餐饮店居多，几乎全世界的风味餐饮，台北全可找到。有的名号十分有趣，如"老爸的情人西菜馆""潜意识咖啡厅"。入夜，到处霓虹灯闪烁，声光色电，营造出一种妖艳的商业气氛。台北有不少极其豪华的消费场所，一走进去，便令人目眩神迷，但也有好比华西街夜市那样比较大众化的街市，逛起来很有意趣。台北水果摊的品种非常丰富，诸如莲雾、释迦、榴莲、山竹、番石榴……都是北京人难见甚至未闻的。台北从前几年还出现了若干茶寮，乃至形成了所谓的茶寮文化，我去领略了几家，那里面提供了从烹到品的全套用具，使茶客在高雅的情调中，化解都市竞争中的焦虑。台北的中小学，以我在散步中见到的而言，设施都相当先进，而且门内楼前大都有孔夫子塑像。台北大街上有佛市，有的完全是西洋式高楼，只是在大门上挂出中式匾额，标明其寺名。像仁爱路上的一大排公寓楼，里面不知如何，仅外观而言，就都比北京的外交公寓讲究。台北少见自行车，却充满了摩托车，街道塞车，摩托车过多是一大原因，人行道上往往是密密麻麻地排放着摩托车，蔚为壮观。都说台北色情横溢，也许因为我一般都在较高档或较洁净的场所观览，所以倒感受不深，我在饭店房间里没接到过可疑电话，也没有在街头看到明显是意在挑逗或撩拨的女子，我所去的咖啡馆也没感觉到有野鸡或流氓存在。台北的书店有的很雅，至少我逛的几家普通书店，里面的书虽然很商业化，却都比北京书摊的面目要清爽些。台北的出租车服务态度不错。台北的电视节目，大体而言，很正经。商业广告的播放时间，似乎比我们这边还少；台北街头，冬天也还有些艳丽的花在开放。台北人大都穿得很不错，就配色的品位而言，多数雅于北京人。在西门町等老市区，偶见乞丐，不乏舍施之人……

但台北给我的最深印象，是物价特高，比如，我曾在街上摊档吃过一碗排骨面，花了五十元新台币，约合两美元，按最近的比价算，差不多等于十七八元的人民币，你说贵不贵？我在福华住的那间客房，房门背后的标价单上标明是一天约四百美元，同样水平的客房，无论在纽约、巴黎、香港、北京都不会那么离谱，也许只有东京，能与之"媲美"。

如果再去台北，我一定要使自己超出浮光掠影的感受，捕捉到一些深层次的东西。

1994 年仲春

在台北茶寮品茶

我是"不可一日无茶"的人，不但在家里整天地喝茶，在外面也很爱喝茶，但在我定居的北京，却缺少理想的品茶场所，如今粤式茶已打进北京，可是一来那"饮茶"的目的其实是为了吃点心，系一种快餐，而非真正的品茶，二来厅堂里往往人声喧哗，不容清谈；有所谓"老舍茶馆""梨园茶馆""天桥茶园"，可都是主要用来向外国旅游者展示中华民俗的，且收费不赀，非常人雅聚之地。我的故乡四川如今倒是茶馆颇多，并保持着传统的风格，竹椅竹凳，盖碗茶，大铜壶，倒茶的幺师离老远便可将你的茶碗冲足开水，甚至不溅出一星水沫，构成一种温馨的画面，但我难得回乡，所以多半只是在梦中享用。

今年元月去台湾访问，却领略了一番台北的茶寮风情。

据台湾友人告知，台北形成所谓的"茶寮文化"，是不到十年间的事。这种所谓的茶寮，不是传统的茶馆，也不是西味的兼供柠檬茶的咖啡厅，当然也不是粤式的饮茶场所（北京建国门外有"美丽华翠享茶寮"，却是一家粤菜馆而非台式茶寮），它们的出现，是缘于台湾经济起飞以后，"雅皮士"一族人数的增多；所谓"雅皮士"，是与60年代的"嬉皮士"大不相同的一族，"嬉皮士"多为社会边缘的、具叛逆性的、不修边幅、玩世不恭、行为古怪乃至放荡不羁的年轻人，而"雅皮士"则多为受过良好的正规教育、得到很不错的职业（多为白领，或自由职业者）、虽有独立见解却与社会亲和、穿着打扮严谨并讲究品位、情趣丰富而弃俗求雅的人士，他们中年轻的可能很浪漫，但不会逾矩，步入中年的则多半重视家庭的稳定，虽可能偶有荒唐，却也不至于迷途忘返，还是看重道德伦理，这样的一个群体，他们需要社会提供雅致消费，茶寮便是满足他们这一欲望的产物。

　　台北的茶寮不仅越开越多，而且风格也愈见多姿多彩，有的茶客偏爱某一种风格，便会成为那种风格茶寮的常客，有的茶客喜欢不断变换情调，所以往往总是出现在新开张的茶寮中。"饮翁之意不在茶"，而在品，所品，也并非只是茶本身的香、色、汤、味。

　　比如说，我们去了一处茶寮，那里面的装潢，走的是西方风味的路数，但并非英式的典雅、德式的庄重、法式的浪漫，也不尽如美国西部的粗犷豪放，倒更多地有澳洲牧场的氛围。整个厅堂全用原木装修，却呈现出做旧后的灰褐色，桌椅亦一色木质，装饰点缀的物什，或是稻秸做的工艺品，或是粗麻的挂件桌垫，入夜，照明用的是古拙的汽灯与烛台，安装在隐蔽处的音响里，传出淡淡的乡村民谣的吟唱……那里所用的茶壶，是特制的，全用透明玻璃做成，里面套着也是玻璃的漏斗，茶叶放在漏斗里，冲茶时水流先经漏斗，随后再筛入壶体，倒入玻璃杯中时，便没有"残渣余孽"作祟。那里所供应的茶，除了常见的品种，还有西洋人用各种花瓣、草籽配成的茶，冲出来红若葡萄酒，喝起来甜中微苦，别有风味。相对来说，去那个茶寮的，年轻人居多。

　　我们去的另一处茶寮，位于小巷深处。一进门，先是一个小厅，挂着匾额，陈列着许多大大小小的陶器，以及制陶器的若干工具；进到里面，发现不是宽敞的大堂，而是分割为许多不同面积的品茶空间，从仅容一对情侣的、只容三个友人或家人的……到能容四五人、五六人欢聚的，都有，最里面还有一个可容一二十人开茶话会的"茶亭"。每一个空间，或较开放，从外面可以望进里面；或颇隐蔽，有雅致的蜡染垂帘遮挡；或安放盆景，或布置有水族箱，有的里面是桌椅，有的是矮几和蒲团，总之顾客可根据自己的爱好，择处而栖。我们选了一个三人间，点了茶，送来是一套东西，不仅有茶壶茶碗，还有茶炉和若干煎茶必备的物品，一个瓮是装凉水的，一个器皿是往茶壶里注凉水的，一个罐子是装茶叶的，一个匙是舀茶叶的，一个棒是搅茶叶的，一个钵是倒废水的，一个漏斗是滤茶汤的……这些东西都是陶制品，粗拙可爱，据说这茶寮的每一套茶具，都是风格相近而又各不相同的；另外还有小竹帚子、扇炉火的小蒲扇……真是色色精细。原来，在这里面是不吃现成茶的，茶客自烹自漉，从容呷饮，或喁喁低语情话绵绵，或论文谈艺侃侃尽欢，茶寮并备有棋书用品，可以摆枰鏖战，也可以默读遐思，总之闲情雅致，任君逍遥。佐茶小食，则精巧可口，我最喜欢一种入嘴即化的凤梨酥，台湾风味，浓酽至极。

台北茶寮里的清幽，化解着都市人平时难以融通的焦虑与烦怨，但走出茶寮，浑如一觉之后，却又必须面对甚至是更冷酷更粗糙的现实，于是在为生计的奔忙与压抑中，便更渴望到茶寮中求得高雅的松弛，这样就形成了一个出出进进的循环，茶寮的繁荣，也就更如烈火烹油，可望继续高扬不衰。

北京会不会出现台北式的茶寮？听其自然吧！我且在北京家中，细品台湾友人送我的文山包种茶。

1994 年 3 月 5 日绿叶居

留下的与带走的

　　阳明山是台湾著名的风景区，此山原叫草山，因为满山满谷四季百草丰茂，反比树木更引人赞叹；四九年后被蒋介石改为今名，因为他崇拜明代倡导"心学"的王阳明，故以其名加诸此山，这样一改，雅是雅了，却难让人产生生动的意象。陪同我们游览此风景区的《中国时报》编辑朋友说，蒋氏父子都有改地名的癖好，高雄有条河原叫爱河，名字原很优美，却生被蒋经国改为了仁爱河，一字之添，意境大变，但以权命名，大家不接受也得忍受，久而久之，也就叫惯，原来的老名，渐渐只出现在描写往昔岁月的小说里了。

　　在阳明山，风景区管理部门的负责人会见了我们，派出了最好的导游，观览了正有剧组在拍摄电视剧的活火山喷烟口，品尝了当地的蒜瓣浓汁风味鸡汤，在贵宾池里洗了温泉澡，又用越野车把我们送到各个著名景点，一一介绍，但临末了他们问我的感想，我还是坦白地说：这些风景固然不错，但于我还都没有产生震撼力；远不如大陆的许多地方，尤其比不了张家界、九寨沟的雄奇瑰丽。我的直言，颇令主人尴尬，因为阳明山在台湾是顶尖级的自然保护区，据他们说，在大陆知名度最高的阿里山、日月潭，其实都没有阳明山丰富绮丽，只不过是因歌得名罢了，事后我想，也许是我们游阳明山的季节不对，这鸡年的年尾，台湾正是植被色彩最单调的时候，山上固然仍旧绿树蓊郁、茅草丛生，但已不如春夏之滋润、秋月之斑斓。著名的"蝴蝶走廊"，暂无纷飞的翅影；各类的野果，又不复缀在枝头；那山谷间号称"东亚第一大单曲拱桥"的下面，也不见奔泻的溪流；野鸟也吝显身姿歌喉，连芦穗也失去了丰满……当然更不可能有北国的雪景银装，犹如一个疲惫入睡又只给个背影的美人，难怪不能令我一见钟情了。

不过阳明山自然保护区管理的科学、严格、细致，以及本地游人的文化意识和公德修养所达到的高度，给我留下了非常深刻的印象，在风景点我看到了这样的宣传语句：

　　留下的，只是我们殷勤的脚印；带走的，只是我们拍下的美丽镜头。

也有换一种说法的语句：

　　带不走的，是我们的足迹；留不下的，是野游的垃圾。

第一种说法比较含蓄，第二种说法点中了要害——在这类的风景区，最容易形成的就是"垃圾公害"，谁都想在那里一边欣赏美景一边野餐，却往往有为数不少的游人在野餐后留下一大堆由硬、软包装盒等废弃物组成的垃圾，日积月累，这种旅游垃圾不仅越来越多，也越铺越宽，旅游区的清扫工尽管马不停蹄地进行打扫，也终因垃圾呈几何级数增加而无法以数学级数的速度清除，好端端的大自然美景，便因此而破相败兴；因此，要求游客把野游中产生的垃圾尽量乃至全数带出旅游区（而不是仅仅要他们将垃圾投入当地的垃圾桶），应该是一个很好的规定，据说阳明山自然保护区曾实行过在出口处以带出的垃圾换纪念品和玩具的鼓励办法，当然，最后是绝大多数的游客都具备了"保护自然就是保护我们自己"的意识，有了自觉的该留下什么该带走什么的修养，好习惯成了人皆有之的"做人本分"，这样，久而久之，毫无垃圾入眼的景观，也便成了自然保护区的一大特色，足可引为自豪。

台湾阳明山所看到的这种宣传语句，我以为很该推广到祖国大陆的各个风景点。

　　　　　　　　　　　　　　　　　　　　　　　　　　1994 年春

关爱一只蜻蜓

1994 年 1 月，在台湾阳明山风景区参观，陪同我们的《中国时报》主人中，有一个壮实而又文静的小伙子，他引领我们走在静寂的山道上，山壁被摇曳的芭茅所密覆，虽说亚热带的冬季仍是满眼的绿色，那风光毕竟显得寥落。我正心定神怡地往前踱步，忽然，那中时的小伙子在我身旁轻声说："你看，你看……"我循他所指望去，一时并未发现什么奇景妙观；经他一再指点，这才看清，原来是有一只小鸟，在一丛芭茅中跳跃；那小鸟跟最普通的麻雀相差无几，只不过有两个明显的白眼圈儿罢了；倏尔小鸟惊飞而去，霎时不见踪影；然而中时的小伙子却仿佛遭遇到了多么了不起的意外享受，透过眼镜片，我能感受到他眼中闪动着异样的光芒……

那小伙子，便是刘克襄。他在《中国时报》当编辑，然而他在台湾文化圈中的名声，却是因为他是一个自然写作的代表人物。

什么是自然写作？这等一会儿再说。

我首先要说的是，我跟刘克襄，真是很有缘分。

80 年代末，我到香港访问，友人赠了我一些台湾作家的书，其中就有一本刘克襄的《旅鸟的驿站》。说实话，当时我阅读台湾作家作品，主要还是看重他们对台湾社会人生状态的描摹剖析，所以像白先勇的《孽子》、李昂的《杀夫》等，都读得比较及时而且认真，刘克襄的书只粗粗地翻了一下，虽是粗略地一翻，印象却并不模糊，一是惊讶于怎么还有这样的作家专写这样的题材——他写的是在一块沼泽地里，坚持了一年，耐心观察那里鸟类的生活状况；二是觉得文笔很清新典雅，并非我们这边的所谓科普读物，而确是文学作品。

后来便是 1994 年 1 月的见面与同游。这个作家的眼光真是跟别的作家很不相同，比如说朱天心关心的是台湾新女性的心路轨迹，张大春关心的是社会众生相之间的微妙整合，陈映真一如既往地关心着下层民众的歌哭……可是这个刘克襄却只是盯着台湾的小鸟乃至于昆虫花草，一只跳跃的小雀，一茎展穗的秋荻，似乎都能不仅让他感动，而且撞击出诉诸文学的灵感。

1995 年 8 月一期的台湾《幼狮文艺》，发表了我一篇小说《鲜豌豆》，样刊寄达，展读时发现里面还有刘克襄的作品《纵走福州山》。福州山是台北一座并不广为人知重的山。刘克襄娓娓地向读者描绘着那里并不宏诡的自然景观，他向我们介绍着白鹡鸰、白眉鸫、黑脸鸫、大冠鹫……还有各种蝴蝶和蕨草；我特别注意到他对蜻蜓这种小昆虫的关爱，写到"旁边水沟有蓝色型灰蜻蜓活动着"，喜悦之情溢于纸面。他这篇文章中还附有自绘的薄翅黄蜻与杜松蜻蜓的图像，文图相契，组合成一曲对大自然的曼妙颂歌。

1995 年 11 月初，在山东威海的"人与大自然——环境文学研讨会"上，我又一次邂逅了刘克襄，他向大会提交了关于介绍台湾自然写作的论文，概言之，他所说的自然写作，以我的理解，是已超越了环境文学的那种对工业化所带来的环境污染的揭露、抗议与保护环境的诉求，而进入到了以在大自然中的观察与思考所得，将科学性与人性严密地融合，那样的一种文学写作。这当然是对文学题材的一次开拓，也是对一般意义上的环境文学的深化，更是对人与大自然关系的一种文学哲思。不过，可能是我头一回听到自然写作这一概念，直觉上有别扭之感，所以我在会上不揣冒昧，发言说："自然"一词的语意，引申到对心理状态的界定上，有时是相对于"不自然"而言的，因此，用自然写作来命名刘克襄等作家已颇成功的创作，似容易引出不必要的误解，难道不这样取材写作的，比如专写社会人生的创作，便成了"不自然写作"了么？刘克襄及另几位与会作家认为我那是"杞忧"。虽然我对刘克襄力主的自然写作这一符码有直率乃至粗鲁的质疑，刘克襄在坚持其观念同时，却依然与我友好无间。

刘克襄在威海，会余不忘观察那里的动植物。他每天很早起床，怀着对一株最普通的蓟草，一只最平凡的喜鹊的爱心，徘徊在海滨坡林滩涂。

刘克襄现在已经回到台湾。他对自然写作的执著，特别是那对一只小小蜻蜓也充满关爱的生命状态，令我佩羡不已。

　　是的，宇宙无限而生命短促，可是，当我们将一己那芥豆般的生命与大自然的一草一虫乃至一拳石一抔土融通时，我们才有可能真正接近于永恒！

1995 年 11 月 10 日绿叶居

我们土地上的楼林

曾写过一篇《楼林中的鸟群》，表示不同意将香港称为"文化沙漠"。不是说香港在文化方面没有缺憾，然而到尖沙咀的香港文化中心里转转，读读西西的小说，想想金庸的影响，看看很有创意的戏剧演出，听听交响乐团的演奏，到大学里参加几次研讨会……你便会感到：香港分明有从雅到俗、丰富多彩的文化景观。这还只是从狭义的角度来谈文化，如果从大文化的视野上扫描，则香港的商业文化、金融文化、旅游文化……则在世界上居于前列地位，令多少不同国籍不同民族和不同文化背景的人所神往。

然而现在我要特别提出来的，是香港的建筑文化。凡在九龙尖沙咀海边观览带漫过步，放眼观赏过对岸港岛景色的人士，恐怕都会发出由衷的惊叹：太美了！美在哪里？美在那呈现于你视野中的一片高楼的森林。这是非自然的人文景观。楼林的天际轮廓线，与背后时隐时现的太平山绿色山峦的轮廓线融合得非常熨帖，上方的天空一派澄明，下方的海水漾着靛波，真是一幅巧夺天工、泅润艳丽的水彩画！

港岛的楼林，是地球上的一大奇观。美国纽约曼哈顿的楼林，也许比香港更多更密，却因为缺乏九龙尖沙咀那样既长又宽的观览带，因此常常使游人产生"只缘身在此城中，不识楼林真面目"的遗憾。港岛楼林所具有的整体直观审美价值，因而更弥足珍贵。

港岛上的楼房，当然是陆续建造出来的。呈现于港湾岸畔的那些高楼，大多数是60年代至今的产物。有人说香港的建筑群构成了一座"世界建筑博览馆"，此说所表达的激赏情绪可以理解，然而就具体情况来说，不尽然。香港开埠百年,至今虽保留下了一些英式的老楼,占绝大多数的,却还是非古典型的,属于现代派与后现代派的新建筑。从尖沙咀望港岛,呈现于视野中的大多数高楼,都是世界上著名的建筑设计机构及顶尖级建筑艺术大师的作品,几乎每一座都有非凡的创意,不仅极到位地满足着该建筑的功能性需求,而且落入人们视野都会引出独特的审美愉悦感。比如香港上海汇丰银行大楼,设计成类似太空飞行站的形象,既非常地理性,又相当波俏。而由贝聿铭设计的中国银行大厦,由白色的叉形桁架、深色的玻璃幕墙,营造出高耸孤峭、直插天宇的另一种趣味,望之尤其令人神爽。香港会展中心气势恢宏,1996 年夏天我曾特意到其顶层咖啡吧品咖啡,大落地玻璃窗外焊花闪烁,外面正加紧扩建部分的施工,1997年 7 月 1 日的回归交接仪式便在这伸进港湾、宛若展翅大鹏的新活动场所中举行,这附加的部分使原有的建筑更加灵动辉煌。香港目前最高的建筑则是中环广场;它其实并不在港岛上的中环而是在湾仔一带;这座建筑的特点是非常庄重华贵,其钝锥形的顶部处理似已形成一种显示气派的简洁范式,目前内地城市高楼的顶部装饰多有仿其风格的。

港岛上的高楼不仅单个观览都很美丽,它们之间在配置上所达到的和谐程度也是难能可贵的。我想这除了别的因素以外,每一位新楼的设计者在动手构思以前,充分地考虑到周遭已有及将来可能会有的高楼的状况,力求在发挥一己个性时,把整个楼林的总体人文环境的营造也作为当仁不让的义务,是最重要的一个原因。这是别的城市在设计新建筑时特别需要借鉴的。

我把港岛的建筑群称为楼林,这只不过是隔海遥望的视觉效应,其实,你真的进入到那楼林中,便会发现,绝大多数的设计若都充分地考虑到了楼际间的合理距离,在尽可能展拓公众共享空间,使这些空间互相勾连贯通,以及使楼体与车库、地铁吻合等方面,都是竭尽全力的,并且在绿化与观赏水流的处理上,还有城市雕塑的配置上,精彩之处都远超于败笔。这在中环的交易广场及其放射性波及到的楼群中体现得最为充分。

特别值得一说的,是香港的绝大部分建筑的施工质量是世界一流的,其准确地体现出设计师的艺术趣味,不仅体现在整体架构上,也体现在材料选择、焊接、组装的色准度、平整度、光洁度、吻合度、精确度上。这还只说的港岛的正面，两翼及背面尚未论及，而九龙尖沙咀与弥敦道的出色建筑群也没有论及，更没去介绍、分析其散布在各处的新居民区的建筑群，也且把比如说新界香港中文大学建筑群，以及大屿山、长州岛、南丫岛等处的特色建筑搁置勿论，即使这样，已满眼生辉，满心欢喜。特别是 1997 年 7 月 1 日以后，这些美丽的楼群已是回归到祖国怀抱中的人文花朵，并随着香港特区的繁荣昌盛，祖国这片土地上一定还会绽放出更多更美的建筑奇葩，让人怎能不欣喜若狂呢！

1997 年 5 月 19 日北京绿叶居

大屿山礼佛记

　　十年前，对香港概念不清，后来多次去香港，终于比较清楚了。原来，严格意义上的香港，是个四面环海的岛屿，我们常从影视、照片上看到，一片海水后，壮观的高楼林立，那就是香港岛的正面剪影。香港岛正面和背面，由一座山隔开，这山叫太平山，在太平山上看香港夜景，那真好比满眼璀璨的珠串，是一大享受。从香港岛正面，渡过一个叫维多利亚的窄窄海峡，便是与我们整个大陆相连的小小半岛，这半岛便是九龙，其岛端尖尖的，因形得名，叫尖沙咀，尖沙咀和往上的弥敦道一带，其繁华不亚于港岛。九龙再往上，是新界，新界再往上，就是深圳了。这就是全部香港了吗？非也！还有许多大大小小的岛屿，跟上述的几部分合在一起，才是广义的香港，1997年我们要收回的，当然是这所有的地方，而非只是一个有那太平山的岛屿。有那太平山的岛屿，也就是我们常从影视、照片上看到的高楼林立的那个岛，是最大的一个岛吗？不是！广义的香港，其中最大的岛，叫大屿山，大屿山百年来并未怎么开发，只是近年来，才有在那里建设香港新机场的计划。

　　大屿山虽未开发，近年来却游人如织，为什么？因为岛上山里，有座名寺，这座叫宝莲的禅寺，近年在山顶上立起了一尊天坛大佛，成为一大奇观，所以引得虔诚信徒和随喜香客，以及仅是好奇的游人，络绎不绝地来朝拜观览。

　　在一座岛的高山顶上，立一座露天大佛，这想法在佛门之内，固然是大志向，在一般俗人眼里心中，也确实是非同小可。已于半年多以前开光的这座大佛，究竟有多大？我不想引用枯燥的数字，我只想请读者们想一想北京天坛的祈年殿，那大佛的底座，几乎与北京天坛祈年殿一模一样：圆形的大理石筑就，一层层收缩上去，每层都有雕刻得很精致的栏柱和栏板，在最高的平台上，是与祈年殿那亭式建筑几乎等高，而且也几乎是一样呈锥形造型的大佛；大佛身下，是莲花座，大佛安详地趺坐，双眼微微下视，一掌向上轻放腿上，一掌放松地向外举起，真是法相庄严，感人心魄。

这座天坛大佛，是由内地南京一家军转民的企业制作的，形象设计具有美学上的创意，乍看似乎只是传统佛像的放大，细观则体现出当代的人文精神，观之不是生敬生畏，而是有说不出的亲切与温馨。这佛像的制作工艺极其复杂，难度很大，但企业员工们通力合作，完成得极为出色。现在由若干预制件拼合焊接在一起的铜佛，就是走拢观看，也觉得天衣无缝，自然浑成，令人敬佩。

那天我和香港友人，乘渡船到达大屿山码头时，很担心搭不上去宝莲寺的车，码头前的广场上确实游人云集，但我们很快就发现，那里的几家旅游车公司很会做生意，他们有若干机动车待命，一看客多，立即加开，而且疏导时态度蔼然可亲，方法巧妙，所以我们下船后很快就坐上了开往宝莲寺的大巴，车上人人有座，车行平稳，约半个多小时后，便到了目的地。那天山上，基本放晴，却又有霭霭云气，所以当我们从大佛下的石阶层层向上攀登时，只感到佛头后射出道道金光，而佛身仿佛是在云霓中移动，我们虽非佛门信徒，在此情此景之中，也不禁疑登仙境，俗念顿消，那份内心中的喜悦，实难譬喻。

这座天坛大佛，不是坐北朝南，而是坐东南而朝西北，这是因为，宝莲寺正在这座立佛的山顶之西北，这样佛像正与寺门与大雄宝殿相对，恰构成一个完整的禅林世界；同时，这佛所遥遥面对的，也正是中华本土，甚至可以理解为面对北京，其含意，就更丰富也更吉祥了。

香港岛以其密集洋化而且不断出新的高楼大厦，构成了一种世界上最"前卫"或叫作最"先锋"的文化景观，现在大屿山上巍峨雄伟的大佛，强烈地体现出这个即将回归祖国怀抱的地方那传统文化也很恢宏的一面，这让我们更加喜爱这颗"东方明珠"了，真是中西合璧、华光溢彩啊！

1994 年 4 月 25 日绿叶居

本土建筑大师的焦虑

　　马国馨是北京建筑设计研究院的总建筑师，1991 年获得建筑大师称号，1997 年当选为中国工程院院士。他主持设计的作品中，最具纪念碑性质的是 1990 年启用的国家奥林匹克体育中心，可谓好评如潮，专业人士刮目相看，一般俗众鼓掌欢迎。尽管他主持、参与的设计项目涉及到诸多领域，但近二十年来主攻的还是体育建筑，2007 年 1 月，天津大学出版社将他历年来关于这方面的论述集为一厚册《体育建筑论稿——从亚运到奥运》郑重推出。

　　从这本专业性很强的书里，一般人士也能获得关于近二十年来，我国体育建筑的发展轨迹。大体而言，亚运会期间，北京新建的体育场馆，基本上全是本土建筑师的作品，但到越来越临近的北京奥运会，几个最主要的新建场馆在采取全球性招标后，中标的全是外国设计师的作品。也不仅是体育建筑，北京新建的地标性建筑，如天安门斜对面的国家大剧院，最后是法国建筑设计师安德鲁的"水蒸蛋"方案中标；中央电视台新楼最后是荷兰建筑师库哈斯的"大歪椅"方案中标；2008 年北京奥运会主赛场则是瑞士设计师赫尔左格和德梅隆的"大鸟巢"方案中标，游泳馆则是澳大利亚 PTW 设计的"水立方"方案中标……当然，中国一些建筑设计研究机构也都参与了这些最终方案的调整、细化与施工前的具体落实与施工期间的监管补救，但总体而言，性质只是给洋设计师打下手，就知识产权而言，这些投资巨大、体积惊人、形态骇目的新建筑，中国人基本上是没份儿的（澳大利亚 PTW 设计所设计时，有三位中国人参与，与那边的五个人合作，或许多少分得一点知识产权）。

　　马院士的这本新书，对于我们业外俗众来说，最引人注目的是，他把自己

2003 年以个人名义写给北京奥组委某资深领导同志的一封信，全文收入了书中。这篇题为《关于国家体育场的一封信》，直率而明快地把他反对采用"大鸟巢"设计方案的理由加以陈述。他写那封信，是力挽狂澜。但他的个人力量毕竟是太微薄了，多少有些螳臂挡车的味道。现在"大鸟巢"主体工程已经竣工，电视台在异型钢梁大合拢那天进行了实况转播，成为一时盛事。按说生米已经煮成熟饭，马院士在 2007 年 1 月才付印的这本专著里，似乎大可不必将这样一封未能奏效的信件收入公开，但他却偏要执意收入，"立此存照"，可见他不仅是在反对一项具体的设计方案，而是在坚持个人的一种理念。这种精神是难能可贵的。这封信也构成了这本书的一个看点。

马院士反对"大鸟巢"方案，第一条理由是"造价畸高"。当时估价为三十八亿元人民币，在马院士写此信前，与他有类似想法的人士的反对意见略有成效——主管部门最后删减了原设计方案中的活动屋盖，屋盖估价为两亿元，那么，还是需要三十六亿元，这样按八万观众容量计，每个观众座席的造价仍高达四万五千元。他引用了有关部门关于奥运场馆的设计原则"坚持勤俭节约，力戒奢华浪费"，吁请放弃"大鸟巢"这样一个畸贵的"容易留下后患"的设计方案。我不清楚接读马院士此信的有关领导及其机构是如何回应他的，但我跟一些普通的北京市民聊起这件事，我所获得的民间反应，可能是马院士估计不到的。一位公务员说："现在我们中国正在崛起，像这样的具有国力象征的地标性建筑，多花些钱有什么关系？"一位白领说："现在北京的商品楼盘，最贵的已经达到七万人民币一平米。那是卖给私人去享受的。国家体育场是公众共享的，如果才合五万不到一平米，怎么能说'造价畸高'呢？"更有一位自由职业者说："只要这三十六亿真的全用到了国家体育场的建设上，没人从中贪污，我就心平气和。你看看传媒上的报道，一个贪官，动不动就贪一亿甚至好几亿，三十六亿不过是三十几个贪官的贪污数字罢了。"一位"的哥"说："现在政府有那么多钱，能用到这样的事情上，总比花在公款吃喝上强。"一个中学生说："'大鸟巢'就是好，看着特牛 B，花钱造'大鸟巢'，显得咱们中国特有派！"……这些民间舆论，说明现在的国人，多数有"盛世情结"，对于巨大、夺目、"世界第一""全球拔份儿"的公众工程，大都愿其快有而不去究其成本。这是亚运会期间还没有形成，而近年渐成气候的"集体无意识"（或者说是"集体共识"）。所以，马院士反对"大鸟巢"方案的第一条理由，在民间虽然肯定会有共鸣者，但共鸣度不会很高。多数俗众会对豪华的政府办公楼和奢侈的富人住宅反感，却不会对公众共享的建设项目如体育场馆、机场、地铁、公园、绿地、广场……以至大型购物中心的富丽堂皇与时尚新潮心生异议。

　　马院士的第二条反对理由是"大鸟巢"方案"缺少创造新意"。他随信附上了相关资料，指出设计方瑞士公司给德国慕尼黑 2006 年世界杯赛场的设计与"大鸟巢""大同小异，相差无几，只不过慕尼黑赛场的外形更为科学和理性，构架十分规则，不像'鸟巢'方案那样增加了许多无用的杆件，与之相比后者似乎创新点不多"，而慕尼黑赛场 2006 年就会在世人前亮相，我们如建"大鸟巢"则是在 2008 年才能显现，"对世界各地观众来说，已经没有什么新鲜感和冲击力了。"2006 年世界杯赛已经举行过了，通过中国中央电视台的转播，我们都看到了慕尼黑的那座新赛场。我曾写过一篇《"大轮胎"与"大鸟巢"》，表述我个人的观感。马院士指出慕尼黑赛场与"大鸟巢""大同小异，相差无几"，他那是"内行看门道"，点破赫尔左格他们的设计无非是那么个套路，主体结构就是那么一回事儿；但对于我们俗众来说，则完全是"外行看热闹"，依我看来，慕尼黑赛场外观像个"大轮胎"，匀称、规整、厚重、敦实，符合德国统一以后大多数德国民众追求稳定、自足的心态，而北京奥运会主赛场的外观设计酷似"大鸟巢"，跃动，浪漫，轻盈，怪异，符合致力于融入全球一体化的中国俗众特别是年轻一代追求新潮、前卫的心态，尽管设计者骨子里"换汤不换药"，在专业人士看来"左不过是把一个套路略加变化卖两回"，但赫尔左格他们能"看人下菜碟"，也是一种本事，倘若他们把"大鸟巢"方案递给慕尼黑，而把"大轮胎"方案递给北京，那么，很可能是谁也不要他们的设计。这里面的奥秘，马院士似可深思。一个民族的占主流的审美潮流的形成，是由此民族在所处的发展阶段上的具体形势所决定的。二十多年前马院士主持设计的亚运村国家奥林匹克中心，两座运动馆屋顶把西洋式的斜拉索和中国古典庑殿顶韵味成功地糅合到一起，功能效果到位，而又赏心悦目，至今仍令人回味无穷。但时过境迁，现在从项目主管官员，到一批中国建筑界人士，到俗众，特别是都市年轻人，他们对大型公众建筑，似乎已经很不在乎其中是否糅合进了中国民族元素，他们的审美趣味已经朝全盘西化——并且不是古典的西化而是最前卫的西化——倾斜，全无中西古典元素的"新锐设计"方案（其实马院士这样的内行一眼能看出往往"无非是熟套路"），频频在中国中标。今日之中国，从某种程度上说，实际是已经成为西方前卫建筑设计的"冒险家乐园"。

马院士对"大鸟巢"的前两条否定意见，我实际上是在"否定之否定"，相信大家都已经看明白了。但马院士的第三条意见，我却非常共鸣。他说："我不是狭隘的民族主义者，也坚决支持通过开放、交流、学习，提高我们的技术水平。但在奥运会这个展现我国经济、技术、组织水平的绝好机遇，在向全世界展现我国综合国力的十分敏感问题上，我认为还需要多一点民族的自信心。"他指出，二战至今共举办了十四届奥运会，各国为举办奥运会而修建的体育场馆，几乎全都由本土建筑师来主持设计，特例只有三个，其中加拿大蒙特利尔奥运会请法国设计师设计，还有因为蒙特利尔处于加拿大法语区的特殊渊源。

马院士所提出的第三条意见，实际上涉及到了一个非常重大的问题，那就是在我们对外开放的过程中，如何保障本土文化创造者的应享份额。建筑无疑是一种文化，而且也是一种艺术，建筑设计是一种非常重要的文化创造，就一个民族国家来说，在每一个历史发展阶段上，其地标性建筑数量大体是一个常数，不可能无限，也就是说，随着经济腾飞，社会需求量激增，公众共享的巨型建筑这个蛋糕做得再大，毕竟不可能无边无沿，那么，这个蛋糕的设计份额，要不要有个前提？我认为应该有：那就是"本土优先""本土切下三分之二"（或至少"过半"）。一个民族如果不采取措施来保障本土文化人在文化产品设计制作过程中的优势地位，那么，后果的不堪设想，恐怕就绝不是"代价畸贵"或"并无新意"一类问题了，那会导致本土文化创造的窒息与沦丧。

其实保障本土文化生产获得过半乃至更多份额，绝不仅是建筑设计这一个方面的问题。本土电影的生产、发行方面的情况，相信已经有更多的人士注意到，焦虑可以说是普遍而深沉的。过去每年都会给我们带来许多快乐和感悟的本土电影制片机构，如北京电影制片厂、上海电影制片厂、长春电影制片厂、潇湘电影制片厂、峨眉电影制片厂……如今萎缩到了什么程度？一些民营的制片机构，如新画面、华谊兄弟，以大资金投入，希望能在票房上取得成绩，并发行到境外商业院线，苦苦打拼，但其实现在中国的电影市场，还是由好莱坞大片切去了最大份额的蛋糕。好莱坞大片及其他由境外引入的影片应该享有一定的份额，中国电影观众有欣赏他们制作的欲望和权利，但为保障本土电影创造群体的创造权、生产权、发行权，制订和完善相关的政策和法律法规，确保其应得的份额，显然是非常重要的。其他文化领域的类似状况不再列举，相信许多国人都心中有数。

保障本土文化创造的应享份额，就要相信本土文化创造者的创造能力。马院士说"还需要多一点民族的自信心"，就是吁请各方面应当相信本土的文化创造者的创造不仅能够满足本土民众的需求，也能在世界上获得声誉与影响。拿建筑设计来说，现在本土设计机构与设计师的设计才能完全不逊于安德鲁、赫尔左格、库哈斯之流，而且设计理念、风格方面也早已经多元化，你要完全民族风格的，有；要中西合璧折中风格的，有；要后现代"同一空间中不同时间并列"的拼合风格的，也有；你就是要完全看不出民族与西方既有血缘的，最个性最奇特最前卫最怪异的设计，那么，不仅是有，甚至还颇多，特别是年轻一代的设计师，能够设计出比库哈斯"大歪椅"更诡谲的作品来；既然本土设计具有多方面的才能，为什么在设计方案的竞争中，不能对本土的设计更有兴趣与信心呢？当然，正如马院士所说，我们谁也不是"狭隘的民族主义者"，我们对外开放是真诚的，容纳外来设计的胃口是旺健的，"要最好的"应该是最大的前提，外国设计机构和设计大师的确实精彩的设计，肯定是要录用的。只是现在出现了"外来和尚稳占上风"的情况，才引出了马院士这样的本土"大和尚"的焦虑，也才引出了关于保障本土文化创造份额的带有紧迫性的话题。

本土建筑大师马国馨透过一封私对公的信件，所表达出的焦虑，是沉重而尖锐的。从作为业主的公众共享建筑的主管部门及其官员，到业界的人士，一直到一般俗众，都不能在他这封信前闭上眼睛、掉以轻心。

2007 年 1 月 27 日写于绿叶居

电光与烛焰

去冬我从北欧访问归来，带回一座在瑞典斯德哥尔摩 NK 百货商店买的银烛台，过年的时候，把它放在餐桌上，插上点燃的蜡烛。虽室内电光已很充足，那烛焰却毫不显得多余，它给年夜饭增加了许多温馨的情调；望望那造型别致、银润怡人的烛台，再望望烛光闪映下亲人们那更加喜悦的面容，我为自己不远万里将它迢迢带回而感到非常得意。

是的，我家同如今许许多多的中国家庭一样，可谓已"武装到牙齿"——大量使用家用电器，彩电、冰箱、洗衣机、音响、电风扇、电饭煲、电吹风、电熨斗、吸尘器、电动抽油烟机、微波炉、电烤箱、电脑……但我家远远不是"武装"得最充分的。我的若干亲友，他们家里那是简直已经"武装"到了"眉毛"，除了上述各项是必有的外，还有诸如卡拉 OK 机、游戏机、电子琴、电剃须刀和电牙刷、电热毯、电咖啡壶、电热器、电加湿器或电抽湿机、电火锅、电暖气、电按摩椅、电洗碗机……你看你看，我说了这么多，竟还把人家最重要的忘记了：空调和具有十多种最先进功能的电话机、电传机！电能源和电子技术使我们的家庭陆陆续续地都进入了一种被称为"现代化"的境界，但现代化的真正含义究竟是什么？

我去冬访问的北欧三国（瑞典、丹麦、挪威），民众的生活自然比我们富裕，尤其是住房条件，我们即使是电器满室的人家，住房往往也还显得十分局促；我发现，他们那里没什么人为家里拥有的电器而自豪，他们引以为荣的，是自己下工夫为自家居室所营造的特有情调。他们那里因为纬度高，冬季昼短夜长，点蜡烛不仅是一种照明需要，也成为他们的一种生活情调，说北欧文化是"烛光文化",不算夸张。在北欧,尽管电力充足,家家户户还是都有烛台,都点蜡烛,而且绝不止一两个烛台,也不是天黑了才点,闪闪的烛光,可以说是融入了他们每个人的一生。虽然家家户户都点蜡,情调却各不相同,因为有各式各样的烛具,烛台不仅可以因金、银、铜、铁、锡、木、石、玉、瓷、玻璃、塑胶或几种合成的不同材质而异趣,那外观更千姿百态,蜡烛粗的有啤酒瓶那么大的直径,细的犹如铅笔,而且颜色也丰富多彩,像紫罗兰色与金黄色的蜡烛,我是在北欧才头一回看见;蜡烛也不一定都是长形的,不去说那些特意制作成人形或动物形的异型烛,单说有一种非常普通的蜡烛盅,里面的蜡一般都矮于盅口,盅身倘用非透明的材料制成,则上面必雕镂出若干漏光的花洞……去北欧的朋友家做客,我发现他们都十分精心地布置家中的烛具,使自己家焕发出一处独特的情调,或富丽堂皇,或幽静清雅,或如在仙境,或古朴淳厚,或红光生温,或绿影婆娑……显示出他们的文化教养与心灵渴求。

我无意鼓吹中国人仿效北欧人在家中点蜡,我在家中点蜡,主要还是为了回味旅游中领略到的异域风情;各国各民族自有独特的文化传统和现存风俗,外来的文化与风俗固然可以借鉴、吸收。我们要使自己的生活真正现代化,还是要在实现电气化的同时,把我们民族传统里的精华加以继承与发扬,并注入现代精神,使我们除了物质上的进步,还有精神上的提升。倘若我们在雪亮的电光下,心中还长燃着一支不熄的明烛,那该有多好啊!

1993 年 2 月 16 日北京绿叶居

第四卷　材质之美，家居之道

视觉之外

据说，国家大剧院的业主代表，对参加投标的设计者们提出了三个"一看就是"，即要求所设计的作品要一看就是剧院、一看就是中国的剧院、一看就是建在天安门广场的剧院。由此，引出了争议，如学者叶廷芳就强烈置疑，他举好评如潮的悉尼歌剧院为例，那建筑的外观，一看就不是传统的歌剧院；他认为凡人类的优秀建筑文化遗产都可大胆借鉴，不必"一看就是中国"——这里插入一个我想到的例子：北京阜成门内和北海公园的白塔，一看就不是中国而是尼泊尔的建筑风格，可不也挺为北京的城市风貌争光吗？——他还认为以有政治内涵的概念来要求设计者达到第三个"一看就是"更无必要。这关于三个"一看就是"的争论，大概还会继续下去。

其实，建筑物，尤其是大型的公众共享建筑，不能仅从视觉上去要求和评价。拿国家大剧院来说，它是为所有公民而建的，而有权利享用它的公民中，就有绝对不可忽视的盲人社群，盲人公民不仅可以用听觉到大剧院中去享受悦耳的音响，他们也还可以通过其他的能捕捉信息的感观，去细品大剧院的种种曼妙之处。除了盲人，还有聋哑人，以及其他状态的残疾人与智障人，我们国家大剧院的设计、建造，是一定要把他们的享受权益考虑在内的。

参与国家大剧院设计的机构，他们的设计方案，已在北京向公众展示过，业主方面和评审者，都能做到尽可能地听取一般民众的意见，体现出必要的慎重，这很好。一些看过展示的朋友，提及他们中意或不中意的方案时，频频使用着诸如"让眼睛一亮""好看""顺眼"或"看着别扭""似曾相识""难看"等褒贬词语。这也难怪，一般建筑设计的沙盘模型，所提供的信息，主要就是视觉上的感受。

讨论建筑与人，特别是公众共享建筑与人的关系，无论在实用功能上还是审美功能上，都绝不能仅仅停留在视觉这一个方面；视觉感受，即我们一般所说的"好看"或"不好看"，也许是评价一组建筑的一个极重要的方面，但必须指出，它未必是第一位的。

我以为，一组公众建筑，它首先应该让公众感到舒服，这舒服不仅应体现在视觉上，也应该体现于其他方面的感受上，最后，应该渗入心灵，升华为一种由衷的欣悦，一种自豪感，乃至于一种哲理性的憬悟。拿国家大剧院来说，作为一个公民，我到那建筑群中去，不仅应该能从观赏具体的剧场节目中，感受到其视听功能的健全优异；也不仅应该从附属的服务性设施中，感觉到舒适方便；更不仅是从其整体气势和局部造型上获得视觉上的美感；我还企盼着，那建筑群本身，就应该成为一个大型的舞台，给我这样一个公民，享受人生的丰沛乐趣。我虽并非盲人，然而，我也可以在那建筑群中的某一部位，舒适地坐在某处闭目养神，从设计者的精妙设计中，听觉上吸纳到若隐若无的"市声"，皮肤上感受到疏导恰切的气流，嗅觉上感受到建筑材质的良性气味，并因建筑空间中人造水景与花坛树木的配置而感受到滋润与芳馨……倘若我徜徉其中，则我的骨骼应有一种位于大型人造空间里的特异感受，那室外空间应该是既有管道式也有敞开式的，应有民众自娱的区间，使个体生命与群体生命可分可合，可隐可曝……最后，引发出公民的尊严感，民族的自豪感，以及与整个人类亲和的愿望——大同的理念与人道的情怀。我这种种远非"一看"就能概括的合理欲求，都应在那国家大剧院的建筑群中，获得满足。

我对国家大剧院的这些具体的渴求，是否有点过分，成为苛求了？也许如此。但无论是业主、设计者，还是评论者，能在视觉效应之外，多考虑一些方面，我想这对于好建筑的出现，实在是十分必要的。现在全国各地都在大兴土木，许多的大型公众共享建筑都在上马，因此，我切盼自己全部意见中的这个核心观念，不仅能引起与国家大剧院有关的各界人士重视，还能引起更多地方、更多人士的呼应。

建筑的戏剧性

西洋古典建筑有一派很讲究戏剧性，比如罗马梵蒂冈建筑群，先以拱廊围合的广场构成气魄宏大的"序幕"，引入圣彼得大教堂后，奇观叠现，除了地面上的瑰丽殿堂，还可循螺旋阶梯转入地下系统，里面是历届教皇和红衣主教的陵寝，气氛特异……此"幕"过后，进入西斯廷教堂，换了一幕，其由米开朗琪罗绘制的天顶画，展开了创世记的雄浑场景……总之，踏庭入室宛若观剧，一番铺垫，几度曲折，高潮陡起，而煞尾悠然。

中国古典建筑的审美追求中，戏剧性往往也被提升到一定的高度。曹雪芹写《红楼梦》，里面的大观园虽然并非现实中真实园林建筑的摹写，而是加上了主观想象，但其中对园林建筑戏剧性的刻意强调，也确实有着坚实的现实依据。他笔下的大观园，大门开启后，"只见迎面一带翠障挡在前"，怪石藤萝掩映中，微露羊肠小径，这就很有"戏"。大观园中的怡红院房舍建筑更是"好戏连台"，他三次通过不同人物的观察感受来写怡红院的妙趣，第一次是贾政等步入尚未启用的内室，只觉得花团锦簇，剔透玲珑，"倏尔五色纱糊就，竟系小窗；倏尔彩绫轻覆，竟系幽户"，"未进两层，便都迷了旧路，左瞧也有门可通，右瞧又有窗暂隔，及到了跟前，又被一架书挡住，回头再走，又有窗纱明透，门径可行；及至门前，忽见迎面也进来了一群人，都与自己形相一样，却是一架玻璃大镜相照。"这架玻璃镜，在第二次通过穷亲戚贾芸的眼中再次得到描写：他听见贾宝玉招呼他的声音，"抬头一看，只见金碧辉煌、文章闪烁，却看不见宝玉在那里，一回头，只见左边立着一架大穿衣镜，从镜后转出两个一般大的十五六岁的丫头来……"第三次则通过村姬刘姥姥的遭遇来写，刘姥姥面对那房舍里的西洋式透视立体人像画和新奇的玻璃镜当然更觉惊奇，她用手去摸那大穿衣镜，"这镜子原是西洋机括，可以开合，不意刘姥姥乱摸之间，其力巧合，便撞开消息，掩过镜子，露出门来……"可谓达到了戏剧性的最高潮。概括以上描写，可知中国古典园林建筑的戏剧性趣味主要体现在：曲径通幽，七穿八达，勾连回旋，迷离扑朔，意料之外，情理之中。

但西方随着现代主义的兴起，与文学上的反情节，绘画上的反具象，戏剧上的崇荒诞一样，建筑艺术也渐渐抛弃了戏剧性，其中一派更强调简洁，直奔功能，如包豪斯学派设计的公共建筑。但随着岁月流逝，在越来越崇尚多元化的今日，戏剧性似乎又开始回到了某些建筑设计师的思维中，某些后现代建筑在讲究拼贴性、装饰性的时候，把古典建筑中的某些戏剧性元素也加以了拼贴，以为装饰，如法国年轻的建筑设计师 B.赛禄为多尔多涅市中心设计的西拉诺居民住宅综合楼，就使用金属网络与异形挡板在楼体立面外构成了变化多端的走道、外廊、小平台、安全梯，"戏味"十足，使整个居民楼生机盎然、妙趣横生。

目前已经正式开工的中国国家大剧院，其设计风格完全是非古典的，既非西洋古典更非中国古典，但它在戏剧性的审美追求上，却有与中西古典建筑中某些流派相通融的内在脉络。首先，它在视觉上构成惊奇性冲击，而戏剧的要义之一就是营造惊奇；再，它让 UFO 式的水晶半碟体"开裂"地暴露出部分内堂，"犹抱琵琶半遮面"，勾人追索，这就很有"情节"；它还让其四周环绕水池，其倒影在多风的北京会常有摇曳之姿，并且让观众穿池而入其中，这就很有戏剧那动感十足，幕幕推进，以达高潮的特点。我企盼能有优良的施工效果，把其"戏中有戏""浑身是戏"的独特设计创意完美地体现出来。

当然，戏剧性元素不宜在建筑设计中滥用。使用不当，不仅会在艺术趣味上流于粗俗堆砌，而且会妨碍功能性正常体现，并且会大大地增加建筑成本，必须三思而后行。

作为雕塑的建筑

本来我写下的题目是《建筑与雕塑》，但那样会让一些人以为我所要谈的仅仅是作为建筑物附属成分的装饰性雕塑。不妨先从这个角度谈谈。依我观察得来的体会，建筑物附属的装饰性雕塑大体上又分为两类，一类是连体的，另一类是离体的。所谓连体，就是雕塑与建筑物本身相连接，比如巴黎圣母院第一层与第二层之间，有二十八具以色列和犹太国王的雕像；再往上，在大玫瑰花窗前面，则是更加醒目的圣母以及护卫着她的圣子与天使的圆雕，等等。西方古典建筑物上的连体雕塑，无论是完整的圆雕、半圆雕还是浮雕，多半以装饰性为主，这些装饰品当然会含有某些宗教或世俗的意义，却并非建筑物本身必须具有的承重或切割空间区域的构件。中国古典建筑上的大型连体雕塑似较少，个别殿堂的立柱上或许会出现盘龙雕塑，但那有特别的使用规则，绝不普及；宫室、宗教建筑的顶部会有鸱吻檐兽之类的名堂，不过在比例上一般不会十分突出，而且往往还具有十分明确的功能；民居园林建筑会附属许多琐细的雕塑，如精美绝伦的砖雕，但如果是人物造型一般都不会超过三十厘米，绝少有西方那种类似真人甚至超过真人高度的圆雕出现。所谓离体雕塑，就是配合建筑物但离建筑物又有一定距离的雕塑。西方的这类古典式雕塑多注重与建筑物周遭的花草树木水域丘壑相配伍，中国的这类古典式雕塑则更专心于与建筑物本身呼应，如牌楼、华表、石狮等等，即使周遭没有花草树木，这些格外讲究对称、均衡意蕴的离体雕塑也能产生如花似树的美感。

随着全球一体化的进程，建筑科技、建筑工艺、建筑材料、建筑施工管理等方面日趋一致，建筑规划、建筑设计方面很难像古代那样东西方各自一套，势必也要趋同。现在的新建筑越来越讲究简洁，即使是新古典主义建筑，或者讲究拼贴效果的后现代建筑，在使用连体雕塑这种古典建筑语汇时都十分慎重；大多数建筑设计基本上完全杜绝了连体圆雕，半圆雕也很罕见，只偶尔搞一点浮雕，而且往往还是浅浮雕。至于离体雕塑，虽然现在使用得相当多，但一是很少采用对称、均衡的配伍方式，二是越来越趋向于抽象化，在当前的中国，最受欢迎的是介乎抽象与具象之间的那种，例如北京建国门内长安光华大厦前面的戏曲脸谱雕塑。

现在我要说到正题，就是我们应当确立这样一种建筑理念：建筑物本身就该是一种大型的雕塑品。法国雕塑家罗丹一般以石料搞雕塑，他有个说法常被人引用，就是在他看来，完成一件雕塑，只不过是把石料的多余部分去掉罢了。作为雕塑的建筑，是不是也可以作如是观呢？除了中国西北的窑洞那类很特别的建筑，一般来说，是不可以这样说的。罗丹的雕塑是"有中生有"，建筑师的设计则是"无中生有"。或许可以这样反过来说：在建筑师看来，完成一件建筑设计，只不过是在大地上把必须多出来的东西让它多出来罢了。低能的雕塑家总不能恰到好处地去掉石料的多余部分，常常该去掉的没能去掉，而不该去掉的却愣给削掉了。低能的建筑师总不能恰到好处地无中生有，现在的通病，似乎更多地出在生出来的东西过多，而不懂得节制。

有的建筑师本身就是雕塑家，比如法国的柯布西埃。他有许多可以放置在展览馆里供人当作单纯的造型艺术欣赏的雕塑作品，而他设计的位于小丘上的朗香教堂本身也就是一件完整的大型雕塑艺术品。柯布西埃的成功昭示了我们，想象力对于建筑师有多么重要。从前人的创造里获得启示是必修之课，但总是从老师那里偷艺，再聪明也不过是设计出一些可以获得高分的"作业"罢了。想象力的最高层次是"前不见古人"，甚至也不期望"后有来者"，从厚积的学识与经验中先达到"无"的境界，再"无中生有"出瑰丽诡奇的设计。悉尼歌剧院、巴黎蓬皮杜文化中心，或许还可以把上海的金茂大厦，都归纳为这种想象力的产物。安德鲁设计的中国国家大剧院，那"大水泡"的方案出来以后，一位朋友在我面前惊呼："亏他想得出来！"他是愕然并且愤怒，因为他说他"无论如何也想象不出来国家大剧院可以是这种模样！"我却先是本能地叫好，然后才去细究其功能性是否有漏洞需要弥补——比如因为在天安门地区必须限高，所以整个剧院的使用空间是下陷的，那么观众的疏散会不会派生出多余的麻烦和隐患来？我的叫好也使用了同一句式——"亏他想得出来！"只是口气里充溢着狂喜与钦佩，我以为人类文明中最可宝贵的就是突破性的美好想象及其把想象勇敢地化为现实存在的作为。安德鲁的设计使建筑物本身构成了一件大地上的巨型水晶雕塑，只要他能把功能性方面的欠缺修正好，我以为北京市民可望在不久的将来从那座建筑里享受到一种特殊的快乐。

把建筑物本身作为一件大型雕塑品来想象，这是我对当今建筑师进入设计思维时的殷切期望。

作为建筑的道路

在我与北京电视台合作的《刘心武话建筑》系列节目里，有一集是《桥梁与道路》。有的观众开始不明白：桥梁作为建筑还说得通，道路难道也算一种建筑？

道路当然是建筑，而且是很重要的建筑。道路所形成的既具有规定性又具有开放性的空间，使人类生存不仅超越了所有植物，也优胜于所有动物，比房屋那类建筑更能体现出人类生存的尊严、智慧与乐趣。古代的道路比较简陋，而且多半是断断续续地存在，所以如果从空中鸟瞰，轨迹不是太醒目。中国的万里长城是大型的墙体建筑。比中国万里长城更古老的埃及金字塔，则是巨型陵墓建筑；把它建造得那样大，并非是功能性方面的需求，以其庞大的存在骇人眼目，激起人们的敬畏感，恐怕才是其首要的目的。至今人类还有以大型建筑显示其文明程度的癖好。一些经济开始腾飞的发展中国家竞相建造"世界第一高楼"，并在城市中营造摩天楼群，究其心理，是在宣泄其压抑已久的"脱颖而出"的欲望情愫，也是刻意想在自己民族的土地上留下文明发展新阶段的醒目轨迹。

但是，从 20 世纪下半叶以降，如从空中鸟瞰，最炫目怡神的文明成果往往并非大体量的建筑或摩天楼群，而是由公路网络构成的轨迹。

无论建筑物多么庞大，从空中下望，也还只能构成一个"点"。像长城那样的建筑固然可以成"线"，但在现代社会生活中那样的屏障已经完全失却了其功能性，不可能再有仿效者。如果城镇等密集居民点是"面"，那么，联结当今的"点""面"的"线"，就是道路。铁路线一度是从此"面"到另"面"

的最长的路径，但到了 21 世纪，则在许多国家和地区，最长和最具网络效应的道路则是公路，特别是快速发展中的高速公路。

现在衡量一个国家与地区的文明程度，在很大的程度上不是看那里有多少庞大的建筑或有多少密集的建筑群，而是要看那里有多长和多少具有网络沟通价值的高速公路。

有些人认为，公路固然是重要的，但只具有功能价值，不具有审美价值。这种看法是错误的。

地球上的人文景观，大而言之，站在地面观察，要看建筑物群体所构成的天际轮廓线；从空中鸟瞰，则是道路和桥梁构成的轨迹。在高原山区，蜿蜒盘旋的公路如丝绸飘舞；在平原旷野，笔直的公路如首尾相衔的利箭。我曾多次在飞机上凭窗俯瞰，每当航班快抵达目的地时，会越来越清晰地观察到公路在广袤的田野与成片的建筑物中，构成明显的轨迹，尤其在接近大都会的地方，路径会呈放射性恍若蛛网一般，其立体交叉处，更会有或似蝶翅或如盘花的银色弧线，细看之下，那些直线和弧线中都有各色"甲虫"在梭动——不消说，那是种种不同类型的汽车在各奔东西。我以为，那是人类在地球上所营造出的最美丽的建筑景观。世界上有的城市景观以其城内的建筑取胜，有的却凭其环城的公路景观取胜，比如美国的洛杉矶就是这样的一座城市，摄影艺术家最喜欢拍摄的画面并非那些摩天楼，而是从飞机上航拍的城郊公路景观——乍看你会以为那是华美的刺绣作品。

路，真是个了不起的东西。尤其是现代化的公路，它的沟通能力真是太强了。我曾在美国乘"灰狗"（一种长途汽车）旅行，那车窗外起初是红尘万丈，一个眯盹醒来，窗外竟已是茂密森林；再一个眯盹醒来，窗外却是一派只有沙砾与稀疏灌木丛的荒凉；瞪大眼睛观望外面，渐渐地，树多起来，草茂起来，小镇在望，风力发电机仿佛巨大的儿童玩具……加油站到了，彩旗飘扬，一股快餐店的热奶酪气味袭进窗内……稍事休息后，继续旅行，送别晚霞，倏忽又有万丈红尘扑面而来，一个新的城市到了！美国因为高速公路四通八达，不仅长途汽车旅行十分快捷方便，自己开着一辆车，也能极轻松地周游全国；他们还时兴在假期租一辆"宅车"，去自己愿意去的地方暂住一时，那种大型汽车里面的空间十分合理地切割为小餐厅、卧室、卫生间，到了目的地，可以在指定的停车场把车上的上下水管道、煤气管道以及电缆与地面预置的管线接口接驳妥帖，吃喝拉撒睡带洗澡、看电视打电话，车里全解决了；这样旅游，既省钱，又有趣；也有某些美国人干脆就买辆这样的车，"处处无家处处家"，过起日子来了。我们中国的高速公路原来比较少，但改革开放以后，公路国道的建设进展很大，长途汽车业在线路、车辆、服务上也有了很大的提高，现在可以从北京乘汽车风驰电掣地直达上海，就这段路的功能、气派及沿途景观而言，堪称世界一流。从空中鸟瞰我国大地，那银色公路的轨迹也颇动人心魄。当然，我们也不一定完全像美国那样，一味地修造高速公路，而令铁路业萎缩起来——我也曾在美国从旧金山乘火车去丹佛，那始发站之"门前冷落车马稀"，以及上车后一整节车厢里竟只有我和爱人两位乘客等情景，都令我永远难忘——美国毕竟支配着地球上最大份额的石油能源，个人拥有汽车的数量也是我们很难与之"水流平"的，我想，我们的铁路还应大大发展。过去，我们的铁路地理景观主要是"沉沉一线穿南北"，现在那鸟瞰效应花哨多了，但还不够丰富畅达，还要努力铺敷才是。

在 21 世纪里，我希望我们国家更加文明，而从建筑业繁荣昌盛这个角度而言，我以为文明轨迹路为先，像摩天大厦那样的奢侈性地标我们是否一定要与别人"竞美"，似可讨论；而在公路、铁路的建造上加大力度、速度，尽快使我国成为道路最多最畅的强国，则应无可争议。祝愿我国的地图工作者在新世纪里不断地出现"欢乐的烦恼"——哎，又得在新版地图上增添新的铁路和公路了，忙不胜忙啊！

舞蹈的建筑

我曾写过一篇《跃动》，谈及中外建筑设计中追求灵动飞跃意趣的一些例子，现在要进一步探讨：建筑物是否可以呈舞蹈的态势？"建筑是凝固的音乐"已成为人们的共识，建筑与绘画、雕塑、文学、戏剧相通，争议也不大，但建筑能与舞蹈相通吗？初想，答案是否定的。建筑就其功能性而言，首先得稳定，没有坚固不移的品质，就没有安全感，否则人们怎么使用它？但再往细想，音乐其实是比舞蹈更加"非空间"的"纯时间"艺术，没有连续不断的流动，哪来的音乐？但人们拿音乐比喻建筑时，加了一个"凝固"的限制词，就觉得二者在审美上相融通了。那么，在舞蹈与建筑之间也嵌入一个"凝固"的限制词，把某些建筑比喻为"凝固的舞蹈"，可不可以呢？我觉得那也是可以的。

在中国古典建筑与西方古典建筑里，要找出"凝固的舞蹈"的例子来，似乎比较困难。我想这是因为古典时代人们的思路不像如今这么多元狂放，更因为建筑设计手段与施工技术远没有如今这么先进，所以难以"舞动"；如今更有各种新型建筑材料接踵出现，建筑设计师们好比巧妇拥有庞大的米粮库，可以随心所欲地在炊事中大显身手，因此，舞蹈性思维进入了某些建筑设计师大脑，一些"舞蹈的建筑"也便应运而生。这是可喜的事。

最先把舞蹈元素糅进设计中的，可能是某些大型运动场馆的天棚。德国慕尼黑奥运会运动场开风气之先，把天棚设计成仿佛往巨人肩膀后甩去的风衣，呈舞动的态势，生动活泼，奇诡醒目，此种设计后来渐成范式，只是新的设计里不断花样翻新，韩国为世界杯足球赛新建的比赛场，就是最新的一个变体。这种糅进舞蹈元素的设计方式也在世界各地的机场设计中流行开来，美国中部科罗拉多州丹佛空港的天棚就恍如一大匹在风中呈曲波状舞蹈的银缎。舞蹈元素说白了就是大量使用非规整曲线曲面。美籍华裔建筑大师贝聿铭的建筑设计里使用非规整曲线与曲面非常谨慎，可以说是"惜曲如金"，但他为台湾东海大学设计的鲁斯教堂，用四片从地面升起在顶处合拢携抱的略微呈扭动感的曲面墙体构成，却营造出了一种端庄而又轻盈的舞姿感，非常符合"年轻人的教堂"这样的功能要求。

但是，如果不仅仅是糅进舞蹈元素，而是完全地"舞蹈化"，这样的建筑是可能的吗？回答是肯定的。美国建筑师O.盖里就为西班牙毕尔巴鄂市的古根海姆博物馆做出了这样的设计。他所设计的这座博物馆几乎完全由"扭动的肢体"构成，没有一个立面是规整的，不仅天棚，所有的使用空间，包括走廊，充满了舞蹈的曲面和曲线。建成后的博物馆，通体仿佛是几个穿着紧身衣的舞蹈家在忘情的舞动中绞缠在一起。他自己说，如果没有电脑，拿以往的设计工具是不可能做出这样的设计的。施工过程中，他亲自在工地参与，也深感用传统工艺和传统材料是无法兑现他的设计的。这座博物馆已于1997年建成开放，成为该市甚至全西班牙的新地标。当然，争议也是有的，一是认为太怪异，二是批评其造价太高。

毕尔巴鄂古根海姆博物馆在地球上的出现，是建筑艺术的新胜利，但这种"舞蹈的建筑"恐怕只能作为一种流派，而且是小流派而存在。这一流派的设计，尤其是化为大地上的实际存在，需要天时、地利、人和各方面因素的机缘凑迫。但特别看重建筑设计的艺术创造内涵的中国建筑师，尤其是年轻一代，据我所知，有的一直在寻找机会施展自己的"舞蹈性思维"。中国传统艺术里，跟舞蹈最相通的领域是书法里的狂草，舞剑器与挥毫墨绝对是异曲同工，中国建筑师在借鉴舞蹈时也借鉴书法，这构成一种创新优势，是特别可贵的。赵波就设计出了若干从中国书法笔意演化出的综合性楼体，尽管到目前为止这种设计只是一种观念性的展示，尚无被业主采用的可能，而且就我所见到的几个图形而言，还不免有些个生硬，但这种创新的设计思维，却是应该被大力肯定的。中国什么时候能出现"舞蹈的建筑"？不着急，早晚会出现的吧。

万般艰难集一顶

　　房屋要有屋顶。中国过去除了高塔，绝大部分房屋层数都不多，一般只是一层，例如北京紫禁城建筑群，其中只有极少数两三层的楼阁，连最恢弘的太和殿也只有一层，虽然它有高大的多层月台，而且顶部巨大，但里面的空间并不横切为两层以上。外国古典建筑中楼房似乎多些，但层数一般也不太多，像哥特式教堂建筑，尽管非常高，里面的主空间却由尖拱形肋柱一托到顶，仍是一层。顶部处理，是房屋建筑中最重要的环节之一。过去中外的宫室建筑、贵族富人住宅，以及宗教神坛庙宇，对顶部的形式追求往往大大超越了功能需求，而是令其构成一种权威、荣耀乃至意识形态的象征性符码，像意大利佛罗伦萨修造了一百四十年才告竣的圣母之花大教堂，中国北京颐和园万寿山上的佛香阁，前者那巨大的半蛋圆形顶，后者那八角形的攒尖顶，其投资量和施工难度都大大超过顶下部分，可谓两个"唯顶主义"的代表作。

　　近现代建筑，尤其是城市建筑，普遍向高层发展，不仅大型公众建筑如是，居民住宅也蹿高不懈。这一方面固然是人口增加导致空间需求量暴涨所至，另外也是科技工艺提升后一种群体心理的外化——仿佛在向大自然炫耀"瞧瞧我们人类能蹿得多高"。高楼大厦改变了古老城市的天际轮廓线，消解着旧有的审美意识，从视觉到心灵对现代人产生着强烈的冲击。但高楼大厦的顶部处理，却成了像北京这样的古老城市的群体焦虑。焦虑什么？——如何使高楼大厦的顶部与传统建筑的顶部和谐，也就是如何"保护古都风貌"，如何把古典的屋顶与现代化的高楼融合为一个合理的整体。化解这一焦虑的捷径，一度被认为就是给现代化西洋式塔楼或板楼"穿靴戴帽"，"穿靴"这里暂不论，单说"戴帽"，那就是戴"亭子顶"的琉璃帽或类琉璃帽；但这样的"亭子顶"遍地开花的结果，是焦虑未见减轻，反而加剧——就仿佛在咖啡里添加芝麻酱一样，越品越不是味儿。

也不是说北京近二十多年的新建高楼里，所有的"亭子顶"都"戴"失败了，但可以这样说：凡"戴"得好的，与其说是"戴帽"，不如说是在设计过程里早已打破"鞋""裤""衫""帽"的刻板界限，而是通盘考虑的一种结果。高楼大厦本身，具有反传统的第一属性，因此关于北京该盖什么样的高楼大厦的规划与设计，也就必须面对这个无可奈何的属性。在认知了这一属性的前提下，思路反而可以大为畅通，与其坚持"保护古都面貌"的提法，莫若采用"使古都有机更新"的提法。这样，传统与现代就不是绝对龃龉的关系，而可以构成"子承父业，锐意革新，更上层楼"的温情接续关系。在这个宽容而又丰富的思路里，高楼大厦的顶部处理也就不会再有"万般艰难集一顶"的喟叹了。

北京的高楼可以有把传统的攒尖顶、庑殿顶、歇山顶、卷棚顶……的元素化解到总体构思中的处理方式，也可以坦然地借鉴西方从古典到现代、后现代的种种收顶方式，更可以别辟蹊径，完全独创，关键是设计师一定要把握住北京新老市民那贯通的脉搏。在这方面，我建议好生借鉴一下某些中东国家的做法，如阿联酋迪拜的阿拉若卜大饭店，它高达 1050 英尺（约 320 米），建造在离岸边 900 英尺（约 274 米）的人工岛上，非常地"摩天"，它如何与阿拉伯民族的传统相融合呢？设计师完全没有一点生硬采用伊斯兰古典建筑语汇的做法，而是令其通体浑然构成一张天方夜谭式的海船巨帆，令人一望而知这是最现代的，也是最具阿拉伯、伊斯兰风味的，梦幻般的地标。迪拜类似的成功建筑还有很多，基督教文明体现在提升人的生活品质方面的科技精华，与伊斯兰固有精神追求和生活习俗的坚守，得到了非常合宜优美的通盘处理。从迪拜新建筑，联想到这样两句歌词："洋装虽然穿在身，我的心依然是中国心。"北京以及全中国的建筑设计师应该不怕高楼大厦"身穿洋装"，只要能充分体现出融汇于其中的"中国心"，意到神现，就能造出好房子来。

半城宫墙半城树

那年八岁，刚到北京不久，父亲带我去玩，坐的人力车，父亲把我搂坐在他怀中，转过沙滩，接近景山和神武门时，我忽然挣着身子大叫起来："爸！爸！"车夫惊讶地扭回头，父亲则紧紧地把我搂定，都以为我出了什么事。其实，我只是被眼前呈现出的景象惊住了。八岁以前，我一直生活在四川，先在成都后在重庆，到北京的头两个月一直活动在胡同四合院里，那天是父亲头一回带我外出来到北京的宫殿与园林面前，当时我通过视觉所产生出的心理与感情反应是本能的，不能用语言表达，只能是狂热地高叫："爸！爸！"

再后来，少年时期，看到一首吟诵北京的诗，题目和别的内容很快全忘记了，单记得其中的一句"半城宫墙半城树"。这七个字实在传神。我八岁时正是被这七个字所概括的北京之美所震慑。元代以前且不去说，明清两代的北京，其城市之美，从色彩上说，所突出的，就是红、黄、绿，朱红的宫墙，明黄的琉璃瓦，浓绿的松柏及其他树木，在蓝天下绘制出动人心魄的画卷。也许有人会说，不，北京过去围裹它的城墙，以及大片的胡同四合院，其色彩主调是青灰色的。这说法也不错。但城墙好比一本精装书的封面封底和书脊，正文的色彩应该看里面。胡同四合院诚然有着青灰基调的外观，却被巍峨的宫殿坛庙建筑和高大的乔木掩映，而北京城的中轴线上所耸起的若干制高点，如正阳门、天安门、端门、午门、紫禁城三大殿、神武门、景山、鼓楼、钟楼等等，也都突出着红、黄、绿这"三原色"。那时北京的建筑是平面发展，不仅胡同四合院之美要进入其内部朝平面方向欣赏，就是弘大的王府，光从外面看，也不过是青灰的砖墙厚些高些，必须进到里面，才会发现绚丽的色彩、精致的装饰、优雅的生活，原来都包含在了其中。

童年和少年时代，我家住得离隆福寺很近。这是我心中永远屹立的华美事物。我的小说、散文里不知有多少次写到它。现在我再一次写到它，心中仍溶溶漾漾地满是爱恋之情。父亲知道许多关于隆福寺的史料，比如他多次告诉我，寺里的毗卢殿顶部的大藻井，比包括紫禁城养心殿在内的所有京城古建筑的那些藻井都要独特精致，是人类文明的瑰宝。但那时隆福寺已经从庙会场所开始变化为一个"新型市场"，殿堂都成了仓库不对外开放，父亲就始终没有进毗卢殿看藻井的机会，倒是我，用一点零食贿赂了父母在殿堂存货的同学，由他带我偷偷地进去看了那个藻井，那次的生命体验甚至可以说引领着我的一生，我铭心刻骨地意识到，什么是中华文明之美，并为自己是这一文明的后代而自豪。隆福寺和北京的城墙、城楼一样，湮灭于"文化大革命"。城墙与城楼好歹还残存了一点，隆福寺却荡然无存。现在那里有座19世纪90年代翻盖的隆福商厦，在其楼顶盖了一圈象征性的寺殿。把无价之宝的真古董轻易毁掉，又花大价钱大力气来盖假古董，这令我黯然神伤。

我当然懂得，时代在变迁，生活在嬗递，同一空间里，会出现新的生命，带来新的欲望，新的趣味，新的创造，因此，旧的东西，包括城市里的旧建筑，有的势必会被改造、淘汰。但这种改造与淘汰，应是一种良性的，更进一步说，也就是更加人道的，更人性化的演进。我有三部长篇小说都以北京的古典建筑命名：《钟鼓楼》《四牌楼》《栖凤楼》，这不是偶然的。我总企盼新的生命，新的生活，能根植在传统文明的沃土之中。近二十多年，尤其是近十年，北京城市面貌变化很大。有人说真是非常现代化了。究竟什么是现代化？是不是就等于西方化、欧美化？前些天我到机场接来一位朋友，他带着生于加拿大的小儿子，我们从面貌跟西方一般机场别无二致的天竺机场出来，乘出租车沿高速公路前往他们预定的宾馆，那公路也非常地"一体化"，所有标识牌的大小、颜色，上面所绘符号，跟加拿大没有任何差别，而且也都有英文，唯一区别也就是加上了汉字。一路上从车窗看到许多西方式的大楼房。到了那完全西化的五星级酒店，进了甚至比一般加拿大旅馆更显出"与国际接轨"的标准间，朋友的孩子，也恰好是八岁，大声地叫"爹地，爹地"，神态令我想起八岁时在那人力车上的自己，他是怎样的心理呢？父亲问他，他倒说出来了："爹地，我们什么时候到北京？"

北京毕竟还是北京。后来我陪朋友父子游北京,在紫禁城、雍和宫、东岳庙、颐和园、长城……他们看到了与加拿大绝对不同的北京。但这许多仍保持着传统北京风貌的地方，仿佛是些钢筋混凝土森林里的绿洲，被"世界一体化"景象围裹的"保留地"。我并不是一个保守的人。对北京的旧城改造，特别是危旧胡同四合院的更新，我并没有站到"一点儿也不能拆"的立场上，我能理解那些危旧房屋里的平民改善居住条件的诉求，也能体谅社会生活组织者面对难题在求证与实践上的艰难；规划部门划定了二十三片胡同四合院为旧城保护区，这很好；在菊儿胡同那样的地方，由建筑大师吴良镛先生以"有机更新"理念主持了四合院改造的试点，联合国教科文组织给予了褒奖，确实算得有益的尝试；近年来，更投资建成了皇城根遗址公园、菖蒲河公园、明城墙遗址公园……做出了将传统的北京与现代的北京加以融通的努力。好处要说好，难处大家想办法。传统的北京也并不拒绝外来的事物，比如北海琼岛顶上的白塔，还有体量比它更粗大的西四白塔寺白塔，就绝非中国传统建筑，那是来自尼泊尔的阿尼哥主持设计建造的，不是早已和谐地融入了北京的城市画卷中，甚至成为亮点了吗？还有清末民初正阳门的改造，东边那座西洋式的火车站，因为在体量和色彩上努力与北京固有的建筑协调，在视觉上绝无"破相"的弊病；再如1916年正阳门箭楼的改建，当时请的是德国建筑师罗斯凯格尔来主持，他并没有完全依照旧版拷贝，而是变通地加大了体量，增添了之字形阶梯，加了汉白玉护栏，还在楼窗上加了拱弧形罩檐，他还特别在下部侧面墙体上加添了一个巨大的水泥浮雕，那浮雕的样式是从西方文艺复兴建筑的语汇里演化来的，但他弄得与中国古典箭楼的固有风格非常协调，于是不但没有形成破坏，反而使其添彩。我们都知道从20世纪初就有种国产香烟叫"大前门"，那上面的图案从来不变，所画的前门箭楼虽然只是简单的线画，那下面斜壁上的浮雕总是要标识出来。这么多年过去，那浮雕再也不是什么外来的添加物，已经成了老北京的传统性符码了。我举这些例子，是为了说明这样一个观点：北京是完全可以拆旧建新的，问题只在于如何使新旧能在传统中融合。

我曾经参与了中央电视台纪录片组的《一个人与一座城市》的摄制，我诉说的当然是北京，在家里用光盘看样片时，我儿子不禁啧啧赞叹，因为镜头里出现了在地坛拍摄的镜头：蓝天下，朱红的墙体，明黄的琉璃瓦，墙后是波涛般的古柏绿冠……但愿那一刻，他和我一样，也成为珍爱以红、黄、绿"三原色"为象征的，维护北京传统审美意蕴的，那个社会群体中的一员……

玲珑

　　北京鼓书的传统段子有《玲珑宝塔十三层》，整个段子有绕口令的性质，把一座十三层的宝塔一层层加以形容，听来耳爽心悦。每次听这个段子，我脑海里就显现出某些曾登临或仰观过的宝塔。有的佛塔，未必有多高，底座也未必有多宽阔，但给人的印象，绝无玲珑感。有的佛塔颇高，底座也颇宽阔，属于大体量的建筑，却能给人以玲珑的印象。开封铁塔就是一例。当然，这主要是塔的高度与圆锥形底面周长的比例较大所致。但问题也并不那么简单。北京广安门外的天宁寺塔，其高度与底座周长未必多么悬殊，远望过去，与开封铁塔全然异趣。倘若说开封铁塔会引出"楚王爱细腰"的谐谑，那么，北京天宁寺塔可能反会派生出"唐妇腴为美"的幽默。天宁寺塔玲珑不玲珑呢？欣赏一座建筑，也是仁者见仁，智者见智。所谓印象，虽因客体刺激而生，毕竟是主观上的产物；但若能把主观上的印象之所以产生说出个道道来，即使是外行话，也许还是对建筑师们多少有些个参考价值吧。我想说的是，在我眼里，体态丰腴的北京天宁寺塔，也有一种玲珑感。这玲珑感的产生，不是像开封铁塔那样，基于塔体的苗条，而是因为设计它的建筑师，在塔体各层密檐的布局上，善于化解其塔体的丰腴，那些精美绝伦的翘角密檐，不是均匀地、机械地分布在塔体上，而是极富韵律地、灵动地，仿佛祥云呵护般地，环绕着那巍峨的塔体，因而我在审美过程中，竟对这并不苗条的建筑，产生出了玲珑感。这就不能不赞叹我们中国前辈建筑师的创美工力。不要以为，玲珑仅仅是胡同民宅或园林小品的属性，我们中国前辈建筑师在宫室神坛的设计中，也不是一味地雄浑肃穆，像基本完整保留至今的北京紫禁城，那四个角楼的设计，显然就是刻意要以玲珑的美学意趣，来为紫禁城那中和韶乐般的主旋律，通过"配器"来增添一些柔美缱绻的味道。

最近有朋友从上海回来，盛赞上海浦东的金茂大厦，说是那么雄伟的摩天楼，望去却并无"粗壮大汉"压人一头的霸气，感觉上，是亲切的，甚至有美女亭亭玉立满面春风的感觉。这其实也就是产生出了一种可称之为玲珑的印象。我到目前为止还没机会亲临现场目击身受金茂大厦的花容月貌，但看到过它的不少玉照，我的第一印象也是觉得它既雄伟又玲珑。在设计构思上，我觉得它和马来西亚吉隆坡的佩特罗纳斯大厦有相同之处，就是在整体造型上追求笋形效果。笋形是包含着玲珑感的。佩特罗纳斯大厦是双塔并立，造型上更接近幼笋的形态；金茂大厦是单体崛起，它若也取幼笋状，那就可能会失却雄伟感了，我从照片和电视镜头上欣赏它，觉得它是给我一种笋与竹之间的跃动感，它那楼体周遭的细部处理，很有些个笋皮绽破新竹拔节的气势。我们细想一下，中国乡野山峦的毛竹，可以长得很粗很高，其摩天气概丝毫不让松柏樟榉等乔木，但它那节节拔升与枝叶纷披的体态，却又格外地玲珑秀美，不知金茂大厦的设计构思灵感，有无中国毛竹的触动？

玲珑当然不是任何建筑都必须具有的意趣。有时为了保证宏大的叙事结构与雄浑静穆的升华效应，还必须刻意摒除玲珑纤秀的笔触和凡俗琐屑的联想。北京的新建筑常常遭到苛评，摇头的多拊掌的少，或者让人觉得玲珑得失却了威严，或者让人觉得威严得失却了灵气。我想这恐怕也是因为北京有北京的难处，比如限高问题，为维护古都风貌，二环路内严格限高，二环路外逐环放宽高度，这样二环内的新建筑就只能往横宽上做文章，一栋栋仿佛"麦当劳"的"巨无霸"；而逐环放宽高度的结果，是鲜有发展商愿意自动放弃所容许的高度，结果逐步使整个北京城构成了一只"巨盆"。再比如，长安街很直，两侧建筑很难打破"排排坐，吃果果"的格局，加上相邻的建筑很可能属于不同的"根"，是在各不相干的情况下"栽"出来的，结果就出现了排列方式单调而互相又不能整合的弊病。这已经不是什么雄浑与玲珑的问题了，应该做专门的通盘研究。

剔透

　　与"玲珑"相连属的审美考语是"剔透"。所谓"玲珑剔透"，常常首先用来形容中国园林里的叠石。叠石的材料最好是太湖石，其上品需符合"瘦、皱、透、漏"四个条件。中国传统建筑的廊檐栏柱，特别是室内的装饰性部件，也特别讲究玲珑剔透的美学效果。中国传统建筑大量使用木料，门窗几乎都是木质的；在南方，墙体可以单薄，瓦顶也可以不那么厚重；这都有利于出玲珑剔透的效果。当然宫室神坛和大型的寺观建筑可能在总体风格上排除玲珑剔透，以免显得轻薄儇佻；不过在细部上，也还是可能启用玲珑剔透的部件，北京紫禁城里那发生过许多泼天大事，可谓当年最严肃的政治空间，鼎鼎有名的养心殿，其内部设置就既有玲珑感，也有剔透趣。

　　现在专门说说"剔透"的美学意趣。中国的传统建筑，很讲究室内与室外的通透感。这当然首先体现在对窗户的理解上。我曾写过《窗内窗外》一文，大意是说中国古典建筑中，往往把窗户当作一个画框，即使那窗外并无自然风光，也要在窗外空间布置出一个盆景般的"拟自然"来；而西洋建筑多半只注意如何使窗户充分发挥采光、换气等功能。这个观点当然还要坚持。西方名著里有一部叫《看得见风景的房间》，还拍成了电影，似乎于他们而言，开窗可以看见风景，是一种意外之喜。其实，就中国传统建筑而言，正常的房间当然都应看得到风景，这本是不待言的，绝不令人惊羡。倘要让人产生悬念，写一本小说叫作《看不见风景的房间》，可能更为合宜。

　　现在我要补充的是，在中国传统建筑里，窗的作用还并不仅是画框。窗是室内的人与室外的世界沟通，并融为一体的重要通道。当然，还不仅是窗、门，以及廊、棚、栏、栅,虽然在空间的切割上各有其独特的功能性考虑,"各司其职",但它们都尽可能"剔透",尤其在春、夏、秋三季,将其完全封闭起来的情况基本上是没有的。窗、门或许会设置帘幔,但那帘子往往会是竹篾制的,不仅透气,而且"透景"。因此中国古诗词里有"一帘(繁体字应是竹字头下面一个"廉"字)春雨"的吟唱;而纱制窗帘也往往是透明度很高的,如《红楼梦》里写到的"霞影纱"和"软烟罗",它们并不将窗外景物全然遮蔽,而是"剔透"得令人随时心醉。中国古典诗词里有无数表达个体生命在窗门内与窗门外的大自然以及人间烟火相融合的句子:"山色满楼春雨后,一帘风絮卷春归","升堂出街新雨足,芭蕉叶大支子肥","南窗一枕睡初觉,蝴蝶满园如雪飞","红楼隔雨相望冷,珠箔飘灯独自归"……也不仅是视觉上的"内外勾连",更撩拨心弦的也许是听觉所引领出的感受:"小楼一夜听春雨,深巷明朝卖杏花","梦觉隔窗残月尽,五更春鸟满山啼","枕上诗篇闲处好,门前风景雨来佳","今夜偏知春气暖,虫声新透绿窗纱","霞绡云幄任铺陈,隔巷蟆更听未真","夜深风竹敲秋韵……","柴门闻犬吠,风雪夜归人"……真是一年四季,室内与室外都是"剔透"的。切莫把这些天籁人情的意境,理解成是因为那时的建筑技术无法解决隔音的问题,"歪打正着"派生出来的。讲究把建筑物剔透得与自然的气流、气味,市井的声音、人气贯通融合,这一中国古典建筑美学的传统应当得到继承与发扬。

在全球一体化的浪潮里,西方的建筑理念、美学趣味浸润到我们这样的东方国家,从中汲取其可以融化的营养,是有助于发展我们的新兴建筑业的;但新型建筑材料的推广,新建筑技术的普及,连带着某些似乎是难以避免的生活方式的推行——如全封闭式的"智能式建筑",它里面的气候是人造的,活动空间是绝对与"外面"隔绝的,往往那建筑物外面大雷大雨,而里面的人却毫无感觉。那是绝不"剔透"的。当然,那样的西方建筑里可能也会有一部分房间可以鸟瞰外面的世界。我就曾在美国纽约曼哈顿进入过那样的摩天大楼,它的一整面墙几乎都以落地玻璃窗构成,倒是很透明,窗外是钢铁、玻璃、石材与种种合成材料构成的"人造森林"。给我的感觉是,那落地窗的设置不仅不是为了让室内的人与室外的自然和人间沟通、亲和,反而是为了炫示高度工业化以及高科技对自然与俗世可以率性支配的一股旺健的霸气。当然，那也是一种风格。也不能说在多元的建筑美学趣味里，那就一定是不好的。但当这种西方建筑美学趣味处于强势时，强调一下我们民族自己建筑美学里的好东西，恐怕也是必要的。其实，古典和现代，东方和西方，凡人类创造的文明成果，都应是当代建筑师们取法的共享资源。灵活运用，东西合璧，相得益彰的例子，在北京就有，比如在西长安街复兴门内南侧的中国工商银行大楼，它的进口处就使用钢材和玻璃等新型材料，组合成了一个颇有人情味的"剔透"空间，给人以梳风栉云的诗意联想。愿这样大体量、新材料组合的新建筑里，能在设计构思中有更多更巧的"剔透"式"乐句"。

跃动

　　"勾心斗角"现在是个涉及人际关系的贬义词。其实它原是唐代杜牧在《阿房宫赋》里，用来赞美楼体互相巧妙勾连、檐角争奇斗妍的褒义词。杜牧可谓我们民族建筑评论的老祖宗，他这"勾心斗角"一词充满了跃动感。其他许多的老祖宗在文章里涉及建筑物时，也常体现出以跃动感为美的审美趣味。比如宋代欧阳修的《醉翁亭记》，寥寥"有亭翼然"四个字，立即使我们觉得眼前有个亭子似乎要把它那翘角顶当作翅膀扇动而去。苏轼形容不过是用土筑成，仅出于屋檐而止的一个凌虚台，"人之至于其上者，恍然不知其台之高，而以为山之踊跃奋迅而出也"，也着眼于跃动感。到清代曹雪芹，他杜撰了一个大观园，也使用了"飞楼插空"的词语。

　　其实使建筑物产生出跃动感，是中外古今流传颇广的一种美学追求。西欧古典建筑中的哥特式风尚，那使立面线条努力向上蹿升，在顶部耸起尖塔，固然是基于欲与上帝天国沟通的一片虔诚，有其宗教意识形态的大前提，但从形式美角度上考察，也确实使建筑物产生出了一种勃勃向上的跃动感，是爽目润心的。有的哥特式建筑，如巴黎圣母院，不仅其尖拱顶塔仿若航船上的望楼桅杆，富于动感，那两侧的几道肋骨般的飞扶壁，本是基于结构力学的考虑，用以支撑庞大而沉重的墙体的，却也从形态上令人联想到鼓起风帆离港开航的巨轮上那飞扬的彩带，所以巴黎圣母院隔着塞纳河从侧面望去，尤有劈波而去的生动气势。世界进入工业文明以后，近现代建筑中，巴黎铁塔又是一次跃动美的大展示，分明是最沉重的钢铁，却因"人"字形蹿升的流线与剔透的网状结构而顿生轻盈摩天的欢悦感。

20 世纪以降，建筑美学的流派急速走向多元，跃动感在许多流派中不占地位，甚至遭到刻意摒弃，有的建筑师追求建筑物像磐石般稳定的意趣，有的甚至追求朝地底下扎进的"落实感"。即使是体瘦高拔的摩天楼，也并不使其"翼然""跃然"，如加拿大多伦多市政厅（两个圆弧形的楼体"相对而嘻"），美国桃树中心广场旅馆（造型仿佛一只竖立起来的巧克力糖果盒），当然更有法国蓬皮杜文化中心（赤裸地静止着）和日本东京国家剧院（横向浮搁恍若古琴）那样的一些简直是"反跃动"式的诡奇之作。这是因为人类变得稳重了吗？

虽然跃动感的美学追求在建筑设计中已非普遍适用的趣味，但这毕竟仍然还是一种具有长久生命力的古典趣味，而且，即使在总体是非跃动的造型里，细部也仍可用跃动的线条来丰富其"文本"的语汇。如美国纽约的世界贸易中心，那双方塔的造型敦实厚重，顶部绝不攒尖蹿升，充溢着稳定感而难以产生出"身有彩凤双飞翼"的跃动感；但这只是远望的总体感受，倘你走近它的楼体，进入高敞的大堂，你就会发现，设计师在它的底部，配置了一整排音叉状的尖璇形支撑柱，这些高耸的柱体所构成的线条，非常强烈地派生出了一种奋力托举的跃动感。这是否是"静中有动，动中有静"的一个美学范例？遗憾的是，恐怖分子制造的"9·11"事件，使得这一建筑杰作永远地消失在了我们的视线之外。

从"动""静"角度考虑建筑物的美学效果，只是一个方面罢了，我们需要总结的建筑艺术的经验教训实在是非常丰富。我有一个感觉，不知道对不对，现在冒昧地提出来：我们的建筑界的眼光，似乎还不是非常开阔，拿借鉴国外的新建筑成果来说，比较集中在美国、西欧和日本的种种潮流、派别；有的地域和民族，他们其实在新建筑的美学开拓上，已经取得了长足的进步，而我们却比较忽略，例如西亚一些国家，他们不仅是单栋的建筑物往往极富民族特色极有创意，而且在建筑与环境，与人，与社会，还有他们特有的宗教信仰诸方面，都创造出了十分璀璨的景观。我曾在阿联酋的迪拜有短暂的停留，那机场候机楼的独特造型，整个社区绿化带的布局，以及对那地方本来是极珍贵的水的景观运用，都令人耳目一新。另外如拉丁美洲的建筑，特别是巴西首都巴西利亚的总体规划与统一的美学风格，都值得做专门的研究。这是我思路的"跃动"。就创新促奇而言，跃动是永远需要的吧。

洁爽

　　我要坦率地说出自己这样的感受：我们一些大型的公共建筑，看上去很不洁爽。我不说"清爽"而冒生造之谴说"洁爽"，是因为觉得唯有这样说，才能充分、准确地表达我对建筑美的一种诉求。"清爽"当然也是我喜欢的一种面貌，但它的含义里突出的是"干净利落"；说"洁爽"，则似乎可以蕴含更多审美上的，从视觉到心理的快感。

　　建筑物不洁爽，有时不是设计上的问题，而是施工的问题。1999年国庆节前，北京东长安街的东方广场外装修完成，这座在动工前便成为京城热门话题的庞然大物一旦露出庐山真面，自然引起了广大市民的浓厚兴趣，虽然一时还不能进入内部，但在那外面的广场与步行道上走走，观望一番这组建筑物的雄姿，也算共享了盛世繁华吧。入夜，东方广场顶部的灯光造型全部开放，离它较远的人们也能欣赏到它的轮廓线。这里且不从审美角度去评价东方广场在设计上的得失，也不拟全面评说其施工的水平，只说一点——它那前庭上的一系列喷水池。有数个水池在开放时总要把大量的水喷至池外，弄得供人们穿行的地面上废水横溢，我在那期间几次去那里观望，每次都会遇到怨声不绝的路人，他们本是乘兴而来，要一睹东方广场的"明珠"光彩，却因这一施工上的疏漏而大败其兴。大型建筑物所配置的喷水设施，有的是刻意要让欣赏者能直接嬉水，有的池水分层下泄，直达地平面，但那都一定会以精心的设计和施工来保证达到预期的效果，比如会给泄至地面的水流特设泄水孔隙和地下管道，将其回收循环使用。东方广场的喷水设施明显不是这样的创意，它喷出的水是不该外泄的。也许有人会说，那是因为喷水龙头还没有调整好呢。没调整好怎能一再向公众展示？再说，投资代价这样巨大的建筑群，简单的喷水池怎么都不能建造得一步到位？我想那不会是技术水平的问题，而反映出我们一些施工部门某些环节上的人士，他们首先就缺乏把建筑项目当作艺术创造来看待的审美意识，尤其轻视某些细部，轻视大主体与小配置的精密契合，更轻视所施工的建筑与周遭环境的和谐。在中国，一个华丽的建筑耸起以后，它的侧面或背后会在很长时间里堆放着一些剩余建材，甚至土方垃圾，丑陋刺目。这问题往往牵扯到几个方面，是经济利益及官僚体制等许多因素在作怪。但不管怎么说，我们应当扪心自问：国人啊，咱们为什么不能过得更好一点？为什么不能把求美之心，提升得更高一点？为什么不能把事情办得更洁爽一点？

好的建筑设计，要真正成为大地上的一道靓景，施工水平至为要紧。我们的一些大型公共建筑，在建筑美学的创意上，设计水平上，与发达国家的水平差距并没有多大，但施工水平的差距，却往往一眼即可看出——精确度、平整度、密合度、光洁度、材料质感……这里欠缺一点，那里出点纰漏，总之，用我的话来说，就是不洁爽。因而，虽然是踮起脚尖猛跑，追求"现代大都会气派"的劲头十足，实际效果却还是显得土气——却又并非田园气息，而有点像乡下姑娘学城里靓女的穿戴打扮，色彩不准，细节不对，闹了个令人忍俊不禁。

当然，还有个建筑材料的质量问题。现在北京地区的一般民居，在窗框材料的选择上，已经由木料、钢铁，转为了铝合金和"塑钢"，特别是"塑钢"近来大行其道，就连旧房新装修，"塑钢"也是最时髦的东西。我并不反对"塑钢"窗材的使用，但我发现，有很多新的"塑钢"窗体，都是还没有揭开其外面印着商标的包装纸就安装了上去，而且直到完工甚至使用后也一任其状，是那房主在追求一种"奇趣"么？显然不是。这里当然有施工不仔细的问题，但我向一些施工者询问，他们回答我说，那是因为剥离那用不干胶黏定的包装纸非常麻烦，常常不能完全剥离，弄得更加破相，所以他们也就干脆不去剥离那包装纸了。这就是厂家在生产上存在的质量问题。为什么不把去除包装这个环节弄洁爽呢？现在这样的带包装纸的"塑钢"窗在北京随处可见，往往是，那新楼"西服革履"，甚至某些装饰部件也堪以"项链""戒指"作比，但却镶嵌着些不能剥去包装纸的"塑钢"窗，给人一种油头粉面却满嘴烟牙的印象。

但是建筑物不洁爽，也不能都一股脑推到施工部门和建材生产的质量问题上去，根子往往还是在设计者那里。不洁爽的设计，会导致这样的结果：施工方面越是中规中矩地严格达标，所使用的建筑材料越是品质到位，其建筑美学上的整体缺陷便越暴露无遗。

　　什么是不洁爽的美学面貌呢？可以先从明清家具设计的对比谈起。我们都喜欢明代的家具，从贵族家庭到一般小家小户的家具，明代家具大都给人以洁爽的审美感受，它们线条利落，风格明快，构件不多不少恰到好处，而且通体往往洋溢着一种灵动的气势，看到它们便能联想起或温馨或高雅的俗世生活。但清代的家具总体而言却风格大变，从富贵人家到一般市民家庭，床机桌椅都往笨重、雕琢、构件复杂、细部琐碎的方向上发展，看上去令人觉得矫情、沉闷，尤其到了晚清，穷人的用品粗陋不堪，富人的用品繁缛不堪，家具如是，许多工艺品也如是，灵气消减，奢靡浑浊，就算那也是一种美吧，却只能名之曰病态美。再看园林，像苏州拙政园，是明代打下的底子，清代曾被太平天国当作忠王府，倒没怎么大增大添，至今整个风格还大体上洁爽，布局疏密得体，浓淡相宜。可是狮子林就不同了，这座园林元代就有，之所以命名为狮子林，原是为了纪念在天目山狮子峰住过的中峰和尚，到晚清以至民国初期，园林主人追求让大大小小的山石皆像狮子，大肆堆砌，叠床架屋，使里面真成了森然密布石狮的王国，搞得淤塞满闷，而那正是晚清民初的一种审美时尚。我们还可以比较一下明十三陵和清代在北京南面所建的东陵与西陵，后者比前者保存得更完整，施工似乎更细致讲究。但无论是神道边的石像生，还是陵内的石雕，却都匠气十足，木然呆板，是些应予保护的文物却并非值得欣赏的艺术品。当然清代也不是没有好的个案，像天坛祈年殿火灾后的重建，设计与施工都极好；再如颐和园的十七孔桥和龙王庙，昆明湖畔知春亭，万寿山下长廊，山上佛香阁，设计上都富创意，可谓洁爽优雅；但佛香阁下方半山上的铜亭等一组建筑，也犯了堆砌壅塞挤作一团的毛病。也许，那是因为中国的传统文化发展到那个阶段，已达于烂熟的地步，活力耗尽了吧！

　　洁爽的美学意趣是不是一定表现为简洁明快，是不是包豪斯学派那样的建筑，或直接诉诸功能性的建筑，或立面素净色彩柔和的建筑，就一定是洁爽的，而后现代的拼贴式手法的建筑，吸收了中国古典华丽风格以及西方古典中的巴洛克、洛可可风格的建筑，或墨西哥城的那种以大面积色彩艳丽的镶嵌式壁画装饰的公众建筑，就不洁爽了呢？我当然不是那样的意思。概括起来说，我企盼的洁爽就是设计上删尽多余枝蔓、施工上无懈可击、材料上处处到位，并与周遭环境相配，完成后能令人眼睛一亮，禁不住伸出拇指由衷地夸赞："真棒！真爽！"那样的建筑。

说门槛

和一位朋友见面，提及一位我们都认识的人，问最近见着没有，他摇摇头说："啊呀，如今他那门槛高啦……"

其实，被他称为"如今门槛高"的人士，无论是上班的地方还是自家的住所，出来进去的那些门，几乎都根本没有物质意义上的门槛了。

门槛，是建筑物的一个构件。在中国，近代以前的建筑，从豪华的宫室到简陋的农村居舍，凡门几乎都有门槛。中国过去的门，门体大都是从中间开合的门扇，门扇是以上下两个圆轴固定在门框内的轴槽内的，因此门扇的长度总会比门框的长度上下都少掉一些，上面所少掉的部分，可以用门框上部的构件加以掩饰，下面的部分呢，如果不装置门槛，那么不仅会露出一条缝儿，影响到关门时的功能发挥，也极不美观。

由于门大小有别，门槛的大小差异也很大。我童年时代来到北京时，北京的城门楼子还没有被拆掉，而且有相当一些个瓮城的箭楼，其门洞并不与交通道相通，不过车马，所以就还保持着门槛。那门槛真是非常的高大粗壮，成年人完全可以拿它当长凳坐着晒太阳、聊闲篇，儿童们则可以把它看作是一道堤坝，在上面跑过来蹦过去地玩耍。有的门洞被当作通行道了，但门槛也还在，只不过不放置在应有位置上了——那巨大的门槛和硕大的门杠一样，是活动的，可以安上也可以拆走——它被闲置在了门洞的一侧，另一侧则是被闲置的门杠（它是用来在城门紧闭后，从里面正中横亘着起锁固作用的部件）；我记得门槛与门杠形态虽然接近，却是很容易识别清楚的，因为门杠的"待遇"比门槛要好，它被闲置时，其两端是被搁放在专为它定做的有凹槽的石座子上的。古代的城门必要时需让车辆、马队经过，因此那门槛是活动的，但宫殿里的门槛，比如现在我们还可以看到的紫禁城建筑群的门槛，就几乎都是嵌死了的，因为在那些空间里是不许车辆马匹等通行的。

直到近代，中国人活动的建筑物里，门越阔大，门槛也便越高。城门、宫室的门槛不消说了，衙门口的门槛，那也是相当气派的，衙门的大小，与其门槛的高矮，是成正比的。豪富人家的大门，门槛也不仅是作为一个功能性的构件而存在的，它也成了里面主人社会地位及其威严与财富的象征。人们使用"门槛高"或"高门槛"的语汇时，往往已经不是在表述一个建筑构件，而是在感叹使用那一构件的人士所拥有的权势了。

但中国式的门扇下面的那道门槛，随着社会生活的发展，越来越显得碍事。辛亥革命以后，优待满清王室，还允许废帝溥仪住在紫禁城里面，那时他学会了骑自行车，可是宫殿里不仅屋子有门槛，那些穿堂门也都有门槛，他在庭院里要穿过那些门楼，门槛成为障碍，于是他下令让太监们给拆掉，一时拆不掉，就把那门槛从当中豁开一个口子，以便他骑车时能顺利通过。据说后来溥仪被驱逐出宫，紫禁城改为故宫博物院后，还不得不拨款修复那些被毁坏的门槛。

迈进门槛，迈出门槛，在以往的中国文化中获得了特殊的内涵。《红楼梦》里出家的妙玉自称"槛外人"，以示清高，贾宝玉则自称"槛内人"，以表谦让；又引宋代范石湖的两句诗"纵有千年铁门槛，终须一个土馒头"（"土馒头"指坟墓）来表达一种对人生的憬悟。

当代新建筑，门槛不仅被淡化，而且往往干脆被取消了。比如现在的大饭店，其大门可能有风雨廊，有旋转门，有自动扉，构件相当丰富，却并无门槛的设置。如今人们在生活里也很少再有迈门槛的动作。有门槛的建筑如果不是古迹或刻意追求一种趣味，那就是陈旧的城市民居或简陋的村合，住在那里面的人们绝大多数都企盼着能早日搬迁到没有门槛的楼房里去。

但积淀在人们意识深处的那无形的门槛，似乎一下子还很难消失。什么时候"门槛高"之类的议论只偶然地出现在老人口中，中年人已经不大懂得其构件名称以外的含义，而年轻一代简直不知那是何意，整个社会，也就可以说终于迈出旧文化的那道门槛了吧！

话说承重墙

一位老相识非要我去他家小聚，去了，才发现他家已然装修一新。最大的"手笔"，是把门厅与相连的那间屋打通了，展现出了一个很大的起居室。空间大了，于是得以布置出了"家庭影院"，并请来了很宽大的进口沙发，和直径达到 1.5 米的玻璃茶几，一角摆放的大桶凤尾竹，也便绝不显得壅塞堆砌。说实在的，这样的厅堂与气派，着实令我艳羡不已。

然而闲聊中，他坦陈所拆掉的那堵墙，是承重墙，这引起了我的不安。我问："会不会出危险呢？"他笑着摇头道："哪里有那么多的危险！我们这楼里，起码三分之一的人家都把这让人气闷的墙体拆掉了。你看，我们不是都过得好好的吗？"我提及报上所刊出的一些关于拆除承重墙的危害的文章，他未等我说完便反问："是哇，道理是那样，可是你究竟听说哪儿的楼房因为有人拆了点承重墙，便真的轰然倒塌了呢？"我想了想，也许那是因为拆除承重墙以扩大空间的装修方式，是近几年才热起来的花样，而凡原建筑质量不错的楼房，对拆除承重墙所带来的超负荷恶性效应，一时还都不至于爆发出来吧。

我又问他："不是现在搞装修，都要跟有关部门申请吗？不是一律不批准拆承重墙的装修方案了吗？"他耸耸肩，同时耸耸眉，怪样地望着我，那意思是：怎么，你真的不明白？如今往往是规定归规定，而实际上……他简要地张口告诉我："我是获得了装修准许的呀！"他那笑眨眼的表情，已令我洞若观火。我听了心里有点疙疙瘩瘩。是不是我这人太古板了呢？

小聚毕——实际上是主人带我参观了他家全部装修成果，并招待了饮料后，我告辞时，他搂着我肩膀，再次让我欣赏他那扩展了的厅堂，并在送我出门时拍着我肩膀说："你呀，要怪就该怪这楼房的设计者，他凭什么把门厅设计得这么小啊？……为了展拓自我的生存空间，管它承重不承重，这堵心的墙就该先拆了它再说！……"

我几乎已被他说服了，谁知他却画蛇添足起来："……你呀你呀……最近看到你新的小说……那么沉重干什么啊！……那些承重墙，拆了算啦！……哈哈哈哈……"分手时我没说什么。然而回家的路上我想，如果把文学创作比作盖楼，尽可能少些个"承重墙"而多些个宽敞阔朗的空间，令人感到舒适有趣，不消说是很好的方案；设置过多的"承重墙"因而令进入者气闷，恐怕确是很难成为好的作品；但是一旦设置出了"承重墙"，并且是非有不可的"承重墙"，那么，就一定不要徒然为了轻松，而冒险将其拆除。我自忖并不是一个观念狭隘的人，文学的房屋原可多种多样，使用空间里不设任何承重墙隔断的建筑不仅可以是"快餐"式的简易房，也可能是耗费巨资的体育馆。但不管怎么说，总也有些文学房屋是其使用空间中也有承重墙的。文学房屋中的承重墙，也便是深沉的主题，使阅读者必得在有趣中也动些脑筋，在形象化的想象空间里也融入一些哲理思绪，这样的承重墙一旦形成，那确实不能将其拆卸。

其实不搞文学的人，也应重视必要的承重功能。我们的身体，必得有刚强的脊椎承重，我们美丽的肌肤都是有赖其支撑才光艳照人的。我们的心灵呢？净是沉重的东西淤塞着固然很糟，完全没有或过分缺乏"承重墙"，那恐怕是也不行的。

不要拆除承重墙！

片瓦无存

　　这本是形容建筑物消失殆尽的语汇，现在我却用来表达对一栋新落成的大体量建筑的感叹。这栋商用巨厦，墙、窗、门、栅、阶、廊种种习见元素很容易指认，但是却绝对觅不出瓦这一元素，它的顶部是整体结构，傲指蓝天。

　　中国传统建筑，瓦是至关重要的部件。瓦的最大功能是覆盖屋顶。明、清时代，北京的皇权建筑、神坛建筑，以及分布各省各地的"敕建"寺庙等，顶部都使用琉璃瓦，讲究的连围墙上也覆盖琉璃瓦，专供皇帝享受的用黄琉璃瓦，其余按其性质或等级用蓝、绿、黑、赭等颜色的琉璃瓦，有的还一顶兼用几色，构成各种图案。琉璃瓦的顶子不论是歇山式、庑殿式、攒尖式或别的什么样式，都会与琉璃的脊背吻合，并与宝顶、脊角、檐兽等同样是琉璃制品的构件整合为气派非凡的视觉冲击力。近几十年来中国的新建筑，设计者为了体现出与民族传统的承继关系，常常使用"亭子顶"，而且也大量使用琉璃材料，也不能说没有成功的例子，但是，为人诟病者渐多，特别是近十几年来，这样用琉璃瓦搞"亭子顶"甚至已达到令公众生厌的地步。这些"亭子顶"又多半缺乏功能性，造成资金的浪费，开发商从效益上也对之敬谢不敏。于是，"片瓦无存"，完全不使用琉璃部件或其他瓦材的新楼近些年越来越多。

　　不使用琉璃瓦，也不使用任何其他材料作瓦，干脆说那建筑就没有传统意义上的屋顶——传统屋顶绝大多数都有坡度，完全平顶是例外——加以整体使用的几乎全是传统建筑中不可能有的新型合成材料，现在的许多新楼，被指认为"全盘西化"了。其实，西方传统建筑，何尝没有大量覆瓦的顶子，只是洋瓦与中国瓦有所不同。我初中上的是北京二十一中，原是一所教会学校，叫崇实中学。当时的校舍，是西洋式的楼房，其中一座顶部还有钟楼，其顶部富于变化，或尖拱，或缓坡，都覆盖着灰色的石片瓦，后来因为那楼老朽，被拆除，拆下的石瓦片堆积如丘。我记得那时看热闹，翻弄那些石瓦片，有的上面还嵌着植物或动物的化石，那些石瓦片体积比一般的中国瓦小，而且是平的，长方形。后来有机会出国，发现西欧许多古老一点的建筑都使用这种石片瓦。当然，后来西式烧制的平直带棱的红瓦（一般民众就将其叫作"洋瓦"）在中国也流行开来，还有石棉瓦什么的，只是，似乎都是些便宜货色。西方现代派建筑兴起以后，顶部才多不用瓦了。

　　动不动就把一种事物说成是一种文化，已经令许多人蹙眉，但我冷静下来细思之后，却还是要这样说：瓦也是一种文化，而且不同民族不同地域的瓦文化各有特色。就中国瓦而言，最令我感到亲切的，还不是上面提到的琉璃瓦，而是普通的微拱形的青灰瓦。这是传统民居大量使用的瓦。北京胡同四合院建筑的特殊情调，屋廊顶部的青瓦是重要的音符。当然细分起来，青瓦的形态、种类又有所不同，讲究的要在部分房合使用筒子瓦。南方民居的青瓦与北京四合院的屋瓦又有微妙的差别。在江南民居、园林里，青瓦不仅用来覆顶，还大量用来装饰墙体，有的隔墙不仅顶部饰瓦，墙体当中很大一部分通透结构用青瓦巧妙旋转嵌砌而成，往往还组成吉祥图案，令人充分感受到瓦的魅力。中国文物里有一个重要的门类是瓦当。瓦当是屋瓦最下部构成檐的"尾瓦"，讲究点的在"尾"上雕塑出各种图案，那可确确实实是文化，需要认读，其中蕴涵着丰富的内容。但随着旧民居的拆改，各地的新民居很少再使用传统青瓦，农村里盖新房，也喜欢用钢筋水泥的预制板搭平顶，若盖坡顶，则用大片带棱的水泥"洋瓦"；城市里则更时兴"片瓦无存"的"整体封顶"的建筑形式，传统青瓦不仅罕被采用，甚至连有没有生产，也都成了问题。瓦当这种玩意儿，只存在于古玩收藏者或古玩市场的狭小空间中。中国瓦文化的这一分支的濒临灭绝，令人扼腕。

　　有人跟我说，传统青瓦与传统青砖一样，要使用大量泥土，而且基本上是手工业生产方式，浪费资源，形态落后，使用起来费工费时，远不如新型的建筑构件那么使用方便又富有时代特征。这当然也是一方面的道理。但是从两个小例子可以透视时尚：若干讲究品位的城市居民，选购了完全不用砖头的整体用预制件拼合的摩登楼盘，但他们在装修时，却偏要在起居室贴画出一面红砖墙来，以慰怀旧之情；某些在极为现代化的大楼里营业的餐厅茶寮，却偏要用些青瓦土墙，配合些蓑笠、蒜瓣，来装点出乡野情趣——这说明现代与传统，当下与逝波，在人们心灵深处，其实是切割不断，交融衍进的。因之，对中国传统瓦文化的延续，我又恢复了一些信心。我相信，不仅琉璃瓦，包括民居青瓦在内的中国瓦，作为一种韵味元素，是不会被设计师们一概摒弃的，他们仍会在某些情况下，恰当地利用这一元素，来使其作品增辉。片瓦无存只是现代建筑中的一个流派，而不会是全部现象。瓦的精魂，将久远地萦回于大地之上。

砖入历史

　　金秋时节，北京东便门与崇文门之间，建成了明城墙遗址公园。那个空间里原来是些乱糟糟的陈旧民房，以及一些更陈旧的城墙残段。明成祖时定型并一直保留到 20 世纪 60 年代的北京城的城墙与城门楼子及相关建筑的几被完全拆毁，至今仍是一个提起来便令人痛心的话题。到 20 世纪末，北京幸存的城楼只有前门（正阳门）及其箭楼，德胜门箭楼和东便门角楼，这寥寥四个。幸存的城墙更其稀少，也就是东便门角楼下，还有西便门原址等处，修复了一些片断。北京东火车站后身，也就是上面所说的东便门与崇文门之间的那段并非有意保留，而是当时因为拆毁起来会十分麻烦。破旧城墙，随着新世纪的来临，在社会普遍意识到北京城墙的湮灭是一项文化灾难的氛围里，一下子成了不仅北京人视为珍宝，国人乃至整个人类达成必须妥善加以保护的共识的超级文物。于是，北京市政府投入了大量资金，北京市民掀起了捐献散落古城砖的运动，文物专家、园林专家等有关专业人士奉献出聪明才智，当然更有古建工人及其他人士的辛勤工作，终于有了现在展现于世人眼前的，既古香古色又与周遭城市新貌相谐互补的明城墙遗址公园。

　　细看明城墙遗址上的那些古砖，我们可以感受到，砖，这个建筑构件在中国传统建筑里占有多么重要的分量。当然，在北京八达岭以及其他相关的长城遗址那里，这种对砖的敬畏感会更加浓酽。我们爱用"一砖一瓦"来比喻紧密相连的同胞关系，我们高唱国歌里"用我们的血肉筑成我们新的长城"的词句时，会产生自己的身躯就是民族的一块城砖的感觉。

　　在中国传统建筑里，讲究一点的砖制作十分精细，从选料到烧制，以及烧完后的打磨，每个环节里都融注入人们对这一建筑构件的高度重视。而用砖砌墙时，讲究的使用黏合剂时会不惜工本，据说北京明城墙的黏合剂里就使用了糯米粥。北京胡同四合院里稍微讲究些的房屋墙体，也都是水磨青砖严丝合缝地砌成。在中国，大江南北、中岳东西，尽管传统房屋的基本构件里会有若干就地取材的不同成分（如有的地方大量用竹，有的地方大量用天然石料或现成黄土），但烧制砖的使用应该说是无处不在的。砖不仅具有最充分的功能性，也是重要的装饰部件。从古代一直到 20 世纪初，砖雕艺术是中国建筑艺术里非常重要的一个分支，保留至今的那些砖雕精品仍会令我们的审美情绪卷起阵阵波澜。

但是，砖在当下建筑业里的地位急剧下滑，其命运比传统瓦更为凄凉。传统瓦里的琉璃类多少还保持着一些备选的荣幸，而传统砖里即使是水磨青砖，现在也越来越罕见于城市新建筑的材料清单之内（除非是古建筑修复工程）。20 世纪末还有些城市新建筑采用预制板与砖砌的混合结构，现在据说某些地方已经有明确规定不能再用黏土砖。当然一些农村民居还在用砖，也还有砖窑在烧砖，但造砖浪费农土，烧砖产生污染，更深刻的原因，是在社会现代化的进程里，城市建筑越来越追求宏大叙事，在这样的叙事结构里，即使是以前我们觉得十分巨大的城砖，也成了未免细琐的构件。现在动不动是跨度惊人的整体结构，混凝土与钢筋，合成金属与玻璃材料，三下五除二便可以完成以前要用砖一块块砌成的那些关键部分。建筑物的外表，或玻璃幕墙，或大尺寸石材，或大面积整体金属，或浑然一体的水泥"素面"，总之难再有砖的风貌。像以往的那些传统砖雕，一般都仅在一尺见方之内，大的也不过一米见方之内，影壁上的或许会更大一点，或者还有连续回环之势，但是跟现在城市大体量建筑的装饰部件相比，则全"小巫见大巫"了。现在建筑物上的浮雕、圆雕动辄比真实人体与物品还大，一些抽象的装饰部件更可能跨越整个建筑物，极其壮观。

砖，作为前工业时期最普遍的建筑部件，在工业化时期被逐渐淘汰，到了后工业化时期，则被作为一种农业与手工业时期的社会符码，进入了历史，成了文物。北京明城墙遗址公园的形成，便是一个明证。人们在这里怀古，怀旧，欣赏古人残留给我们的文明断片，咀嚼从古砖里氤氲出的音韵诗意。人们在这里会频频地继续发出"怎么竟把北京的古城墙拆毁得仅剩下这样的残段了啊？"的喟叹，但无可阻止的事态是，今后绝大多数的城市居民所使用的新建筑都不会再有传统的砖了，正如今后绝大多数城市居民都普遍使用沙发椅而既无力也无意去置备仿古硬木明式太师椅来家常使用一样。今后或许会有为自己建造或购置磨砖对缝精心砌建并有精美砖雕的仿古住宅的人士，其居所里摆放、使用的净是些纯粹的手工艺品，起居室一面墙上挂满从全世界各地收集来的手制面具，其最炫人眼目的摆设也许是被射灯聚焦，搁放在覆有黑丝绒的台子上的一只从山乡收集来的竹编粪箕——但是，请切切懂得：那一定是在工业化和后工业化进程中获得大利的富豪之一！传统精砖与其他手工含量高的物品成为只有富人才玩得起的"穷讲究"，正进一步有力地说明着砖已逐步坠入历史深处，对此，您是否同我一样心潮难平？

材质之美

　　从科罗拉多首府丹佛北行不远，便是博尔德市，博尔德意为大石头，其命名的缘由一目了然——雄踞它背后的落基山石脊嶙峋，随着山势，仿佛有许多硕大无朋的巨石汹涌泻下，博尔德宛若一块泻到平原上碎裂为无数散璋零玉的大石。博尔德市一直坚持禁建高层建筑的守则，因此从高速公路逼近市区时，落基山毫无遮拦地整体在目，高原的骄阳，纯净的蓝空，把山石、山松、山草映照得廓清色艳。倏地，博尔德市背后山腰上的一组建筑物跳进眼中，那是我从若干建筑艺术画册中早已看熟的事物，不由得在车上叫了起来："美国国家大气研究中心！"

　　美国国家大气研究中心建于 1967 年，是美国著名华裔建筑大师贝聿铭早期的代表作之一。国际上的建筑大师少有既述又作的，一般或述而少作，甚至于中年后便述而不作，多在大学建筑系任教，从理论上发展；或作而少述，甚至于作而不述，主要靠一个个实际的作品"说话"。贝聿铭属第二类中的典型。据说有关业主请一些建筑师提出关于这座大气研究中心的构想时，别的建筑师都报上了想象图，唯有贝聿铭交了白卷，他说除非他到拟议中的建造地落基山麓做一番实地考察，他是无法开始进入构思的。后来业主安排他和他夫人到所择的半山天然坝地实地观察，他仍多日无所表述。贝聿铭每构思一个作品，总要使其与周遭的自然环境与人文环境相和谐、互彰美，从不孤立地追求建筑物"本身"的"唯美"，这是他取得成就的最大优势。当时落基山麓已有别人设计的美国空军学院建筑群落成，全部玻璃幕墙，以其轻盈灵动的反自然趣味，突出工业化高科技的征服性格，颇得舆论好评。贝聿铭此前早已多次采用包豪斯流派的简洁盒式设计技巧，并熟练地使用过玻璃这一材质，他显然是既不愿自我重复，更不能在落基山麓随人之后，所以许多天里一直在观察中苦思不语。后来他扩大考察范围，终于在科罗拉多印第安人聚居地，从印第安人的传统居室中获得了灵感，那些蜂巢般的居室与赭红色的山石融为了一体，不像是人为建造出来，倒仿佛是落基山本身生长出来的"石蘑菇"，于是，他便决定把美国国家大气研究中心也设计成恍若从落基山半腰上自然生发出来的一组赭石。

1987年，我曾在纽约州绮色佳的康乃尔大学参观过贝氏设计的姜森美术馆，这是他在博尔德国家大气研究中心之后的作品。这两个作品，在我看来都是他所谓"沉思几何学"的代表作，建筑物的外形完全由实际的或镂空的几何板块构成，从图片上看美国国家大气研究中心时，我便觉得那是姜森美术馆的一次演习，以形态而言，很难说是从大地上自然升腾起来的衍生物，及至到了博尔德，驱车攀登到向往已久的大气研究中心，从各个立面仔细观赏，我更觉得一些评论者盛赞贝氏此作品"与落基山浑然成为一体"的考语，未免是激赏中言过其实了。无论落基山的山神如何自由挥洒，也是无从点化出这一组充满人类科学理性的几何形板块的，我想这样的体态恐怕与印第安原住民的传统宅合也相距甚远。那么，所谓贝氏的这一作品与落基山的和谐感，究竟体现在哪里呢？我以为，那主要是他对建筑物材质的精心选择。

从画册上看到过美国国家大气研究中心的人，相信都会对贝氏所选择的赭石色混凝土立面留下深刻的印象。我在实地观察，发现一般画册上的照片大都在制版时把那赭石色强调得过了头，想来印制者的动机是唯其如此，方能突出贝氏此作与落基山本色相谐的构想。实际上那组建筑物的外色并不是那么雷同于落基山的自然山石，虽偏褐却绝不是深赭色。我仔细观察的结论是，贝氏这一作品神韵之所以与落基山的巨石相呼应，主要还不是外表的选色，而是他特意就地取材，将山上的石头碾碎，掺入混凝土中，成为"骨料"，这样不仅使原本灰色的混凝土具有了山石的某些色调，而且更重要的是，使这组建筑物的立面不同于一般混凝土墙体的视觉效果，显得格外粗犷、豪放。由于在工艺上十分精心，整个建筑群的线条非常精确、规整，体现出了巧夺天工的现代化高科技的理性美，所以用山石渣为"骨料"的混凝土，那带有"气孔"的"赤裸感"就并不让人觉得是粗糙马虎，反而强烈地发射出一种理性的人与野性的山相沟通的氛围，实在是因地制宜地善择建筑材质，把材质之美，发挥得淋漓尽致的经典之作。

对建筑材质精心选择，并竭力光大材质之美，是贝氏一贯的作风，他在中国本土的作品，在这一点上最值得称道的是台湾岛上台中市东海大学的鲁斯教堂。鲁斯教堂的整体结构仿佛是一架巨大的单脊帐篷，呈抛物线的墙体从两侧地面跃升到顶部汇合，从正面看教堂入口犹如一个巨大的人字，这样的外形既奇诡，又符合人神亲和的宗教性诉求。鲁斯教堂以当地烧制的土陶瓦来铺敷整个外墙，那些棕黄色的菱形陶瓦有别于表面光润发亮的琉璃瓦，它们粗厚拙朴，显得沉着而庄严，使整栋建筑物在绿树草坪映衬下显得美而不艳、奇而不俗。鲁斯教堂外敷墙瓦的材质之美，亦是贝氏艺术造诣的一大案例。但贝氏在建筑物材质的选择上也并非尽如人意，如北京香山饭店，整体以流行于中国大陆江南的白粉墙为立面，其间以人工水磨青砖来勾连其上的窗牖，就有人批评其忽略了中国北方的光照与南方不同，而且香山地区的自然生态与皇家园林的底蕴也与江南白衣富家的青瓦白墙的建筑格调相龃龉。贝氏所标榜的就地取材，在香山饭店的设计上亦流于他的主观想象，实际上北京地区出红砖而非青砖，从外地运来原料再由工人打制为可严丝合缝的水磨青砖，最后使每块砖材的成本升至十元人民币以上，大大地增加了整组建筑的造价，而最后所追求的材质之美，却并不能得到大多数人的认同。

注重在建筑物的选材上体现出材质本身的美感，应已融汇于全世界建筑师们的职业性思维中，但可惜至今仍有一些建筑师在这方面的思考或甚浅薄，或竟还暂付阙如，结果使得一些建筑白白地使用着造价高昂的材质，却很少体现出美感。像北京前些时候建成启用的新东安市场，其北侧正门使用了大量黑色与红色的大理石材料，本应体现出"红与黑——永恒的主题"这一人类广有共识的审美意蕴，却由于未能细致地厘定并严择石材的色泽质感，加之对彼地光照规律的完全忽视，结果令人无论早晚望去都暗淡沉闷，全然不能给人一种华贵喜悦的美感。愿这类失误，在大兴土木的我国，尤其是在重大的建筑设计中尽可能减少！由此也就想到，无论如何，像贝聿铭这样的国际建筑大师们在体现建筑材质美感上的成功范例，实在值得仔细揣摩，认真借鉴！

觅得桃源好寄情

　　北京有个门头沟区，传统上以挖煤为其支柱产业，现在煤快挖光了，所以格外重视"无烟工业"——大力开发旅游资源。其中不少名胜古迹，这些年来也确实声播海内外，如百花山、灵山、妙峰山、潭柘寺、戒台寺等等。这两年来，门头沟却有一处前所未闻的地方，吸引着络绎不绝的观光者，那是个深掩在丛山里的小小村落，名字叫爨底下。爨字很难写，细看却很有味道，有如一幅图画，它的字意，是烧火煮饭。你看它上头是个大屋顶，下面有树林子，然后是个大篓了，最下边是火，很有人间烟火气，散发出一股祖籍故居特有的馨香。不做动词用时，爨字就当灶讲。有人嫌爨字太难认也太难写，把爨底下改成了川底下，我以为不合适，爨读 cuan，去声，川读 chuan，平声，音既不同，意更轩轾。本来，这村子是韩姓聚族而居之地，最早，可追溯到明朝永乐年间，后来穿越清代，乃至经过 20 世纪以来的漫长岁月，居然大体不被外界各种力量"搞乱"，从村落外观到村民间的人际关系，淳朴如昔，众人在一个大灶下生息歌哭的生态，以爨底下来命名实存是恰如其分。说成川底下就没道理了，这村子上下都没有河川，有时山洪爆发，为避山洪村子不断上移，非用川字命名，也只能称之为川上头。

　　最早发现爨底下村非凡价值的，大约是建筑界的人士，更具体地说，是搞建筑史和建筑评论的一些人士。当他们头一回来到这个山村时，简直惊呆了。据说，南方历经千难万劫而大体保持明清旧貌的村落，还很有几处，但整个北方地区，像爨底下村这样的活古董式的村落，实在是罕见难寻——大家可能知道乔家大院，那是一所大宅院而已，并非整座村落，而且历史也不过百年。爨底下村依山而建，就地取材，上下两部分，以弧形大墙界断，墙以山石错落砌成，高达二十余米，有隐蔽的陡梯相连，远望颇似拉萨布达拉宫；村后有山包"龙头"，从"龙头"俯瞰，整个上下村的院落辐射为扇面状，又略呈元宝形，细观，则又有周易八卦图的意味，还有人说能看出太极阴阳鱼的布阵痕迹。村落中的农居，大体都是四合院或三合院，有的仅一进，有的顺山势多达三进，因为山村地狭，所以四合院、三合院的格局与北京城内的大异其趣，厢房多往当中"挤"，而且进深浅，正房房基高、阶梯陡。尤为有趣的是，各个院落表面上各自独立，其实房后都有暗道勾连，院院相通，上下自如，瞬息可以转移呼应，这既有利于防盗匪，也有利于在突发山洪时往安全处跑。爨底下村现存院落七十余套，约五百多间，但常住村中的居民仅三十余人，所以大多数院落房屋都陈旧不堪，院门大开，屋门上象征性地挂着早已生锈的锁，或根本不挂锁；有的院墙房屋已然破朽乃至倒塌，颓垣断壁中杂树丛生、野菊怒放；从山下沿着蜿蜒的石梯迤逦而上，一时会不知身在何时何处，是自己走进了历史，还是历史裹胁了自己？近侧鸡鸣，远处狗吠，如梦如幻，心荡神驰……

建筑界的人士发现了这样一处明清建筑史的活化石，尤其是北方农居建筑群的杰出标本，其欢欣鼓舞是理所当然的。紧接着，社会学家、民俗学家、人类学家、环境生态学家……接踵而至，或考察这个村落留居村民的生活状态以及外流人员的走向轨迹，或研究其民居风格中的刻意追求与集体无意识，或追究其村民从一姓衍生，却并无近亲繁殖的弊病后遗出现，是怎么回事？或将建筑群与周遭山野的内在关系做详细调查，对这块"宝地"的"风水"做出科学诠释……据说已有好几群"泛文化人"，即从事的学科不那么专一，包括作家、记者、编辑等，到这山村边看边议，所讨论的问题里，有一个是：这个村子是怎么经历过土地改革、农业合作化、大跃进……特别是，怎么经历过"文化大革命"的？现在只能在村墙上看到些残存的"文革"标语，还有某些四合院门洞的壁画被政治口号覆盖的情况，但奇怪的是，这些政治社会的浪潮，竟都不能改变这个村子的整体格局，尤其是，竟几乎没有在任何一个阶段，盖起哪怕一栋搅乱整个建筑群轮廓线的新房屋，这是村民们的一种自觉的默契，还仅仅是从历史网络中漏下的一个偶然特例？

像一池泛起涟漪的春水，爨底下村的名声引动了范围越来越广的关爱。画家们岂能放过这一写生的宝贵对象？一位大画家说，面对这青瓦石墙、卵石曲巷的古建筑群，他有一种直面历史的浑厚之感涌于胸臆，那种特殊的审美愉悦，是多年不曾有过的了！他不顾年老体弱，在山上一画就是好几个小时。秋日，专业的、业余的画家成群结队地来到这个小小山村，看样子是觉得这里有取之不尽的灵感之源。

近日，一位几次去过爨底下村的朋友对我说，他已经产生了在那村中租房长住的打算。他说，那山村真乃世外桃源，他是"觅得桃源好寄情"。我问他，寄怎样的情？他说，这样道来你就明白了："觅得桃源好避钱。"这位朋友也是认为国人面临"现代化的陷阱"的，在市场经济风起云涌之时，力主知识分子持批判的态势；我虽并不与他的站位和理念认同，但也觉得市场经济于社会俗众除了正面效益，也确有负面影响，对那些负面的东西，比如金钱至上、钱权交易、因钱丧德、瞻钱卖艺……当然应予批判、唾弃；他能到爨底下村那样的古色古香的环境中潜心做他的学问，我实在应该支持。

我陪朋友去爨底下村觅一处居所。行前据他说，半年前曾问过村里一位老大娘，租她一所厢房，一年需交多少房租？老大娘说："您来住，俺高兴还来不及，要啥钱，您随便住唄！"真乃漂母返世，令他感动不已。我们的汽车到了村前，却见有一不锈钢的自动伸缩栅横在新铺成的柏油路面上，原来新近此村已辟为了正式开放的旅游景点，每位游人收取门票十元；交妥费，那电栅方紧缩，让我们通过。及至到了村口，方抬脚要登那山道，忽然发现，原来用鹅卵石铺成的古径，已被焕然一新地改铺为颐和园后山坡道那样的面貌；登了几十米，转了个弯儿，忽然有两口直径逾一米的"大锅"闯进了眼帘——不是明清的大铁锅，而是乳白色的承接电视信息的那种锅型卫星接收器！当时我的惊呼声比朋友更响，不是我不赞成因开发旅游资源后迅即富裕的村民享受现代化的资讯，但那制作精良的合金锅，实在是给古建筑群构成的拙朴景观破了相！再往上去，曲巷通幽，陈门旧屋，残窗颓壁，倒还保持着桃源诗意……却又忽有一块"女娲商店"的招牌落入瞳孔，进得那小小商店，商品倒也平常，无非可口可乐、箭牌口香糖之类，但出乎意料的是，店主是位从眼影到睫毛、从马甲到长裤都按都市趣味装点得相当个性化的女士。一问，原来是个"觅得桃源好寄情"的先行者，她从城里到该村租屋而居已三月有余，开店只是为了挣些小钱以为补贴；她自称要将西方文化中的夏娃和中华文化中的女娲相融合，在此山村写出探索女性"原心理"的鸿篇巨制……我本拟与那女士详谈，朋友却气咻咻地把我拽离了那爿小店，到了一处废院，他叹口气说："没想到半年未来，桃源已不成其为桃源了！"后来，在上村遇到区里一位文物局的干部，问起那位开店女士，更得知她与村里一位四十来岁的鳏夫同居，两人成长背景，特别是文化背景差异那么巨大，可是却相处如饴，据说那被她唤作山哥的村民也并非剽悍雄奇之辈，相貌甚至有点猥琐，性格也有点木讷……

出得村子，朋友长叹："任是深山更深处，也应无计避新潮！"稍许，又重复一遍，把"新潮"改说成"商潮"，以更凸现他的观点。

区文物局的干部对我们说，他们已意识到改铺鹅卵石山径是败笔。这村子辟为旅游点后，将尽量保留所有的旧建筑，不会在村里建客栈饭店，想住下来的游客可以在村民的民居中留宿，村民也可以由此创收；想吃饭的游客则可在离村十分钟车程的国道边饭馆里进餐；只有那电视接收锅的问题，一时不好解决……他瞻望起前景来十分乐观。

能否将爨底下村隐蔽于现代化进程之外，使其只成为朋友一流的少数智者"避潮"的桃源福地，并从那类地方，辐射出他们闪光的思想，以将俗众从"陷阱"中拯救出来？看来，这种可能性是越来越小。我清醒地意识到，我们所面临的发展大势，具有某种不可逆转的性质。我尊重朋友的站位和观点，但我自己却决定在顺应大势的前提下，对世道人心做力所能及的匡正，而避免堕入"众人皆浊我独清"的乌托邦情结（实为另一陷阱）中。

感谢爨底下村，它给予了我领略历史沧桑的审美快感，更引发了我如许的思绪。我将再去，于我而言，也是"觅得桃源好寄情"啊。

什刹海畔千斤椅

一段时间，全国各地报纸都广泛刊登了两条关于北京的报道。一条是开通了自玉渊潭到昆明湖的水上旅游线路，一条是什刹海边安放了一百把千斤重的整雕石椅。这两条消息再次提醒人们，北京不是一座"旱城"而是一座"水城"。玉渊潭至昆明湖的长河，在老城圈之外，而什刹海以及与其相连通的积水潭、北海、中海和南海，却是在老城圈之内的西北部，构成着水波潋滟、绿树环合的秀丽风光。

在我的小说及散文随笔里，常常出现什刹海，仿佛是一个贯穿性的角色。其实于我而言，它哪里仅只是一个笔下纸上总不免要趁隙一现的美人儿，她（我已不能再以"它"来称谓什刹海）分明已融进我的生命。我曾紧依她的身畔，度过了从十九岁到三十七岁的青春岁月，在精神上，她于我兼有慈母、慧姊、挚友、良医般的滋养呵护。当然，你注意到，我没说她是我的青春情侣，这当然是为了怕引出家中贤妻的误会——写到这儿正好妻来唤我吃饭，看到这一行大笑："你不好意思说，我可好意思说，什刹海就是我的青春情侣！不过，我要写他，就用人字边的他！"——吃完饭接写此文，仔细一想，可也是，在我的感受上，什刹海是阴柔秀美的，而在妻的感受上，什刹海却颇阳刚雄健；算起来，妻在什刹海边住过的时间比我更长，那湖边蛛网般的胡同，举凡鸦儿胡同、刘海胡同、大翔凤胡同、小翔凤胡同、大金丝套胡同、小金丝套胡同、羊角灯胡同、花枝胡同……是我们青春生命共同的徜徉空间，无数最浓烈的喜怒哀乐，最隐秘的幻想企盼，都镶嵌在了那"镜框"之中，也许，正是什刹海夏日碧波的低吟浅唱，与冬夜湖冰因陡然膨胀而发出的"冰吼"，引发出了我们诉说不尽的共同语言、心灵共鸣，从而，什刹海又可称之为我们感恩不尽的媒人。

为迎接中华人民共和国五十周年大庆，什刹海又进行了一次彻底的疏浚，前、后海都重装了新的铁栅护栏，周遭的绿化也进行了增补加强，不消说，还有沿湖长椅的重新配置。记得我们居住在什刹海边时，湖边就有铁脚铁脊与木条组合而成的长椅，其形态与蓝波绿柳十分和谐，虽说日久天长，风吹日晒，那长椅难免漆落锈现，有的乃至木条残缺、倾斜破败，但大体而言，尽管那些年代里休整油饰的次数有限，但无论四季何时，可歇坐者总还居多。现在呢？什刹海畔已用重达千斤的整雕石椅取代了往昔的铁架木椅，这是否首先是出于美学上的考虑？非也，据什刹海风景管理处的负责人介绍，前年新安装了两百把铁架子、木头板的双人路椅，到了去年春天，70%遭到不同程度的破坏；补装维修后到今年检查时，工作人员发现又有50%的路边长椅被破坏。在十分无奈的情况下，管理处想到了搬不走、踩不坏的石质椅子。于是专门派人前往以盛产石料闻名的河北省曲阳县订做了一百把石椅，每把椅子都是由一块花岗石整体雕刻出来的，长90多厘米，厚约50厘米，重达千斤左右。为此，什刹海管理处的安主任开玩笑地说："我们这些椅子是为大力士准备的。"安主任着实幽默，但对于什刹海畔的千斤石椅，我和妻子，以及许多北京的市民，都实在难以抖出笑纹。

前些天我重访什刹海，在一把千斤椅上坐了良久。当夕阳西下，我正欲穿过湖畔的烟袋斜街离开时，却被当年一位老邻居叫住了。那是鄂大爷。我二十啷当岁的时候，他已经奔五十了，如今虽说须发皆白，年逾八十，那身板，那黑红泛光的肤色，特别是那亮锣般的嗓音，却仍透着健壮硬朗。想当年，无论公家还是私人，哪有那么多机械制冷设备，从大仓库里降温，到小摊贩卖易腐易馊的食物，常常还是要依赖天然冰。什刹海当年便是最大的天然冰产地，隆冬时节，岸边架上许多木板滑梯，湖中许多的采冰工繁忙地凿冰运冰，硕大的冰块从滑梯上拉至岸边，立即被装上卡车，迅速运送到城内外的冰窖里储藏起来，以备盛夏时供应各个部门，也捎带着零售一些给一般市民。鄂大爷当年便是一名熟练的采冰工，膂力过人，嗜酒豪爽。我们不期而遇，都很兴奋。但没说上几句，就把话题落到了千斤石椅上。我说："您是大力士，这椅子只有您配坐。"谁知一句话激怒了他，他竟满脸溅朱，先指着那石椅说："丢人现眼！"又质问到我鼻子跟前："你们这些人是干什么吃的？也不起点子作用！"

虽说跟鄂大爷最后还是尽欢而散，但他那关于千斤石椅的耻感，特别是对"我们这些人"的愤激性企盼，使我一颗心久久怦然。鄂大爷一贯尊重所有的文化人，即使在"文革"那令所有的"斯文"皆尽"扫地"的岁月里，他无力挽大势狂澜，却能坚定地让他的子女仍把胡同杂院里挨了斗的文化人都唤作"老师"。当然，他始终搞不清比如说作家和记者，社会科学工作者与自然科学工作者以及工程技术人员，其实在职业分工上还有若干重大的区别，在跟我对话时统称"你们这些人"，也非止一回；但他那认为"我们这些人"对什刹海畔出现千斤石椅的怪相，应负起一定的匡正世风责任的"怒吼"，却实在不能置若罔闻。

重访什刹海那天晚上，恰好与几位"我们这些人"中的朋友在茶寮相聚，我将石椅和鄂大爷都形容了一番，引出了热烈的讨论。虽非"百家"，但思路立论极其纷纭。有的说，这类事，跟随地吐痰一样，经济发展了，生活水平普遍提高了，特别是受教育程度普遍提高了，绝大多数的社会成员也就自然不会那样不文明了；有的说，你写一万篇呼吁不要损坏公共座椅的文章，也顶不了一条"凡损坏公共财物者一律罚以鞭刑"的峻法；有的说这是很小的事情，现在是过渡期，市场经济使一些市民唯私损公，或者心理不平衡，拿湖边长椅撒气，更也许是农村民工大量涌入，缺乏文明习惯所致，只要过渡到一定程度，市场秩序健全稳定下来，社会不公问题趋于缓解，以及农村民工逐步融入市民群体，这些事情就都只不过是"明日黄花"罢了；还有一位说，公众共享空间的器物理应坚实耐用，现在什刹海边的整雕石椅的拙朴风格与周遭风物的格调很相契合，这明明是顺理成章之举，怎么会觉得"丢人现眼"？另一位跟上去说，劝人树立公德心的文章，属于非文学的"老生常谈"，何况如今你就是把那文章写得格外生动深刻，在这消遣休闲的文章大行其道的文化市场上，又有几多"卖点"几多读者？……也有说大陆该出个龙应台了，十多年前，尚未移居德国的龙应台曾以《中国人，你为什么不生气？》等文章，引出了一股震动台湾读者的"龙旋风"，直到今天她仍保持着那股子勇猛地针砭恶劣世风的飒爽锐气；还有人提醒大家注意，也是在各报报道北京什刹海被迫设置千斤石椅那几天里，各报也都报道了一名旅居韩国的日本人池原卫在韩国出版了《对韩国和韩国人的批判》一书，书中大骂韩国人"容易激动，又容易失望"，"韩国人的秩序意识等于零"，"韩国人是不懂礼仪、不知廉耻、不遵守交通规则的民族"……池原卫做好了被韩国人打死的准备，却没想到他的书虽然确实引起了一些韩国人的愤怒，可是，该书却在今年上半年稳居韩国综合排行榜的榜首，众多的韩国人在"麻辣烫"的尖锐批评中产生出愧疚，有的韩国人在"读骂"之后，反而感谢池原卫给予了自己"忠告"。我们北京什刹海畔竟安放不了铁架木椅，只能以千斤重的石椅来保证五十年大庆期间观瞻的完整，难道不该骂一骂吗？难道也得等池原卫之类的"外宾"来开骂吗？难道仅仅像台湾的柏杨那样，骂几声"丑陋的中国人"，简单地概括为"脏乱差"什么的，就算鞭辟入里了吗？我们的报刊书籍，为什么不能发出黄钟大吕般的激越呼喊："同胞们，我们为什么不能好好地过？"……在众多的争议声中，我却沉默了。

那天夜里，归家的路上，我一个人走在僻静的护城河边，心里五味俱全。什刹海风景管理处安主任的声音响在我的耳边："我们这些椅子是为大力士准备的。""我们这些"人中，哪些人，或者哪些人的合力，能把这些石椅的沉重感，以及连带的愧疚、惊警、反思、醒悟，举放到同胞们的心灵中？

北京城的建筑色彩

对古老的北京城，有"半城宫墙半城树"的说法。确实，朱红的城墙，明黄的瓦檐，配上浓绿的树冠，上面是碧蓝的天空，那色彩真是漂亮。明成祖时期基本定型到今天的北京城，在明、清两代，建筑基本是五大类：一类是中轴线上的宫殿群，色彩基本上如前所述；第二类是祭祀的神坛以及寺庙道观等宗教建筑，其形状色彩与皇权建筑相衔接，又加上含有特殊寓意的其他处理，比如天坛的祈年殿，古人认为天圆地方，所以最后屋顶是圆形，并用蓝色琉璃瓦覆盖；第三类建筑是贵族府第，一般是外敛内奢的形态，外部围墙很高但呈青灰色，里面的屋宇绝不露头露脸，但有时其形状之奇诡、色彩之艳丽却超过了皇家；第四类建筑是商铺建筑，这类建筑的原物如同北京的城墙城门一样，已经基本被拆除，所剩罕见了，不过可以从复古的琉璃厂街市去想见当年的景象，要说明的是，琉璃厂所搭建的仿古店铺建筑基本上是晚清的样式，装饰零件极为琐碎，色彩杂乱，并非北京古代商铺建筑中的精华；第五类就是北京的胡同四合院里一般的民居建筑，那差不多全是青灰的色调，虽说一水的青灰，但在大面积的青灰色当中，以红油或黑油的门板，兼以各种植物四季不同色彩的配伍，构成点缀，不但视觉上令人感到舒服，也氤氲出一种闲适安谧的人文气氛。

如今的北京城，天际轮廓线发生了巨大变化，色彩也打乱了原有的序列，商业街道跟古时比可以说已经面目全非，胡同四合院正被不断地拆除改造，特别是大体量的现代化高楼雨后春笋般拔地而起，建筑色彩全由每幢建筑的设计者把握（他们当然首先要满足业主在色彩审美方面的要求），而城市发展的整体色彩把握是否已经纳入了规划细目之中呢？则颇令人置疑。

北京的新建筑，单体而言，在色彩把握上表现不俗的例子，在复兴门内外就可以举出若干。中国人民银行总行的建筑使用了石材镶砌墙面，保持了石材类似水泥般的原色，这个色彩处理的构想很雅气，可惜施工当中不知出了什么问题，这些墙面石材上过了这么多年仍有斑斑水渍，属于设计不错但落实不好的败兴例子。它斜对面的远洋大厦，上部中部框架都保持合金钢建材的银灰原色，其间的大玻璃窗也保持玻璃原色，下部则以黑色石材镶嵌，给人以稳重而标致的感觉，而且从设计到施工可谓功德圆满。保持建筑材料原色可以是好的色彩处理，刻意赋予建筑物外观色彩也可以是好的处理，问题在于设计颜色时是否把应该考虑的因素都考虑到了，并能在各种因素中求得平衡。大体量的高层建筑的色彩处理，不能不考虑到所在地的气候特点、光照规律、周边环境，以及来往人流车流的视觉习惯，甚至还应该考虑到一个民族的审美心理定式，以及深层次的人文内涵，当然更应该把新时代所引进的新观念，特别是新一代市民的求新欲望，也都考虑进去。复兴门东南侧，大门朝西，紧贴立体交叉桥的天银大厦，设计者为它的外表选择了两种基本色调，都不是一般中国人认为是"怯"的正色儿，而是中间过渡色，墙体是从深棕向土黄过渡的一种淡咖啡色，玻璃窗幕则是从青蓝向草绿过渡的一种浅绿色，搭配得既娇俏却又端庄，我以为是相当成功的。

近来北京一些社区给旧楼房的外墙刷新美化，耗资不赀，这本是一桩好事，但有的街道两旁的楼面一律漆成了大红、赭红、紫红一类颜色，显得非常"怯"，不仅扎眼难看，而且有路人反映见之心跳加速，血压升高，无端亢奋。一位意见最大的路人评论道："这是晃摇大红布，斗牛啦？！"这样的问题，值得认真研究。

在一座城市的基本色彩情调定下来之后，某些建筑的色彩"出跳"不但无碍，还会形成一种调剂，构成特殊情趣。比如巴黎整体是灰色，灰色是能与各种艳丽色彩配伍的雅色，丝毫不影响巴黎那"花都"的美誉，而且通过蓬皮杜文化中心那样个别具有强烈艳色外观的单体建筑的"出跳"，令"花都"的妖娆更加丰富。迅疾发展中的北京不但应该在单体建筑的设计上更加注意色彩方面的创意，更应在城市规划中加强对整体色调把握的定位与控制。北京的整体色调是以青灰，还是以银灰或浅褐色为主呢？希望能展开讨论，形成共识，加以协调。

我们共同的"五味盆"

　　那一年我十九岁。那时候从市区到现在二环路以外的地方觉得很远。我和几个同学汗津津地奔赴朝阳门外。那时候东四十条还没有打通成为马路，更没有现在那宽阔的平安大道。我们出朝阳门外，觉得走了好长一段路，过了神路街的大琉璃牌楼，再往北拐，啊，看见了！我们欢呼起来。我们看见了新建成的工人体育场。那时它还没有启用。多像一只宏伟朝天的银色巨盆啊！我们围着它转。后来又看见了跟它同时建成的工人体育馆，觉得像一个高耸的银铸宝盒。那一年北京一口气建成了"十大公用新建筑"，我们少年人倾心的头一座，自然非"工体"莫属！四十年后，我在所著的《我眼中的建筑与环境》一书里这样表达对1959年"十大建筑"的感受：虽然几十年过去，北京增添了无数的新建筑，但这些"经典名著"仍显示着中国气派、造型魅力，而且其投料、施工水平都属一流，功能性十分到位，经久耐用，易于修整，是时代给我们留下的宝贵遗产。

　　在20世纪60年代初期，到"工体"去看体育比赛是我辈一大快事。可惜后来有十年的时间，"工体"竟被当作了大搞阶级斗争的场所，而且久不维修，日渐破旧。那一年我三十六岁，又去"工体"，虽然"工体"仍未大量开展体育活动，我去是参加一项非体育的活动，但心情非常欢畅。那是1978年，中断多年活动的北京市文联借那个地方召开新一届的代表大会，我作为新人被邀参加。与会代表住在"工体巨盆"那敦实"盆壁"里的招待所，大会会场设在其附属的大礼堂里。那时候我已经发表了《班主任》、《爱情的位置》两部短篇小说，反响强烈，于是一鼓作气，又写了一篇《醒来吧，弟弟》，这篇怎么样呢？

请了些文友，聚在"工体"的庭院一隅，把手稿念给他们听，他们都予以鼓励。那时抬眼望去，"巨盆"一角魁伟如山，绿树繁花，晴空万里，不禁胸臆大畅，文思泉涌。今天回忆起来，那情景仍鲜艳亮丽。因此我跟"工体"不仅有"体缘"，也有"文缘"。

那一年我四十三岁了。"工体"早经修整改进，彻底恢复了其体育场的正常功能。改革开放，生活提升，人生五味里，甜味渐浓，但毕竟不能事事立即如愿。比如中国足球"走向世界"，本以为胜券在握，却万没料到竟在"工体巨盆"里，发生了中国队败于香港队的"咄咄怪事"，一些球迷在散场后有一些过激行为，惊动世界，是为"5·19"事件。如何看待这一事件？如何对待那些"闹事"的球迷？经过一番思考，我写出了纪实小说《5·19长镜头》，把足球比赛与观看比赛放到人类文化一个重要品类的框架中，从人类行为学、心理学、社会学等角度，做出了自己的独家分析，吁请多多理解、关爱那些在随时代前行中，因青春激情而一时乱了步子的青年人。此篇很快发表在《人民文学》杂志，引出了我走上文坛后的第二次轰动。事隔多年，还有不少人记得这个作品，见到我时，往往会提起它来。"工体"啊"工体"，通过《5·19长镜头》，我跟你的"体缘"与"文缘"，融汇为了一体！

"工体"确实是一只巨大的"五味盆"，它承载着北京人——也不仅是北京人，还包括难以统计，但数字一定也不小的外地人，乃至外国人——那涌动奔放的情感，其中酸甜苦辣咸俱全，特别是中国足球"走向世界"的历程中，好多足印是烙在"工体"的绿茵上的。人们尝到了延续多年的苦涩酸辛，虽说这是在国力日益健旺、生活日益多彩的大甜中的苦涩酸辛，但究竟不是什么好滋味。直到2001年，中国足球队终于闯进"世界杯"决赛圈，这苦涩酸辛才化为了甘甜。"工体巨盆"默默无言，也许，它是在想，这关键的"翻身仗"，怎么让沈阳五里河体育场占了先，而没有让自己胸怀里的绿茵，享受那一份突破的荣耀？

如今北京有了多个新的体育场。为迎接2008年奥运会，还要兴建更宏大更先进的体育场。"工体"渐渐成为"老爷子"了。这位"老爷子"可不服老，正在新情势下设法返老还童，腾出部分场地兴建"海底世界"就是招数之一。人们仍然愿意亲近它。小半个世纪里，它已经承载了我们那么多的人生滋味，"工体"你这巨大的"五味盆"啊，叫你一声"大众情人"，你不会生气吧？

珠走玉盘喜煞人

世界杯这场全球性的大游戏，牵动了人类社会生活的各个方面，为承办2002年的世界杯，韩、日两国都新建或扩建了不少赛场。从赛事安排上，可知一个月的比赛将巡回于二十座赛场，其中韩国、日本各十座，韩国的十座全为新建，日本大阪、茨城两座为扩建，其余也是新建。从建筑艺术上欣赏这些比赛场所，也是一大乐子。看电视转播时，我以为不仅要看场上的拼搏，像场边教练与替补队员的动向、看台上啦啦队的奇异装扮与狂热跃动、赛场的全景与鸟瞰镜头，也都值得欣赏品味。

随着足球运动的普及和足球比赛的观赏性不断增强，现在世界上兴建的没有跑道环绕的专用足球赛场越来越多，这样的赛场拉近了观众和绿茵的距离，在看台上可以把球员和拼搏情景看得更真切，比在综合性赛场观球过瘾多了。韩国为举办世界杯新建的十座赛场里，至少有两座是专用的足球比赛场，日本新建的埼玉体育场更把专用球场的特色体现得淋漓尽致，六万三千六百个看台座位近拥绿茵，两个对称的三角形拱状顶棚把东、西日晒化为乌有，整个形态比一般综合性体育场更显玲珑秀美。

旧式的体育场，多为显豁的盆式，一般没什么顶棚，即使看台最上部有一点遮棚，也大都是从建筑结构的稳定性上考虑，而并非为看客着想。现在世界上新建的体育赛场，则都更趋向人性化，把人的需求，看客的舒适方便，提升到第一位，因此遮阳挡雨的顶棚也就越来越大。韩国新建的十座赛场，七座的顶棚覆盖率都在70%以上，像仁川体育场和釜山体育场的顶棚覆盖率更高达100%；日本的静冈、大分、札幌体育场的顶棚也是100%地覆盖座席，其中大分体育场的顶棚是滑动式的，开阖自如，技术上非常先进。

在所谓现代化的建筑格局与新型建筑材料的推广中，世界一体化的因素不可避免地渗透到各国体育场馆的设计中，但各国有志气的建筑师们还是努力地抗拒一体化对民族地域传统特色的轻视与消解。韩国新建的蔚山体育场把韩国传统民居合院的风情糅合了进去，仁川与西归浦体育场以风帆或海贝的线条来彰显临海的地域特色，都是值得称道的；日本札幌体育场的简洁造型也既有其传统工艺品的韵味，又契合于其北国风情。这些有益的尝试正如珠走玉盘喜煞人，值得中国建筑师们借鉴。

公共与共享

公共指的是俗众共用，比如城市中的公共汽车，它们的功能基本上只是为居民及外来客代步，还构不成一种生活享受。共享则强调要为公众提供满足健康欲望的生存享受。一般城市中的公共空间，如马路、人行道、过街天桥、广场、绿地、公园、商厦、博物馆、娱乐场所等，有的只能说具备公共使用的性质，有的虽能为公众提供某些方面的享受，但大都被切割在不同的区域之中。在新兴城市的规划中，以及某些老城的改造方案中，有可能使公众共享空间得到极大展拓，甚至于可以将一般公共使用功能都点化为令人欢愉的共享空间。

美国科罗拉多州首府丹佛，市政府大楼前的广场上矗立着相对应的两尊铜雕。一尊是印第安酋长骑在马上准备战斗，一尊是抛掷套马绳的西部牛仔在马上施威。前者告诉人们这落基山下广袤的平原曾是谁的家园，后者告诉人们又是谁从东部到此淘金驯马，在此创立了所谓的家业。有趣的是，现今的丹佛人并不以为这两尊雕像应当互相迎上去拼杀，而是心平气和地把他们都当成自己的先辈，平等供奉，体现出一种"俱往矣，朝前看"的实用主义心态，这或许便是典型的美国精神吧。

直到 20 世纪 80 年代初，丹佛还是一座闭塞而沉闷的高原城市，淘金热、圈地热早已化为影剧中的传奇故事，工业与农牧业停滞不前。后来由于开发了微电子工业，丹佛附近迅速形成了第二个"硅谷"，这就带动了整个大丹佛地区的经济发展。经济的腾飞自然促进了城市的改造与发展，许多处于类似状况中的城市，在急切展示经济成就的躁动中，轻率地将原有的陈旧建筑成片拆除，将其改造为模仿性很强的摩天楼，又往往盲目地追求新开发区的规模，结果是城市虽然可谓面貌一新，却新得没有特色，甚至于很快便令本地居民感到腻味，而外来客则除非有功利性的必要，绝少有"二进宫"者。丹佛市在改造与发展的过程中，却自觉地摒除了上述弊端。80 年代中期，市政当局与工商界密切合作，广泛地听取了市民的意见，又格外尊重、信任包括景观设计师在内的专业人士的想象力与创造性，结果,实现了一个在全美国堪称是大手笔的设计——将整个市中心营造成了一个巨大的公众共享空间。

经重新营造的丹佛市现有七十个密栽行道树的方块形街区，其中还嵌有四十五个敞开式公园，其中最令人兴奋的是第十六林荫大道。这条长达 1.6 公里的林荫道从头至尾均是向公众提供享受的场所，其中保留着当年仿照意大利威尼斯圣马可钟楼建造的尖顶钟塔，1892 年开业的布朗宫旅馆，具有欧洲文艺复兴风格的拉利美尔广场，若干早期富商建造的维多利亚式房屋，以及虽在 1984 年毁于大火，却依然以其残存躯壳为基础加以恢复的有百年历史的共济会会所。这些建筑物所经历的年头在我们中国人听来实在算不上久远，一般恐怕很难被纳入文物范畴，但对于美国人，又尤其是对于位于美国中西部的丹佛人来说，这些建筑物足可勾出他们酽酽的怀古幽思了！这些经修复及精心保养的建筑物都开放为银行、博物馆、商店或特色餐馆。当然在这条大道两侧又新建了若干现代派或后现代派风格的簇新建筑，其中不少是综合性摩天楼。这些不同的建筑又由以灰色与紫色磨光大理石镶嵌的风雨廊相勾连，公众可以全天候悠闲自如地游动在这阔大而丰富的立体空间中，尽享购物、观赏、休憩、娱乐、阅读、凝思的生活乐趣。最富特色的是，第十六林荫大道不仅有风雨廊及廊外极其宽阔的步行道，道上花栅内散布着街头咖啡座、啤酒吧，街心更有由绿树、花坛、灯柱、喷泉、圆雕错落构成的锦毯式共享空间，其中掩映着几十处售货凉亭和伞下雅座，从凌晨到深夜向公众提供着丰富多彩的小吃、饮品和雪糕、冰激凌，以及琳琅满目的工艺品、纪念品——其中引人瞩目的是牛仔帽和采自落基山的各色形态不一的石头;其间也有免费的自动饮水器和长椅短凳，并且预留出若干供专业和业余表演者进行露天演出的场地。为使这条林荫大道的公众共享性质更加凸现，并显示丹佛市的慷慨好客，当局还特意定制了一批低踏板、宽车厢、大玻窗的电动交通车，从每天凌晨六点至午夜，从林荫道两端，每隔七十秒钟准时发一班车，中速对开，逢到每一街口必停，并且完全免费，这就打破了一般城市中所谓步行街的雷同模式，令人不仅觉得方便，而且备感亲切。为保证这条林荫道永呈美感，有相当数量的全职清洁工随时维护保洁，包括每天三次定时冲洗花岗石铺敷的人行道。大道上保持随时有十二名警察值班，使在该区域享受生活的人们充满安全感。难怪如今丹佛第十六林荫道已成为了当地居民的骄傲，并吸引着越来越多的外地、外国游客——很多是兴致勃勃的回头客。

丹佛市政规划改造的大手笔，特别是第十六林荫道富有想象力的设计，启示着我们，公共设施的规划设计必须在共享性的展拓上下工夫，尤其要突出一个"享"字——健全的社会，意味着生活本身就是一种审美享受！

拼贴北京

　　已经写过很多次北京，2000 年还由上海文艺出版社出版了一本图文并茂的《刘心武侃北京》，难道还有可写的？当然！北京之所以说不尽，首先是因为它本身历史悠久变化巨大，尤其今日的北京，由静态北京转型为了动态北京，无论是笔、键盘还是口舌怎么忙个不迭，也还是赶不上它那令人眼花缭乱的"摇身一变"。再，北京之所以说不尽，也是因为我这个定居北京逾半个世纪的老市民的生命体验日日增酽，我觉得自己仿佛成了一只永能抽出新丝的老蚕。

　　还要写北京！但这回打算完全任由思绪的飘逸，随手写来。"后现代"理论有"同一空间中不同时间并置"一说，亦即以拼贴方式作为叙事策略，好！就拼贴一个我感受到的北京！

　　北京的魅惑力常常深藏在若干细节里。

　　比如：羊角灯。在北京内城西北什刹海水域附近，有一条羊角灯胡同。那是一条非常典型的小胡同——不长，不甚直，两边的四合院都不甚峻丽，直到20 世纪 70 年代以前还是黄土路面。为什么叫羊角灯？是否明、清时期这里有生产羊角灯的作坊？或者是有专营羊角灯生产销售的商人在此居住？什么是羊角灯呢？这种灯的样子像羊角？那形状多么奇怪！是用羊角做的吗？怎么个做法呢？后来我有回在枕边翻《红楼梦》，在第十四回里读到这样的描写："凤姐出至厅前，上了车，前面打了一对明角灯，大书'荣国府'三个大字……"胡同里的老人告诉我明角灯就是羊角灯。那么，从《红楼梦》里的这种描写可以知道，这种灯的体积可不小，否则上面无法大书府名。再后来又从《红楼梦》第七十五回发现有这样的描写："当下园之正门俱已大开，吊着羊角大灯。"我翻的是庚辰本，但在通行的一百二十回本子里，第十四回的描写里"大书'荣国府'三个大字"被篡改为"上写'荣国府'三个大字"，而第七十五回的描写则篡改为"当下园子正门俱已大开，挂着羊角灯。"瞎改的前提，一定是觉得羊角制作的灯上纵然可以写上描红般的大字，却绝不可能在灯体上"大书"，不可能是"大灯"。改动者怎么就不细想想，倘若真是仅如羊犄角本身那么大的灯，怎么能与贵族府第省亲别墅的正门相衬？而且，那样窄小的灯内空间，也很难安放点燃的蜡烛呀。

北京有句土话：叫真儿，也有人写作"较真儿"。就是对事情认死理，对似乎是枝节的问题也要研究个底儿透。这种群体性格仍存在于今天的北京市民里。

我曾这样想象过，在玻璃远未普及的情况下，也许是有一种把羊角高温熔化后，再让那胶质形成类似玻璃的薄片，然后将其镶嵌在竹木或金属框架上，于是便将那样的灯称作羊角灯。在一个初秋的傍晚，夕阳仿佛在什刹海里点燃了许多摇曳的烛光，我在湖畔向一位曾经当过道士的葛大爷提起这事，说出自己的猜测，结果先被他责备："哎呀，可千万不能胡猜乱想呀！"后听他细说端详，才把羊角灯搞清楚。原来，那灯的制法，是选取优良的羊角，截为圆筒，然后放在开水锅里，和萝卜丝一起焖煮，待煮软后，用纺锤形木楦子塞进去，用力地撑，使其整体变薄；如是反复地煮，反复地撑——每次换上鼓肚更宽的木楦，直到整个羊角变形为薄而透明的灯罩为止。这样制作的羊角灯罩的最鼓处直径常能达于一尺甚至更多，加上附件制为点蜡烛的灯笼，上面大书三寸见方的字，提着或挂在大门上面，当然都方便而得体。

我感谢葛大爷口传给我这关于北京旧风俗的知识。但他那期望旧有的风俗都能原封不动地予以保留的心态，我却并不能认同。有一回他在鼓楼与钟楼之间卖风味小吃的地方遇上了我，见我正在那儿津津有味地吃一盘灌肠，竟把头摇得像拨浪鼓一样。他认为那灌肠的颜色不对，本应是玫瑰红的，怎么成了浅褐色？我告诉他原来那种颜色是放了食物染料，有副作用，去掉有好处，他说那这还能叫灌肠？他还认为只有用那种铜把下面镶着象牙或骨头制成的双齿叉戳着吃灌肠才对谱，现在一律用筷子夹着吃太离谱！卖灌肠的汉子高声对他说：

"如今谁花那么多钱投那个资？再说想置办那样的叉子也没见有地方供应！老爷子，别捏酸假醋穷讲究啦！来一盘尝尝是真格儿的！"他竟仍把脑袋当拨浪鼓摇，背着手一径走了。那也是我跟葛大爷最后的一面。如今这座城市离老谱的事儿真是太多太多了。葛大爷能眼不见为净，也好。

许多外地人感叹，北京胡同的名称真有味道，有的真优美极了，比如百花深处——今天尚存；杏花天——可惜已经消失。但对这些觉得优美文雅的胡同名字表达欣赏时，务必不要轻易发出"古代北京人给胡同取名字是多么注意推敲呀"这类的感叹，因为事实的真相是，明、清时期北京人给胡同取名字其实多半是很不注意推敲的，制酱作坊所在就叫酱房胡同，存卖劈柴所在就叫劈柴胡同，形状像裤裆就叫裤裆胡同，存粪的胡同就叫粪缸胡同，而狗多需打就叫打狗巷……这是最主流的取名法。到辛亥革命以后，这才有人出来加以矫正，办法是尽量谐音而使用字雅化，如劈柴胡同改为辟才胡同，裤裆胡同改为库藏胡同，粪缸胡同改叫奋章胡同，打狗巷则改为大格巷等等；有的改得应该说非常成功，如烂面胡同改为烂漫胡同，大墙缝胡同与小墙缝胡同改为大翔凤胡同与小翔凤胡同，打劫巷改为大吉巷等等；有的改法则未免有些个胶柱鼓瑟，如把明代一度与宦官魏忠贤合伙误国的客氏（皇帝的奶妈）住过的奶子府改为迺兹府，把闷葫芦罐胡同改成蒙福禄馆胡同……体现出北京人爱面子的特性不是随时代衰减倒是随时间愈坚。

我一度对胡同今名后面被遮蔽住的原名极感兴趣，但探究得多了，却觉得既扫兴又败趣。现在再有老北京向我指出，我对某某胡同名字的欣赏是误读，极愿将那胡同的"真名实姓"给予点破时，我会将食指竖在唇边，然后哀求他说：难道就不能让我保留几分美丽的误读吗？像什刹海边的鸦儿胡同、大金丝套胡同和小金丝套胡同、真如镜胡同、藕芽胡同……我就愿以它们目前的名字来放纵自己的想象。说实在的，别的地方我不敢说，像北京这种性格的空间，对其适度地误读不仅不是坏事，而且甚至可以说是一种必要的审美姿态。

我在1980年10月写成的中篇小说《立体交叉桥》开篇便是其中角色的叩问："有什么变化吗？"然后我写到他的失望——他所期待有所变化的东单十字路口，尤其是西北角把口的丑陋建筑，三十年来直到他那天凝望时仍没有拆改。

我在 1998 年出版了《我眼中的建筑与环境》一书，这本建筑评论与环境随笔集的第一部分是评论长安街上的三十五座建筑，其中第三十五座基本上就是《立体交叉桥》那个角色所看到的简陋的菜市场，其门面顶部使用了一点云形手法，呈现出一种略有变化的弧形轮廓线。这本书到 2001 年已经第四次印刷，但那张本是写实的东单菜市场照片已经成为了历史照片，现在从王府井大街南口到东单南大街南口的整片地方，是一组硕大而高档的建筑，名称叫新东方广场，其中包括五星级大饭店，大型商场，写字楼和豪华住宅。入夜，这座立面由银色合成金属与淡灰色玻璃幕墙构成的现代派建筑顶部以略带橘色的强光营造出梦的境界，配置在建筑物前面的喷水池则喷溅出仿佛由碎玉珍珠构成的水柱与水帘，无论是对之凝望还是行走在那庞然大物面前，都会令一些单个的生命备感自己寒酸渺小。如果《立体交叉桥》里的那位角色现在置身于这样一个空间里，他会对这巨大的变化产生什么想法呢？是欢呼："啊，这正是我所期望的变化！"还是茫然疑惑："啊，难道我需要的是这种变化么？"

长安街另一边西单十字路口的变化更是全方位的，我仅仅半年没去，前些天去到那里，简直无论站在哪一角朝哪一个方向望，都几乎完全认不出来了。概而言之，是一点点葛大爷所浸泡过并且熏给我的那种老北京的味儿全没有了。四望基本上全是高楼大厦，虽然有的用了一点民族化的亭檐素材，但其占据主流的建筑语汇却是西方现代派或后现代派的。在东北角的文化广场中央有玻璃金字塔，让人马上想到法国巴黎卢浮宫广场的玻璃金字塔，只不过小许多也瘦许多罢了。西北角是美籍建筑大师贝聿铭设计的中国银行总行，他简直就是把给香港设计的那座中国银行大厦截成三段移到北京摆放这个路口而已，这样对待北京的空间，是功还是过？

我们都知道上海这些年变化很大。但上海历史很浅，它一出生便定位于了"洋场"。它的变化其实更准确地说是恢复与展拓。北京是古都，这是不仅中轴线上还完整地保留着紫禁城、景山、钟鼓楼，内外城无数街道胡同与名胜古迹都还蕴含着古都风貌的空间。在这个空间里弄出那么多的洋味儿，而且还不是古典的西洋味儿，主要是些西方现代派与后现代派的洋味儿，难怪引出了争论：这究竟是发展，还是破坏？

我对北京的变化心情是复杂的。我居住在北京安定门外护城河边。北京内城有九个门,直到清末甚至民初,这些城门的分工是很明确的,正阳门是皇帝专用,其他如朝阳门是进粮车的,阜成门是进煤车的,东直门是进木材车的,西直门是进载水车的,德胜门是进出兵车的,崇文门是进酒车的,宣武门是出刑车的,那么安定门是专门用来通行什么车的呢?粪车。一点不错,记载分明,很多年里,城里厕坑里掏出的粪便,由粪车从安定门运出,也并不运到很远的地方,像我现在所住的高层居民楼,以及附近若干相似的居民楼,包括一些盖得很华美很气派的写字楼和商厦,以及生意总是好得不得了的麦当劳、肯德基快餐店,所在的地皮几十年前大体上都是粪厂。所谓粪厂,是一种行业,把城里的粪用粪车运到这种地方以后,卸下,摊开,晒干,然后再收集到一起,卖给种粮食、果树、花木的农民作为肥料。那时候一出安定门便会有一股浓重的粪臭迎人而来,刺鼻熏衣,沾附难除,所以人们能不从那里过就一定不从那里过。那时如果是住在安定门外,一定是最穷最没有办法混得最惨的人。

我还没有把安定门外当年的真相讲完,几位年轻邻居就捂着鼻子大声喊:"别说了别说了!"但是当一位外地人听说我住在安定门外护城河边时却恭维我说:"呀,我去过那地方,又繁华又美丽,你这人真有福气啊!"

我从安定门住处的阳台望出去,北京城东、南、西三个方位的天际轮廓线历历在目。三面都有高楼大厦的剪影,东部尤其密集。入夜,远近的霓虹灯光灿烂闪烁。这座城市的生活方式正在发生越来越大的变化,一批又一批的城市居民陆续享受到了抽水马桶,粪厂的历史已经结束并被许多人忽略遗忘。对这样的变化我怎么能不拍手称快呢?

也不能说以往的安定门外一无是处。安定门外曾有一处满井。据明末《帝京景物略》一书:"出安定门外,循古濠而东五里,见古井,井面五尺……井高于地,泉高于井,四时不落,百亩一润……井傍,藤老藓,草深烟,中藏小亭,昼不见日。"到清朝乾隆时期,《水曹清暇录》一书也还这样记载:"……井高于地,泉平于眉,冬夏不竭。井旁丰草修藤,绿茸葱蒨。士人酌泉设茶肆,游者颇多。"但到晚清的《天咫偶闻》一书里,就已经变成"白沙夕起,远接荒村,欲问昔日之古木苍藤,则几如灞岸隋堤,无复藏鸦故迹矣。"一位祖辈定居安定门内的老北京张大哥跟我说，在 20 世纪 60 年代北京城墙以及安定门等城楼都还大致完好时，他曾在安定门外找到过满井遗址，那里已经搭满了小房子，成为低收入人家的居住点。在一块空地上有口井，井口很高很大，盖着大石板，有位老奶奶跟他说那井叫满井，他从石板缝朝下扔石头，过了约半分钟，听见一种仿佛闷嗽的声音传了上来，说明那井虽然已经绝对不满了，里头毕竟还是有水。

但现在满井连遗迹也荡然无存了。我曾试着顺护城河往东走了不止五里路，试图寻找到哪怕是一丝丝关于满井的踪迹。可是我看到了价格近一万元一平方米的商品房，看到了大型的建材商场，还有婚纱摄影店，以及一家郁金香洗脚屋……就是没有什么满井。我遇到一位穿着浅绿彩绸衣，手持水红色舞扇的老大妈，显然她是要赶赴河沿绿地参加老年秧歌队的健身活动，我跟她打听满井，她和颜悦色地回答我："马……什么？普尔斯马特超市么？咳，这边没有，您得——"我没听她说完便道谢跑开。

像满井的消失，以及人们对它的遗忘，这样的变化，能不令我遗憾与惆怅吗？

北京已经赢得 2008 年奥林匹克运动会的主办权。为此提出了一个响亮的口号："新北京，新奥运"。奥运会诚然是新的，北京为什么必须争新弃古？——这是某些文化界人士提出的问题。

刷新北京的努力不是仅仅停留在口号和计划上，而是在紧锣密鼓地加以实施。在北京大北窑一带，原来已经修建了相当高耸的国际贸易中心、嘉里中心等现代派建筑，如今则进一步启动了 CBD 即北京中央商务区的宏大工程，那里将高楼林立，并可望出现耸入云霄的超高级摩天楼财富大厦，以体现中国真的已经自立于世界民族之林。CBD 曾被一些传媒昵称为"北京的曼哈顿"。美国纽约"9·11"事件发生后，这种提法才逐渐淡化以至消匿。曾有文化界的朋友打电话来，希望我在他们拟就的一份意见书上签名，以阻止这种令"北京不再是北京的"计划实施。我没有参加签名。这些年我乐于自由表达个人独立见解，不想贸然卷入任何群体性的，尤其是具有情绪性的粗糙表态。我看到了报纸上登出的资料，还从电视上看到了 CBD 总体设计的三维动画，据说那设计刻意避免了曼哈顿的缺失，摩天楼之间保留了开阔的绿地，甚至摩天楼本身也还在平台上设置了绿化带；而且财富大厦等主体建筑是请德国名设计师精心设计的，采取了新简洁主义的手法，很新潮，也很实用。但我的印象却只觉得刻板乏味。抛开那还是不是北京的问题，即使拿到一片空白的地方建造，似乎也还是没有太多视觉上的冲击力与心理上的亲和力。当然，也许功能性很到位。

大北窑毕竟离天安门广场已有数公里远，而国家大剧院可就在广场旁，紧挨着人民大会堂和中南海。现在所实施的设计方案出自法国建筑师安德鲁。他的设计外观看去像个透明的大水泡。有更多的文化界人士对此忧心忡忡，甚至是痛若切肤，为此我一天之内接到过五次电话，要求我在表示反对的信件上签名，还接到厚厚的资料，是提供给我用以写文章抨击那个"大尿泡"的。北京的城市面貌以及相关的人文精神真的跌落到了我们为此迫着发出最后的吼声的危急关头了吗？奇怪的是，当我看过所有相关的资料后，我却很欣赏安德鲁的设计。古老的文明需要注入新鲜的血液。我想到了如今还健在的前门箭楼。这座箭楼是在 20 世纪开头时被"八国联军"轰毁后又重建的，重建时并没有"照本宣科"，帮助重建的德国建筑师加大了楼体总体积，在楼身添加了大理石平台栏杆，在楼窗上方添加了拱形檐饰，在楼肚上则添加了体积巨大的装饰性部件，后两项添加物具有与中国古典建筑语汇相异的西洋趣味，但是人们很快接受了这座箭楼，以至到今天许多中国人以为，明、清时的前门箭楼就是这个模样。我讲不出很多的道理，只是觉得安德鲁的设计能给古老的北京增色，就像上海浦东的金茂大厦给上海大大地增色一样，或许那增色添彩的程度还会大大超过。

于是我对北京实施中的 CBD 和国家大剧院的相反态度被一位文化界朋友斥为"机会主义"。在北京的城市发展问题上我没有什么主义。但我对北京的深厚感情促使我抓紧一切机会促进它在传统与现代之间求得和谐之美。

北京很大，很丰富。从 1999 年秋天起，我在东北郊农村开辟了一间用于休憩与写作的书房，因为是在温榆河边，所以把它称为温榆斋。今年夏末秋初我有意沿着离我最近的温榆河漫游，并且画了不少水彩写生。我这才发现离城不过二十多公里的温榆河畔还能找到若干自然植被丰茂的富有野气的河段，这真让我欣喜。只是温榆河水的气味不好，有些河段的气息恶臭难闻。但是市政方面已经有了很具体的治理计划，将关闭一百多处市区通过来的排污口，并全面进行清淤，治理后的温榆河流域两岸将有宽达 200 米的人工绿化带。人工绿化措施当然要拍手欢迎，但我最关心的还是对既有自然植被生态的维护滋养。昨天我到了一处隐秘的河湾，是村里的一位小伙子带我从杂草树丛中摸过去的，一群花喜鹊从芦苇丛里蹿飞而去，蒲草的长叶仿佛美女的秀发在微风里摇曳，还有些蒲棒没有熟裂化为飞絮，村民唤作"人儿菜"的野蓼开出串串红紫的花穗，据说它初春的嫩芽用开水焯熟凉拌起来非常可口；河湾里的绿萍忽然荡动起来，原来是一对小野鸭大大方方地游了过来；蜻蜓掠过我们身前，身体上有醒目的蓝色斑点；粗大的榆树旁蜉蝣成团搅动，快活地撞到我们脸上，享受着它短暂的生命……从我们所在的地方，看不到房屋，看不到电线杆，一点城市的迹象也没有。这难道也是北京？啊，有一种非自然的声音渐渐逼近，紧跟着蓝天里出现了银色的飞行物，那是飞机，天竺机场，也就是目前北京唯一的国内兼国际民用航空港就在附近，离这个小河湾顶多也不过三公里。我找块石头坐下来，打开画夹子，并且用唱歌般的调子说："这也是北京……"

一厘一缕总关情

那天看到电视上几位专家各抒己见,讨论历史上北京的建都究竟始于何时,他们的那些互不相同的观点论据看过不能一一记住,但他们那溢于言表的热爱北京的感情,特别是眼神里那份真情挚意,久久储留在我的心臆,暖暖的、甜甜的。关于北京,我也曾写下过许多的文字,有比较宏大的叙事,也有非常个性化的文本,比如前些时中央电视台 1、4、9、10 频道陆续播出的《一个人与一座城市》纪录片,我就结合自己半个多世纪来定居北京的生命体验,又一次赞叹了这座神妙精深的古城。前些时候关于什刹海周边酒吧迅疾孳生,传媒找我表达意见,我也积极发言,在电视上露了面,还写了《维护城市传统情调空间》那样的文章。前些天我不慎在郊外摔裂了脚跟,目前打了石膏在家静养,《北京晨报》编辑来电话约写情系北京的文章,我仍欣然应允。一位闻知我脚伤来电致慰的朋友听我告他正在电脑前为此敲键,笑劝我道:"你也消停点吧!难道你对北京建都史也有研究?如果一般地讲热爱北京,你难道还能有新的话说?"我回答他建都史方面固然没有发言权,但作为一个北京城的老市民,实在是还有很多话想说,即使养伤也欲罢不能。此是实情,容我细诉。

恰好这些天又有外面来的朋友来京,说是这回不那么匆匆来去,要多留些时日,打算"鸳梦重温",把天安门、长安街、王府井、紫禁城、十三陵、八达岭、祈年殿、雍和宫……再"十二栏杆拍遍"。我就对他说,你这回既然打算长居,那你就一定要把欣赏北京的审美活动细化。也就是说,一定要懂得,北京之美,不仅在那些举世皆知皆羡的大风景。北京有数不清的小风景,也很值得细加品味。他让我指点迷津,我就摊开北京地图,一一道来。我告诉他,在离北京东火车站很近的地方，掩藏在一片胡同平房之中的智化寺，就很值得一游。那里面有基本上还保持着宋代结构的古庙堂，还有一种非物质性的宝贵至极的文化遗产——唯该寺独有的佛教音乐。在朝阳门外，则有东岳庙，那主殿两厢朱红回廊里一间间泥塑各异各有讲头的"司"，可能曾为曹雪芹写太虚幻境里的"薄命司"等提供过灵感来源。从复兴门往西可以找到北京现存的唯一道观白云观，春节时期它有风味独特的庙会，但不是节日期间去寻访可能更别具一种幽静的韵味。他知道恭王府花园和宋庆龄、郭沫若故居，但忽略了也在那一带的郭守敬纪念馆，也就是高踞在山坡上的净业祠，我告诉他不仅那里值得一览，就是前门箭楼和德胜门箭楼上头也值得登观。举凡钟楼、鼓楼、白塔寺、国子监、孔庙以及地、日、月等坛不用我多说了，前些时修复的先农坛、福佑寺、历代帝王庙等处，如开放也一定要去看看。他说哎呀原来北京还有这么多的珍珠宝贝啦，我说其实我这还都是说的城圈子里头和离原来城墙不远的珍宝，而且也还远未说全，像湖广会馆和正乙祠的戏楼，文天祥纪念馆的古树古碑，五塔寺的大白果树掩映的金刚宝座塔，大钟寺的永乐大钟……还多着啦！他说你指点的这些地方恐怕有的北京人特别是年轻人也不一定都去过吧，我说那可不，正因为如此，我才建议凡有了闲工夫的人，都能去这些古典小风景里去润润心，沐浴一番传统文化的甘霖。当然，我也不是说唯有古传的东西才能体现北京文化肌理之美，这几年北京市政府做了不少好事，像投资建成了带状的皇城根遗址公园、楔形的明长城遗址公园，以及大中藏小、精雕细刻的菖蒲河公园等等，它们都起到了把传统文化与现代都市融汇衔接到一起的作用，徜徉其间，感受更加丰富。他见我在那地图上指来指去，兴奋而得意，就说你是不是有种特殊的快感？我坦白：对我来说，那地图上的一厘一毫，几乎都蕴藏着珠玑翡翠，怎能不令我心动神驰？

朋友问我，脚伤痊愈后，头一处想游的地方是哪儿？我说那时会马上去前后锣鼓巷走走，也许还会骑车去一些胡同里转转，像什锦花园、菊儿胡同、百花深处、大小金丝套、羊角灯胡同、象鼻子中坑……少年和青年时期常出没的地方，既是去怀旧，也是去寻诗。他说恐怕你会看到很多涂写着"拆"字的破墙，以及一些盖得不伦不类的新楼。我说北京在旧城改造方面确实有败笔教训，目前存在的有待慎重斟酌妥善解决的问题也真不少，但是你别以为我是个一味抱着古旧不放的"愤新"派。时代在发展，生活在演进，特别是新一代的北京人在成长，他们的一些合理欲望，确实是在古旧空间里满足不了的，因此对旧城的适度改造势不可免。近年来我涉足建筑评论，动机就是想在如何才是适合之度这一点上，贡献自己的见解建议。我没有什么先验的框架，坏处说坏，好处说好，既注意宏观把握，更看重个案研究。比如关于胡同四合院的改造，已经以法律形式定下的保护区里，我以为应该做这样的试点：由一至四家"领养"一所四合院，其余人家由政府安排到别处居住，然后先拆除沦为杂院后胡乱搭建的那些大小房屋，初步恢复原四合院的大格局，然后再逐步重绘垂花门，重砌月洞门，刷新影壁，完善游廊，加种花木等，最关键的是要增添现代化的卫生设备，经费嘛，应是政府补助与民间自费结合，政府应对"领养"者提供若干优惠。这样一个院一个院、一条胡同再一条胡同地扎实推进，订一个十年计划，最后使所有的保护区整修为真正的胡同、四合院景观区。其余不得不拆旧改新起楼回迁的地区，则应不懈地探索如何能使新旧融合的路数。比如日前完工的交道口地区危房改造工程，建成的楼房在临街的立面上搞了一组连续性的皮影浮雕，就属于相当不错的手法，这虽只是一个细节，其承传古都文脉的努力值得肯定。

那么，北京近二十年来如雨后春笋般拔地而起的高楼呢？你对它们做何感想？特别是，这个势头在比如说大北窑的 CBD 区域，还愈演愈烈，比如那个"巨型歪框"——中央电视台新楼设计方案，你是满心欢喜还是痛心疾首？不仅是朋友，就是一般知道我搞城市文化评论的人也会频频问我。我对北京关心爱惜，厘厘动情，对以上问题的思考，我更是心细如发，也就是把北京的每一缕"青丝"，都视为传统血脉的绵延，不允许随便地拔剃。虽然自己人微言轻，但作为一个定居逾半世纪的老市民，我评论的大前提是：恳请决策、规划、设计、施工诸部门人士牢记"牵一发动全身"这句话，"编新"一定要与"承古"巧妙地结合起来，稍有鲁莽疏忽，那就会伤害到至少已有八百五十年建都史的北京城的人文肌理！我将陆续就这方面写出自己的感悟评论，供各方参考。正是：一厘一缕总关情，我以我心荐北京！

建筑师与业主

第二十届世界建筑师大会在北京功德圆满。我在电视上看到本届大会科学委员会主席吴良镛先生接受记者采访，他提出了一个观点，就是建筑师实际上有三个业主，一个是有地皮使用权和出钱的业主，一个是规划部门，一个则是广大的民众。因为他是临场口头表达，我是作为电视观众临时遭逢这一表述，不及录像，所以上面关于他观点的转述只是一个大概，恐怕未必准确。但建筑师与业主的关系，早在我琢磨之中，吴先生的电视亮相，促使我进一步梳理思绪，来写这篇文章。

我很荣幸，能以由中国建筑工业出版社这样的专业出版机构，在 1998 年出版了我的一本建筑评论和随笔集《我眼中的建筑与环境》，并能在第二十届世界建筑师大会开会前第二次印刷；尤其令我高兴的是，在 1999 年第二期《建筑师》杂志上，发表了一篇卢桦先生的批评文章，他对拙著中的外行话直率地予以指正。如我说北京西长安街上的中国人民银行"外表保持水泥原色"，他指出"外墙材料是石材，不是水泥。真用水泥建造，难度会更高，作为金融机构不可能有那样的勇气，会嫌寒碜。尽管事实全看如何设计。大概没解决好石材是湿铺还是干挂的问题，致使水迹斑斑老在返潮，仿佛外墙都是水房和厕所，而不是办公室。"他对我的"通读长安街"基本上是逐条进行"反弹"，行文波俏，举一反三，实在是我抛出的砖头所殷殷期待的一块美玉。他也偶有与我所见略同时，如对与北京饭店隔街相望的所谓"长安俱乐部"的批评，不过他用语更加尖刻："天下比这更让人难受的房子多得是。不过，在这样的城市中，在这个文明古都，这样重要的地段，又有资金保证，却诞生这么个玩意儿，就不由人不佩服拍板者的勇气和教养。"

卢桦先生是建筑师。他在批评我的建筑评论时，有时批评到同行，有时批评到业主。上面所举两例，都涉及对业主的批评。"作为金融机构不可能有那样的勇气，会嫌（直接使用水泥处理外墙）寒碜"，是比较温和的批评。我是建筑业的外行，更不知世界上是否有勇于用水泥外墙的金融机构，但我在美国参观过位于科罗拉多山麓的美国国家大气研究中心，那一组由贝聿铭设计的建筑就用了水泥墙面（其中掺入了就地取材的山石粉碎成的"石米"），立面效果与周遭的山野十分和谐。恐怕有勇气容纳建筑师这种粗犷风格的科研机构也不会多。卢桦先生对"长安俱乐部"业主的批评则非常严厉，所涉及的实际上是两个业主：一个是具体占有地皮使用权的出钱的业主，一个则是对北京城市整体风貌负有重责的规划部门，即第二业主。在我们当前的局面下，第二业主的拍板权是大于高于第一业主的，"不由人不佩服拍板者的勇气和教养"，这讽刺性的批评太刺耳了么？但卢桦先生此时是在以一个普通的市民身份说话，正如吴良镛先生所指出的，广大的市民对那些与他们日常视野息息相关的，想躲开不看，"眼不见为净"，却又无法逃遁，只好被动地，"不看也得看"的大房子，如长安街上的这栋"长安俱乐部"，做出反应，表示反感，乃至问一声"谁让盖的"，不但合情合理，而且应予法律保护——这是第三业主的声音。因为城市是属于全体市民的，只要其形体包括轮廓线为市民所共享，哪怕其内部并不为一般人开放，作为一个市民便拥有发言权，也不仅是评论，必要时，还可采取更进一步的行动。比如，我们报上也登过，国外曾有市民控告某些建筑物的业主，指控他们所盖出的建筑形成了非正常的气流，因而导致了自己身体受损，要求赔偿。这样的事件，如果在我们这里也发生，应该说是一种进步，这里头并没有什么崇洋媚外一类的问题。"三个业主论"，应划入人类共享文明的范畴。

不过，话说回来，第一业主，也就是提供资金的主儿，毕竟是最重要的业主。没有这样的业主接纳，任何建筑师都不可能施展自己的聪明才智。建筑师当然也可以为自己盖房子，也就是业主和建筑师的身份合二为一，不过，那充其量也就是为自己设计个私宅罢了，哪个建筑师甘愿只是小打小闹设计点小房子小院子呢？但大的项目，就得有财大气粗的业主来投资，人家既然是出钱的，当然就要对建筑师提出要求，并拥有最后的拍板权。于是，作为建筑师，就有个维系跟业主关系的问题，有个把自己的美学追求，与业主的功能性要求和审美趣味磨合的问题。现在许多大型的城市建筑项目，业主对设计都是采取招标的办法，你过分挑剔业主的"勇气和教养"，也许那业主的"勇气和教养"确实不敢恭维，但业主完全可以率先将你的设计方案淘汰出局，你的方案不管如何高妙，盖不成实体，总不能算数。我认识一位青年建筑师，他有许多令我看来耳目一新的创意图，也曾参与过几次不算太小的项目的招标活动，绘制出很具个性的效果图，甚至有两回还出了沙盘模型，但终于还是都被淘汰，或者说被埋没。这就比弄文学的狼狈，比如现在想公开发表小说，当然也需要与出版机构，与"一渠道"或"二渠道"的发行网磨合（最好"一二兼容"），但即使暂时不能出版，小说总还是小说，况且"东方不亮西方亮"，换几个地方试试，总不难找到出路，就是放一放，过些年再面世，也往往仍不失为一部佳作。搞建筑设计，你最后变不成实物，那就很难说是有了作品，也很难把为这个业主淘汰的设计，原样拿给别的业主去使用，而搁置多年的设计是否还会在以后"枯木逢春"呢？即使举出几个那样的例子，能以彼为激励吗？

于是乎，我们是不是可以这样说，优秀的建筑师，其素质之一，就是能对付最刁钻的业主，在业主所设定的框架里，使自己的审美追求和技术才能得到最大发挥，使自己的设计终于化为大地上具体的景观；最后业主很可能被历史的尘埃淹没，被后人遗忘，而建筑师所设计的佳构，成为一方名胜古迹，令一代又一代的地球生命所欣赏，所赞叹，建筑师也就因而百世流芳。中国过去比较轻视建筑师，许多非常优秀的古代建筑，都没能留下具体的建筑师的名字，但普通老百姓给这些优秀建筑师，赋予了一个"共名"——鲁班。有关鲁班的传说故事，往往采取了这样的结构方式：业主对建筑项目提出了哑谜般的奇诡要求，如在指定时限内满足不了那要求，则或是鲁班本人，或是求救于鲁班的匠人（设计者），便会遭受重罚乃至有性命之虞，但每次鲁班总是以超常的想象力与巧妙的技术处理，不仅达到了业主的要求，还创造出了美轮美奂的器物或建筑物。鲁班的故事里所贯穿的征服业主的勇气，与在忍耐中孕育出巧思奇技的教养，是不是完全过时了呢？

历史上有许多糟糕的、恶劣的业主:暴戾的皇帝,颟顸的贵族,大小军阀,恶霸乡绅,市井流氓,暴发户,黑社会老大,贪婪的资本家,伪善的传道者等等。但是就是这样一些业主,利用他们的权力和金钱,雇佣设计者、营造者所建成的宫室殿堂、宅院园林,留存到今天的,我们多半还是认为具有很高的艺术价值或文物价值,可见即使在这样一些业主的雇佣下,建筑师仍有可能创造出璀璨的作品。中外古今,例子太多。大的古的如埃及金字塔,小的近的如中国山西的乔家大院。这一事实是令人深思的。或许有人认为,意识形态束缚下的建筑设计,是不可能焕发出充沛的想象力,构建出具有永久性审美魅力的建筑的。这种见解经不起推敲。现在我们所一致赞叹与竭力保护的,明成祖所建成,在清代基本上没有大动的北京城"古都风貌",无论是整个内外城的规模形状,中轴线的处理,紫禁城的布局,以及天、地、日、月等神坛的设计,完全是在"天人合一""皇权天授"等意识形态理念束缚下完成的,面对这些大体仍活现于我们面前的建筑物及其园林、环境配置,我们不能不佩服当年那些设计者在限定的框架里发挥其创造力的睿智与机敏。

我在《我眼中的建筑与环境》一书里,还没有表述过这样的思绪。把这样的思绪讲出来是否会令现在的中国建筑师们不快? 我在书里也抨击过"长官意志","长官意志"在我们的第一业主和第二业主身上都存在,比如把"中国民族形式"简单地理解为"亭子顶",把"现代化"或"国际气派"简单地理解为"玻璃幕墙"与"摩天式",尤其令建筑师们不知所措的是,要问建筑设计是姓"社"还是姓"资"。这样的框架实在应该打破,为建筑师们解除掉这些束缚,也是第三业主——这在过去的时代是不存在的,明成祖时建成的北京城固然是个杰出的艺术品,却不可能在设计、建造时听取普通老百姓的意见——如我置身其中的当代市民群体,应该站出来为建筑师们请命的。但我还是要继续表达我的困惑:为什么北京城近二十年来令人气闷的大体量建筑是那么多,而令人欣喜的地标性建筑是那么少? 难道问题都出在业主一方吗?

在卢桦先生批评我的《通读长安街》的文章中,他击中了我的要害,就是未能把整个长安街当作一个整体背景来思考。在他的文字里,他对第二业主——城市规划部门,以及位置还在规划部门之上的机构和官员,其实不仅是并不排斥他们的干预，还往往责怪他们在城市整体面貌的把握上，缺乏良性的干预，只满足于在几个环路内外以不同的尺度限高，或要求新建筑预让出今后必将拓宽的街面、人行道，以为那就是尽职，结果是听任"城市淹没在自我为中心的单体建筑的浮躁喧哗之中，破坏了城市空间的连续和完整"。比如建国门内大街很短的一段马路两厢，便呈现出粗壮厚重的建筑与纤巧柔靡的建筑紧相连属，令人见之扼腕，却又起码几十年里难以修改的怪相。

　　该干预的没能起到良性干预的作用，不该干预的却又去恶性干预，这是我们现在一些业主的常见病、多发病。这样的毛病确实需要治一治。现在我们都为北京有颐和园而自豪，它确实是一座世界罕见的夏宫。但它的业主是很恶劣的——慈禧太后为了一己的享乐，竟然挪用海军军费来修造这座园林。不知还能不能找到有关修造颐和园的档案，作为业主的慈禧本人有什么懿旨，作为业主代理人的官员又对设计者有什么具体指示，具体的设计方案，"烫样"，是怎么拍板的？慈禧究竟过问到什么程度？对设计者的构思、图样、审美追求干预到什么深度？……似乎是，不仅她并未很深入地介入具体的设计过程，就是业主代理人，也未必在功能性和总体美学要求之外，去对设计者的设计进行烦琐的"论证"。当然，倘若建成后慈禧太后不满意，她可以杀设计者的头，但并没有发生这样的事。我没能找到有关设计修造颐和园的资料，但偶翻清末民初何刚德所撰的《春明梦录》，此人在光绪年间曾奉命主持天坛祈年殿的重建，他记载此事说："余所办工程，以祈年殿为最钜，工费将及百万。祈年殿者，即上幸祈穀坛也。坛为雷火所击，全体毁焉……殿柱本用楠木，近时无此材料，以洋楠木代之。横卧于地，对面不能见人，其圆径之钜可想而知。殿顶以金镀之，在库领金六百两。中可容数十人，甚矣规模之宏壮也。"他作为业主代理人似乎只是把握资金、建材、规模、总体效果而已。这次重修事在光绪十五年即1889年。他对这座殿堂原是上圆下方，后来改为三层圆檐各为蓝、黄、绿色的攒尖顶，以及乾隆时改设计为三层檐全为蓝色等设计师美学上的推敲了无记载。可见那时候业主在政治上可能很没落腐朽，但在与建筑师的关系上，倒还给予了建筑师相当大的艺术想象与创新出奇的施展空间。这恐怕也是为什么在内忧外患那么深重的情况下，作为京剧这一艺术品种的最大享用者（也可以说是业主）的慈禧，能让京剧这朵艺术奇葩灿烂开放，以至给我们后人（也可以说为全人类）留下了一笔宝贵的文化遗产的根由吧。我当然不是要为慈禧太后评功摆好，不过，她的对建筑师、艺术家不做过多的专业性干预，甚至往往并不去进入其专业性的操作，只是"坐享其成"，这一点，恐怕还是值得我们多少想一想的吧。

第二十届国际建筑师大会，通过了吴良镛先生起草的《北京宪章》，这是一个高屋建瓴的文件，提出了在21世纪，要从传统建筑学走向强调综合的广义的建筑学，其原则包括走向建筑、地景、城市规划的融合；建立人居环境循环体系；面向全社会；重温建筑的综合性；创造和而不同的建筑文化等等。但站得再高，看得再远，建筑师和业主的关系，仍是关键性的一环。这一环磨合不好，所有的美好向往都可能泡汤。勇气和教养，对现代建筑师和第一、第二、第三业主来说，都是重要的；或许应该各有侧重；各方该把勇气与教养侧重于哪些方面呢？自问自答，你问我答，都必要。

建筑艺术与艺术建筑

最近听到"建筑呼唤艺术"的说法。告诉我这一说法的人士长期在北京居住、工作，他说不止他一个人持那样的诉求，显然，这与他们对北京城市迅猛增加的新建筑不甚满意有关。其实从 20 世纪 80 年代开始，新的城市建筑就越来越注意功能性与艺术性的统一、和谐，北京也不例外。那么，为什么仍会有这样的呼唤？值得认真地分析一下。

认为城市新建筑"缺艺术钙质"，一个原因是这些人士没有仔细考察所有的城市新建筑，他们有点"远远地大略一望"就发出感慨的劲头。以北京为例，近些年其实很出现了一些不仅功能性很好，艺术上也相当成功的建筑作品。比如外研社大楼，它的外观造型、色彩配置、空间切割、与周遭环境的照应，都可以说艺术韵味浓酽。再比如长安街西边的一些金融机构的建筑，像中国银行的内庭园林、工商银行的玄关趣味、中国人民银行总行的外部造型，都是在艺术上下了工夫的。尽管人们在审美感受上会有差异，有的人还是认为它们在艺术上并不成功，但你总不能说这些建筑的设计者完全不懂得把建筑当作艺术品来创作，还需要我们来通过"呼唤"给他们启蒙。如果实践"建筑呼唤艺术"，那我以为把城市新建筑里已经达到相当艺术高度的个案加以研究、宣谕，应该是第一步的工作。

认为城市新建筑艺术上"缺钙"的另一原因，确实也是因为"远远大略一望"，竟无甚审美乐趣可言造成的。许多城市新建筑无论在设计上、施工上都挺舍得在"艺术性"上花钱花力气，比如造亭子顶，加琉璃瓦檐，使用玻璃幕墙，配置浮雕等装饰构件，但人们还是觉得它"无艺术"，或者是"伪艺术"，让人觉得不舒服。那么，这就确实需要"建筑呼唤艺术"。其要点是把"何谓建筑的艺术性"弄清楚。有的城市新建筑，比如北京长安街上的中国妇联建筑群，无论其业主，还是设计者，主观上都没有放弃艺术性，但就是讨不了大多数人的好，北京一些市民还用"大肚子"来嘲笑它，认为很难看。什么原因？就是因为业主要求设计者"切""妇女是半边天"这个"题"，设计者想象力也有限，于是从概念出发，以两个半圆的弧形来体现"半边天"的概念，结果因为太生硬，过路的市民不认账，产生不出"半边天"的艺术联想，只觉得"大肚子"碍眼。还有一些城市新建筑为了"艺术性"大量采用中国或西方古典建筑的常用语汇，如亭子顶、尖塔钟楼，或频繁使用西方20世纪后期时髦过一阵而如今那边已经过气的玻璃幕墙、金属桁架。他们应该懂得，任何美妙语汇，都是新鲜出炉时惹人喜爱，一旦成为陈词滥调，那就都远离"艺术"而招人讨嫌了。真正的艺术性，永远是和想象力，和创新意识，和独特性紧紧联系在一起的，"建筑呼唤艺术"，其实也就是呼唤想象力，呼唤创新，呼唤"独一无二"的"这一栋"。当然真正达到这样的境界并不容易。不要过分诟病北京的城市新建筑，其实世界上其他城市，也绝不是满眼理想的新建筑，像悉尼歌剧院那样的建筑艺术精品在全球也属凤毛麟角。

对于城市新建筑的不满意，一般人士往往只去责备设计者。其实建筑设计这一行虽然可以归入艺术的范畴，但建筑设计师的艺术创造却跟其他艺术门类的创造不同。比如画家如果不喜欢某种题材某种画法他可以不画，他另画别的去就是了；但建筑设计师如果不能满足业主的要求，业主就会抛弃他的方案，他的设计也就永远停留在纸面而无法成为一件真实的作品。试想中国妇联建筑群的设计者如果不能适应业主的一道道一次次的审核，最终去体现出业主的意志和艺术趣味，那么，他的设计方案一旦被否决，难道他自己能另去造一座"中国妇联"以满足社会对建筑艺术性的呼唤？那是绝无可能的。因此，城市新建筑的艺术性，其实首先决定于业主的审美趣味以及对艺术的尊重程度。最好能多一些这样的业主，他除了对功能性，以及他究竟能投资到什么程度，对建筑设计师加以明确限定外，对建筑设计师的艺术想象完全不设前提，尤其不去要求建筑设计师图解他所喜欢的概念，更不要自以为是，在审查设计方案时绝不充当艺术内行，不做艺术性方面的裁判。这样的业主多了，我们的城市新建筑的艺术性也就可望大面积地提升起来。

严格而言，建筑艺术与艺术建筑是两个有区别的概念。建筑艺术，是指在建筑的诸因素里，有艺术性这样一个要素，搞建筑，要注意到这一要素，给予充分的重视。但世界上绝大多数建筑，是功能性第一的，有的建筑甚至是百分之一百地要求体现功能，只有欣赏价值而无实际功能的建筑物，几乎是不存在的。当然城市雕塑那样的基本上属于建筑配件的东西，只是为了观赏而不能拿来使用，但只要是带有"屋子""庭院""广场""桥梁""道路"等性质的建筑，那就绝不能充满艺术性而无法或不方便使用。如今世界上有一派建筑师，对建筑的功能性第一大彻大悟后，爽性不再脱离功能性去讲究什么艺术性，他们就唯建筑的功能性是从，在彻底摒弃一切非功能性的因素后，化功能本身为艺术，也就是所谓的"唯功能主义"，巴黎的蓬皮杜文化中心就是这一派的代表作。那么，有没有把艺术性放在第一位，完全是搞艺术建筑设计的呢？应该说也是有的。有的建筑师发了点财，给自己设计住宅别墅，这回他就是业主，钱自己出，爱怎么盖怎么盖，根本不需要去争标悦人，于是充分放纵自己的艺术想象力，既可以百分之一百地以功能体现艺术幻想，也可以为艺术而艺术，爱怎么牺牲功能性怎么牺牲，把自己心中钟爱的幻象化为活生生的现实。还有的是那业主的财力和品味达到了一定层次，于是只出一个题目，然后由着建筑师去尽兴发挥，像获得了威尼斯双年奖的北京"长城公社"别墅群，就大体近于是这样的产物。据说这些别墅将当作高级休闲空间租给想使用它们的人士，但说实在的，倘若是只要求物质上舒适而没有审美情趣的人士，恐怕也未必会花高价到那里头去小住。那些别墅实在都是些艺术品，每栋风格各异，都有"讲头"，对于租用者来说，欣赏第一，使用第二，估计这样的艺术建筑要收回成本，是比较难的。

"建筑呼唤艺术"，看来一方面建筑界人士特别是建筑设计师本身要提高自己的审美品位、文化修养、艺术想象力和创新勇气；另一方面，城市新建筑的各方业主，特别是大型公共共享建筑的业主——往往是些行政长官——也一定要提高自己的素养，而且特别应该注意给设计者开放尽可能开阔的，在艺术上自由挥洒想象与锐意创新的空间。

从大挂历到大沙盘

20世纪80年代初，流行大挂历，那些大挂历上印的大画，最多的是两种，一种是美女头像，另一种就是"西洋景"。比如一套挂历上按月份出现的大镜头是：法国巴黎埃菲尔铁塔、英国伦敦国会大厦和大笨钟、德国科隆大教堂、澳大利亚悉尼歌剧院、意大利罗马特来维大喷泉、加拿大多伦多市政厅、美国旧金山渔人码头、西班牙巴塞罗那大教堂、比利时市政厅大广场、荷兰阿姆斯特丹运河边街景、丹麦哥本哈根"海的女儿"铜雕、莫斯科红场全景。这种"西洋景"大挂历成为那时候中国老百姓视野与世界接轨的重要媒介，人们不仅兴致勃勃地买来挂在家里作为一种时尚装饰，也买来作为鲜丽的礼物馈赠亲朋好友，单位、机构之间也用之作为公关活动的见面礼。往往那挂历已经过了时限，人们还舍不得抛弃。我就在云南边陲和东北农村的乡间，看到用那样的过时挂历当作漂亮的糊墙纸，来装裱自己居室的。像上面举例的那种"西洋景"挂历，后来又逐渐演变成以表现西方的现代建筑为主。现代建筑开头选择的图像多半是公共建筑，如市政厅、博物馆、图书馆、游乐场等等，后来又逐渐地以民居为主，从大型公寓楼，到连体别墅式住宅，到单栋的别墅……再后来，图像又逐渐演变为室内装饰。

大挂历到20世纪90年代开始衰微，进入现在这个世纪，已近乎绝响。但是，大挂历功不可没，其中最重要的一个功能，就是无形中培养出了当今购房市民与房地产开发商双方的美学趣味。

回想二十来年前的那些大挂历，它们普及了西方的古典建筑经典，更以西方现代城市的生活方式熏陶了现在有购房能力的中国市民。尽管会有种种例外，但就当今大多数的中国城市购房者而言，他们所向往的，主要是所谓"欧陆风情"的居所。这"欧陆风情"当然是一个并不严格的概念，英国虽属欧洲却并非"欧陆"，美国、加拿大、澳大利亚等处更绝非"欧陆"，但英、美、加、澳等地的建筑或与"欧陆"相近，或者干脆就没有什么区别。美、加、澳等处的白人许多就是"欧陆"移民的后裔，他们的美学趣味与生活习俗自然融会贯通。"欧陆风情"的楼盘，大体而言，就是居室内部具有西欧发达国家那样的特色，重视人本位，追求现代感，尽量让人住进去就觉得自己跟西方一般城市居民的生活享受"水流平"了。而楼盘里的公用共享空间，如庭院绿地、园林小品、苑门会所，则多半会从西欧古典建筑艺术里汲取灵感，有的简直就拷贝出一些名堂来，如威尼斯拱桥、凡尔赛喷泉、日内瓦花钟什么的。当然，规模会小一些，意思点到为止。

在当今的房展会上，我们会看到许多的大沙盘。大挂历变成了大沙盘，神往开始化为现实，面对二十多年来改革开放的沧桑巨变，中国人首先应该感到自豪。

十多年前，开发商在使用"欧陆风情"这个符码时，往往还失之于笼统，现在，许多开发商意识到，必须更精确地定位，才能从房地产市场的大蛋糕上切下自己想享用的那一牙；于是，就有了比如说德式住宅、瑞士风格、北欧风格、法式公寓英式管理等排他凸己的定位；有的更进一步缩小风格范畴，以期能满足那些喜欢拥有独特性的购房者的心理需求，比如强调那楼盘是"小蒙的卡罗"，是"莱蒙湖风情"，是"维也纳近郊"，是"温莎新城"……更有把一些西欧地名加以篡改变通，甚至杜撰出几可乱真的"欧陆"符码来的，比如香丽榭、布蓝登、林克布鲁、和乔丽晶……别出心裁，不一而足。

毋庸讳言，房地产开发中的"欧陆风情"热，是全球一体化态势下，集体无意识的派生物。目前城市中最具购房能力，也是银行最乐于接受的按揭对象，是大量年轻的白领，他们之间在生活情趣与审美取向上当然会有这样那样的差别，但其共同的心象，却就是对西方发达国家城市居住方式的向往。房地产商既然瞄准了这样一个消费群体，在设计制作上尽量满足他们的欲望，是必然的。很难想象目前会有开发商标榜他们的楼盘是缅甸民居式的或布隆迪风情的，一定会有偏偏喜欢那种独特房合的消费者，但其数目一定不会达到能使那样的开发商在销售中不赔有赚的程度，哪一个开发商会冒那样的风险呢？这或许会让一些喜欢做形而上思考的人们产生深深的焦虑，这里面是不是埋伏着"后殖民"的弊端？我的看法比较圆通，我以为，把"欧陆风情"的房舍样式和与其相配套的生活方式看成是"人类共享文明"，也就不必焦虑了。正如中餐也成了"人类共享文明"，西方人吃了中餐并不会就被中国饮食文化给"殖民"了一样，中国人住进"欧陆风情"的房舍，坐抽水马桶，享用跟明清太师椅很不一样的洋式沙发，还在有落地玻璃窗的阳台上喝英式下午茶，也并不意味着是被西方文化给"后殖民"了。我们不是可以西装穿在身，而心还是中国心吗？房舍是我们人生中的大衣服，也完全可以"欧陆风情虽然穿在身，我的心依然还是中国心"嘛！

当然，中国的房地产开发绝不会停留在眼下这种"欧陆风情为时尚"的阶段，事态会发展，时尚会演变，对"后殖民"的警惕以及那种真诚的焦虑，也会化为一种推动力，促使我们的房地产开发逐渐地成熟起来，一种吸收了包括"欧陆风情"及世界各地各民族民居优点在内的，显现出我们新一代风格气派的中国式民居，可望在不久的将来大量涌现！

园成景备特精奇

　　地产与房产紧密相联，但有了土地使用权的开发商一般都不是用房子将那地面填满，而是一定要把房子与园林相结合，营造出一处好的人居处所来。城市中的房地产项目，时兴用"花园""广场"或"××城"命名，是从香港那边传过来的。有的人对"花园""广场"的符码反感，认为你楼盘就是楼盘，不直说，用"花园""广场"来迷惑人，不地道。但对"××城"这样的符码，却比较能够接受，因为一处楼盘构成了一个相对独立的社区，说它是"城中城"，比说它是一个"花园"或"广场"要贴切得多。

　　像北京这样的古城，它本来也有"城中城"，皇帝居住的紫禁城就是一处最大的"城中城"，其余的城市建筑其实都是因为服务于紫禁城而存在的，在建筑制式与城市布局上，突出紫禁城而淡化其他，因此过去有人形容北京是"半城宫墙半城树"，红墙黄瓦的宫墙在蓝天白云下被万丛绿树掩映，威严而富有诗意。远了不说，明清两代的北京城，贵族豪宅的院墙会比一般平民百姓的胡同四合院宅墙高一些，但一般也都是灰墙，墙内或许会有一些高树耸露出树冠，但里面的建筑一般是隔墙难见的。这种外敛的形式当然主要是皇权威严下硬性规定的产物，那时候如果逾制造宅起园是会被治罪杀头的，但客观上也使得北京这座城市的整体风格和谐优美。晚清时有的西洋人有机会进入一派灰黑色的胡同里的某些院落，不仅那些府邸豪宅内部的华丽精妙令他们目瞪口呆，就是一般的四合院，在灰色的墙壁与黑色的瓦顶下，竟隐藏着那么丰富多彩变化多端的居住空间，也令他们叹为观止。那些大大小小的"外敛内放"的院落房舍，其实也就相当于如今的"××城"。

但是现在北京的房地产开发，遇到的首要问题就是如何使所开发的项目与周边的老城环境协调，特别是如何从宏观上起到维护古都风貌的作用。虽说现在也有若干具有法律法规性质的规划细则，如哪些区域是必须保留的，在不同的地域有不同的限高尺度等等，但毕竟已经不是皇权社会，控制把握起来就很难是违者杀无赦，实际上若干有关规定，如限高，已经一再地被突破。现代建筑往往是些体积庞大耗资不菲的坚固存在，一经落成即成为难以改动更难消除的事实，人们多半只好从难以容忍逐渐地变得眼熟相认。我们的城市就在这样的情势下，雨后蘑菇般地冒出来许多崭新的"城中城"。话虽这样说，我觉得开发商们还是应当严格遵守有关城市总体规划的各项细则，特别是要在维护城市总体的传统面貌方面，多用心思，多下功夫。现在的新楼盘，已经不可能再像当年的贵族富商的豪宅那样外敛了，因为当年的"城中城"一律是平面发展，而现在的"城中城"则多半是高耸式难匿其外立面于围墙之内，有的更简直没有什么围墙。这样，现在的"城中城"与旧城在文化意蕴上的历史传承关系，如何体现于外立面即天际轮廓线，便成为了一个非常重要的建筑美学方面的课题。

现在的各个"城中城"，其内部社区的房舍园林布局更加开放，形成多种多样的追求。有的标榜欧陆风情，而且具体到比如说是德国风味、北欧风格或瑞士风情；有的营造成中国古典园林氛围；有的强调质朴，有的炫耀豪华，有的突出亲水性，有的宣传光效果……也有"后现代主义"的那种"同一空间中不同时间并置"式的趣味。这是很好的兆头。这给不同的消费者有了更多样的选择，人们在选择"城中城"时不仅可以从价位、功能性、方便性等方面货比三家，更可以从营造风格中选择出与自己性格爱好相协调的品种。《红楼梦》在元妃省亲的情节里写到诸钗奉命题咏，林黛玉有两句"借得山川秀，添来景物新"，算是把建造"城中城"的美学原理说透彻了，但贾迎春的一句"园成景备特精奇"似乎更是这一原理的浓缩。我们都知道迎春在《红楼梦》诸小姐里是最不擅作诗的，好在我们现在并不是要向她学习作诗，而是要从她吟出的这七个字里去体味营造"城中城"的诀窍，而其中的两个字——"精"与"奇"，尤其醒目警心，我们一定要把现代的"城中城"建造成具有奇特魅力的精品楼盘！

城市广场的伦理定位

北京自 20 世纪中期到 90 年代，严格意义上的城市广场只有一个，那就是天安门广场。尽管这是唯一的广场，却是全中国乃至全世界面积最大的城市广场。这个广场凸显着政治伦理意味。特别是当中的人民英雄纪念碑，仿佛天平的支柱，而一边的历史博物馆与另一边的人民大会堂，仿佛均衡的天平托盘，格外庄严肃穆。在这个广场举行的盛大的游行集会、隆重的阅兵迎宾，以及每天清晨的升国旗等活动，使个体生命在其中获得与民族、国家、集体、时代、权利、义务的沟通与认同。近些年来，每逢"五一"国际劳动节和"十一"国庆节，广场都要布置出巨大的花坛，并且以一系列切合最新形势的富有教化意义的造型，形成赏心悦目的象征性符码。北京市民举家前往观赏，拍照留念，以及外来留京人士，包括大量中外旅游者的参观流连，都使一种中国通过改革开放而繁荣富强以及傲立世界民族之林的气势，强烈地注入了进入广场的每一个人的胸臆。

新世纪初，北京在城市规划与建造中体现出了一种觉醒，就是意识到仅仅有天安门广场那样一个政治伦理定位的城市广场是不够的，不能适应时代发展中的市民需求。于是在西单闹市区开辟了一个文化广场。它以文化命名，当中有高耸的锥形玻璃塔，布置了介于具象与抽象之间的大型彩色风筝钢塑，在第一平面上，营造出露天看台，布置了花坛绿地和园林小品，并且由第一平面引入第二平面，在下陷的平面里，有科学普及的展览橱窗。利用这个广场普及科学知识的想法是值得称道的。整个广场的设计堪称生动活泼。但是，我觉得其伦理定位还不够自觉。广场周边主要是些商厦，还有北京最大的书店，以及重要的金融机构，地铁跟它自然衔接，民航售票楼、著名的首都电影院离它都不远，更有无数大大小小风味各异的餐馆分布周边，因此，这个广场的第一功能应是市民在采购、逛街、约会、吃喝玩乐，以及途经过程里的一个"休止符"。虽然在这个休闲的空间里顺便增添一些科学文化知识是所有来此的市民乐于接受的，至少不会排拒，但现在这个空间里却缺乏供市民在其中"休止"的具体安排，免费座椅不够，露天吧的营业没有很好地组织，甚至供人们流连其中的散步甬道也设置有限，以至一些市民不得不践踏草坪。有关部门似乎热衷于在这个广场上时不时地组织一些集会式的宣传活动，却没有重视其日常性功能的充分开发。其实，这个广场应突出这样的伦理定位——使进入享用的市民在劳动／休息、贡献／享受、喧嚣／宁静、公众／私密、忘我／自爱等方面获得心理平衡与情感慰藉。

王府井步行街北端的广场，是把原来深藏的天主教堂的围墙拆掉，只保留圆拱形门面，再略加装点改造而成。这个创意非常之好。现在那里成为北京一处优美独特的景观。孤零而古旧的西欧罗马式教堂建筑，与周边密集簇新的现代派、后现代派商业建筑，形成非常强烈的视觉反差，能够引发出许多联想。这个广场的伦理定位，则应是启发进入其中的市民在历史／现实、东方／西方、封闭／开放、一元／多元、冲突／和解等方面有所感悟。这个广场现在的缺点也是没有提供充裕的坐憩、徘徊、凝思、放松的方便。

城市广场可以有多种形态，新建成的北京皇城根遗址公园因为是完全敞开并处于街区之中，因此它也就具有广场的功能。它是窄长条形状的，北起平安大道，南至华龙街，绵延约三公里多。在公园北端，刻意复原了一段当年红墙黄瓦的皇城城墙，提醒人们现在"黄城根"的称谓是帝制结束后，由"皇城根"演化而来的。这个可以从任何一个地段随意进入的广场，设计得非常人性化，或者说市民化。它把老北京的胡同、四合院的一些基本元素糅合进去，把悠远的历史感与俗世的琐屑乐趣巧妙地交融起来，其间有藤萝架、大小花圃、棋桌茶凳，点缀了若干民俗性雕塑，引入了从西方传来的"水法"，也利用比如说小女孩操作电脑这样的造型营造出时代的亮斑。它在每一种植物上都标出其品种，其中有北京特有的太平花；它不仅安置了若干明确的座椅以便市民坐憩，其藤萝架下部的围栏，以及所有花台周边的砖石围护，在尺寸上都恰好能使一般人坐上去觉得舒适；它既有幽径，也有相当开旷的空间，情侣不难找到较为隐秘的角落，而晨练与昏舞的中老年人也有合宜的集体活动场所。我以为这是目前北京城市广场里把伦理定位体现得最充分的一例。它使旧北京／新北京、老北京人／北京新一代、传统／发展、皇家／平民、大国家／小家庭、大气象／小趣味、生存的严肃性／生活的琐碎性、奋进追求／随遇而安等等方面的伦理内涵，通过每一个细节潜移默化到在那里消遣消闲的市民意识之中。

一位名叫汉斯·侯雷恩（Hans Hollein）的西方学者说："建筑是一种由建筑物来实现的精神上的秩序。"这见解是对的。城市广场因其巨大的公共性，成为所有建筑中最能体现社会伦理秩序的重要空间。现在中国各个城市都在建造城市广场，有的城市的休闲广场建设已经走在了北京前面。给每一个规划、建造中的城市广场以恰如其分的伦理定位，这是有关部门和人士应认真研究的课题。

步行街的心理空间

　　城市商业区的步行街，是市民共享的重要活动空间。最早，步行街的出现仅仅是出于解除交通上出现的困局，禁止车辆通行，开放整个马路以供众多逛街的人们步行，是一种被动的应变措施。后来，人们渐渐从被动到主动，注意把步行街布置得亮丽舒适，步行街的功能性得以展拓。比如北京的王府井步行街，平整的地砖路面宽阔通畅，便于人们徜徉其中；选择银杏树做行道树，突出中国特色（这是中国独有的雌雄异体的乔木）；点缀"祥子拉车"等雕塑小品，以丰富步行其间的"京味情趣"；在百货大楼前设立劳动模范张秉贵的胸雕，体现时代的贯穿性，具有教化功能；安排若干冷热饮摊档，提供购物、闲逛后小憩的场所；时常灵活安排一些街头展览和演出，把步行与观览的乐趣融为一炉；当然，建筑物上的霓虹灯，特别是超大电视屏幕的设置，以及高低有致的花柱、花缸，把这一步行空间装饰得花团锦簇，吸引无数眼球，使欢娱得以由眼入心……这些细节化的空间处理，说明这条步行街在空间配置上，从一般的行为功能性方面考察，可以说已经达到相当不错的程度。

　　但是，建筑空间的配置，不能仅仅从人的行为方式这一层面上去考虑。支配人行为的，是心理。步行街的空间配置，也应该注意到心理空间这一重要层面。人们为什么聚集到步行街来？其行为的共同性，是消费。但具有共同行为的人，其心理上却是分流的。注意针对不同的合理心理需求配置步行街的空间，应该是规划设计者的题中之义。

　　我认识一位女士，她坦言休假日爱去步行街，但对于她来说，消费是次要的，展示自己则是主要的。她每次去那地方之前都要细心打扮，不仅面部化妆和修理发型要费去许多时间，在衣着的每个细节上，更是色色精细，佩戴什么首饰、鞋袜、手袋等等方面，经常要变换搭配再三，直到觉得天衣无缝、尽善尽美，才终于出发前往步行街。在那街上她常常是来回地走上几遍，自我欣赏，也希望别人能够欣赏。我认识的一位小伙子，邋邋遢遢，却也有类似的炫示心理，他经常会穿上不知从哪儿搞来的"独一份"的"文化衫"，到步行街去招摇过市。相信有这类炫示心理的人还很不少。生命是花朵，装扮好的生命本来就具有欣赏价值。这种在公众共享空间里炫示自己的心理是健康的，益己娱人的，因此，步行街应当设计出恰当的炫示空间。比如在街道某侧可以有宽宽的浅台阶，不必像服装模特儿走的T形台那么露骨，可以略呈弧面形，含蓄甚至含混，但是可以起到行于上时自我感觉特别良好，而走在旁边的人会自然对之瞩目的效应。在步行街上也可以允许在指定的路段进行艺术或才技的炫示，那一路段的空间配置如能精心设计，比如利用商厦交接处的凹进，或某些风雨廊中的不妨碍进出处，约定俗成地总容纳些演奏乐器、表演简单杂技的自娱娱人者，也能构成生动的一景。

与炫示相反的心理，是躲避。一位从事基础科学研究的老教授说，他偶尔会特意去行人如过江之鲫的步行街，不为别的，专为静心。所谓"大隐隐于市"，唯其置身在那样的环境里，遇见同行的机遇才会降到最低，目所见耳所闻身所感与自己专业领域的东西完全不搭界。漫步在那样的地方，任人流从自己身边泻过，脑子里暂时什么也不想，那感觉真比酣睡还要甜蜜。当然一般俗众或许难以进入他的境界，但我也知道有不少人会在感到孤独、苦闷、焦虑时，跑到步行街去默默踱步，这实际上也是一种躲藏或者说是逃避。这种暂时性的躲避，让自己"淹没在人流中"，不失为一种心理自疗手段。这样的女性多半会进入步行街的商店里疯狂购物，男性则多半会到餐馆酒吧自斟自饮，针对这样的一个心理族群，步行街应该配置一些独处空间。从最小处说，应该有一些只容一人的座椅，当然这样的单人座椅不能设置得太生硬，要巧妙而得体。我曾在法国一处街心公园看到过这样的设置：环绕一棵大树一圈座椅，有几处故意"裂开"，这几处"裂缝"很自然地将座椅分配为一个三人椅、两个情侣椅和若干单人椅，使不同心理状态的人各得其所。

步行街上的人群里，家族同行，以及旅游团集体观光，是最常见的，"全家福"的心理，"观光乐"的心理，是昂扬而强烈的。尽管整个步行街周边的商业建筑里已经充满了满足他们心理需求的丰富空间，但街道本身也应该尽可能地去满足他们的心理需求。以北京王府井步行街为例，它在满足这种心理需求的空间配置上考虑得还不够周到。想体验"全家福"的人士往往不能在街头饮食摊档那里找到合适的座位，而且无论是国内同胞还是海外游客想以街道背景拍照留念，都很难找到层次丰富多彩的有景深的"经典背景"。这就牵扯到街上建筑与步行道的空间切割问题，是否有点太规整平齐了？街道相当宽，这是优点，但两边的建筑因此缺乏勾连呼应，难道就一定不能修建出高跨街道的透明而封闭的过街楼？目前临街的绝大多数商店都要么以墙壁要么以橱窗面对步行街，其实，建筑立面应该有落地玻璃窗，设置能够临窗把步行人流当成风景细品的餐馆酒（水）吧；建筑立面还应有透明通道或观览电梯，使"步行"的情趣里外交融。

城市步行街往往是以高档消费品与高规格服务为重点的商业空间，当然它也兼顾中、低档的消费，但如果中、低档的商业空间比重大了，那也就失却了它的意义与魅力。像王府井步行街这样的空间，我甚至以为应该是完全去除低档的东西。市民有贫富之分，但逛高档步行街的权利人人均等，相对还不那么富裕的市民，也能偶尔到这里豪华消费一回，或者不一定消费，而是仅仅来逛逛，也是一种精神消费，不应对此嗤之以鼻。外地民工，过年回乡以前，也会到这里买些高档品回去，以体现自己的劳动价值和人格尊严；非富人阶层的外地来京者，也会以逛这步行街为进京的乐趣。因此，步行街的空间配置上，应该大大增加体现人格平等的免费休闲空间。比如可以在街道一定区域开辟下陷式环形阶梯广场，其间可以设置美丽的喷泉、绚丽的花坛，那些阶梯的高度应该恰是座椅的高度，所提供的坐憩位非常丰富，搁放购物袋等随身物品也非常便当，在那里无论独处还是小聚，无论吃些零食喝些饮料还是什么闲钱也不再花，却都能获得与进入那些收费不菲的高档餐饮店类似的快乐。其实一些大富之人也会到这样的空间里去寻觅"素面朝天"之乐。步行街应该是一处令社会各阶层关系得以调和润滑的良性空间。

维护城市传统情调空间

　　城市空间布局除了以功能性划分，还可以从不同的角度加以区别，比如，以情调为前提考察，则可以发现若干不同的情调空间。城市的情调空间有的是初建时规划中的题中之义，最无可争议的例子是北京紫禁城，那至高无上、金碧辉煌的皇家气派是事先设定好，再加以实现的。有的情调空间则是逐步形成的，比如北京王府井商业区，从地名就可以揣想，最早那里一定不是商贾聚集之地，是城市的社会生活发展到某一阶段，借助某一契机，渐进形成的。事实正是这样，它是在清末才成为方便宫中采买百货用品的市集，民国后随着城市消费欲望的膨胀与商业活动的多样化，才成为以东安市场为核心的俗市繁华情调的典型空间。现在王府井虽然是一条糅合进许多现代、后现代色彩的商业步行街，但从承继晚清以来的城市传统情调方面来说，它可以说是风采依旧，或者说是繁华不减当年，更可以说是旧曲新弹声韵更圆。大体而言，像北京、南京这类的古城，其情调空间在规划时就设定好的居多。而像上海一样的近代史上因强迫通商而开埠的码头城市，其情调空间则多是在其迅速膨胀的过程里超事先规划冒出来的，如同杂花生树、群莺乱舞，随市民欲望而无序显现，由时代变迁中各利益集团的摩擦妥协而剪裁。

　　之所以想就这个话题发言，是因为遇到个案的刺激。个案就是眼下北京的什刹海。什刹海在元代就是一处重要的城市水域，在明成祖为迁都而建造北京城时，规划里很显然是要在这片居于城市中轴线西北侧，紧邻极为重要的标志性建筑钟楼与鼓楼的水域，保留并刻意加重处理为一处富于野趣的情调空间，这一规划实施得很认真，而且在清代得到延续，其最大的特点有二，一是营造出了"银锭观山"的意趣，银锭桥是跨越什刹海后海与前海的咽喉部位的单拱石桥，晴天时站在桥上西望，可以望见一脉青黛色的远郊山影，那不仅是美丽的景色，其深刻的意蕴是把繁华的城市与恬静的山野通过视觉"望点"上的享受，在市民心灵里注进一种禅悟，这也与分布在河岸各处的庙宇（有说恰好十座，有说因大小宗派不一，故以"什刹"名湖）的总体情调相谐。其第二特点是不让街市商业气氛来浸染这处水域。直到十来年前，这里大体还保持着明清时代那"都市中的野景"情调，特别是后海部分。前海部分，晚清以来大体而言只有两处明显的商业景观，一是银锭桥东北湖岸，通往鼓楼前的烟袋斜街南口一侧，有一家著名的烤肉季饭庄，它铺面不大，直到今天几经翻修，体量也还得体，形态也保持着古建的风貌，从来没有影响到什刹海那朴实恬静的总体情调；二是前海西岸每逢夏日有临时的荷花市场，供应最大众化的北京小吃，特别是廉价的消暑饮食，附带还供应些民俗玩具，穿插些民俗表演，虽说人气旺盛时也相当热闹，但与固定店铺的喧嚣街市景象大异，所构成的是"都城里的乡集"情调，与其传统的空间情调并不相悖。眼下的什刹海呢，我以为其传统情调空间的特色正面临沦丧的威胁！

什刹海周边地区的大片胡同、四合院，已被北京市政府划定为作为古城传统景观加以保护的区域。这是非常好的决定。近年来有旅游公司在这个地区开展了由三轮车夫拉着游客深入其间的"胡同游"，生意很火，不仅老外盛赞特色盎然，国内游客也纷纷竖起拇指。这项活动的陆上游部分，我觉得没有什么不妥之处。但越来越热烈的什刹海水上游，我以为渐入歧途。本来，在什刹海湖面上引进些江南船夫船娘，以乡野式木船营造出区别于其他公园的游船嬉戏氛围，是件好事，但现在游船数量增加得太多，有些大点的游船上还排开酒宴，一些非乡野风格的从形态到色彩都很"闹"的游船也掺杂其间，更有人把"桨声灯影里的秦淮河"改换成"桨声灯影里的什刹海"，以为是道出了或预告出了什刹海的"繁华艳丽"。这让我很着急。我要跟这些如果不是故意误导就是实在糊涂的人士说不。须知什刹海是北京城至为可贵的传统"野趣空间"，千万不能把它变成南京的秦淮河！不是说秦淮河不好，在南京，秦淮河本是青楼聚集之地，六朝金粉，笙歌聒耳，从传统上说，它的桨声灯影，是烂熟的城市消费文化的音像，与山野禅静根本是两种情调，如今南京对这一传统空间的处理，是去除了色情消费的糟粕，将其修建为一处展示南京特色餐饮风味小吃精华的口福空间，我以为是得体的，但南京也有与秦淮旧迹完全异趣的情调空间，比如玄武湖，秦淮"闹"而玄武"静"，秦淮重口福而玄武重眼福，它们在南京这座古城里分割出不同的情调空间以飨市民。这样回过头来想想北京的什刹海，如果不是将它与南京的玄武湖比开阔静谧，而是拿它去与秦淮河比浓妆艳抹，岂不是思路大谬么！

　　什刹海湖里游船的调整，只要确定好了前提，实施起来不会很难。更严重的问题是，前海周遭目前几乎已被固定的商业店铺包围。有人说原来在北京繁荣过的三里屯酒吧一条街已经渐趋衰落，现在北京最火的酒吧一条街，正在什刹海呈环状生成之势！酒吧是北京古城传统里原来没有的东西，就是退回二十年，也几乎没有酒吧，更遑论什么酒吧一条街。原来没有的东西，随着城市新一代居民的欲望而产生、发展，是很自然的事。笔者虽然上了年纪，也还去酒吧，觉得那是都市新一代，特别是白领一族，又尤其是恋人们的福地，对他们青睐那样的半晦半明的准私秘空间，不仅理解，还很欣赏。但我觉得酒吧虽好，什刹海畔的某几处角落也无妨分布一点，却绝不能在什刹海周遭去形成什么酒吧一条街！现在什刹海边的建筑物，还不仅是酒吧，前海西岸搞了一排华丽的琉璃瓦装饰的仿古建筑，号称是延续原来的"荷花市场"，其实完全没有当年荷花市场的乡土野气，成了一条憋气的胡同；前海北岸则更早就盖出了些宫廷园林式的大亭子和游廊，原来走在那岸边视野是通透的，可以欣赏湖光荷影，现在很大一段是被遮蔽的；还有许多大大小小的餐馆，从前海岸边已经向后海岸边延伸挺进；连原本视野最通透的前海南岸，现在也密布遮蔽湖光的餐饮小店，随着夏日来临，露天餐饮座不仅嵌满湖岸，还深入了小树林里，并且总有摇滚乐流行曲透过露天音箱大肆喧嚣；站在银锭桥上，西望早已破相——有不该盖在"银锭观山"这"燕京十六景"中最绝妙一景望点线上的楼房切断了山影，近处的景观也渐失"荆钗布裙"的村姑之美，加上如今不少顾客是开私家车去湖边消费的，傍晚时岸边经常车辆成阵，更令原有的传统空间情调被荼毒殆尽。我呼吁，追求酒吧情调，欲饱口福，爱逛闹市的消费者，请另觅他处，如来什刹海，请以享受野趣为旨，最好是车停湖域外，步行款款入，入则勿喧闹，最好有禅悟。

几乎所有城市里的传统情调空间都应当尽量维护。以北京为例，正阳门外的大栅栏商业街、永定门内的天桥民俗游乐场、和平门外琉璃厂的古玩店旧书肆、朝阳门外东岳庙内外……都有着亟待进一步恢复与调理的各具特色的传统情调空间，这些情调曾经给我们先人带来过生活在这一城市中的俗世欢乐与心灵抚慰，并且可以继续给当下的城市生命以消费乐趣及心灵润泽，但我要强调，"都市野趣"这样的城市情调空间，在目前显得尤为可贵。世界上许多国家的城市都懂得珍惜、维护这样的情调空间，比如瑞士日内瓦，它始终不让商业区域侵入莱蒙湖畔，刻意地保持住这个位于城市心脏部位的阔大空间的牧歌情调；再比如法国巴黎香榭丽舍大街与凯旋门相应的终端，一直保留着一个富于野趣的"闹中静"空间，绝不会忽然觉得"如此好的地段，何不将餐馆酒吧延伸到此成为一条地地道道的'金街'"？还有马来西亚的吉隆坡，那里造起了世界最高的双塔摩天楼，却也还固执地在城市里保留着许多似乎是让树木花草野生野长的旷地。世界上维护传统情调空间的好经验我们一定要好好借鉴。这也不仅仅是北京什刹海区域特有的问题。在中国经济迅猛发展，城市改造变本加厉的形势下，各级行政主管部门，特别是规划、建设部门，还有工商管理等相关机构，到了高度重视、协调解决这类问题的紧迫期了。从民间舆论方面来说，这方面的讨论、整合也很重要，希望我的这一声音，能汇入其中，引出应有的回响。

欧陆何风情？

一位老同事约我到一家咖啡馆会面，电话里跟我说："那可是十足的欧陆风情！"

一路上，我想象着那家从未去过的咖啡馆的景象氛围，同时，也琢磨起"欧陆风情"这个语汇的含义。至少是从 20 世纪 90 年代起，"欧陆风情"的提法有点满天飞的架势，尤其是涉及到建筑物，无论是体量很庞大的星级宾馆、购物中心、高档俱乐部，还是中等乃至很小的饭馆、酒吧、咖啡厅，以及商品房小区，都喜欢在广告词里标榜自己是"欧陆风情"。

世界上的风情很多，为什么独"欧陆"抢手？想来标榜者的心思，大约有这样几个层次：一、它属于外国风情。二、它属于发达国家风情。三、它是发达国家里最优越的风情。头两个层次的含义，在于满足一般民众在改革开放以后，对西方发达国家的崇慕心理。既然并非每一个人都有出国游览真景的机会，那么，商家把那风情现成地奉献给你，让你足不出国门便能过一把瘾，岂不快活？但若在一般民众里搞抽样调查，特别是在年轻人里进行，问他们若有出国机会，首选会是哪里？很可能，美国的比例会最高。美国风情如何？现在中国人足不赴美，只要迈进麦当劳快餐店嚼一客"巨无霸"汉堡包，或去到凯菲冰激凌店的 31 个品种里选尝几样，在座位上再环顾一番那厅堂的布置，似乎也就把其具有代表性的风情领略了个八九不离十。美国历史太短，成年人似乎也大都幼稚，财富堆积得很高，文化积累却很浅薄。想去美国的心思不必改变，但一定要知道世界上普遍认为美国风情格调不高——现在的都市青年最重视的就是格调，或是品位；如被同辈人嗤鼻为"没格调""没品位"，那真是奇耻大辱——于是商家站出来引导：嘿，我这里可是欧陆的文化风情，格调最高，品位最酷，你不会欣赏，不来消费，那可真成了"现代恐龙"！

还有一个问题值得推敲，为什么非说"欧陆风情"，把陆外的英国，还有爱尔兰，都摒除在外？伦敦的威斯特敏斯特寺，大笨钟，白金汉宫，皮卡迪广场……哪一样历史不悠久，文化积淀不深厚，格调品位不高档？想了半天想不明白，也许，那只是因为说"欧洲风情"或"西欧风情"不如说"欧陆风情"顺嘴吧。

且说到了那家咖啡馆，门面的景象把我吓了一跳，屋顶上装着个大风车，拱形店门上方是一对用石膏塑出的西洋人像，细看，认出是仿照米开朗琪罗的"夜与昼"。进得门去，里面墙壁绷着暗红色绸子，有些金色的装饰条纹，挂着些后期印象派绘画的复制品；最里面的区域地板抬高半尺，要通过一个仿照巴黎铁塔最下面一截的隔罩进入；座位间摆放着一些绿色盆栽；隐藏起来的播音器里正传出西班牙吉他曲的旋律……

在最里厢等候我的老同事没等我坐下就问我："怎么样？够欧陆风情的味道吗？"

我不想扫他的兴，点了点头，但还是忍不住说："门口那一对卧坐门楣的石膏人，翻塑得有些个走形倒也罢了，不过那本是米开朗琪罗为佛罗伦萨大贵族梅第奇的坟墓雕刻的，挪用到这儿是否有些个荒唐？"

这座咖啡馆仅是小小一例。这类近十多年出现的大大小小、单栋成片的"欧陆风情"建筑，大多存在着草率模仿、生硬堆砌的通病，而且类似错把人家坟墓上的雕饰用到自己厅堂门楣的"误读"现象屡见不鲜。不过，我不想过多地责备俗众与商家，好不容易渐入小康，可以过点雅致生活的市民，在目前这个社会转型期里，对欧陆文化的平均审美需求也就大体徘徊在自文艺复兴到19世纪的古典区域里，而且一般只对已经从传媒上熟见的那些符码感觉兴趣，因此大量商家瞄准这个消费群体以快餐形式供应"欧陆风情"，不足为怪，无可厚非。

但是，设计、装饰这些建筑的建筑师、美工师，却应该有正确理解、准确体现欧陆风情的见识作为。"欧陆风情"究竟是个什么风情？从形式上挪用照搬，或在移植中略加变化，即使把罗马喷泉、荷兰风车、巴黎铁塔模仿得惟妙惟肖，或将爱奥尼亚柱式、哥特式尖拱、巴洛克装饰手法活学活用有所出新，究竟还都是得其皮毛罢了。对"欧陆风情"，应着重在取其魂而不是沉溺于取其形。"欧陆风情"的魂，一言以蔽之，就是人文主义，以人为本，讲究人道、人性、人情味儿。如今的世界，美国财大气粗，所谓高科技为本，反映到文化上，电影的例子最明显，主流是商业影片，动不动就是巨资投入，电脑制作，我们进口时也直言不讳，称"好莱坞大片"，虽说有时也标榜人道主义，但多以气势压人，缺少温馨宁静的韵味。欧洲电影的主流，直到今天仍坚持文艺片的路数，也不是不要票房，但尽量以中小规模的制作，深入地探究人性，精于形式创新。建筑艺术也如是，美国惯以"巨无霸"式的摩天楼或突兀的"童嬉"式建筑，凸现所谓的"美国精神"；欧陆则多以横向发展的中小体量建筑群，表达出微笑式或沉思式的意蕴。欧陆的环境保护意识觉醒得最早，"绿色运动"从抗议行为已经发展到了组党参政，反映在建筑设计上，就是格外注重建筑物与自然环境的亲和交融。从形式上说，欧陆建筑师的创新意识丝毫不比美国、日本等地的建筑师差，"后现代"作为一种文化浪潮，在欧陆建筑艺术上也取得了相当引人瞩目的成果，如西班牙建筑大师波菲尔为法国巴黎设计的拉瓦雷斯宫殿、剧场、拱门、公寓建筑群，将欧洲许多古典的建筑语汇与现代派的先锋手法拼贴在一起，其创意似乎是要引动人们默思往昔，享受一份淡淡的哀愁，这就与美国的"后现代"建筑单纯追求以"同一空间里不同时间的并置"来取得无历史感、无深度感的装饰趣味有了重大区别。其实，说美国文化一定就没有欧陆文化格调高品位雅，恐怕是武断之论。各民族各地区的文化都自有其独特价值，应该互相沟通交融，而不必褒彼贬此，以一种去取代另一种。

在北京的一次"房展会"上，一家开发商的摊位大字标明他们盖的商品房"以最平价格，奉献最地道的欧陆风情"。我细看那沙盘模型，其"卖点"主要是楼区间有片"威尼斯庭园"，设计了架有模仿威尼斯廊桥的水域，里面有个翘头的"刚多拉"游船模型；草坪花圃间有罗马式喷泉，以及某些我们从以往大挂历上看熟了的古典圆雕。我摇摇头走开了。如果真买了那里的房子住进去，维持这个庭园的物业费用摊到业主身上一定不菲，要么那水域喷泉就只能在开盘时显示一下,以后会被长期闲置,沦为空池旱盆。欧陆何风情? 不是弄些个"威尼斯庭园"之类的把戏就算数的,关键是要在建筑设计的整体把握上要有人道、人性、人情味儿,要在入住者使用频率最高的那些楼房单元上下工夫,即使是沙盘模型,也应让人一看便有种亲切温煦的感觉。《红楼梦》里林黛玉咏白海棠:"偷来梨蕊三分白,借得梅花一缕魂。""三分白"只是形式,"一缕魂"才是精髓,而且,无论借鉴、吸收什么风情,到头来,你所开放的,应该是中国海棠,对不对?

广告地理

我问路，指路者说："哦，很好找，到了那边百事可乐广告牌，往右一拐就是。"

朋友跟我约会，在电话里跟我说："在街口张惠妹大头底下，不见不散……"那聚集点也是一具大广告，上头有台湾歌星张惠妹的大幅头像，表情极其夸张，是在推销可口可乐公司的雪碧。

这种以广告作为地标的情形，20世纪50年代在中国大陆几乎没有。那时候整个世界是两大阵营对峙的局面，大概所有的社会主义阵营的国家里，都很少，甚至根本没有商业广告，因此广告与地理概念也就都了无关系。那个时期又被称作冷战时期，就是说，两大阵营双方基本上不是以炮火进行热战，而是以暗中做对和舆论诋毁来冷冷地交锋。大概在20世纪50年代，美国好莱坞拍摄过一部诋毁前苏联的影片，片名叫《铁幕》，这片子我无缘观看。但前苏联那时候拍摄过一部诋毁美国的影片，片名叫《银灰色粉末》，讲美国为了消灭社会主义阵营，暗中研制一种杀伤力极强的放射性粉末，影片里有大量镜头演的是美国。那时前苏联拍反美电影当然不可能到美国去实地采景，是在前苏联找地方搭的美国风光。怎么能使观众一看那些镜头就认为是美国呢？办法便是突出广告，我记得影片里几次出现一条"美国公路"，那路也不过是一般的柏油路，两边的花草树木也不过是一般的花草树木，但却使我那样的观众觉得非常地"美国味儿"——路边竖立着巨大的广告牌，上头画着硕大的玻璃瓶，用英文斜标出可口可乐的美术字。啊呀，美国真堕落啊！这就是当年我的观感，也是影片所想达到的宣传目的。

改革开放以后，国门大开，我相继去过了日本、法国、德国、美国等国家，这才知道，商业广告在他们那里简直是家常便饭。比如从法国巴黎戴高乐机场乘车驶往市区，我就记得有一个饮料的广告比《银灰色粉末》那影片中的可乐广告要大许多，而且，它不是平面绘制出来的，是一种富有艺术性的立体装置——在绿色山坡的坡体上，那只硕大的饮料瓶正往一只肥胖的杯子里倾倒琼浆，令人过目难忘；来接我的法国朋友一看到那广告便对我说："快到市区了！"显然，那饮料广告也成了一个地标。在巴黎游览，自然免不了要去观赏埃菲尔铁塔，其实仔细一想，那完全用钢材构筑的玩意儿也不过是一具博览会的巨型广告罢了，只是，有的广告只能存在一段时间，然后会被换掉，而它由于体积很大也越看越美，被长期保留，并且成为巴黎乃至法兰西的徽号了。

商业广告在中国大陆迅速膨胀，而且越来越深地介入了地理谱系，最厉害的广告不是那些有形有态的制作，而是某些经济实体出资，买下了城市某些路段或桥梁的命名权，比如北京二环、三环上的某些立体交叉桥，有的就被命名为了"联想桥""四通桥"等等，还有一些房地产开发商，合法地取得了一个地理区域的命名权，如"万科城市花园"等等。

人们正在逐渐习惯这些现象。而且，有心人还可以从不同地域的广告地理的特色中，更深入地了解一个地域的文化积淀。比如，我既去过香港也去过台北，这两个中国城市都很商业化，一到夜幕降临，城市夜光都很缤纷多彩，乍看，觉得彼此很相像，但细加观察，则可发现，那人文景观又有很重要的区别——香港因为受英国商业文化影响很深，一切都往英国制式上靠，不仅所有车辆一律左行，夜晚公路上白色前灯与红色尾灯形成的两条流动的光轨与北京、台北相反，而且，香港街市上的霓虹灯是只许照耀，不许滚动扫描的；台湾则受美国商业文化影响较深，街市上的霓虹灯往往肆意滚动扫描。

各国也都有一些人士对商业广告如此蔓延持批判否定态度。他们认为，跨国资本的运作，世界贸易一体化带来的各种制式的划一，正消灭着各民族的文化特色，而商业广告的渗入地理领域，更令人痛心疾首。我一位朋友便持有这样的观点。有一天他来电话约我到东城一处茶寮见面，我问他出了地铁怎么走，他脱口而出道："就在海尔冰箱的广告前头……"哎，这就是我们这代人无可逭逃的地理处境。

四合院与抽水马桶

2000 年 7 月去巴黎访问时，在住处忽然接到一位陌生女士的电话，该女士称自己有一半的法国血统，在中国北京居住多年，现在则入了法国籍，定居巴黎。虽然已定居海外，但她关注北京城市建设的一腔热忱不但丝毫未减，还与日俱增。她在电话里说，北京现在对古老的胡同四合院拆毁得很厉害，对此她痛心疾首。她的观点是北京的胡同四合院一点也不能拆，面对着还在拆的局面，她觉得必须联系更多的人士，同仇敌忾，一致发出强有力的呐喊，以改变眼下的危急趋势。她给我来电话，可见她看得起我。但她大概是个急脾气，电话里没过上几句话，便对我发难："听说你是主张拆的。你为什么主张拆呢？！"她并没有读过我有关的文字，只是"听人家说"，便把我的观点简单地概括为"主张拆（胡同与四合院）"，这让我真有点啼笑皆非。

北京的城市建设，就市区而言，也可称为旧城改造。除非真的一点都不变动，只要哪怕是略有变动，就必然会牵扯到"拆"字。这是一个大难题。

我在与那位法国女士通电话时，提出了一些基本看法，现在把我的看法再梳理一下，可概括为下列几点：第一，据我所知，现在主张把北京的胡同四合院完全拆掉，一点也不要保留的观点，似乎还没有；有，也是极个别的，没有什么影响，绝对成不了气候；所以，可暂不以"全拆论"为假想的论敌进行讨论。第二，现在主张北京的胡同四合院，乃至整个旧城区，一点也不要拆，不要动；已经拆了、动了的要不要复旧、如何复旧暂勿论；反正从现在起，坚决不能再拆、再动了！这样的观点，不仅是这位巴黎女士持有，在中国本土知识分子当中，应该说还是比较流行的，发出的声音也是比较响亮的；但持有这种观点的人士也应该意识到，未必真理就仅仅在他们一派当中；尤其是在进行讨论时，不能因为别人有另外的观点，就心急火燎，甚至不能耐心倾听、了解别人的具体意见，便简单化地把持有另外意见的人士归纳为"全拆派"。第三，现在既不主张"全拆"，也不主张"全不拆"的人士，颇多；但具体到什么情况下对什么地方不能不拆，以及无论如何对什么地方绝不能拆，各派、各人之间又多有分歧。最近我读到方可所著的《当代北京旧城更新》一书（中国建筑工业出版社 2000 年 6 月第一版），该书内容翔实，有实地调查，有研究探索，有与世界上别的文明古城保护更新方案的比较，有理有据，体现出对北京古城的无比爱惜，也体现出对社会发展中的北京市民的一份关爱，全书笼罩着"最好全都不拆"与"但是有时不得不拆"的复杂情怀，最后从理性上认同了吴良镛大师的"有机更新论"；当然，吴大师不仅有理论，也有像菊儿胡同危房改造工程那样的实践。吴大师的理论与实践，大概也会引起那位巴黎女士的愤慨，因为"有机更新"毕竟也还是要忍痛拆掉一些胡同四合院，不符合"一点点也不能拆不能动"的"神圣原则"，但我们能仅凭"听说"，就把吴大师的主张和实践"妖魔化"为"他是主张拆的"吗？我的思路，与吴大师及方可的理论、实践是接近的，但也有所不同。

我是一个建筑业的大外行，在城市规划、旧城改造、环境科学、文物保护等方面更是大外行。但我确实也就建筑与环境等方面的问题写了一些文章，我有什么发言权？如果从专业角度来看，我当然是没有发言权的，但是建筑与环境、城市建设、旧城改造、城市规划等事情与每一个市民都息息相关，作为一个在北京定居逾半个世纪，并且有在胡同四合院（实际上是大杂院）居住逾三十年的生命体验的一个北京市民，我觉得我又是有发言权的。

胡同改造属于展拓道路疏浚交通的问题，这里暂不讨论。四合院改造属于展拓北京市民生存空间的问题，更具迫切性，应该优先讨论。北京胡同里的四合院，最早都是一户一院，后来有的成了一院数户，大约在 20 世纪 70 年代以后，随着人口的膨胀，绝大多数四合院里都接盖出了越来越密集的小屋子，成为了基本上没有什么院落可言，甚至通道仅能容一个人推一辆自行车过去的怪模样，严格而言，已经不是四合院而是大大小小的杂居院。对北京现存的四合院进行审美关照，如果是以保存得比较好的少数四合院为例，得出"一点也不要拆不要动"的结论，是很便宜的事。但作为一个并不居住在北京现在那些占绝大多数的已沦为杂居院的原四合院里，只是时不时地跑去"审美"的人士而言，倘若他或她忽然内急，需要如厕，那么，他或她就会发现，北京绝大多数胡同四合院（杂院）的居民，都并没有自家的卫生间，他们大小便，一般都还必须去胡同里的公共厕所，这些公共厕所一般都还是"亚氏蹲坑"而不是抽水坐桶，并且一般还都不能做到随时冲水，要等到一定的时间才会有一次冲水，那水流也未必能把坑中的秽物彻底冲走，所以气味无论如何总是不雅的。这些厕所的各个蹲坑之间或者连栏板都没有，或者虽有栏板却并无可关闭的门扇，因此如厕者也就不可能获得一种隐私保证。我想，倘若我是一个自己有很好的住宅，尤其是有很好的卫生间的人士，或者，更已定居欧美发达国家，回北京后也有很好的抽水马桶使用，那么，我去北京古旧的胡同四合院审美怀旧，那么，是不难对胡同里那些蹲坑的简陋厕所忽略不计的，我将把目光集注在那些已经磨损却还存在的门墩，或虽已油漆剥落却还风韵犹存的垂花门，诸如此类的东西上，而且，我甚至都并不希望这些东西换成新雕新漆的，我只愿它们在我每次旧地重游时，都还那么古色古香、楚楚动人……我那"一点也不能拆不能动"的观念，在我每次离开那些胡同四合院，回到我所下榻的有现代化卫生设施的住所，比如某星级饭店，在大堂吧里喝着卡布奇诺咖啡时，必定会更加坚定，会觉得那些主张拆的人士真是不可思议！但是，如果站在居住在北京胡同四合院里，四季（包括北风呼啸的严冬）都必须走出院子去胡同的公共厕所大小便的普通市民，他们的立场上，那么，就应该理解他们的那种迫切希望改进居住品质的心情要求，他们当中许多人甚至羡慕那些住在"前三门"那些大板楼（目前几乎已被建筑界一致认为是在不该建楼的地方所建造的最糟糕的楼房）里的人们，因为那些居民起码有自家的抽水马桶！

谁不知道北京胡同有特殊的情调？如果你把一个收拾好了的四合院，一个有着"天棚石榴金鱼缸"，特别是有卫生设备的四合院交给一个北京市民去住，有谁会拒绝？但是，现在除了首长、外宾，以及极少数的富人，有谁能享受到这样的居住条件呢？我去北京某些近几年收拾出来的作为商品房的四合院参观过，它们的售价，在 400 万至 2000 万人民币之间！好几年过去，这种四合院绝大多数都还闲置着，它们等着某些省市用公款将它们买来充当驻京办事处，或由外国大公司租购使用。但现在的形势是强调廉政，外国大公司则似乎越大越不讲究摆虚门面而是越要讲究降低成本，这些浓妆艳抹的四合院恐怕还要继续"待字闺中"了。

2000 年春夏在巴黎流连了两个多月，巴黎老城确实保存得非常完整，像蓬皮杜文化中心、卢浮宫广场里的金字塔等新建筑在老城里一是数量很少，二是一般也都不影响城市原有的天际轮廓线。改变原有城市天际轮廓线的建筑百多年来只一两个，一是铁塔，一是蒙巴那斯大厦，前者被指认为巴黎标志并已具有文物价值，后者恶评如潮，公众舆论一致认为"下不为例"；整个巴黎老城区，那些从路易十三经路易十四、路易十五、路易十六，一直到拿破仑称帝期间陆续建成的街道房屋，外表一如既往，里面则都改造为了有现代化设施的使用空间。巴黎那保持旧建筑外表，而把里面现代化的经验，北京可否吸取？能不能使北京的胡同四合院外表依旧，而使里面都能有现代化厨房和卫生间？一位也是从中国去法国并在巴黎定居下来的朋友对我说："把照明电线、电话线、看电视的电缆线，还有自来水管、煤气管通进旧建筑，不算很难；把排脏水的管道普遍地接通到每一家比较困难，却也还可以想办法实现，可是，把抽水马桶安到每一家，也就是把排尿粪的污物管通到每一家，这可就不是闹着玩的了——你整个城市地面底下必须早有一个大型的排污系统，才能方便地实现这一点，而巴黎地底下原来就有这样一个系统。雨果写《悲惨世界》，最后的重要情节就在地下排污系统里展开，从拍成的电影上你可以看见，那地下系统四通八达，里面当中是污水秽物排泄道，两边是可以走人的通道，大部分地方比人高得多，人在里面可以直立行走甚至奔跑不成问题……北京城市地底下有这样的排污系统吗？如果没有，那么，给少数的胡同四合院里修个有抽水马桶的卫生间，实在接不上大街底下的排污管道，单给修个化粪池，定期派取粪车去泵抽，还是可以做到的，但给每家每户安抽水马桶，那工程可就复杂而艰巨了！"

这位朋友的分析，我不知道究竟是否算是内行话？我知道，北京一些胡同杂院的居民，为了改善自己的居住条件，顽强地对既有的空间进行了改造，包括安装抽水马桶，但是往往只能把抽水马桶的下部与排污水的细窄管道相接，这是违法的，也经常会发生堵塞倒溢，还派生出邻里间的纠纷，有的到头来又不能不拆掉，重新忍受去院外公厕方便的生活方式。对北京的旧城改造，对胡同四合院命运的关心，如果我们不仅能从文物保护的角度、审美关照的角度、怀旧抒情的角度，而且更能从重视普通市民生存状态的角度，也就是关爱人、体谅人的角度，亦即人文关怀的角度，来思考，来讨论，那么，我们无妨从这个最根本的问题出发：如何使现在仍在北京胡同四合院里居住，却仍要到院外的简陋公厕里大小便的，数量极其巨大的市民群体，能首先改进他们的拉撒条件，享受到自用抽水马桶的好处？主张拆的也好，主张一点也不能拆的也好，无论持哪种观点的人士，是否都能首先关心那些活着的，每天都要吃喝拉撒睡的，在当下生存于北京胡同四合院里的社会群体的生活品质的提升？离开了这个前提去讨论问题，我以为都无异于瞎子摸象。

平静对待一个"拆"字

北京建国门内残存的一段古城墙，不但被精心保存起来，而且以其为基础，建成了明城墙遗址公园，这当然是一件好事，反对者估计为零。由此引起的话题，也会形成广泛的共识，如当年要是按梁思成先生的建议，保留北京城的全部城墙城门楼子，把北京的新东西一律挪到城外去建造，那该多好呀。把那么完整美好具有极高文物价值的城墙城门楼子拆得只剩下前门、德胜门、东便门寥寥几处，真是太可惜啦。看人家法国把巴黎还有意大利把威尼斯保存得多好呀，真得好好向人家学习呀。今后咱们再也不能做拆掉文物的蠢事呀……这些共识如今在报刊上被反复宣谕，应该说也相当深入人心了。

但是，务虚是一回事，务实毕竟是有所不同的另一回事。我们现在不能不面对北京城的现实。五十年前的北京城，确实可以说是整个儿是一个文物，从理论上说，一点都不加拆改地将其保存下来，不仅是必要的，也是完全可以做到的。在现在的海淀区、石景山区等处去另建一个新北京，用来办公、经商、居住、学习、待客……被完整的城墙围合的北京城就像一座大型的颐和园，完全用来展示中华文明。作为百科全书式的博物馆、旅游胜地，凡允许住在里面的人，也就都是有关的文物保护及相关人员，甚至可以设想在这座完全保持古香古色情调的大型博物馆里面，一般不允许汽车进入，交通工具仍保持轿子、马车、骡车……不仅紫禁城、北海等皇权建筑，天坛、日坛等神权建筑，以及隆福寺、白云观等宗教建筑，还有大栅栏、东安市场等商业建筑，一律地绝对当作文物不拆不动，就是那数不清的胡同四合院，也都采取逐条、逐院一任其旧的做法，把院里多余的住户请出城外，留下来的则责令其维护古老风貌，种海棠，养金鱼，扎风筝，听蝈蝈……闭眼一想，倘若五十年都如此这般地将北京城保护了起来，并不断地按修复文物那样将其完善，我们现在还去羡慕什么巴黎什么威尼斯呢？

但是我们到头来还是必须睁开眼睛，而且要睁大眼睛，面对北京的现实。城墙已经基本上拆光了。所有被我们称为现代化的新生事物全挤进了这座古城。五十年来增加的人口，以及越来越多的外来人口，绝大多数还是集中在古老的城圈里生活、工作、交往，尽管以古城圈为核心，放射性地往外大大地发展了一番，但跟梁思成先生那在西郊另建新北京的构想不是一回事儿。上面所提到的古皇权建筑、神权建筑、宗教建筑现在基本上得到了保护，但商业建筑不能不加以改造，问题最尖锐的是大量的胡同四合院，保留下几片作为文物谁也没有意见，但一点不拆，行吗？

实际上这些年来北京的胡同四合院拆得最多。为什么拆？城市规划部门、建设部门存心要破坏文物？这些部门的人完全不知道人家巴黎人家威尼斯的情况？我想不能这样看待问题。实在是不得已而为之。怎么个不得已？一是有大量的胡同四合院不仅成了大杂院，并且几乎全是危房。中国古建筑，特别是民居，基本上是木结构，难以经久，而巴黎的绝大多数房子是石结构的，再加上古北京的胡同四合院地底下缺乏甚至根本没有宽大的排污系统，所以直到现在胡同院落里的普通居民还得到院子外头去上公共厕所，因此这些危房必须拆除改造，而居住在胡同危房里的居民可以说是百分之百希望能改善其生活条件的，有时他们会与拆改部门产生一些矛盾，那些矛盾一般都不会是因为他们觉得自己住的破旧危房是文物留恋不已，而是因为在拆迁的具体条件上，他们想争取到更多的好处。当然情况是错综复杂的，有的危房区里会出现仍然保持住古风并且相当结实的好四合院，那样的个别院落是留还是拆成为聚讼纷纭的个案，这里且不做枝蔓分析。不得已地拆掉胡同四合院的第二个原因是古北京的街道格局实在不能适应现在北京市民的交通需求，这甚至不是什么现代化不现代化的问题，北京成千上万的普通市民每天要上班、上学、做生意、社交，进行正常的流动，先不说小汽车，就是公共汽车、电车，要达到运送人流比较地通畅迅捷，那就非把一些干线道路打通、拓宽不可，而这就不能不拆掉许多旧的胡同院落。

正是基于上面的思路，我对现在在北京许多古旧房屋墙面上出现的大黑圈中的大"拆"字，保持一种冷静的态度。我以为，现在再按梁思成先生的构想安排北京已经为时太晚，对北京的胡同四合院（其实绝大部分已经沦为了挤满丑陋临建房的大杂院）完全不拆已经势不可能，现在我所寄希望于有关部门的是：一、妥善划定成片的胡同四合院保护区，给予这些区域的居民一些特殊待遇，比如优先疏散沦为杂院里的居民，拆除其中的临建房，拨款恢复古院风貌，并为其修造有抽水马桶的卫生间，确实使北京部分古老的胡同四合院恢复到文物水平；二、拆改的危房区，因为人口的增长，不得不建造较高的楼房，这是可以理解的，但设计上一定要使之能与旧城区的老胡同四合院达到和谐；三、在危房改造以及打通拓宽马路的过程中，必定会遇到真正具有文物价值的古建筑"不好办""挡路"的问题，处理这样的个案一定要慎之再慎，一定要听取专家的意见，尽量取得"两全""双赢"的效果。

北京已经建成了皇城根遗址公园和明城墙遗址公园，你可以说这是亡羊补牢，但我更愿说这是古今和谐相处、择优发展的一种标志。其实也不只是北京，像西安、济南等古迹密布的城市，其发展也都备极艰难，不过凭借这些城市新一代市民的合理欲望与共同智慧，我相信是一定能探索出最优发展模式来的。

"城"的诱惑

　　十几年前，商品楼盘多喜欢称"花园""广场"，那时还引出不少讥评，说你那不过是些楼房，怎么能这样叫呢？其实那称谓是从 garden 和 plaza 译转过来的，一度在香港非常流行，在香港市民文化语境里，那就是商品楼盘的意思，没人会产生疑惑。内地人十几年前在商品文化方面多以香港马首是瞻，把商品楼盘命名为"花园""广场"，能满足许多消费者内心的欲求。但后来内地人眼界愈加开阔，"香港风情"逐渐式微，"欧陆风情"愈演愈烈，商品楼盘的命名也就向"欧陆"倾斜，以至不仅罗马、哥德堡、莱蒙湖、香榭丽舍、维也纳森林……人们耳熟能详的符码被广泛挪用，甚至还出现了比如"加莱小镇"这样的命名。加莱是法国西北部的海滨小城，历史上曾多次成为英法两国战争的交战地，法国雕塑大师罗丹有著名的群雕《加莱义民》，表现的是加莱被英军占领后，一些加莱的居民自愿做人质让英军押走的悲苦一幕。按说以此而引世人注目的法国小城绝非"欧陆风情"的典范，但在中国房地产开发的"欧陆风情"热里，连"加莱"都足以作为楼盘符码，可见国人在高速发展的经济进程中，"欧陆"作为优雅文化与高品质生活象征，在消费心理中已浓酽到了何等程度。

　　不过近两年各地商品楼盘的命名确实已经趋向于多元，看上去真有点乱花迷眼了。我手头有张 2003 年 9 月 26 日的《北京晨报》，整个对开版面上是北京的大地图，作为"10.1 黄金周看房指南"，上面密密麻麻标出了许多楼盘，细看那些名称，"广场""花园"都已寥寥，标榜"欧陆风情"的虽然还多，但意在强调民族传统风情的也出现了不少，如"馨香茗园""菊园盛景""绿荫芳邻""蝶翠华庭"等等；另外更涌现了许多标新立异的名目，如"硅谷先锋""知本时代""阳光星期八""耕天下""雅龙·骑士""炫特区"等等;而"珠江骏景""上海沙龙"的出现,更说明人们不再一味地向往欧、美、澳、港,以内地的经济、文化领先地作为商品楼盘的符码,也一样能让不少消费者怦然心动。

但有一个现象引起了我的注意,那就是眼下以"城"命名商品楼盘的做法似乎方兴未艾。上面提及的那张《北京晨报》上就非常之多:东有"万国城""凤凰城""富力城""翠城""康城""BOBO自由城"……西有"世纪城""大苑·恬城""长安新城""京汉旭城"……北有"北京青年城""东方城""和平新城""嘉铭·桐城"……南有"翡翠城""彩虹城""星河城""万年花城"……也不光北京时兴以"城"命楼,随手一翻9月25日上海《新民晚报》的"楼市"版,"新梅共和城"的广告便跃入眼中,再顺手一翻9月26日天津《今晚报》,则有"华苑新城"广告落入眼底。

把自己开发的商品楼盘称"城",说明了一个趋向,那就是随着楼市的发展,虽然消费者的欲求越来越多样化,但其中也有某些恒定的因素,因此开发商必须迎面微笑而上,去让自己的楼盘在体现特色的同时,又更充分地去满足那些消费者绝难割舍的基本需求。在命名的语码组合里,不管前面的一个以上的字眼是什么,最后必以"城"来定位,就是这些开发商面对消费群体的一种自觉迎合意识的体现。"城"首先意味着相当的规模,特别是那些地理位置距离原市中心较远的楼盘,规模气势呈现出"卫星"的态势,就比较让消费者放心。"城"虽然是一个点,但既称"城",那它与其他点勾连的线必是通畅的,或有很好的公路,或有地铁或高架线路穿过,见"城"如见路,让消费者闻名心舒。"城"与"园""苑""阁""馆"之别,就是它不单一,有包罗万象的含意,实际上若干开发商确实是从这样的理念出发来设计"城"的:它应该构成一个自足的生活空间,不仅有居室,有停车位,有会所,有园林庭院,有运动场,而且还应该有超市、诊所、幼儿园、小学、中学、快餐厅等完善的配套设施。"城"又是与"乡"相对应的概念,在人居审美追求上,喜"乡"是一个越来越时髦的流派,也有一些商品楼盘瞄准了这块市场,从房屋造型、功能需求、景观配置一直到命名符码上,都尽量突出乡野情趣,如"长岛·澜桥""原生墅"等等,但说实在的,更多的消费者,特别是经济上还不具备在城里已有住房还要到乡野别辟静所另置幽合的一般市民，往往还是恋"城"派，他们还是希望所购买的楼盘，能具有"城"的繁华与情调，具体而言就是出则可方便取"闹"，退则可方便取"静"。对于他们来说，原生态的"诗意"毕竟还是不如红尘的"锣鼓"，这也不好指摘为"虚荣"，就像我们在尊重素食者的同时不好随便去嘲笑嗜荤者一样。

一座城市的建筑面貌，实际是由生活在这个空间里的生命群体的现实欲望所决定的。当然，强势生命的欲望在更大程度上发生着作用，有时甚至是决定性的作用。比如明成祖个人，以及依附他的强势生命集团，就决定了一直传承到今天的北京旧城的面貌。这种欲望有时会通过明确的意识形态来推行，比如20世纪从前苏联挪移过来的"社会主义内容、民族形式"建筑方针，就在北京留下了不少体量庞巨、亭子顶巍然的办公楼。改革开放以后，与国际接轨，奔小康生活，这两个愿望的经纬线织出了中国大地上新的城乡图案。近十几年来各个城市里的商品楼盘更是比春笋还蹿升得迅疾，持币待购新房的市民们的欲望，自觉的不自觉的，凸显的潜意识里的，刺激推动着开发商，并通过设计师们的落实，正春蚕食叶般修改着昔日的城市地图。我曾应邀参加过北京一批以"城"命名的房地产商的研讨会。他们聚在一起，从一般的联谊角度升华到共同思考：究竟我们为什么要把自己的项目命名为"城"？"城"的诱惑力究竟是什么？他们已经初步意识到，有一种既有形又无形的力量在他们背后产生着能量，那其实就是城市人居消费群中的一批活泼泼的生命在"发功"，而消费者与他们的互动关系，也就成了巨大的彩笔，把镶嵌在时代中的人生欲望，添绘在了我们祖居的这片大地上。

如何理解、把握、满足同时又引领、疏导、矫正眼下房市消费者的欲望，是决定着城市未来面貌的大事。对"城"这一商品楼盘符码渐次增多的初步思考，只是一个小引，我希望有更多的人士能投入这个领域的理性探究，庶几可以多少起到促进城市楼市健康发展的作用。

"顶"的焦虑

我曾写过一篇《万般艰难集一顶》，从建筑师的角度，讲建筑物"收顶"要达到功能、美观、与周遭环境协调均臻完善，实在是必须殚精竭虑、反复推敲的难事。近见 2003 年 11 月 13 日《北京晚报》头版头条新闻大标题《三环内楼房将消灭"平头"》，兹事体大，不能不密切关注，便忙读内容："记者昨天从市国土房管局获悉，北京三环路以内，奥运村周边及重点地区周边 25 条主要街道两侧的临街多层平顶楼房全部消灭'大平头'，所有楼房的平面屋顶将全部改成坡顶。根据市政府要求，2006 年 6 月底前这一改造工程将全部完工……'平改坡'还应当遵照本市旧城建筑总体规划的要求，即建筑单位在对旧城内具有坡形屋顶的建筑或平面屋顶进行'平改坡'改造时，屋顶色彩应该采用传统的青灰色调，禁止使用颜色绚丽的琉璃瓦屋顶。"这次，对"顶"的设计成为了政府职能部门的一道命令。从记者报道中，我们读到一连串"全部消灭""应该采用""禁止使用"的"一刀切"用语，一座偌大京都三环内街边的建筑景观，似乎将一概无"平"皆"坡"矣！

这条消息，记者没有把北京国土房管局推行"平改坡"的目的报道出来。似乎"平劣坡优"已成为毋庸探讨的"常识性前提"。依我想来，有关部门之所以推行"平改坡"，大概主要是因为北京旧城建筑，绝大多数都是坡顶，这里所说的坡顶当然指的是中国古典式坡顶，即硬山、歇山、庑殿、卷棚、攒尖等形式的坡顶，而非比如说荷兰阿姆斯特丹运河边那些楼房的坡顶。北京旧城高突的建筑，如钟鼓楼、紫禁城、坛庙等，几乎都是坡顶，构成了非常富有特色的天际轮廓线，尊重这些传统坡顶，在维护旧城面貌时考虑到如何维系一种坡顶轮廓的总体风格，应该说是一种严肃的思路。但问题是，北京城三环以内的楼房，近三十年来已经蹿起了不少完全摆脱了民族传统形式的，按西方现代派风格设计建造起来的，这里面包括若干已经成为北京地标的建筑，比如东三环内的国际贸易中心，它的两座咖啡色的写字楼，以及半弧形的同样色彩的中国大饭店，在关于北京的电视报导中，常以它们的"倩影"来喻示古都与国际接轨的新颜锐气，这组建筑就全是平顶的。上引报道用了个《三环内楼房将消灭"平头"》的大标题，笼而统之，乍看真以为把国贸建筑群这样的楼房也都包括在内了，仔细看内文，才发现并不是指所有的平顶楼房，而专门指向了"多层平顶楼房"。求教于一位建筑界人士，蒙他告知我国20世纪80年代有关部门曾下文对楼房概念加以厘定，大体而言，二至三层算低层，四至六层算多层，七至十层算小高层，十层以上则算高层。可见报导的标题为了"醒目"，吓人一跳，其实可以先松一口气，不必为北京所有的平顶楼房一律地担心。

城市建筑的形态，沿街高楼的顶部处理，如果前提是在一片旷土上建造，或在历史短促的城镇里发展，那么，百顶齐放，百态争妍，本不应成为问题。坡顶也好，平顶也好，圆顶也好，怪顶也好，难说哪种一定就美，哪种一定就丑。建筑是一门技术，也是一门艺术，坡顶的功能性未必胜于平顶，平顶处理好了其外在的优美性又未必逊于坡顶。而且"平""坡"之外，建筑师可以想象设计出无数种顶来，任何公式、框架都不能予以限制。许多人都知道德国建筑界老早就有包豪斯学派，这一派的设计旨趣是追求简洁爽利，平顶盒状几乎可以说是其经典的形态，而且多用在我们所指认的多层楼房设计中。尽管这一流派到目前有些式微，但其旨趣的精华却已渗入到当今许多流派的创意中。更进一步说，建筑艺术发展到今天，"顶"不仅可以千姿百态，甚至也可以达到"无所谓顶"的境界，法国建筑师安德鲁设计的中国国家大剧院就整个儿是个大水泡的形态，顶与墙与柱浑然难以区分，具有了博大胸怀的当代北京，不是已经在天安门广场西侧接纳了它吗？为什么现在又为"平顶"而焦虑，到要花大力气将上述沿街多层楼房一律以"改坡"的方式来消灭掉呢？

我想是随着2008年的逼近，北京有关部门对市容中的缺陷，特别是三环内旧城区里那些沿街的盖起多半已达三十来年的完全不讲究美观的平顶多层楼房——绝大部分是居民楼,产生了一种焦虑,认为实在有碍观瞻,大失古都风韵,拆了重建工程浩大,因此最后把焦虑集中到"顶"上,觉得不如将其一律"平改坡",估计大概不会是大动干戈,去加上歇山坡顶或添些亭子(以为"亭子顶"即"传统美"的做法,一度在北京大行其道,后来广遭诟病,现在"平改坡"一定不会是"重拾旧技"),多半会采用比较柔和的手法,特别地注意将其顶部檐口装饰好,以资观瞻。之所以规定不许用琉璃瓦而一律用青瓦,大概是考虑到 25 条主要街道上的这类楼房即使重新粉刷外墙也仍属寒酸,配青瓦既省钱也得体,倘用绚丽的琉璃瓦,则既浪费又扎眼。我没有能力逐一考察北京三环内 25 条主要街道沿街多层楼房的情况,但即使是那些原属简易的多层楼房,也毕竟还有其具体的情况,特别是与周围环境的具体的交互关系,因此每一座都应作为个案来慎重考虑,有的可能保留"平头"状态也并不一定就不顺眼。比如有一种"西班牙三岔楼",从空中鸟瞰的形态,北京人给取了个绰号叫"大裤衩",这种楼形在 20 世纪 70 年代普及到许多发展中国家,北京三环以内随处可见,高层的、多层的都有。从功能性上说,它使楼房中的每一单元都能有大体朝南的窗户,冬季日照时间都比较长,也节省地皮,一度很受欢迎。它的立面比较灵动,不死板,因此,它的"平头"也就不让人讨厌,把它"平改坡"恐怕是多此一举。那些单调的"平头"多层大板楼,"平改坡"时究竟使用什么样的瓦料,似乎也不好一律规定为"青灰色调",青灰瓦更多地使用在江南的建筑物上,即使很高大的楼阁佛塔,也多用青灰瓦(因为明、清两朝在瓦色上有制度性规定),但北京旧城的胡同四合院固然是青灰瓦,稍高大些的建筑,因为多是体现皇权、神权及宗教至上至高威严的,所以多用各色琉璃瓦。我曾写过一篇《半城宫墙半城树》,把北京古城传统色彩从天空到墙基概括为"蓝、绿、黄、红",指出胡同四合院的"青灰"是掩藏在其中的。很难想象,北京三环内沿街多层楼忽然一律改成了江南风味的"青灰瓦顶",那效果究竟是美观,还是别扭?

另外,记者没报导出来,我猜想,有关部门的这一决定,也许是有这样的用意:通过"平改坡",也起到改善若干多层楼房的功能性,因为那样的平顶多层居民楼,顶部比较薄,使用的建筑材料也比较落后,最上面一层的居民有夏热冬凉之苦，加个坡顶，能起到调节温度的作用。但是，要通过加坡顶来达到这样的目的，恐怕也很难统统奏效，算下来，耗资不赀，费工费力，究竟值不值得？还是再仔细地研究一番为好。总而言之，建筑方面的事情，还是让建筑设计师、土木工程师等专业人士来进行个案考虑好，任何方面的机构或人士，即使出于好心好意，也不要包办代替，尤其不宜搞"一刀切"。多层楼房，平顶的未必难看，坡顶的未必就体现了"古都风貌"，若要改善平顶多层楼房的顶部功能，只要选妥建筑材料，平面解决可能比用坡顶解决要节省许多的资金与工时。

作为一个普通的北京市民，阅读了晚报上的一条报道，生发出了如许的感想，我想把它们公布出来，也不仅仅是可供北京市有关部门参考。事实上，对楼房屋顶形态的焦虑，不仅是北京一地，也不仅是萦绕在建筑师构思中，各界业主，城市规划部门，以及其他相关职能部门，乃至整个政府，目前都开始关注这一课题，如何使我们国家的建筑在引进国外特别是西方现代派、后现代派建筑风格的过程里，仍能保持住我们民族传统建筑风格的典雅之美？如何修整、改造、装饰近几十年来有时是匆忙建造起来的那些简陋的"沿街高楼"，以改进我们城市天际轮廓线的观瞻？"顶"的焦虑，体现出了建筑领域里时代审美意识的提升，希望这种善意的焦虑，最后都能一一化解为"凝固的优美旋律"。

小风景与大环境

　　明朝著名的"公安三袁",即袁宗道(伯修)、袁宏道(中郎)、袁中道(小修)三兄弟都爱写游记小品,中郎与小修各有一篇《游高梁桥记》,春三月的游览,有一回还是同游,但他们游毕的印象与心境竟大相径庭。

　　高梁桥在北京西直门外,至今不仅仍存其名,还依稀可辨河道与桥址。在明清时期,高梁桥、泡子河、满井等处是文人雅士最喜游憩的,具有野趣的城边胜景。中郎的那篇游记中这样介绍高梁桥:"两水夹堤,垂杨十余里,急流而清,鱼之沉之水底者,鳞鬣皆见,精蓝棋置,丹楼朱塔,窈窕绿树中,而西山之在几席者,朝夕设色以娱游之。当春盛时,城中士女云集,缙绅士大夫,非甚不暇,未有不一至其地也者。"具体的那回游览,他这样记叙:"三月一日,偕王生章甫、僧寂子出游。时柳梢新翠,山色微岚,水与堤平,丝管夹岸。跌坐古根上,茗饮以为酒,浪纹树影以为侑,鱼鸟之飞沉,人物之往来,以为戏剧。"他的审美活动已经达到以主观想象替代客观实体的程度,所以旁人看到很难理解,他写道:"堤上游人,见三人枯坐树下若痴禅者,皆相视以为笑。而余等亦窃谓彼筵中人,喧嚣怒诟,山情水意,了不相属,于乐何有也!"这篇游记凸现出袁中郎逸世脱俗的雅士情怀,确是一篇妙文。

　　袁小修的同名游记却采取了严格写实的笔法:"高梁旧有清水一带,柳色数十里,风日稍和,中郎拉予与王子往游。时街民皆穿沟渠淤泥,委积道上,羸马不能行,步至门外。于是三月中矣,杨柳尚未抽条,冰微泮,临水坐枯柳下小饮,谭锋甫畅,而飚风自北来,尘埃蔽天,对面不见人,中目塞口,嚼之有声。冻枝落,古木号,乱石击。寒气凛冽,相与御貂帽,著重裘以敌之,而犹不能堪，乃急归。已黄昏，狼狈沟渠间，百苦乃得至邸。坐至丙夜，口中含沙尚砾砾。"对这次游览，他后悔不迭，自问为什么"家有产业可以糊口，舍水石花鸟之乐，而奔走烟霾沙尘之乡"？甚至把自己跟着去高梁桥凑热闹的行为贬斥为"嗜进而无耻，颠倒而无计算也！"

中郎的记游，把小风景的美感无限放大，而把大环境的恶劣忽略不计。小修则相反，他对被大环境污染的小风景的美感忽略不计，而对大环境的恶化程度浓墨描绘，深恶痛绝。

北京的风景名胜极多，除了紫禁城、颐和园等大规模的古建园林，还有不少分散各处的小风景。但是这所有的风景名胜，都属于一个大的自然环境区域。在大区域的自然生态持续恶化的情况下，相对显得小些的风景名胜地即使确实还有其优美一面，那优美也是脆弱的。袁小修笔下的高梁桥风景带就被昏天黑地的风沙给"杀"掉了。其实，他家里花园的那些个"水石花鸟"，也同样会被搅天的风沙弄得失却清爽润泽。

能够像袁中郎那样时时以主观想象统领审美情绪，从艺术创作的角度来说当然是可贵的品质。但是从实际生活的角度出发，保护实际存在的优良大环境，对已经恶化的大环境付出大力气加以改造扭转，则是真正保障我们审美需求的坚实前提。

北京在明清时期是一座水城，贯穿城区的湖泊水道颇多，但是到20世纪初很多湖泊水道就已经萎缩乃至湮灭。现在的高梁桥地段脏、乱、差，不能唤起任何审美情绪，恐怕袁中郎复活重游也再难自得其乐。当然，和北京许多其他地段一样，高梁桥地段也正在实施改造计划。北京这些年在复原某些老风景上很下了些工夫，像西、南护城河的整治，后门桥的修复，莲花池的莲花怒放，等等，这些从保护小风景的角度做出的美化优化城市景观的努力是应该肯定的。但更应该重视，并花大力气整治的应该是整个环北京地区，乃至整个华北北部的自然生态环境。如果不努力在北京周边，特别是西北的沙漠南移地带大规模固沙造林，改进生态，那么，像袁小修笔下的那种出行一趟，回到家中"口中含沙尚砾砾"的情形就还会持续下去。整治北京大环境的规划现在也已经有了，并且也正在从纸面推向地面，我们期待着在不久的将来，就能享受到其实惠。

在经济杠杆的撬动下，全国许多地方都很重视小风景名胜的修复开发，以作为旅游资源，仿佛是在竞栽"摇钱树"。有的地方，比较注意把小风景的开发同大环境的保护整治结合起来，有的地方就不够注意，甚至不管不顾，把本来通体很好的自然环境，切割破坏掉了，开发为旅游点的地方风景确实迷人，沿途周边的山林水域却破了相受到污染，见之令人痛心。有的地方原来整体自然环境很差，仅仅是绿洲似的几处小风景还不错，于是拼命往那小风景上"贴金"，而越来越趋恶化的大自然环境也就越来越粗暴地来"煞风景"，形成恶性循环。这都是必须加以矫正的。

在小风景与大环境的联袂发展方面，北京应该成为全国的一个榜样。过几年，北京人无妨举办一次《游高梁桥记》的同题征文活动，把那些新写出的篇章与袁氏兄弟的文字对比着阅读，届时人们会产生出怎样的思绪感慨？

温榆河的气息

进入新世纪，我常在文章后面注明"写于温榆斋"，不断有人问我：斋名何义？其实很简单：我在农村辟了一间书房，位置在温榆河附近。知道北京这条河流的外地人可能不多，但与这条河流亲近过的外地人实在太多。外地人来北京旅游，十三陵是必去的名胜，多半在十三陵水库旁赏过湖光山色。温榆河从居庸关一带发源，上游注入十三陵水库，再从十三陵水库朝东南方向流去，所以十三陵水库也可以算是此河的一个"鼓肚儿"。如果来北京是坐的飞机，那么，出了天竺机场，乘车驶入高速公路，没多久便会跨过一条河桥，那桥下便是温榆河。

一千二百多年前郦道元著《水经注》时，对这条河流的名称用的是"湿余"两个字，到五百多年前一些著作提到时写成了"湿榆"，三百来年前则又被写成了"温榆"，也未必是因字形或字音相近而讹变，"温榆"这两个字体现出草根阶层对安定朴素生活的固执追求，河名至今不再变动。

有些朋友看了我在温榆河边画的水彩画，出于宽厚不去批评我的画技，但出于好奇总不免诧异："怎么，离城不远的地方有这样的野景么？"我所画的河段比天竺机场离城区还近，从东二环的东直门算起，不过才二十公里，但大有"夹岸修杨绿带烟""扁舟一叶水鸥轻"的世外桃源韵味。我的画是忠实写生，没有掺入想象夸张。我常取的路径，是从机场辅路的苇沟桥西岸，顺沙石铺就的，两侧栽有高耸白杨树的堤路朝南漫步，夏日满眼葱绿，许多地方可以走下堤坡，在野草丛和并不整齐的柳林里从容选取写生的画面；温榆河被深浅不等的绿茸茸的植被拥簇着，几乎没有裸露出黄土的地方，河旁的树木草丛倒映在河水里，风过荡出弯曲的舞姿。在这里能够找到那样一种角度，极目望去，没有房屋，甚至连高压电线的钢架也看不见，只有树、草、河、天，这是北京的天竺机场附近么？连我在画水彩画时，也有种恍惚入梦的感觉。

于是看过我水彩画的朋友，有的就不免进一步问："你在那河边，一定闻够了大自然的芬芳气息吧？画完画，你该在河边深呼吸一阵，那一定大大有利于你的心肺健康！"我不得不向朋友坦白，那温榆河的气息，不但绝不芬芳，而且是不折不扣地在氤氲出阵阵恶臭。我画画时不得不经常地浅吸深吐，以至有时不得不匆忙结束，跑到离河水远些的地方再从容吐纳。

温榆河变得这样臭，已经有好多年了。在一本十八年前出版的《北京指南》上，我看到这样的介绍："北京最早的自来水厂是 1908 年在东郊兴建的，是在温榆河上筑坝拦水的简易水厂，到 1910 年才向城区供水。"虽然那时的水厂简陋而且供水效率很差，但温榆河水的洁净绵软是可想而知的。不知从什么时候起这条河不再是城里自来水的水源之一，但自从天竺机场成了北京唯一的国际兼国内客运空港，温榆河应该说也就成了一条"国门河"，即使这条河的河水不能喝了，我们怎么能让它变成了一条臭河呢？

那天在河边画画，偶然遇上了一位开着小轿车去河滩上暂避暑气的人士，我也不太弄得清他的职业身份，搭起话来，说及作为"国门河"不该这样臭，他呵呵笑着说："你着什么急？国门么，看着体面就行。首长外宾，所有从机场进北京的人，都是坐汽车从高速公路上飞似地开过去，如今的汽车全有空调，谁开着窗户往外头闻味儿？"这话让我好恼。

我不知道该责备谁，也许我自己也该受到责备。那种因为是"国门"，所以才刻意让它既悦目也芬芳的思路，恐怕就值得检讨。把我们生活的环境搞得美好，难道仅仅是为了让外面的来客看到了以后赢得一个堂皇的"面子"？我忽然想到了三十多年前看过的一部阿根廷电影《大墙后面》，那时候我们引进这部电影译制公映，为的是通过它批判资本主义社会两极分化的罪恶。影片的一个主要场景是，为了使拔地而起的摩天楼群的"美丽面貌"不至于被城市另一边破烂不堪的贫民窟"带累坏了"，于是在贫民窟前面修筑起一堵高耸大墙，"以光门面"。现在可以悟到，发展中的国家似乎都会遇到一个"光门面"的问题，为了展示自己的"崛起"，争建"世界第一高楼"，以及"摩天楼林"，这倒还不算太大的问题，而忽略那些"反正人家不注意"的社会族群及其生态环境，筑起有形无形的"大墙"，任"大墙后面"的霉烂恶臭延续，这种意识和做法可就是太大太大的问题了！

河流变臭，不外乎三个原因。一是有工厂往里面倾泄废水，这种污染最为严重，但也较易排除——只要政府职能部门下死命令迁走或关闭那样的工厂，问题也就解决。二是城市居民的污水排入其中。三是河流自身多年没有清淤，蓝藻类低级生物恶性膨胀，使河水缺氧腐臭。这后两条解决起来就比较艰难。偌大北京城的居民，每天要排出巨量污水，这些污水如果不往郊区的某些河道里排泄，那就必须修建大型的污水处理厂。河道清淤则往往需要更其巨额的资金。我们提起环境保护的话题时往往会"站着说话不腰疼"，似乎"正义之言既出，即刻水清气馥"，其实这里首先有个资金的问题，而且有了资金也还有个如何科学地解决问题、如何可持续地维护与发展问题，不仅是"谈何容易"，更属"做何简单"。

这篇文章刚写到一半，恰好有 2001 年 9 月 21 号的《北京晚报》到了手头，头版上赫然有《温榆河驱臭　招鸟语花香》的"本报讯"，据之可知全长 47.5 公里、流域面积 2478 平方公里的温榆河之所以成了臭河，是上述的后两种原因造成；将关闭沿河的一百多个排污口，实施清淤，并且把两岸作为北京城市绿化隔离带的重要环节；为此专门从新加坡请来了设计大师刘太格先生，担纲两岸生态走廊的规划设计重任。未来规划区内大部分的面积都是树林和自然植物群落，清淤后河道还将具备通航能力，按照生态农业、郊野风光和旅游业建成三段不同功能和景观的区域，并沿河道进行 200 米宽的绿化带建设。这真是天大的好消息！其中最令我惬意的是绿化带里不都搞成城市公园里的那种规整样式，而是要保留并营造出更多的自然植物群落；我恳请一定保留住极目望去可以不见任何建筑物而只有树、草、河、天的纯田园景观，那样的一些河段。其中最令我担心的是旅游业的发展，其实温榆河前后左右已经有了太多的旅游景点，是否一定还要把它中下游的河段开辟为旅游区？什么地方一旦成了旅游区，那就免不了兴建种种"旅游设施"，结果是人为的景观干扰破坏乃至完全取代了原来的自然生态，宁静化为喧嚣，淳朴素面化为浓妆艳抹；我愿温榆河从臭河变为香河以后，仍能保留其原有的野气与安谧。

温榆河的气息将变得我愿在河畔久久地深呼吸，愿那气息使我的水彩写生也变得更加中看。至于在温榆斋中写出的文字，我得承认，那可能与温榆河气息的变化勾连得并不那么紧密——关键是我得对自己的心河清淤。

潮白寻波

因为把农村的书房安在了温榆河附近，所以常拿着画夹子到温榆河边画水彩写生，并写成过《温榆河的气息》一文，赞美那水景岸树之美，也预告现在发出恶臭的河水即将被治理得波澄味馥，由此进一步对京东的所有水系都发生了兴趣，逐步把观览写生的范围，扩大到稍远一些的河流。现在一般北京人似乎对车流的兴趣大过对河流的兴趣。为疏浚车流，北京建成五环路，正建设六环路。我书房所在的村落，就处在五环路与六环路之间。东五环路已经在北皋村那里架起了巨大的立体交叉桥。东六环的立体交叉桥的撑柱也已经昂然耸立。在东六环建设中的立交桥附近，我发现了一条河流，周边有大片的藕田，夏天荷叶田田，荷花盛开，入秋只见采出一车车的鲜藕，运往城区销售，有时也兼运些莲蓬，仔细观察，则荷田旁还有数畦茭白，采摘出的肥嫩茭白看上去比鲜藕更觉水灵诱人。这条两旁有藕田的河流，野趣比温榆河更胜一筹，河边有大丛野生的芦苇、蒲草，河里有一片片翠绿的浮萍，苇草丛中时有野鸭游出，常常是鸭妈妈带着一串小雏鸭从容地游弋，煞是可爱。在那河边写生，只觉得河水气味也还正常。我头一回去时，一边写生一边自以为是地摇头晃脑："唔，这潮白河果然不错！"谁知路过旁观我画画儿的牧羊人笑歪了嘴："您弄错啦！这哪儿是潮白河呀！这是温榆河跟潮白河当中间的一条河，叫作小中河！"

后来我仔细看我书房所在的顺义区全图，果然，从西往东画着三段河流，西边的温榆河和当中的小中河离我书房都不算远，步行一阵可以到达，但潮白河则在离我们村东边已经颇远的县城——虽然行政待遇上已经县改区，但原来的县城无法改称"区域"，人们还用老称谓——的更东边，步行讨去势不可能，必须以车代步。

我的农民朋友小郭有辆小面包车，平时用来拉货，听到我是那样地向往潮白河，便答应闲时载我去潮白河边一览风光并拍照写生。

在去潮白河以前，我翻查了一些资料。它属于海河水系的五大河之一，由发源于冀北的潮河与白河在顺义北边的密云县燕落寨一带汇合而成。它是北京境内最长的一条河，过境长度为236公里。顺义区的流段应是它的中游。它的下游经通州过天津地区汇入海河注入渤海。据明代蒋一葵的《长安客话》记载，潮河原名濡河，入古北口折而东流"时作响如潮"，故又名潮河，而白河上游"山恶水深，间隔难行"，戚继光曾赋诗曰："郁葱千里绿荫肥，涧水萦舒一径微"，"石壁凌虚万木齐，依稀疑是武陵溪。"那就是说，潮白河不仅水源丰沛，而且两岸风光竟酷似江南。

头一次烦小郭驾车载我去潮白河，是在夏末。一路上小郭也笑我错把小中河认作潮白河，他说潮白河那河床好宽，比小中河粗几倍，有的河段恐怕比十条小中河加起来还开阔。渐渐地，我们接近了一座跨越潮白河的大桥。我急不可耐地引颈眺望，怎么总不见潮白河的水波？到了桥上，两边一望，哪有什么河水？在桥那头把车靠边停住，走到桥上顺桥栏细观，只见横亘在桥下河床里的橡胶闸干巴巴地趴伏着，里外都没水，河床里是一望无际的蒿草。也许是这一段河床属于特殊情况？小郭和我回到车上，转悠着寻找潮白河的碧波。小郭说他1999年夏天还来过这边，河里明明有水，有的河段水还挺旺，见到好多人在河边柳荫下钓鱼。难道才两年的工夫，这河就断流了吗？我们转到"绿色度假村"边，河是干的；转到县城边的河滨公园，只有很少的几片水潦，昔日吸引游人的小船都翻转着摞在了岸上；转到另一座大桥，那是有红色圆拱装饰的，通往更东边平谷的一座相当宏伟的公路桥，桥下的河床宽逾千米，却完全只有苇丛蒿草，桥头的一处"水上游乐园"如水上滑梯等设施已经油漆剥落，出现锈斑，大门紧锁，一派萧条。我们转来转去，越转越败兴。潮白河为何断流？面对着这干涸的河床，我们北京人何以为情？

潮白河上游，是从对北京人至关重要的密云水库流出来的。潮河与白河注入这个约200平方里的水库，形成北京人饮用水的基本资源。密云人有"永远奉献北京一盆净水"的誓言，但如果这盆水成了一盆只有注入没有流通的"静水"，它又怎能抗拒"流水不腐"的客观规律？

那天从潮白河回来以后，我心里一直仿佛梗着枯萎的草茎，难以平静。一位朋友跟我说，他认为是因为近两年北京旱情严重，密云水库库容吃紧，所以只好先闸住足够供应市区的水量再说，往南泄水给干枯的河床已经是心有余而力不足了。另一位朋友说是从报纸上看到过一则报导，说潮白河的断流是由于上游地区一些人在狭隘利益驱动下，滥挖河沙，导致河床存水能力衰退，水不往中下游流而渗入了地下。但第三位朋友则告诉我他得到的信息，是北京地下水的水位整体跌落，如果再任此种情况发展下去，北京的饮用水会在某一天告急，最坏的一种可能，是整个城市不得不放弃现在的重任，施行大迁移！

顺义缺水，潮白无波，这是多么严重的生态环境问题！据《长安客话》："顺义县有井，一日三溢，海潮则大溢，或云源与海通，民疏其水为渠，灌田百亩，号曰圣井。"不管这口井还在不在，如今顺义地下的水资源跟当年相比，真不可同日而语了。河里连续几年无水，还会造成与水有关的生物链的断裂。据元代熊梦祥的《析津志辑佚》，那时北京地区水域普遍存在的禽鸟有：雉鸡、锦扎、鹧鸪、赤眼鹞、喜鹊、乌鸦、白颈鸦、斑鸠、翠禽、山鹧、山和尚、旱种谷、拖白练、乐官头、杜鹃、黑翼、胭脂鸡、青灰弗、黄灰弗、啄木、绊鹞、鹌鹑、山雉、拖红练……这是把特殊品种如朱鹭、白鹇、钩鹐鹭鸶、角鸡等排除在外的一个名单，他特别注明："以上在处通有。"但我们今天究竟还能见到多少种呢？在潮白中游无波的情况下，所剩下的数种恐怕也难永栖吧？

深秋时分，怀着悲波悯流的情怀，我去画潮白河枯涸河床里的衰草残苇以及周边树林小径。在写生过程里，我目睹了河床中一个原来的绿岛（如今成了一座旱丘）上燃起了野火，先是大片的枯草迎风掀起红色火苗，后来几棵仍未落净灰绿枯叶的树木也燃了起来，冒出长长的黑烟……得到报警电话后，有关部门马上派来了车辆人员。原来那旁边满是可以取用的河水，扑灭野火绝不困难，现在却一筹莫展，最后只能采取消极的办法，即在周边防范，任野火在那岛上燃尽自灭，好在那岛上并无任何房屋电缆等物，离大桥也还有相当距离，尚不至于造成直接的经济损失。但如此这般的景象，难道不是大自然在大声提醒我们：怎能再任此种河中无水、桥下无波的状态继续下去？

  是的，北京城在迅猛发展，滚滚车流已经使得六环路的立交桥巍然屹立，但这种发展决不应以自然河床断流为代价啊！我呼吁：一定要尽快让顺义境内的潮白河恢复它的畅流碧波！

寻觅满井

　　北京曾有一处自然风景——满井。据明代刘侗、于奕正合著的《帝京景物略》记载:"出安定门外,循古濠而东五里,见古井,井面五尺,无收有干,干石三尺,井高于地,泉高于井,四时不落,百亩一润,所谓滥泉也。……满井旁,藤老薜,草深烟,中藏小亭,昼不见日。春初柳黄时,麦田以井故,鬟绿且秀。游人泉而茗者,罍而歌者,村妆而蹇者,道相属……"其实,明代的满井不光可供春游,著名的小品文大家袁中郎的《游满井记》所写的就是一次冬末之游:"天稍和,偕数友出东直,至满井。高柳夹堤,土膏微润,一望空阔,若脱笼之鹄。于时冰皮始解,波色乍明,鳞浪层层,清澈见底,晶晶然如镜之新开,而冷光之乍出于匣也。山峦为晴雪所洗,娟然如拭,鲜妍明媚……风力虽尚劲,然徒步则汗出浃背。凡曝沙之鸟,呷浪之鳞,悠然自得,毛羽鳞鬣之间,皆有喜气……"可见那时的满井堪称京华一绝佳之境。

　　到了清代乾隆年间,汪启淑著《水曹清暇录》,也还这样描写满井:"满井在安定门外,井高于地,泉平于眉,冬夏不竭。"虽说那涌泉不再"滥流",但"井旁丰草修藤,绿茸葱蒨。土人酌泉设茶肆,游者颇多。"文人雅士留下了不少游满井的诗文,如林尧俞的《满井》诗云:"畦淳渔藻人,林影鸟巢深",显然还足资观览畅神。

　　但是到了清末民初,曼殊震钧著《天咫偶闻》,则已经是这样的记载:"满井之游,盛称于前代,康乾以后,无道及之者。今则破甃秋倾,横临官道。白沙夕起,远接荒村。欲问昔日之古木苍藤,则几如灞岸隋隄,无复藏鸦故迹矣!"这说明随着地下水位的大大降低,地表上的植被也相继凋零枯萎殆尽。

我自 1988 年以后,一直居住在安定门外,因此生出寻觅满井遗迹之心。"出安定门外,循古濠而东五里",这路径现在也还大体存在。"古濠"亦即古护城河,安定门的城门城墙虽然荡然无存,护城河却好好的还在,河沿东侧的马路一直走五华里,可以到达一处现在叫柳芳的,楼房林立的居民区,哪里还有什么乡野风光,更没有任何水井——哪怕是一口枯井,而且北望东望西望也都不可能看到任何山峦的影子——哪怕是最晴和的天气,天际轮廓线全是遮蔽着自然风光的高楼大厦。满井知何在? 空余史书名。不过,柳芳这个地名还不错,至少还能产生些有关满井的美妙意象。

　　后来我欣喜地在北京最新游览图上,发现了满井字样。那是出德胜门往西北方向,大约 16 公里,已经是昌平区所属的沙河再往北一点,有个地方叫满井。那么个地理位置,与前述古书所记录的完全相左,显然此满井非彼满井也。后来见到清人吴长元的《宸垣识略》,据他说,德胜门西北东鹰房村也有一个称满井的景观,但那并不是一口水井,而是"广可丈余,围以甎甓,泉味清甘,四时不竭,水溢于地,流数百步而为池,居人汲饮赖之。"根据这番形容,那应该是个由涌泉形成的大池塘。这处水景不知如今尚有遗迹否? 我也打算今后抽暇踏访一番。

　　仔细阅读袁中郎的那篇游记,我有些疑惑。他偕友赴满井出的是东直门,满井既然是在安定门外向东五里处,如出东直门再往北行数里当然也还算是捷径,但他所见到的,据描写,不大像是一口井,倒像是一个池塘。也是吴长元的《宸垣识略》,说是"安定门外东行五里,观音寺之侧有高井,一润百亩,四时流溢",这高井与沙河北边东鹰房村的满井常与正牌的满井"方名互讹",当年袁中郎冬末所游的会不会是观音寺旁的那个高井呢? 而我在现在的北京游览图上,又发现出东直门外先往东再稍往南约十多里外,仍有一处地方叫高井,充满了神秘感,也许那里仍会有相当幽雅的水景存在? 多半也是令我徒生奇想而空留其名的地方吧?

　　这样地寻觅北京曾经有过的一处小风景,并不纯然是闲来无事,以此步行健身。想到脚下的这块土地的水资源的流失减降,自然植被的萎缩乃至消失,心情是沉重的。城市建设确实在蓬勃发展,但我们怎能只有人工喷泉和钢筋水泥玻璃幕墙的"森林"，而没有满井那样的自然野趣？把满井寻找回来的期望可能是无法实现了，但对北京城区尚存的颇具自然生态的风景区域，比如什刹海的珍重保护，难道不应该加深思想上的认识，加强实践中的力度吗？

重新打扮泡子河

　　以往北京的主要客运火车站是东便门迤里的东客站，凡重要线路的快车几乎都从那里进出。进出的火车在东便门外会过一座铁桥，桥下是一道河湾，二十来年前，那段河湾的景观实在不能恭维，岸边尽是些简陋的平房，还有些堆放杂物的空场，绿化差，水质浑，令火车内的旅客很是败兴。旅客们所看到的那个河湾，叫泡子河。如今北京虽然新建造了体量庞大的西客站，仍有不少线路仍以东站为起止地，因此，泡子河也依然还是北京的门面。北京人是最爱面子的。如今的泡子河经过初步整治，周边绿化搞得不错，河水也清亮许多，作为北京的门面之一，北京人不至于再惭愧了。

　　但是，如今的泡子河仍不能令人真正满意。要知道，在明、清两代，泡子河是北京的名胜之一。这道河湾原来西通北京外城，与西部来自玉泉山的水系相连，现在则已经不复西通，但它往南仍与北京南护城河以及龙潭湖水系相连，往东，则仍构成长河，即通惠河，流到通州与大运河贯通，可谓一处重要的水域枢纽。明代的《帝京景物略》称此处园亭、林木、芦荻、鱼鸟皆丰茂可观。清代《天咫偶闻》记载泡子河春日景象："桃红初沐，柳翠乍剪，高埠左环，春波右泻，石桥宛转，宛若重虹，高台参差，半笼晓雾……"泡子河东北面有古观象台，再往北有贡院，西南则有蟠桃宫，因此也是人们礼天、祈吉、求福之余欢聚玩乐的空间。那里酒肆饭店颇多，茶帘酒招飘荡于绿树间，肆主设什不闲、八角鼓等游艺娱客，著名的酒肆饭馆有大花障、望海楼等。春日东便门城墙下时兴跑马比赛，冬日冻结的冰面上时兴坐冰筏遛弯儿。清代竹枝词道："蟠桃宫里看烧香，玩耍沿河日正长，童冠归来天尚早，大通桥上望漕粮。"

如今通火车的那座桥，也许就盖在昔日大通桥的旧址上吧？直到晚清，泡子河里仍能见到运粮进城的大船，辛亥革命后，这样的漕运景观消失了，茶楼酒肆也渐次萧条，但在泡子河的两道闸门之间，"夏季有游船可资代步，两岸芦苇掩映，垂柳疏杨，夹河森荫，岸旁村合三五，点缀其间，风景绝佳。夕阳西下，渔舟唱晚，尤具林壑景象。"——这是1935年《北平旅行指南》上的介绍，可见六十多年前的泡子河虽然不复繁华，倒也还保留了浓郁的野趣。

如今泡子河北岸是一派高楼大厦。西南角的蟠桃宫，二十年前我住劲松地区，进城时常骑自行车从那位置过，还可以依稀辨认出宫门，并且在外墙一块石头上还刻有"蟠桃宫"字样，如今则荡然无存，架起了立体交叉桥，开发出一大片欧陆风味的商品房。南面还算有较大旷地，林木尚多。整个泡子河周边布置成可供市民休息的绿地，但无甚特点，缺乏吸引力。

我以为，泡子河周遭，特别是其东、南两面，应该重新规划打扮。倒并不一定要恢复蟠桃宫或很多的茶楼酒肆，但一定要给那片空间以鲜明的特点。这特点也不难确定。据考证，大文豪曹雪芹从南京随获罪落魄的父母迁北京以后，一度住在离泡子河不远的蒜市口一所十八间半的旧院落里，泡子河是他常去的地方，他的好朋友敦诚、敦敏等多次与他同游，敦敏的诗句"……古渡花争发，荒祠草又新；野烟人上冢，啼鸟自含春；无限幽栖意，临风一怆神；青帘遥隔岸，野肆绿杨堤；把酒问渔艇，临风试马蹄……"应该就是包括他们在通惠河一带畅游的写照，正是在这里，曹雪芹生发出"秦淮旧梦人犹在，燕市悲歌酒易醺"的无限感慨，强化了创作《红楼梦》的灵感。鉴于此，我建议以纪念曹雪芹和《红楼梦》为主题，把泡子河地区重做规划，细加打扮，这里可以树立曹雪芹的雕像，建造相关的展室，布置与《红楼梦》相关联的园林小品，适当点缀些具有老北京特色的茶馆饭铺，在某些特定的日子组织具有浓郁民俗色彩的庙会式活动，并进一步优化该处的植被水质，恢复水域里的游船……使其升格为北京一处优雅的文化名胜。出现这样的一个泡子河，该不是我的奢望吧？

床前明月光

持续一整天的沙尘暴搅得天昏地暗，朋友来电话问我在做什么，我说仍在电脑上敲《红楼梦》探佚小说，他在话筒那边吼道："虎狼屯于阶陛，你尚谈因果！"他的心情我理解。

晚上看电视，北京电视台的晚间新闻里播出了两位报社记者刚拍回来的一些照片，拍摄地丰宁县紧挨着北京，镜头向我们展现了沙漠一直移到农家门前，封了门的可怕情景。那拍摄点距北京怀柔境仅 18 公里，距我敲电脑的温榆河畔的书房约 40 公里，距天安门广场若直线计算也远不过 80 公里。沙漠南移，沙暴肆虐，高空气流甚至把浓稠的沙土裹挟到长江南北，用遥控器一点，江苏电视台节目里有南京为沙尘所蔽的镜头，上海电视台节目里正报导清洁工们紧张收拾前些天泥浆雨污染的残局……

有不少人在恶性开发，滥砍滥伐，从沙漠南移中捞取可耻的票子。也有不少人在努力植树，培育护卫北京的绿化林带，力图遏止沙漠的扩大。双方似乎在拔河，一决雌雄。

窗外是呼啸昏黄一片，能够看清的只是些在沙尘流里翻飞的灰白、黢黑的破塑料袋。可是我的《红楼梦》探佚故事里的人物正活动在佳木茏葱、奇花烁灼的大观园里，她过了荼蘼架，再入木香棚，越牡丹亭，度芍药圃，入蔷薇院，出芭蕉坞……

我们是曹雪芹的后人，曹雪芹又是唐诗宋词那些作者的后人，我们的前人们这样描写他们的生活环境："出门见南山，引领意无限，秀色难为名，苍翠日在眼"，"空山新雨后，天气晚来秋，明月松间照，清泉石上流……"，"小径红稀，芳郊绿遍，高台树色阴阴见"，"行云却在行舟下，空水澄鲜，俯仰留连，疑是湖中别有天"，"日暖桑麻光似泼，风来蒿艾气如薰"……

作为后人，我们有愧。沙漠甚至扩大到了北京的边上。电视里还报导，福建南平一带，四川大渡河一带，大面积水域里，鱼类突发性集体死亡，那些镜头极其恐怖，惨不忍睹。

该立即写些吁请绿化大地、净化水源的文章。但随手一点遥控器，这个频道正播出追捕人贩子的纪实报导，那个频道讨论着一桩十三岁学生杀母的案件……

恐怕，更应该呼吁的，是绿化心灵，净化心理。为了钱，有卖自己肉身的，有拐骗别人肉身的，当然，那首先是有持币待购的一方。这类事情还好剖析鞭挞。像那弑母事件，母亲认准了一条胡同：高分、升学、文凭、成功人士。儿子本来很老实努力，给她玩命地去钻那胡同，然而，母亲只许他分数一次比一次高，除了厉声唠叨就是严格监视，于是，儿子因焦虑而懵乱，因懵乱而绝望，因绝望而疯狂，因疯狂而"与汝偕亡"——这里面所蕴含的内容，辨析起来就不是那么简单，而且在讨论中也很难在各个方面上达成共识。在这时代列车急速大拐弯的时期里，价值观念，欲望指向，在震荡中变得那么难以把握，岂是写些读些小文章，便能解决问题的。

但还是要努力。甚至连《红楼梦》探佚，也终于还是能融入一个总目标里：要吁请国人在心灵里栽植诗意，那是最根本的绿化。一位小朋友问我："伯伯，什么是'床前明月光'？"那时我正在她家，她家窗户里只能接收到对面街上店铺倾泻进来的，滚动闪烁的霓虹灯光影。在综合治理自然环境、社会环境，特别是国人普遍多发的求富浮躁病的巨大工程里，我们这些人所能奉献的绵薄之力，其中的一种，应该就是"栽诗"，或者就仿佛打点滴似的，给人们的心灵输送"诗意"。我坚信，一个能背诵李白《静夜思》，能珍惜清亮的月光，能哪怕偶尔地"低头思故乡"，能让一股诗的柔情汩汩从心灵中流淌的中国人，他就有可能多做些好事善事，起码不会做出那些最粗鄙丑恶的坏事吧。

野景是金

北京正在规划第二道绿化隔离带，这是一桩功德无量的大事。在已经建成的第一道绿化隔离带里，基本上都是人工营造的景观，因为原有的郊区野景，在城市建筑空间的急剧膨胀过程中，已经被摧毁殆尽。现在我们看到的树木是陆续按规划栽种的，草坪是按图纸铺敷的，花卉是按预想安置的，这使得一般城市人的眼光，已经习惯于这种规整的、被修饬的景观，也就是严格意义上的"绿化"——即本来不"绿"或不够"绿"而将其"化"为"绿色空间"。正在规划中的第二道绿化隔离带里，也存在着许多目前不"绿"或不够"绿"而需要将其"化"为"绿"的限建土木工程的空间，绿化师将为那些空间精心设计出"化"的方案，使其增"绿"或生"绿"，这自不消说。但在规划中的第二道绿化隔离带里，目前也存在着数量可观的野景，也就是其植被大体而言不是刻意人工绿化的产物，而是多少具有些原生态的荒芜感的绿色空间。比如在目前拟就的第二道绿化隔离带的九片楔形绿色限建区里，其中的第三片和第四片——来广营至温榆河至后沙峪北、机场南部沿温榆河两岸——我就亲眼看到若干毋庸去"化"就已经颇"绿"的野景。而且我觉得第四片的范围应该加以扩大，把温榆河那个流段东岸的绿化"隔离锲"再向东展拓到顺义李桥镇的西陲，这其间有一条常被各方人士忽略的小中河。就我目击考察，小中河两岸的自然生态的植被，特别是河边的芦、荻、蒲、苇等野生植物，相当丰茂。像这样的地段所面临的问题，就不是如何将其"化"掉，而是一个如何维护、改进现状，使其不要被"化"掉的问题。

记得 20 世纪 50 年代初，那时我还是个儿童，住在北京城闹市区一条胡同的大四合院里，那院子是人民海关的宿舍，几乎各家都有少年儿童。到了暑假，院里大些的少年，会组织我们一群孩子，到郊区去野游，那一天我们会分别带上捕虫网、标本夹、鱼竿、小桶，当然还有饮水瓶和干粮，先坐公共汽车到最后一站下来，那已经是城墙、城门之外几里路的地方了，然后再步行，穿过被耕种的农田中的小径，往往并不需要再走很远，大概是相当于目前三环路以内的地方，就会置身在完全是自然生态的野地里。那是真正意义上的田野（如今三、四环路边连田地也很难见到，更遑论一个带"野"字的空间）。虽然高大的树木不多，但成片杂生的小树林和灌木丛随处可见，野花野草色彩动人气味清香，更可喜的是有许多池塘、溪流、小河、湿地，那里面的水生植物特别惹人喜爱，不仅有芦苇、蒲草、水葱，还有许多叫不出名字的美丽存在。也不仅是植物喜人，各种禽鸟、鱼、蛙、昆虫甚至小兽也繁多而有趣。我印象最深刻的，是有一回从水里钓上来一条从嘴边到半个身子都长着肉须的怪鱼，还看见过一条一尺长的娃娃鱼扭动着身子躲避我们滑进水里一个洞穴去了，还曾把所捕获的各种大小不一或衣着朴素或浓妆霓裳的蝴蝶夹满了一大本，又曾捉到过胖胖的刺猬，还曾把草丛里发现的一个鸟巢连其中的两只花壳蛋一起带回过家……可惜到了20世纪70年代初，先是北京的城墙、城门几乎被拆毁殆尽，后来像我上面所描绘的那种原生态的田野也萎缩到了难觅踪影的地步。1978年改革开放以后，可喜的事物层出不穷，但随着都市的扩大，大片大片的农村土地被征用，盖起的楼房越来越多，庄稼地在四环路边几近消失，有野景野趣的自然植被空间在五环路与六环路之间也所剩无多，因此，我们不能只看到可喜的一面，也该看到可惜、可叹的一面。

　　我们现在都懂得要维护生态环境就一定要善待野生动物，但我们似乎还不大重视善待野生植物。城市里的绿化，似乎有一条不成文的规定，就是完全不容野生状态的植被存在。比如有的公园里本来有大片植株间距不均等、树种混杂的带野趣的树林子，很美丽，也很受一般游人喜爱，但有关部门却非将其完全砍伐掉，重新如摆棋子般地栽种上同一品种的树木，还把树木之间的地面砌上方砖，在每团树木周围围上铁栅，如此花大价钱大力气消灭野趣，营造人工景观，不知究竟图的是什么？这样的"绿化"，是我一贯反对的。我还曾写过文章，为某公园里小山坡上每到初秋就成片开放的野生多头菊请命，认为它们有在那里生存的权利，实际上它们既娱游人眼目，散发的气息也能驱杀蚊虫，是很好的生命体，何以就非将它们刈除呢？我问过正在费劲拔除它们的绿化工，他说这是领导决定的，又说这些多头菊不是我们种的，是野生野长的，令我不得要领。后来那山坡上在拔除了野生多头菊的地方补铺了一种驯化的绿草，每次再到那地方，我就总觉得不复有诗意，而是面对一篇虽然中规中矩却了无意趣的八股文似的。

市区的绿化问题，这里不多做讨论。也许，在市区里适度地刈除野生植被，还有其一定的道理。但现在规划中的北京第二道绿化隔离带，会牵扯到若干还大体保持着野生状态的植被，如上面举出的温榆河与小中河两岸的某些区域，我的观点是，野景是金，而人工营造的绿化带充其量是银，务请维护那些黄金般可贵的野生植被！野生的树木，似乎还比较能得到"手下留情"的对待，野生的灌木草丛，就很容易被一些人视为"乱象"，其实那些历经岁月考验的"杂乱"的灌木草丛才是最能固土护墒的宝贝，并且是真正富有诗意的存在。说严重点，不懂得爱护野生植被，跟不懂得爱护野生动物一样，是一种病态的文化心理，就跟不喜欢天足而专嗜欣赏"三寸金莲"一样！

尽管在关于北京第二道绿化隔离带的规划里，已经注意到要把原有的自然植被与人工营造的植被交织起来，但我还是想强调，这种交织应该不是被动的，应该不是在歧视野生植被的前提下进行的——仿佛保留它们是出于"不得已而为之"，或仅仅是觉得这样做可以"省钱省事"。我以为，在这条新的绿化隔离带里，甚至应该有意识地培植出一些不必那么规整的，不去刻意修饬的，能在岁月嬗递中发展为野景的绿色空间。

翁蔚泅润之气

　　若问我为什么喜欢南京，答曰：喜欢的是它那股子翁蔚泅润之气。"翁蔚泅润"这个四字词是从《红楼梦》里引出来的，不知道以前的古书里有没有这样一个词汇，大概和"凤尾森森、龙吟细细"等词汇一样，是曹雪芹独创的吧。

　　南京又名石头城，历史上多次被定为首都，也多次遭到浩劫，但它仿佛是一只特别善于涅槃的凤凰，经历了那么多历史的烽烟烈焰洗礼，不但没有变得萧索枯涩，而是越发地充溢着翁蔚泅润之气。

　　所谓翁蔚泅润，首先是指绿化好，植被繁茂，而且滋润光鲜，饱含水气。市区街道多为梧桐夹道，花坛满布，草坪如茵；玄武湖、鸡鸣寺一带，有些区域的植被状态还颇具野气；特别醉人的是近郊紫金山—明孝陵—中山陵—灵谷寺那一大片风景区，近年来调理得更如画如诗。2000年秋季全国书市期间，签售《课外语文》之余，与我的助手鄂力前往游览，那天时雨时晴，雨丝风片不伤游兴，偶现的秋阳更添情趣。记得我们二人登上灵谷塔高处，只见满山青翠，所有的树木都在吁吐岚气，那些缥缈的岚气启动我们无限美好的遐想，也令我们身体发肤鼻息全感受到舒爽的浸润滋养。鄂力是头一回到南京，他说北京西山是他常游之处，仲夏的八大处碧绿阴凉，秋来香山的红叶别具一格，流连其间，也都能触发灵感升华思绪，但却从来未曾见到过如同南京此处一般的旺沛岚气。我们以那岚气为背景相互拍摄了若干照片，他又专门拍了些岚气氤氲的空镜头。南京能翁蔚泅润，固然有其地理位置的因素，那毕竟已是江南，北京在长城边上，挨着塞外，空气湿度难以达到南京那样的程度，不好生硬地加以对比。但北京与南京也有相似之处，就是它们都是湖城。南京市区近郊的湖面，大的有玄武湖、莫愁湖两处，另外还有若干较小的，如今都整治得水丰波清，市内的秦淮河水系也有所疏浚，城市整体面貌滋润光泽，跟水系的维护展拓也是息息相关的。北京市区近郊的湖面也颇多，护城河水系也很有基础，近年来也很重视整治疏浚，特别是西部昆玉河航线的开通，已成为一道亮丽的新风景线。但总体而言，北京对自身水系的珍惜利用程度还应该进一步提高。人们都知道由于北京以北部分地域的生态恶化，沙尘暴时时袭击北京，为此已强化了植树绿化的工作，这当然是必要的，但植树一定要和水系的整治相结合，才能彰显效果。北京的东、北护城河水系，特别是从东便门迤东泡子河—通惠河一直到通州大运河的水系，现在就还很不尽人意，亟待恢复到历史上最佳状态，并进一步加以发展，以使北京的空气也能经常洇润宜人。

曹雪芹一生与两座城市血肉相连，他的密友敦敏赠他的诗里有"燕市哭歌悲遇合，秦淮风月忆繁华"的句子。虽然说到处都会有文学，有作家，但南京确实是个历史上文学积淀特别丰厚的地方。所谓蓊蔚洇润，似乎也可以拿来比喻这地方那秀媚水灵的文学传统。这地方似乎特别适宜纯文学静默地开放出辛夷花般艳丽的蕾朵。我隐隐觉得，20世纪中这里的一些年轻作家试图形成"探索者"流派，到世纪末又有苏童、叶兆言那样擅写婉约、素馨风味的小说家出现，以至于《钟山》杂志坚持达二十多年的独特风格，都可以纳入以蓊蔚洇润为概括的人文传统之中。作为定居北京的写作者，也许是受曹雪芹影响太深，我觉得所谓北京味儿是最适宜与南京味儿糅合融通的。愿蓊蔚洇润之气贯通于北南二京。

车厢座

一位定居境外的亲戚，很久没回中国了，前些时到了北京，我在一家饭馆请他小酌，他一走进那饭馆，便扬起眉毛，先"啊"了一声，然后惊叹地说："有车厢座了！"

车厢座，就是仿照火车车厢里的那种格局，所安置的高靠背椅、相对共用一张长条桌案的座席。这有什么可惊叹的呢？我和他选了一个车厢座坐下。坐定点好菜，把酒闲聊，他告诉我，这车厢座，令他联想多多。原来，50年代中后期，那时他刚从大学毕业，分配在北京一所设计院工作，每逢星期天，他总爱到王府井闲逛，并且，大约每月一次，到东华门大街一家有高台阶的西餐馆里，和所约的朋友，或恋人，坐进车厢座，吃吃西餐、聊聊苏联电影。他说那时那家西餐馆的菜价不算贵，作为没有家庭负担的技术员，每月吃一回西餐，他的工资还是对付得了的。可是，好景不长，他被划为了"右派"，被划的根据，并不是他有什么言论，而是他那爱到王府井吃西餐的行为，他说开始怎么也想不通，要说他有问题，顶多也就是"追求资产阶级生活方式"吧，怎么会成了"反党反社会主义"呢？

后来在批斗会上，有人发言，说他问题的要害，是"喜欢车厢座"，因为"车厢座的高靠背椅，形成了一个可以肆意发泄不满的阴暗角落"，他喜欢坐进车厢座，自然也就是喜欢"阴暗角落"了，什么人才喜欢"阴暗角落"呢？自然是阶级敌人啦！他就这么被"类推"到"不齿于人类的狗屎堆"里去了。

据他说，因为他失身于车厢座，所以，自那以后，他就特别忌讳车厢座，而饭馆中的车厢座，不知是有关方面陆续通知减少、拆除呢，还是在社会生活方式的变化中被无形销蚀，总而言之，到"文革"中"破四旧"以后，基本上绝迹于中国大陆，甚至于在"四人帮"倒台以后，改革、开放的初期，饭馆比较注重装潢了，也有了私人饭馆，可是，厅堂里一般还都是大圆桌、八仙方桌，一张桌子，两拨甚至三拨互不认识的人共用，还是相当普遍的现象，直到80年代初期，也就是他移居国外之前，饭馆中仅供四位以下食客自用的小餐桌，才多了起来，而车厢座似仍未重现，至少是仍未大量重现。我想了想，似乎大体上是那么个情况。中国人进饭馆，大快朵颐是首要的，这在今天仍是不变的习俗，但现在进饭馆的中国人，尤其是青年人，把共同进餐视为私人社交的一种方式，特别是把欢聚闲聊甚至谈情说爱列为享受的越来越多了，则已绝对不能容忍与不相干的人共用一桌，进餐馆后一般都要以挑剔的目光选择座席，多半希望所占据的位置能构成一个相对独立的谈话区，在那里既听不清别桌的人在说些什么，当然自己所说的更不要让别桌的听去，于是，厅堂中较具遮蔽性的座席，尤其是车厢座，便往往成为抢手的位置。那天我和那位亲戚所去的饭馆，车厢座率先客满，便是明证。说实在的，我对车厢座并无特别的好感，更缺少诸多的联想，但亲戚对车厢座频频感慨，甚至于说："见微知著，这车厢座的大量出现，说明祖国世道在进步，普通人的话语空间，私密的话语空间，是大大地得到展拓了！"我告诉他，确实，民间空间是大大地得到了展拓，但是，在收获鲜花的同时，也不能回避杂草，甚至于毒菌，例如，有的歌厅舞榭、旅店饭馆，给一些大款、贪官，提供着钱权交易、色情活动的私密空间，那可是令人厌恶透顶的啊！他说，因此，车厢座更加可爱，它私密而不鬼祟，舒适而不奢靡，典雅而不烦琐，实在是恋人好友、小家小户浅酌慢饮、细品闲谈的好空间！

我们正边吃边聊，服务小姐送来了水盅蜡烛，在幽红的烛光中，我想说句玩笑话："阴暗的角落……"被他一个手势截断了，他徐徐吐出的话语是："多么温馨啊……早该如此的呀……"说时，眼里竟分明闪烁着泪光……

营造个性空间

　　虽说旅游过世界上若干地方，但一般都是观览其公众共享空间，如在所到处没有亲朋好友，是不大可能进入其居民家中了解其居室装修布置情况的。在中国，如北京什刹海地区的胡同游，可以安排外国游客进入胡同院落里的普通家庭，让他们尽兴观览、拍照、询问，而且还一起包饺子，围桌共餐，这样接待旅游者的方式，在国外很少见。当然，几乎各个国家和地区都有关于家居装修布置的专门杂志，这样的杂志我倒是翻阅过不少，一般都印制得非常精美，图片多过文字，但给我的总体感觉，是随着全球一体化进程的加快，以欧美发达国家为楷模的生活方式已经普及到几乎世界上所有的地方。这些杂志的主要篇幅，特别是所刊登的图片，风格大体相近，如在一所住宅里，不外乎都要有一个颇大的起居室，而起居室里最重要的东西，不外是沙发与视听电器，从以色列到巴西，从沙特阿拉伯到卢旺达，富裕人家的起居室布置方法大同小异，或许其间会有些本民族本地区的特色点缀，但坚持还按其祖上的生活方式布置使用的例子，已经很少。至于卫生间和厨房的格局，那更是越来越全球趋同，相互的不同多半只能在色调上去下功夫了。

　　在这样一种全球趋同的浪潮下，营造具有特色的个性空间，便成为小康家庭中雅皮一族的重要追求了。

　　在北欧，我曾到一户人家做客。那家的先生是个土木工程师，夫人是在大学里教汉语的。他们买下一座空宅后，不是一次性装修完毕然后乔迁进去，而是先搬进去，也不请别人来装修，自己利用每天下班以后的时间，特别是节假日，慢慢地来伺弄。我去做客时，已经大体成型，但仍有若干部分，尚待进一步加工调整。就我所看到的情况，应该说他们对自己家庭的布置非常地独特，昭显出他们两个人的个性。大体而言，他们是"功能至上者"，对居室的装修完全基于实用，一切没有实际用处的纯装饰性物件一律不要。那么，他们所营造出的空间是否枯燥乏味呢？绝不。例如书房，书架直接以墙体为靠背，放书的格架就直接固定在墙体上，也不要什么玻璃门来遮挡，这样把四壁的图书搁满了以后，厚薄高低不一的图书那色彩各异的书脊就成为了非常奇特的壁饰。他们都嗜书如命，尽管如今有了电脑，可以从网上获得各种信息，但他们仍把捧读纸制品当成最大的乐事，因此他们竟不把电脑搁在书房，而是搁在了餐室一角。在书房里，他们布置了两张宽大而舒适，可以调节角度，并且带脚凳的安乐沙发，沙发后有特别挑选来的，可以变化角度与亮度的落地式照明灯。最有趣的是，他们在各自的安乐椅旁都安装了哪里也买不来，完全是自己设计制造的"卧式旋转书柜"，那书柜使用面朝上，高度恰好让人坐在椅子上能够伸手取用，那里面不时更换为他们近期所特别要阅读的参考书与休闲书。

与上述追求相反的个性化家居布置，是我在马来西亚的砂捞越一位达雅人家中所见，他家在功能布置方面也趋同于一般，如起居室也布置沙发，有整套的视听设备，厨房卫生间也跟西方人家差不多；但在装饰性布置方面，他使用了大量当地手工土布制成的布幔，这些大大小小、宽度不一、色彩鲜明的布幔出现在居室的各个部位，或从屋梁上垂下，或在墙边固定，或从地面往上伸展顶端以细绳吊到梁上固定；这些布幔有的还可以说是有点实用价值，比如分切室内的功能区域，在靠窗处遮蔽烈日照晒等等，但大多数纯粹是用来自我欣赏的，用他的话说，就是"我喜欢它们随时出现在我眼前"。

在北京，我也见到过一例凸显个性情趣的家居布置。主人是位集邮迷。他跟我坦言自己其实并无什么了不起的邮品收藏，喜欢邮票并非期待升值，而是觉得那方寸之间确实蕴涵着丰富的知识与美感。一进他那单元，玄关与内厅衔接的部分，他用三合板为材料，在四周布置了邮票边缘的那种锯齿，使你望进去觉得他家内部就是一枚邮票的画面。起居室的墙上，他布置了一枚放大到巨画尺寸的，他所最喜爱的风景题材的邮票。他说他装修居室时也参考有关的杂志画册，从中提取了不少有用或喜欢的元素，但在居室布置的整体把握上，他却刻意创新，"不是为了让别人来看，来评论夸赞，而是为了让我自己一进门以后能高兴地说：啊，这是我的，独一份的空间！"

空

先说两件在直感上引出震动的事。第一件，十几年前在美国纽约著名的艺术家聚居地苏荷，与台湾旅美画家韩湘宁邂逅，他邀我到家小坐，我进门就愣住了——眼前一下子呈现着大约两百平米的无遮蔽空间，当中摆放着几件造型极简洁的木制桌椅，远处犄角搁着些颜料桶和作画的工具，一面墙是些开阔的落地窗，阳光泼洒地倾泻而入，另一面墙倚立着两三幅他已完成或正创作中的巨画，整个房间里氤氲着咖啡、颜料混合成的特殊气息。后来我了解到，纽约曼哈顿旧城有若干地区，保留着不少那样的大栋红砖楼房，外墙上往往显露出折转而下的铁制飞梯，当年本是车间或仓库，后来工厂陆续迁走，废弃了一段时间，再后，被不少年轻的风雅之士以廉价购租，苏荷一带更逐渐汇集了一批艺术家，他们各显身手，将其改造为画廊、画室和住宅。当然改造手法多种多样，但像韩湘宁那样尽量保留原车间或仓库的阔敞空间，以"空"的韵味取胜的，最为流行。韩湘宁的那些巨画，站近了不知所云，离远了细观，才看出表现的是大都会里充满动感的人群，画中的每一人物或截取大半身，或只有半身，或只剩胸颈部以上，都是用喷枪以杯碗大的圆形色斑构成的，似是而非，似非而是。那样的巨画，从技术上来说没有那样空阔的画室是不可能绘制的，但空阔的意义于韩湘宁来说不仅是技术上的保障，他对我说，"空"给予了他一种"放大人生"的灵感。登上画室一角的螺旋楼梯，韩湘宁带我到他的生活区去，那空间差不多与下面画室一般大，除了卧室与卫生间有墙体遮蔽，厨房、餐厅、客厅、起居室、书房，包括摆放着一架三角钢琴的区域，全都只以至多齐腿根的家具物品界分，两面相邻的楼墙上是一系列的落地玻璃窗，那时天刚放黑，窗外曼哈顿的万家灯火倾窗扑入，令人刻骨铭心地意识到"人在红尘"，有种悲喜交集的滋味蹿入鼻腔。

那次从美国回到北京，梳理自己的观感，先问自己：以目前中国的国情，纽约韩湘宁式的空间使用，难道是值得一唱三叹的么？而且，就是在美国，那样的情形也并不普遍，更多的居住模式，是连体或单栋的小楼或平房，里面的房间再大，一般也还不会大到那样的地步。可为什么又总愿一再回味韩宅给自己的刺激呢？其实，在美国也曾在洛杉矶跑到著名的豪宅区比华利山庄转悠过，再，从中国引进的美国肥皂剧《豪门恩怨》里，可以尽兴观看那些建筑面积很大的豪宅内部的情形，似乎也并不怎么被打动，甚至觉得流于堆砌乃至俗艳，那么，从韩宅获得的印象里，究竟是什么因素耐人寻味呢？

于是我要说到第二件事。20世纪80年代初，我作为编辑去一位单身女士家约稿，她住在一条古老胡同里的一个大杂院的最里边的一间小平房里。敲开门以后，她把我往屋里让，呀，呈现在我眼前的景象，竟引出了乍见纽约韩湘宁画室那样的审美震动。我对她脱口而出道："你这儿真——空——呀！"怎么回事呢？她那屋子顶棚和四壁刷得雪白，不贴挂任何装饰，地面就是光亮的水泥，整个房间里，只有两样东西，一样是一张一望而知很舒服的，以米色底子上现出褐色花样的蜡染布整体覆盖的单人弹簧床，那床不是靠着墙放，而是斜置在房间里；另一样是一架非常雍容的单人布艺沙发，色彩在红褐过渡之间，也不靠墙，挨近床的前部与其平行放置。那间小屋另开一门，通入添建的一间小厨房，里面隔出一部分作为密封的储藏间，她说她的衣服书籍杂物什么的都在那里面，其余的部分刚好可以做饭，有一张餐桌两把折叠椅，那餐桌上有吊灯，也兼她的书桌。和她对坐在餐桌两边以后，我且顾不得说约稿的事，忙问她那间正房有多少平米，她说不到十二平米，我竟不相信，心理上感觉怎么也得二十多平米；又问她那样使用屋子究竟是从何想来？她说："空就是美。"

把这两件事结合起来细琢磨，我憬悟，我们嘴里总在"空间""空间"地讲个没完，我们都知道建筑就是以人为手段营造空间，也会习惯地以多少平米的建筑面积、使用面积来衡量一所建筑的空间，但实际上，我们往往并不能深切地意识到，我们享受建筑，最主要的，是要享受那个由种种建筑部件从自然里切割出来的那个"空"的部分。我们往往失却了"空"感，只在那里评价建筑物的立面、构件、内装修好不好看，或一般性地衡量其功能效果如何，而部分乃至全部丧失了对"空"的心理感受与审美情趣。我在这里故意不再使用"空间"这个词，而偏强调一个"空"字，因为我们可能对"空间"这个建筑上的语汇，已经狭隘到仅仅以底面积是多少平米来感受了（或者顶多再把墙面高度算上）。上面两例里的建筑物使用者，他们都懂得"空就是美"，能够主动享受"间"里的那个"空"，特别是后例里的那位女士，她"化腐朽为神奇"的招数，可以概括为"小中见空"，她的"创作"从某种意义上来说，不比韩湘宁的巨画逊色。

　　但上面写到的两所房屋，原本都不是为现在户主如此使用而建造的。现在我们接下去要讨论的问题是，作为建筑师，在从事设计时，对"空"的理念或者说审美追求，是不是都那么自觉？从建造出的成品考察，我觉得，有的建筑师，他那"空间"的观念，仅仅是业主对整个建筑物的体量与使用面积的一串数字，再加上关于功能性的种种要求，他的主要美学追求，大都铆足了劲儿，扑在建筑的"非空"部分——从整体视觉效果到每一构件的"语汇"选择上，而对以种种构件所切割出的那些空间（"黑空间"与"灰空间"）里的"空之美"或者说"空之魅"，却重视不够，或者竟简直忽略不计。

　　建筑作品中的"空之美"，类似中国写意画中的"留白"，是非常重要的美学元素。当然，在穷得根本没办法讲究审美的破败小屋里，人连自身的尊严也可能沦丧，像上面写到的那位女士那样，竟能在陋湫中营造出"空之美"的情况，毕竟是凤毛麟角。好在我们国家在改革开放以后，一天天富起来，就住宅建筑而言，外形美观内部功能性良好的设计越来越多，搬进去大大改善了居住条件的民众也与日俱增。但遗憾的是，不少的居民搬迁前进行的装修，都搞什么吊顶啊、包暖气啊、加墙围啊、添隔断啊，装"和式"拉门啊，把阳台变成木榻啊，最近几年还流行加厚墙体布置假壁炉，又是什么嵌着多宝格的"文化墙"，净是锦上添花的措施，而且在家具的安置上更是满坑满谷地"摆阔"，仿佛一幅写意画被墨彩铺得满满的，一点"空"的感觉都没有了。不过人各有好，有的人他就喜欢堆砌繁缛，理应尊重。问题是，像上面提到的那位女士那样的居民，他们想把新居布置得能以体现"留白"之妙，而我们的建筑设计，却并未能充分考虑到其对"空"的享受需求，承重墙的安排只是机械地将居室空间划分为几个功能区域，逼得入住者只能以"大路子"布置各个空间，想尽兴地享受一番"空就是美"而不得。其实，同样的建筑面积，同样的造价，完全可以避免掉"失空"而给予入住者更多的享受"空"的可能——现在有的住宅设计已经采取除了卫生间，连厨房都敞开，完全不事先加以分割的、"全空"的方案，这样住进去的居民既可根据爱好用墙面加以切割，也可以不再设置任何墙面，从而获得类似韩湘宁住宅那样的"空美"效果。

在大体量的公众建筑设计上，对"空"的美学意蕴的追求，只要在消耗投资额上不是太孟浪，都应尽量让建筑师有所发挥。不要一听到"空"，就觉得没有功能，就指斥为浪费。重要的公众建筑不仅是拿来实际使用的，也应是一件能够具有久远的欣赏价值的大型艺术品。作为一个建筑美学问题，这值得深入而细致地结合具体个案进行心平气和的讨论。公众建筑里的共享空间的"空之美"，可能更多的不是体现在包围、切割其空间的那些构件上，更不是体现在所配置的如雕塑、盆栽、喷泉、沙发等附属物上，总之不一定是体现在视觉感受上，而是体现在那"空"对人的肌肉、骨骼、神经、皮肤，特别是心理、情感的触动上。要达到这样的目的，需要建筑师有很高的美学修养与专业造诣。借用一点佛教用语和《红楼梦》楔子里的话，"色即是空，空即是色"，期盼建筑师们能"因空见色，由色生情，传情入色，自色悟空"！

四白落地

　　那是一座新启用的塔楼，住户们八仙过海、各逞其能地陆续装修完毕，纷纷开门迎客，有的更怀着兴奋的心情，希望来客能欣赏他家的精心装修与布置。那天我应两三家之约去串门儿，也顺便拜望了几家没有特别邀请我的熟人。

　　邀我最殷切的是小焦，我刚进门他就一一指点着他家的玄关和文化墙等他最得意之处，让我跟他分享新居焕发出的光彩。接着我又参观了几家。这里单说说我对他们居室墙面处理的印象，各具特色，但共同之处是斑斓华丽。记得十多年前我乔迁到现在的居所，也曾刻意装修过一番，但那时候好像没听说过什么文化墙，看了小焦家里的那面墙，再听他一番解说，才明白文化墙大体而言就是厅室里布置得最富装饰趣味，或集中容纳视听设备与展示主人艺术收藏的墙面。小焦家的文化墙以仿虎皮石不规则地镶砌而成，还凿去了墙体的部分水泥，使其形成一个凹槽状，电视什么的就一半嵌在里面，扩展了使用空间，显得颇为俏皮。另一家的文化墙由多宝格组成，也采取了挖凿一半水泥墙面的方式，很有点《红楼梦》大观园怡红院"满墙满壁皆系随依古董玩器之形抠成的槽子"的味道。这样凿墙装修，就不怕影响楼体的承重结构吗？也许是我的非议十分柔和，小焦等根本不在意，呵呵地笑着说，有凿的，也有添的，承重还增加了呢，接着陪我到另一家。这家的文化墙是两根爱奥尼亚式石膏立柱，护卫着一个假壁炉，炉膛里有通电后能一闪一闪发出炉火之光的玩意儿。

　　我为小焦以及所有改善了居住条件，并得以按照自己喜好装修布置私人空间的人们高兴。居所墙面的装修布置，大体而言，是体现主人欲望的最重要符码。有些居主突出着财富符码，喜欢以高档华贵悦己炫客；有的居主突出着品位符码，处处跟时尚接轨，希望来客能一见眼亮称雅赞酷；也有的突出着地位符码，墙上的名人字画、与高官名流的合影，既赏心悦目，也在说明着主人往来无白丁的佳况。当然更有几种符码都很重视、平分秋色的居所。有的符码意识稍弱，但充溢着琐碎的小趣味，倒也别具小康风情。我觉得，在私人空间里，只要其财富、追求、交往在法律上都不存在问题，则以上的装修布置风格都无可厚非。

我想也顺便拜访一下住顶楼的画家老王。小焦说老王不爱跟人来往，唯独他家没机会进去看，想必装修得非同寻常！我在小焦家给老王打电话，老王欢迎我去坐坐。我一进老王家眼睛就不由得睁大了。他的画室门掩着；其余的生活区，墙面是四白落地，雪洞一般。没有什么文化墙，没有多宝格，墙上不挂一幅画，天花板也不吊顶，甚至天花板上也不装灯，照明用的是造型简洁的黑色落地灯。地面保持水泥状态，但整修洗擦得非常平整光润。客厅当中只摆一套原木框架上置灰色软垫的沙发，一个上面有粗碗粗蜡的玻璃茶几。其余什么摆设也没有，甚至连绿色盆栽植物也免了。坐下来跟老王闲聊，他幽默风趣、妙语如珠。以前老王的居所可不是这等模样。我觉得他越来越像大观园蘅芜院里的那个薛宝钗了，大概是曾经沧海难为水，又有"任是无情也动人"的自信吧，他现在觉得任何显示名位、品味、富裕、快乐的符码都不必要了。他的内心，也已经四白落地，无欲无求，淡泊宁静了吧。

离开那座楼，小焦送我到街口打"的"，他一再让我形容老王家的景象，我只能跟他说就是四白落地，他很惊讶。回家途中，我心上浮起古人"人散后，一钩新月天如水"的名句，又随之浮现出丰子恺以此几笔绘出的墨线画，老王疏离名利场以后的四白落地墙，正是这类很高的文化境界啊。当然，这仅是我个人的感受。私人空间的境界取向，还是各随其好吧。

清冷香中抱膝吟

陪一位外地来京的乡亲逛故宫，她对那轩昂崇丽的建筑群赞叹不已，对宫室里的器物文玩的华美绚烂更是叹为观止。可是，临到我们要走出神武门时，她忽然问我："咦，当年皇帝皇后他们的卫生间在哪儿呢？"一下子把我问懵了。确实，在偌大的紫禁城里，似乎没有专门的卫生间。

我们自己的传统文化，好处要珍惜，精华更要使之流传永久，比如我们璀璨的"食文化"，现在它已流向全球，成为了人类共享文明中的重要组成部分，使其他国家或地区的人们大增"口福"，这是值得自豪的。不过，对我们传统文化里的缺陷，我们也应抱实事求是的态度，尤其是在与外部文化对比，暴露出不足时，应坦率承认，向其长处学习，补己不足，以提升我们自己民族的生活品质。我们的传统文化，重"口腔享受"，轻"肛门享受"，因此长期缺乏"卫生间意识"，吃饭时"食不厌精，脍不厌细"，如厕却很马虎。《红楼梦》里多次写到贵族家庭的饮食，令我们目眩神迷，尤其是对所谓"茄鲞"制作过程的描写，显示出中国"食文化"登峰造极的造诣。就在写"茄鲞"的同一回（第四十一回），也写到了"刘姥姥觉得腹内一阵乱响……要了两张纸就解衣。众人……忙命一个婆子带了东北上去了……蹲了半日方完。"原来几疑是人间仙境的大观园，厕所也极简陋。第五十四回，还写到贾宝玉"便走过山石之后去站着撩衣"；第七十一回，写到鸳鸯在大观园里"偏生又要小解，因下了甬路，寻微草处……"。贵公子也好，有头脸的丫头也好，竟都有随地便溺的积习，这也反证出他们生活里没有方便良好的厕所。洗澡呢？贾宝玉所居的怡红院，金碧辉煌，奇彩闪烁，却并没有自来水和洗澡间，第二十四回有写贾宝玉洗澡的情节，水是秋纹、碧痕两个丫头共提一桶运来的，"预备下洗澡之物，待宝玉脱了衣服，二人便带上门出来"，第三十一回透露，有时贾宝玉洗完澡，"地下的水淹着床腿"，可见他们那富贵已极的家庭，主子洗澡也只是在卧室里进行。

在1972年美国总统尼克松访华后，北京把内城与外城间的古城墙拆得干干净净，盖起了一大排"板儿楼"，楼里的居住空间里虽然有了冲水式厕所，却挤挤巴巴，不但没有浴盆，甚至连洗脸池也没有。我记得，"文革"结束，邓小平复出后，曾去视察过那些居民楼，报上刊登出的报道里，我记得有这样的内容：小平同志问道，在哪儿洗澡呢？并且指出，今后再给老百姓盖楼，一定要让他们能有地方洗澡！这条报道给我留下了很深的印象。事情看起来很小，却说明小平同志为我们民族所设计的改革开放的蓝图，是以让老百姓过上好日子为矢的。20世纪80年代以后，随着经济的发展、观念的变化，在普通居民楼的设计建造中，卫生间逐渐成为了衡量一个单元居住品质的重要标志：是否有良好的坐式抽水马桶（蹲坑式的设计已被绝大多数人排拒）？是否有供洗澡的浴缸或淋浴设备？是否有位置得宜的洗手池？如卫生间无向外的窗，那么排气孔功能好不好？……到90年代，出现了把洗浴空间与排泄空间隔离开的设计，而且一个单元里不止一处卫生间的设计更逐渐成为一种时尚。公众共享空间里的厕所，也都有不同程度的改进，有的城镇改进的幅度还很大。我那位乡亲告诉我，他们那里在改革开放以后，人们起先盖新房子时，虽然起了楼，搞了装修，有很大的厨房，却还不懂得在新房子里搞卫生间；但现在人们盖房子时，对卫生间可重视了，原来没搞卫生间的，也都纷纷补设。当然，卫生间设备不是一桩简单的事，它必须有一个地区整体配套的排水、排污系统为后盾；乡亲所在的镇子，现在还只是大家各自或联合搞些化粪池来解决问题，这只能供一时所用。看来，还必须由有关部门做出总体规划，进行给排水和排污系统的基本建设，才能使大家真正安享既有"口腔享受"又有"肛门享受"的小康生活。

西方的文化传统里，"卫生间意识"出现得比较早，他们的许多城镇，很早就有考虑得很周到的、相当先进的排水、排污设施。比如说《悲惨世界》那样的古典作品里，我们可以看到发生在非常高大宽阔的地下泄水排污孔道里的情节。法国巴黎为什么能把老城区基本完好地保护下来？那些老宅子本来已有相当完善的给排水（包括排污）系统，加上电路和煤气管道，使之适应现代化生活方式困难较小。北京的胡同四合院为什么难以改造？就是因为地底下原来缺乏给排水（特别是排污）系统，而普遍地加上这个系统，比加电和加煤气管道要麻烦得多，这也是北京目前街道上特别是胡同里公共厕所的平均质量不仅低于国外许多大都会，甚至也低于国内若干城市的根本原因。但不管怎么说，我们民族的"卫生间意识"在改革开放二十年来，有了很大的提升，在各个风景名胜地，原来只是为了满足"老外"们的需求，才不断地改进着卫生设施，现在即使是为本国游客提供的旅游设施里，卫生间也越来越具水平，仅从这一隅景象的提升来看，也不禁要为改革开放后的新生活鼓掌叫好。

仲夏到一位工薪族朋友家里做客，他家刚装修完，那卫生间里，恭桶座垫圈上箍着鹅黄的天鹅绒套，氤氲着菊花般的芳香，令我倏地想起《红楼梦》里史湘云所写的题为《对菊》里的句子："清冷香中抱膝吟"——中国人的生活，连这种部位，也越来越富于诗意了啊！

室内望点

一座城有城市望点，比如北京的景山和电视塔就是望点。城里一个区域也可以有望点，而且望点也不一定非得是鸟瞰式的，平面上的通透视野也能构成很好的望点。比如北京什刹海银锭桥就是一个能遥见西山的望点。一个居民区也可以有自己的望点，目前许多商品楼楼盘在设计上就都比较注意庭院的通透感，比如说使中心庭院的凉亭成为一处望点。那么，一套居室，是否也可以有望点呢？

前些天到过一对青年白领新购置的居室，那单元在设计上难说尽善，有的缺点还比较突出，比如说"入门见厨"，需把厨房门设计成拉帘式并恰当美化，方能化解掉那一遗憾。但这单元有一个最大的优点，就是站在最西边的阳台，能够使视线通达到最东边的窗户，整个单元按面积算来并不大，但那西阳台构成的室内望点，使整套居室顿时通透感盎然，坐在那望点处的休闲椅上，品茗闲话，望向东面，半露半隐的绿色观叶植物，连续性很强的雅致甬路毯，使你的目光不是强直地而是柔和地延伸到十几米外的东窗，飘拂的纱帘外依稀可见蔚蓝的天光，真令人心旷神怡。年轻的伉俪告诉我，他们最终挑中这套单元，那室内望点起了决定性的作用。

室不在大，通透则雅。反之，则令人闷然。有位老先生住的居室，总面积很大，但空间切割上非常笨拙，算起来有四室两厅双卫，但无论在其哪一个室哪一处厅里，都找不到视线可以舒畅延伸的望点，也许设计者是认为这样可以保证每一处空间的私密性吧，但作为居住者来说，私密的保证并不能以"入瓮进笼"的感觉为代价。还见到过更憋气的单元，进了门是一个厅，倒不算小，有 20 多平方米吧，但每一面墙上全有门，这些门又全对着里面的墙，以至大白天进了大门就得先开灯才成，真不知道那设计者在图纸上是怎么画的那些分割线！

健康家居，不仅应有利于人的身体健康，更应该有利于人的心理健康。现在一般的户型设计大都考虑到了从室内朝外望时的心理感受，尽量使其不那么憋闷，但往往忽略了室内望点的设置，愿今后的居室户型设计，都能把室内的通透望点考虑进去。

瓜果装饰有奇趣

把一只硕大的无腰木质葫芦，上半部对称地剜掉两块，使其成为提篮形，然后往里面注入培养水，养几枝万年青或绿萝，往客厅茶几上一摆，在周遭由工业制品形成的摩登氛围中，顿时构成一个拙朴风韵的亮点。这是我家连续几年引得入访者惊喜的一个装饰细节。虽然前些时那葫芦篮终因水浸朽裂而报废，但我以瓜果装饰居室的兴趣依旧盎然。

我还常为亲友的居室如何以瓜果装饰，出些点子。以大果盘罗列鲜果，是最常见的做法，但弄不好徒成炫耀主人的啖果欲盛，构不成曼妙的装饰趣味。以鲜果为装饰，一种办法是以素净的盘钵适量盛放单一的果品，如用乳白的小瓷碟盛一些红樱桃，或用青花大瓷盘盛几个大佛手，再或用晶莹的玻璃钵盛若干连枝带叶的新荔，根据居室内的总体布局，以及比例上的考虑，或搁放在茶几一角，或摆设在钢琴上方，或妥置于大餐桌中央，或巧饰于窗台一侧，其视觉上的快感，是大大超过味觉上的联想的；另一种办法是多果杂陈，这时容器的选择非常要紧，若想突出其视觉上的愉悦效应，最好取用异形的大型器皿，就是说像瓷的陶的琉璃的水晶的玻璃的合成材料的器皿，不要正圆长方或各边对称的，而要多少有些个"奇形怪状"感的（却又不要太过分），往里面摆放果品时，过分堆砌不好，显示不出丰富多彩也不好，注意大小形状的搭配，以及色彩光泽的互映，比如使芒果与山竹为邻，在巨柚上斜挂下一串提子，让带叶山柿与长柄鳄梨正反相依，斜放蛇果正放桃……其实果品容器也不一定非用高级材料制成品，像质朴的藤器、草编浅筐、大块瓦片，都可取用，果品也不一定非得奇珍异果，像常见的木瓜、芭蕉、苹果、鸭梨、葡萄、海棠、山楂……

都可以整合出很有品位的"果品装饰"。这样的装饰品，一般来说倒不宜于置放在餐桌上，尤其不宜搁放在茶几上，有时直接将其摆放在一进门的玄关搁板上，或似乎是不经意地搁放在沙发一侧的地毯上，使其摆脱"吃"的联想，而引发出"如画如塑"的心理感应，会成为一次成功的装饰行为。

　　瓜类植物的果实，成熟后往往能保持较久的时间，是居室装饰的优秀材料。倘若你的起居室因家庭影院及合成材料家具及具有现代或后现代风格的戳灯等物品，显得过分地非自然时，往适当的地方摆放一只熟透的，金黄带蒂的大南瓜，则会产生极富意趣的装饰效果。美国每年深秋有"万圣节"（鬼节），那时几乎家家都会从院落平台到窗台以至室内各处摆放大小不一的南瓜，并将其剜出眼、鼻、嘴来，构成一种民俗；他们的这一民俗我们当然不必效仿，但那以取自大自然的瓜实调剂越来越工业化的社会景观的装饰趣味，倒也确实值得借鉴。我曾劝朋友在他那电脑旁摆放两只并蒂小葫芦，结果不仅取得很好的装饰效果，也使他在使用电脑的间隙里，从一瞥那葫芦中获得了一种虽属琐屑却很慰心的乐趣。像丝瓜、苦瓜以及浑身泛着绒毛的嫩冬瓜，也都可作为起居室中摆放一时的装饰品，一位亲戚将两根苦瓜斜放在客厅玻璃茶几的一块从东欧带回的工艺布垫上，又在其书房的画案上，不垫东西地放置了一只带绒毛的嫩冬瓜，竟惹得包括我在内的几位客人都啧啧称赞，可见嫩瓜熟瓜都可在居室装饰中一展风采。植物的果实是多种多样的。一位挚友引我到他卧室，把那斜置于其榻侧的一件"得意之作"指给我看，那是什么东西呢？原来是一只他从山乡买来的，未曾用过的，在当地很普通的粪箕，他在那置放于华贵的羊毛地毯上的粪箕里，摞满了从山乡摘来的，硕大而墨绿的松果，并在关闭室内其他照明器后，单用一只射灯，把那满箕松果照亮；为调剂装饰效果，他又往那松果上扔了两个用黄缎带结成的花朵；望去令人心中一动，确实别具韵味；他说那些松果入夜在强光照射下，会氤氲出阵阵特殊的气息，极具催眠作用……

　　瓜果有形有色，有姿有味，能传情，含幽默，虽不能经久，常换常摆，能给居室装饰营造出奇趣别韵，我们何乐而不为？

功利中的高雅
——读《贝聿铭传》

80年代初，我头一回进入北京香山饭店的大堂（即四季大厅），一下子被那宏阔而优雅的"公众共享空间"震慑了，特别是那钢架结构的透明玻璃穹顶，它把自然天光倾泄到大堂内，将里面栽植的芭蕉竹丛照耀得青翠鲜灵，使我初次领略到了"引自然入室"的建筑设计之曼妙；就在那一天，我听到了其设计者贝聿铭的大名，一位朋友郑重地对我说：中国血统而真正进入西方主流文化的人物，头一位便是贝聿铭。后来我有机会到美国，在绮色佳的康奈尔大学校园里，看到了贝聿铭设计的姜森美术馆；在华盛顿特区，进入他设计的国家艺术博物馆东厢仔细参观。再后来，我在法国巴黎看到了卢浮宫拿破仑广场上正紧张施工的玻璃金字塔，在香港看到了高耸入云的中国银行大厦。贝聿铭的这些世界顶尖级的作品，诱使我对建筑艺术产生出浓酽的兴趣，同时，也便渴望对他本人有更多的了解。但是，贝聿铭是一位"作而不述"的建筑设计大师，除了一些应邀而做的演讲，他很少系统地阐释自己的美学追求，他至今没出版过专书，也没发表自传，他似乎是只满足于人们到他设计的建筑物本身中去体味他的人生哲学与对建筑的功能性以及艺术性的不懈探索。于是，我便到处寻索他人关于贝聿铭的著作。这样的书现在多了起来。美国人迈克尔·坎内尔的《贝聿铭传——现代主义大师》①1995年在纽约出版，去年中译本在我国面世，这不仅是关于贝聿铭的最新著述，我以为，也是最适合于广大的一般读者阅读的好书。

---

①《贝聿铭传——现代主义大师》，（美）迈克尔·坎内尔著，倪卫红译，中国文学出版社1997年1月第一版。

这本传记采取了小说的笔法，读来特别有趣。说它是小说笔法，并不是说它掺进了虚构的成分，恰恰相反，著者取材严谨、言必有据。它用"倒插笔"，先写80年代后期，贝聿铭应法国总统密特朗邀请，为卢浮宫扩建做设计，他那在广场中设置悬拉钢索铺敷透明玻璃的金字塔的设计方案，引出了法国传媒和许多民众的激烈反对，事态几乎发展到游行示威和阻拦施工的严重程度。这就引出了一个悬念：贝聿铭依靠什么终于有志者事竟成？仅仅有密特朗的支持那是不够的。著者由此将贝聿铭那超常的教养、学养所凝成的个人魅力加以了初步展示，他总是那么风度翩翩，脸上现着尊严与友善的微笑，从容不迫，临事不乱，他能以最优雅的方式，简捷得当地将他的主张加以宣谕阐释，辅之以用事实证明，终于征服了反对者，不仅化干戈为玉帛，而且到头来赢得赞美与称誉。当卢浮宫广场的金字塔落成，在喷泉、焰火的映衬下，被聚光灯照得玲珑剔透时，在场的巴黎人几乎是一片欢呼声，一些原来的反对者，竟成了激赏者。著者在写完这一幕后，才将贝聿铭的身世业绩一一娓娓道来，写到他顺遂辉煌的一面，也写到他"兵败波士顿"（因汉考克大厦的设计失误）及被批评的一面，引征丰富，细节生动。

坎内尔把贝聿铭定位于现代主义大师，以将他区别于80年代后勃兴于世的后现代一派。其实，贝聿铭虽然确实是师从并发展着以几何式造型、与抽象派艺术创作互相辉映的现代派建筑流派的，但他并不是一个恪守"艺术信仰"的设计师。1946年贝聿铭从哈佛大学获得硕士学位后，没有多久就投到房地产大王泽肯铎夫麾下工作，房地产业主是以赢利的功利性为第一位的，虽然泽肯铎夫算得是个能给予贝聿铭充分展开艺术想象的开明业主，但贝聿铭也从此形成了一种将功利与高雅和谐起来的特殊才能。对于建筑设计的外行们来说，看这份"热闹"是有利于了解市场经济下的成功之路的。对于与建筑相关的专业人士来说，则可从中悟出设计者如何与出资者进行良性磨合的"门道"，特别是使西方文化传统的精华与东方文化传统的精华相融相谐——这正是贝聿铭一系列在功利中体现高雅（或者说在高雅中满足功利）的"门道"中最绝妙的一招。

1998.2.4 绿叶居

生命的气根

电视台一位编导来电话，约请我在关于马国馨的专题节目里露面，我欣然同意。马国馨，中国工程院院士，建筑大师，北京建筑设计研究院总建筑师，代表作有北京国家奥林匹克体育中心等。电视编导称我是马国馨挚友、知音，其实算不上。我和马国馨在 20 世纪 50 年代末是高中同学，毕业后多年没有联系，直到近些年，因为我开始尝试建筑评论，才重新有了一点交往，但是我们都很忙，各自忙的领域区别远大于重叠，彼此对对方事业、生活深处的情况并不怎么了解，说是朋友都勉强。但是我非常愿意在一个关于他的专题片里发表点议论，那直接的动力，出自一位年轻朋友对我提出的一个问题。这位年轻朋友的问题是：你们那一代人，青春期正赶上一个文化氛围越来越趋于贫乏、僵硬的时期，这是不是大大限制了你们文化素养的积累？我觉得，趁着在马国馨的专题节目里露面，恰好可以给出一个明确的回答。

个体生命无法选择时代，赶上什么情况就是什么情况。但是，无论赶上什么情况，个体生命也还是能够发挥自己的主观能动性，去努力吮吸所在空间里哪怕是稀薄的营养，来充实自己的身心。

马国馨在高中时品学兼优，课堂内的优异成绩这里略过不谈，要讲的是他善于在课外活动里开阔眼界、丰富认知、提升素养。那时候尽管阶级斗争的弦越绷越紧，但也还有各种科技、文化类的展览存在。我和马国馨都是展览迷，星期天常出入于各种科技、文化展览场所，我们分别去看的时候多，上学时遇到会互相通气，聊一聊各自的见闻，也有约着一起去看的时候。印象最深刻的是一起去当时的苏联展览馆（现在叫北京展览馆）看齐白石作品回顾展，好像那之前白石大师刚刚去世，那次展出的作品非常丰富，几个大厅里展品琳琅满目令人目不暇接，原来我们以为白石大师作画的题材无非花鸟虫鱼和静物玩具，结果看到了许多大幅的山水、人物作品，风格统一而又变化无穷，我们两个少年在那些作品前心灵受到深深震撼，看到半当中不知不觉地手拉手慢移步，仿佛以那方式默默传达各自的感悟。看话剧，看电影也是我们共同的爱好。马国馨似乎更喜欢看电影。那时候的电影资源当然比现在匮乏，也还没有录像带和光盘，主要是些国产电影和译制出来的前苏联电影。马国馨和我都最爱看前苏联根据文学名著改编摄制的文艺片，像根据莎士比亚戏剧改编的《奥赛罗》《第十二夜》，根据普希金小说改编的《上尉的女儿》，根据杰克·伦敦小说改编的《墨西哥人》等等。记得马国馨曾搞到印制得很精美的"苏联电影周"的彩印宣传材料，他拿给我看，并不送给我，但跟我津津有味地议论那些电影的艺术特色，让我心里的嫉妒化为了欣悦。当时我们还常去离学校不远的中苏友协北京分会的礼堂去看前苏联原版电影，像《第四十一》、《雁南飞》都是在那里看的，没看懂的地方，俩人讨论争辩，也是一大乐事。那时外文书店里能买到前苏联电影杂志，马国馨和我经常去买，虽然我们外语课上学到的俄语完全不够用，我们抱着开卷有益的态度一阵翻阅，也果然受到些熏陶。几个月前马国馨跟我通电话，说访问了俄罗斯，去了莫斯科一处公墓，在那里看到了许多名人墓碑，其中有罗姆的，言语间很兴奋，现在一般人哪里知道罗姆，这是一位前苏联电影导演，其作品《列宁在1918》一度在中国妇孺皆知，但我们都更欣赏他的《但丁街凶杀案》（又译为《第六纵队》）。马国馨父母当时都在济南，他寒暑假都要回家，假期里我们通信，记得我给他寄去过自己写的带自绘插图的小说，他春节前给我寄过自制的贺年卡，像小人书似的，用彩色玻璃丝扎住一角，里面有漫画和打趣我的语句，让我又生气又高兴。高中时我体育方面很差劲，马国馨却很注意体育锻炼，是个全面发展的学生。

我介绍出这些情况，不仅是为了回答上面那位青年朋友的问题，也是为了告诉现在所有的年轻人，一定要在青春期里尽可能地吸收文化营养。你看巨大的榕树，盆栽的龟背竹，以及许多别的植物，它们除了以入土的根须（这好比课堂里的主课）吸收营养，还生有若干气根，努力地从空气里（这好比课外广阔的空间）捕捉吮吸对自己有益的成分，以丰富、提升自己的素质、品格。正是因为有越来越茁壮的生命气根，素质上有坚实的童子功，马国馨才能取得今天这样的成绩，在专业领域里攀到了高峰。你看他的代表作国家奥林匹克体育中心，专业方面的优势且不去说，那体育馆造型上既有西方现代派艺术的韵味，更有齐白石绘画的大写意情趣，整个建筑区域的造型，从空中鸟瞰是一种效果，在地平上绕看又别是一番景象，而半月形水池的配置，以及周遭园林布局的设计，都可谓步移景换，富有戏剧性，能让有的人产生出电影蒙太奇的感觉。若是没有中学时代开始自觉吮吸消化形成的那些素养积累，他后来恐怕是出不来这般精彩设计的。

其实，我和马国馨这一代还是基本幸运的。比我小一代的，赶上过文化的大断裂大荒诞大荒芜，但发挥自己的主观能动性，以生命的气根尽可能地滋养自己，从而在一定程度上战胜文化灾难，使自己在改革开放后很快能释放出聪明才智，脱颖而出的例子，也并不鲜见。我就知道一位，他在那荒谬的岁月里并不随波逐流，从被焚埋未尽的"四旧书"的坑穴里，扒出来几百本残书，藏起来偷偷苦读，结果受益匪浅，现在成了一位学识渊博品位很高的出版家。还知道另一位，他在插队时身边无书无师，但每到休息日，他都不辞翻越三座高岭的辛苦，去找腹有经纶的谈伴，给自己头脑增知、为心灵"充电"，现在他是一位著名的社会学家。

现在也有些人抱怨，说如今倒是书多了信息大爆炸了，加上网络厉害文化过剩，弄得反倒很容易上"泡沫文化"的当，他们总希望能身处"恰到好处"的文化环境里，俯拾方便，唾手受益。期盼文化环境日益优化固然有理，社会生活的走向也确实如此，但个体生命不能等待一切都优化后再营养、提升自己，正确的态度应该如马国馨那样，不仅强化自己的入土根须，还能自觉生长、延伸自己的生命气根，在有局限性的成长空间里，捕捉、筛汰、吮吸、消化有益的成分，厚积薄发，潇洒创新，结出艳丽的事业硕果。

漫话水泥

那天偶然看几眼电视上的古装剧，大概是在某新建的古典式园林里拍的外景，一看就觉得假，那些桥栏廊栅分明是水泥制造的，剧里的男女主角跑到一个小丘上的攒尖顶的亭子里去卿卿我我，那亭子也让我看出来全用水泥构件建造，不禁更啧啧叹假。

我当然懂得，现在不少仿古建筑大量采用钢筋水泥材料，是为了节约木材。以木料为建筑物的主体结构，这种建材选择到20世纪70年代仍是中国造屋时的主流，尤其是在农村。但是，由于过度地砍伐，我们的木材资源很快就呈现出负增长的局面，不得不慎用木材。中国的传统建筑以木材为框架以砖为墙以瓦覆顶，砖瓦要耗费大量农土，也渐渐成为需要另寻新材替代的东西。在这种情况下，水泥，或者说混凝土，当然就成为大普及的惯见建材。

水泥这东西，据说原是意大利火山积淀的白熘灰，与石灰和水混合，而形成的一种建材，罗马万神庙建造时就使用上了。真正接近现代工艺的水泥是在18世纪出现的，英国埃迪斯通灯塔即用这种水泥建成。到19世纪，英国人威尔金森和法国人埃纳比克先后获得专利，准确地说，是将水泥改进后与钢筋结合形成混凝土构件的专利，那以后西方的混凝土结构建筑雨后春笋般耸起。

水泥，或者说混凝土，是西方工业革命的象征物之一，也是西方城市建筑的最基本材料，俄国“十月革命”后，苏维埃政权为了发展经济，水泥的生产成为非常重要的一环，当时一位著名作家革拉特珂夫，把新政权下工人们为生产水泥付出艰辛劳动的故事写成了长篇小说，鲁迅先生迅速地将其推介给中国读者，这部小说当时被译为《士敏土》，“士敏土”就是水泥的音译（又有译为

"水门汀"的），由此可见水泥也成为了新生活的一种象征。到我们国家进入了改革、开放阶段以后，水泥用量大增，城市里的新建筑不用说了，这种建材在农村的推广也很迅猛，许多先富起来的农村所盖起的民居，造型上西化，用料上也是混凝土、塑钢和玻璃成了主角。水泥似乎也就成为了"现代化"的一种无可争议的象征。

水泥虽然有许多的优点，但从审美角度上来说，却又常不被人待见，只有趣味前卫的业主才会允许建筑物裸露出水泥本色，也只有最大胆的设计师才敢于拿出不使用石材或玻璃幕墙等覆盖物的，"素面朝天"的水泥立面的建筑设计方案。现在一般商品房时兴卖"毛坯房"，水泥面被称为"毛坯"，业主购房后，总要花不菲的代价把整个房屋的水泥裸面完全掩饰。我家曾有好几年地上不铺地板地砖地毯，就直接使用水泥地面，竟被某些人讥为"抠门儿"或理解为"怪癖"。

但最大的麻烦是：水泥对于我们中国传统建筑而言，是个十足的"外来户"（所以俗称"洋灰"），并且很难从审美上融化进我们的传统式建筑中。冷静地想一想，我们为什么那么喜欢北京的胡同四合院，以及山西或黄山脚下、周庄、丽江等处的那些传统建筑群落？其实关键的一点，就是"无水泥"。当然有的这类地方也出现了一些水泥的踪迹，作为修补材料已有玷污感，倘若是用之建造出些"旅游设施"，虽然外形上尽可能地想与周遭传统建筑协调，却多半是因为非传统建材露出的"马脚"，仍令人感到在与古朴的传统相龃龉，相扦格。

我建议，倘若找不到木材与砖瓦，就不要贸然用水泥去"仿古"，水泥的秉性决定了它很难产生真正木料与土瓦等传统建材的质感韵味。

那么，难道就不能让水泥起到一种中西合璧的良性作用么？我认为是能够的，只是我觉得我们的新建筑要么在用水泥建造纯属西方风格的东西，要么在用水泥凑合着仿古，而很少从合理使用建材的角度上，去探索让水泥在中西合璧中发挥优势的路数。其实，从20世纪以来，像南京中山陵及国民政府建筑群、北京协和医院老楼，中央民族学院（现在叫民族大学）首建的楼群，以及北京1959年建起的"十大建筑"，都留下了很多这方面的经验与值得进一步讨论的问题，我们应该在新的实践中进一步让水泥成为我们的真爱。

漫话玻璃

荣国府的贾母什么好东西没见识过，但对南海将军邬家送给她的寿礼——一架玻璃屏风，仍很看重，嘱咐凤姐儿要特别给她留下。《红楼梦》里这类体现玻璃贵重的描写颇多，林黛玉初进荣国府，就看见正房里把一个玻璃大碗和一个青铜祭器郑重地作为宝物对称陈列，当然我们更不会忘记怡红院里的那架带机关充当门扇的大玻璃镜……

读了《红楼梦》，就知道玻璃这东西在清朝盛期已经进入了皇家贵族的生活。到清末民初，玻璃开始普及到一般市民家庭。

玻璃与水泥一样，对于我们来说也是一种外面传来的物品。据说埃及人大约在公元前1500年已经能熔制玻璃，后来传入西亚两河流域，在罗马帝国阶段已相当流行，大体而言，沿着陆上与海上的丝绸之路，中国的丝绸瓷器与西方的钟表玻璃相互传流。但玻璃与水泥又很不一样。我在《漫话水泥》一文里指出，作为建筑材料的水泥，与中国传统建筑在风格上很难达到和谐，但玻璃这东西不管是作为建筑中的门窗配件，还是作为室内外的装饰品，以及作为实用器皿，都很容易跟中国的传统建筑与中国人的传统生活方式相融合。

当然，玻璃是一个宽泛的概念。清代以前的玻璃，多指以石英为主体的矿物熔制而成的透明物，现代玻璃则多属硅酸盐化工制品，而种类又极繁多，还有由透明的有机高分子制成的有机玻璃，等等。玻璃在我们眼下生活中几乎无处不在，比如光学玻璃就是非常重要的一个族群，甚至与我们时有肌肤之亲。这里暂且只讨论一下作为建筑材料的玻璃。

玻璃在建筑中最初是专司令门窗透光的任务。在欧洲游览，少不了进教堂参观，每当走进有着高穹顶的教堂内庭，耳边是管风琴如诉如泣的轰鸣，日光透过大扇的彩色镶嵌玻璃窗斜射进来，使自己沐浴在神秘的光影中，那时就会铭心刻骨地意识到，自己本土的传统文化与那西方基督教文化，实在差异太大！尽管我并不会皈依那西方教堂所体现的宗教，但我却不得不承认那建筑，特别是那硕大的玫瑰花形或长尖拱形的彩色玻璃窗，给予了我极大的审美愉悦。

玻璃门窗使传统屋宇的采光方式大大改进，并且也增进了保温作用，而玻璃镶嵌方式的变化，以及彩色玻璃的使用，又使建筑物增加了新的装饰功能。

中国传统建筑在基本结构不变的情况下，将门窗玻璃化，一般都不令人觉得别扭。我对一些古典传统建筑在翻修中滥用水泥，常觉痛心疾首。但对许多古典园林的房屋亭榭在不改动原有门窗样式的前提下，安装上玻璃，却总是心平气和。

但从20世纪起，随着玻璃工艺的不断提升，它在建筑中逐渐从配角演变成主角，它们不再满足于充当门窗的配件，而是大摇大摆地去取代建筑的主体结构。这风气在中国实行改革开放后，也便劲扫神州，最突出的，就是到处耸起玻璃幕墙的楼房。由疼爱，到溺爱，发展到滥爱，玻璃就像是人类没教育好的顽劣子弟，开始到处惹麻烦。

目前最大的麻烦就是城市的玻璃光污染。响晴日，阳光射到高楼的玻璃幕墙上，那墙面成了巨大的反光镜，照得马路和人行道上的司机行人睁不开眼，有的玻璃幕墙使用的材料平整度很差，反映出的图象已令人不快，更衍射出混乱的光影，从生理到心理上都让人难以承受。这已经成为许多地方的一种"公害"。

一些新建筑的设计，似乎也跟某些时装一样，越来越喜欢"暴露"，露颈、露脐、露腿还觉不过瘾，总想以"走光"取胜。玻璃盒子般的房屋，成为一种时髦，露膛露肚，也许确有一种特殊的魅惑之美，偶一为之，聊备一格，未为不可，但到处腆胸凸肚，恐怕就不是什么创新之举、美的景观了。

即使作为门窗，现在有的公众共享空间，如商厦、餐厅、剧场，设计出大面积的玻璃门墙，通透倒真通透，连为一体也确实壮观，而且往往擦拭得也非常干净，似有若无，但也就因此常常出现顾客没有看出玻璃的存在，而贸然前行，被撞得头破血流的事。

希望我们的建筑设计师们，能把玻璃这种素质特异的建筑材料运用得更好，具体的建议就是：停止对玻璃的滥用，提倡实用、巧用、妙用。

漫话天花板

　　吊顶方式十几年前已成滥觞，目前在家庭装修中逐渐被视为华而不实之举，城市"布波族"更对之不屑，北京的若干白领人士，大概是受宜家家居用品简捷爽净的风格影响，对居室天花板完全放弃了装饰，不仅绝不吊顶，连石膏装饰线都不弄，甚至全顶无灯具，室内照明，使用落地式仰射灯和区域性台灯，白天和晚上，天花板都白净无瑕，真个是"素面朝地"，怎一个"雅"字了得。

　　中国古典式建筑，像庑殿顶、攒尖顶、歇山顶那种巍峨的殿堂里面，最讲究的，顶部有结构复杂的藻井，仿佛是一口倒悬的，充满藻饰的圆形或多边形的井，有的还会从那井心里，悬下一个巨大的镀银宝珠，富有神秘色彩。如果没有藻井，是平整的顶棚，则一般会分割为若干正方形的均等框架，所谓天花板，就是铺敷在那框架上面的木板，讲究的，都有彩绘花样，简单些的，则是单色，一般又以赭红深灰等颜色居多。记得二十几年前，北京什刹海附近一处古建筑翻修，我跑去观看，那正房里的天花板正被一块块卸下，结果，竟有意外发现——那里面藏有一些古怪的东西，后来经文物专家辨认，是 20 世纪初民间演出"什不闲"的器物，其中一件是连缀在一副架子上的九面小锣，给我留下很深的印象。

　　中国古典建筑的天花板，它与坡形屋顶之间，有一个相当大的黑空间，可以说是一个大气囊，对阳光的灼烤与寒风的肆虐，起到隔绝的作用，而且大一点的屋顶下的这个空间，还能起到储物的作用。当然，低档的房屋，比如北京胡同杂院里的小平房，屋顶下房梁间甚至只是一些秫秸杆，糊上白纸，新的时候望去还算顺眼，倘若旧了，雨渍蛛网，漏灰泻尘，破相倒是小事，入夜鼠奔蛇行，那声响可够吓人的。后来木质天花板讲究些的人家还用，但已经不再是可以轻易拆卸的整体结构的了，一般则都改成了水泥喷浆的新式天花板。

20世纪后半叶至今，城市里楼房越盖越多，现在的居民楼里，除了顶层居民，这家的天花板，其实就是另一家的地板底部，而自家脚下所踩踏的，也正是他家的天花板上部，一般都是夯笨的钢筋水泥预制板，想想也真好笑，这边会给它装上地板或地砖铺上地毯草垫以备踩踏，那边却又可能是搞个花池式吊顶，中心大吊灯配以周遭彩色射灯，二者之间不过是二十厘米左右的距离，所谓现代化都市生活，就是如此地吊诡。

现在一般人家的居室顶部，都已经不是"板"了，虽有装饰，也难称"天花"，但"天花板"这个称谓，还沿用至今。就居室这个六面体而言，天花板的功能性，目前似乎更突出地体现为"品位符码"。三十年前，北京青年人在穿衣服上有所谓"匪不匪，看裤腿；狂不狂，看米黄"的顺口溜，"匪"并不是说要当土匪，那个"匪"是"洋气"的意思，那时候紧裆裤瘦腿裤和喇叭口裤都够"匪"；"狂"则大略相当于现在的"酷"，那时候多数百姓还是一水蓝装，一些年轻人敢穿米黄色衣衫，属于超前一族，可歌可泣。国人的居室装修其实也是先由一些年轻人开风气之先的，十几年前就有"牛不牛，看灯头；发不发，看厅吧"一说，所谓"看灯头"，就是讲究在天花板上安装很大的花式吊灯，灯头越多越"牛气"；又特别时兴在厅里弄出一个西洋式的吧台，上面倒挂一溜高脚玻璃杯，下边搁几把高脚吧椅。但是几年前这股"牛发"之气就泄散得差不多了，因为新造的居民楼一般层高都在3米以下，天花板上安装庞大复杂下垂度高的花式吊灯一定会造成视觉比例上的失调，而且派生出许多使用上的烦恼；而那西洋式的酒吧台，利用率一般都奇低，一般中国人根本就不习惯用高脚玻璃杯喝威士忌、白兰地之类的洋酒，喝得多的是中国白酒甚至黄酒，喝啤酒也没有坐到吧台椅上去喝的习惯，而一般起居室或餐厅的空间也并非那么宏阔，那酒吧台作为一种纯粹显示"牛发"的符码也未免太奢侈累赘，时过境迁之后，甚至觉得滑稽碍眼，因此，后来大都在二次装修时被拆除删弃了。

但天花板对于我们来说，无论如何还是重要的。无论是加以修饰还是任其洁白无物，都应该与室内其他部位的装修及家具用品相匹配，体现出居住者的个性，氤氲出其生活情趣与审美品位来。

漫话厨房

二十几年前头一回去美国，到了接待我的朋友家，进门就是厨房，让我颇为吃惊。细考究一番，发现那栋住宅的正门一般并不使用，平时出入，都是用引我进去的那个偏门，偏门靠近车库，停车后就能很方便地进去，进去就是厨房。那厨房是敞开式，也就是说，灶台与搁放东西的平台，以及平时吃饭用的餐桌，之间并没有墙壁隔开。其一楼的空间中，另有一正式的餐厅，摆放着更长大也更漂亮的餐桌，与很大的前厅相通，倘若是搞"派对"，那么就会启用正门和这个餐厅。但总体而言，我所描述的这几个相连的空间，大体都是豁然相通的，并不是一个个都以墙体隔开，非得通过门扇才能走到的。

最近几年，有机会去我们这边"先富起来"的人士住宅做客，也让我颇为吃惊，因为所住的那栋"号司"，简直就像从美国某州搬过来的，也是停车后带我进得一门，迈进去就是敞开式厨房，站在那厨房吧台边喝冰水——这也是美国式的做派，不搞"派对"时，接待普通来客，进了那个空间往往并不特别地请你坐下——我也就瞥见了那边正式餐厅的长餐桌上，摆放着插着鸢尾花的大花钵……

但是坐到与其他空间无墙体隔开的起居厅沙发上，跟他聊起来以后，我就渐渐发现了跟美国大不相同的"中国特色"，先是感觉到那豪华的布艺沙发，特别是扶手和靠枕，氤氲出一阵阵油烟的气息，接着就发现沙发边那精致的绸面台灯罩上，竟有些个凝结的油污。主人可能从我神色中发现了我的疑惑，就主动解释说：都是在厨房里炒菜惹的祸，虽然有强力抽油烟机，但日久天长，因为这些空间都与厨房无墙隔断，整个儿是敞开式结构，所以排不尽的油烟终究还是侵袭了这些地方；也曾发誓不在自家厨房里煎炒烹炸，但两口子都吃腻了外头餐馆，又都爱在厨房里"露一手"，搞"派对"也不愿意净弄些买来的冷切，夏天可以到院子里搞自助烧烤，冬天就忍不住要在屋里又炒又烤又涮了……

这就引出了一个话题：中西饮食习惯不同，烹饪习惯自然不同，那么，在我们处处模仿西方居住文化，盖出一栋栋一片片西化的住宅时，是否就应该在厨房设计上，避免照抄西方，而注意设计出适合我们中国人使用的空间？

其实不仅是厨房应该具有中国特色，在中国土地上建造的给中国人居住的房屋，不论是经济适用型还是豪华型，都应该"洋为中用"，以中国人的居住文化传统为本，但厨房问题，我以为最突出，值得专门来漫议一下。

我的法国朋友戴鹤白，他一连将我的五个作品翻译成法文了，他是非常好客的，因为是搞汉学的，交往的中国朋友自然不止我一个，他常到中国来，全家一起来，那时他在巴黎的住宅就空了，他非常热情地欢迎那个时间段去巴黎的中国朋友，住到他家，他说那屋子里的日常用品随便使用，当然也可以在他家那敞开式厨房做饭，这样去巴黎访问的中国朋友既免了住旅馆的费用，也大大节省在街上餐馆吃饭的开支，对于中国朋友来说，他这样慷慨，是非常难得的。但他对借住者唯一的要求是：绝对不要在他厨房的灶上炒菜。他和许许多多的西方人一样，尽管也喜欢品尝中国式的炒菜，但那只是去中国餐馆里享受，在自己家里，他们一般只用平底锅短时间煎一点半成品的肉排或鱼排，不但绝不采用中国式的尖底锅"武火""颠勺"炒菜，就是把一只锅放在灶上长时间地用"文火"炖菜熬汤，也从未有过。他说每次回到巴黎，即使借住者在那期间只偶尔地忍不住炒了一两次菜，他和夫人就都会一进屋子就敏感地判断出来，当然，也不会说什么，摇摇头，就花费不少精力去善后。在西方人当中，戴鹤白的这一讲究绝不个别，是他们普遍的"厨房守则"。中西方的家居烹饪文化差异就如此之大。

这就说明，敞开式厨房是纯粹的西方饮食、烹饪、居家文化的产物，并不适合一般中国人，根据中国人的饮食、烹饪、居家文化需求，厨房应该是用墙体与居所其他部分隔开的，在烹饪的时候，厨房与其他居所空间当中的门扇，也应该可以关闭。现在有的中国"小资",买了新楼房,本来那厨房设计成封闭式的,可是他们为了"全盘西化",追逐"时髦",非要敲掉一部分墙壁,硬把厨房变成敞开式的,当然个人买下的空间,个人有在不违反有关规定的前提下,适当加以改造的自由,拆掉部分非承重墙也是可以的,但这些追求敞开式厨房的人士,又多半并非是发誓今后不在家里烧中国菜,连整个儿的饮食、烹饪方式也决心彻底西化的,那么,建议他们三思而后行,也未必是多此一举吧。

对于建筑设计师来说,如何在设计私人居所的厨房时,将西方式配置的优点(如除外面另有餐厅外,厨房内也有可以方便进食的区域),与中国传统饮食、烹饪习惯的需求巧妙地结合在一起,形成既"摩登"又"古典"的中国民众喜见乐用的厨房空间,实在是一个不该被忽略的课题。

漫话卫生间

　　如今中国新造的居所都有卫生间了，这是时代和社会的进步。一般的商品楼盘，一套单元设一个卫生间，高级一些的，则有"双卫"甚至更多的配置。这意味着不仅居住者不必与邻居合用厕所洗浴室，主客之间，以至家庭成员之间，也都可以起码在入厕方面分流，这样确实很"卫生"，社会越能细化个体生命的生理需求，为之提供"专供"空间与个性化配置，社会就越能避免疾病的交叉感染，也同时越能尊重与保护个人隐私，这不但是预防医学意义上的"卫生"，也是道德与伦理意义上的"卫生"。

　　如今新民居中的卫生间，都很西化。中国，东方，为人类文明提供了许多普适性的成果，现在西方人普遍采用，比如指南针、纸张、瓷器等等，西方也为人类提供了许多非常出色的发明，抽水马桶就是其中一项，现在我们中国包括整个东方乃至全球，都推行抽水马桶的使用，这并不意味着"媚西"，东西方的许多发明创造，都成为了人类的共享文明，进一步促进不管是哪一方发明创造的好东西为人类所共享，应是我们的努力方向。

　　但是，我发现，在近年建造起来的商品楼盘里，卫生间在设计配置上，存在的问题不少。如北京二环边上的某高档楼盘，开盘价位就达到每平米一万五千元，最大的单元阔达 300 平米左右，但所设计出的室内结构，却是每个单元都只有一个卫生间，虽然那卫生间面积都相当大，但若有客人来拜访，内急而不得不使用卫生间时，就只能去那唯一的卫生间，我以为，这就失去了其高档公寓的品质了。高档居所，主客在如厕时分流，不仅是生理卫生上的讲究，也包含着更深刻的社会学心理学方面的意蕴。一位花巨款购下此楼盘的业主，有回跟我说，他一位客人使用了那唯一的卫生间后，不经意地问他：你怎么看那样的小册子？原来他的几本摆在恭桶边的厕上消遣读物，被人家觑见了，又问了过来，弄得他心里很不舒服，那虽然不是什么不得了的隐私，究竟还是别让人无意间窥见的好。

那座高档商品楼盘里的卫生间，还有一点很奇怪，就是所有的户型，包括最大最豪华的户型里，卫生间都是暗卫而非明卫，明卫就是带窗户的卫生间，一般楼盘，特别是板式楼，又多是小户型，设计时画图纸，形成不了很多的明卫，多是暗卫，可以理解，但你售价那么高，又标榜是所谓"成功人士"的"荣耀空间"，却只顾把厅弄大，把阳台弄多，而对卫生间只注意到面积大和配置高档，不设计为明卫，这只能说是开发商和设计师，包括一些暴富后舍得花大价钱买它的人士，对卫生间品质的考虑，还处在比较低级的阶段。

过去有"中国人特别重视口腔享受，而又特别轻视肛门享受"的说法。国人一般都不爱听。但扪心自问，起码二十年前，我们这里还有不少那样的情况：餐馆厅堂装修得极为豪华，菜肴不消说更极其丰盛，但是却不设卫生间，食客要到餐馆外的公共厕所去方便；或者虽然设有卫生间，却非常简陋，不堪形容；就是直到今天，也还有些餐馆的卫生间十分地不讲究，甚至卫生间设施看上去挺不错了，难闻的气息却总在里面泛冒。

这里重点讨论的，还不是公共卫生间，而是居民住所的私人卫生间。一位在新居中招待我的人士，把他那装修得非常堂皇的卫生间指点给我看，特别是那个有射流按摩功能的新型浴盆，确实让人看了不免喟叹：中国的"先富者"或者说"小康族"，真是"酷似西方胜过西方"了。带我参观完了以后，他非要我发表点看法，我赞扬其高档，表示自己财力还达不到这样档次的享受，真是非常地羡慕，但也就顺便提出了一点看法：卫生间的功能性，主要是提供我们肛门和肌肤的享受，而不是徒然显示其华贵，您这恭桶为什么非追求"进口原装"呢？按说您这身量用这样的恭桶，一是显得略高，一是坐口不能完全闭合，这样，您花了很多钱，还并不能令肛门有最惬意的享受，岂非败笔？他当然很扫兴，我自知出言莽撞，也就立刻闭嘴。

但我在这篇文章里，还是不怕得罪人，要把我对当下一般居所卫生间的看法，说个透彻。我上面说了，西方的文明成果，对我们有利，实行"拿来主义"，这当然对，但我们毕竟是中国人，中国人有个古老的文明习惯，无论富人还是穷人，晚上都常打一盆热水烫脚，那烫脚水的温度，远比一般泡浴盆、洗淋浴要高，这可以活血舒筋，消除疲劳，达到自下而上的，全身心的舒解欢快，这是非常好的生活习惯，是应当坚持而绝不可废弃的，但是，西方人就多半没有烫脚的习惯，他们也许会每天淋浴泡澡，把头发身体洗得很干净，但他们对双脚没有特别的烫浴呵护，因此他们的卫生间里什么东西都有，却往往没有烫脚的脚盆，现在有的中国家庭将自己的卫生间全盘西化以后，也就没有洗脚盆了，而且在洗浴上，也省略了烫脚这一重要环节，我以为这是不应有的异化。我建议，中国建筑师为国人设计卫生间时，应该特意考虑烫脚的空间，而相关的卫生间用具设计者和生产商，应该设计生产出与新式卫生间配套的烫脚池来。

漫话过道

　　朋友佟君喜迁新居，邀我欢聚，我去后发现那新居室内使用面积与旧居相比并未扩大，而且格局雷同，我颇吃惊，问他："这地点也未见得比原来的好，你怎么这么高兴？"他长叹一声说："可算结束十几年的隧道生活啦！"

　　佟君的心思，我一下子明白了。原来他所住的那栋居民楼，外观还是蛮气派的，楼下绿地也颇美丽，楼内电梯质量也还可以，但是楼内的某些过道，设计上不知是怎么考虑的，真仿佛是幽深的隧道。他原来所住的那个单元，下电梯后，要朝右手去往一扇双扉玻璃门，推门进去后，则要往左进入一条约10米长的过道，他家处在过道最深处，大白天也得开灯，才能看清楚他家的门，有回我去拜访，恰遇上楼道灯的灯泡憋了，还没来得及换，模黑认不准门铃揿钮，只好用拳头敲门，结果是他家对面那家猛地将门开启，一束亮光扑向我的眼睛，也看不真那门缝里的人脸，只听对方紧张地盘问："你找谁？！"

　　佟君原来所住的那栋楼，和20世纪70年代建起的许多居民楼一样，从性质上说，还不是房地产开发的商品，而是机关单位统一分配的宿舍楼，估计设计时画图纸，主要是考虑怎么把各类型的单元室内布局尽可能地好一些，至于过道楼梯什么的，简直就不动脑筋，反正过道能让你过来过去，楼梯能让你爬上爬下，最基本的功能到位，任务就完成了。那一时期盖起的楼房里，隧道式楼道，暗井式楼梯，竟成为家常便饭。我原来在北京东三环的一栋名称堂皇的高楼里上班，那栋楼里的过道缺点甚多不说，最离奇的是楼梯全在一个暗井里，白天也必须依靠灯光照明才能使用，虽然那楼安装了电梯，一般情况下人们不必登梯上下，但偶尔走在那楼梯井里，我总感到是在历险，许多同仁，特别是女士们，都害怕突然停电，有一回我和几个人正走在那楼梯里，突然停电，一片漆黑，尽管几秒钟后楼梯拐弯处的应急照明灯亮了，但那几秒钟里的感受，特别是一位女士禁不住发出的一声惊叫，真可以跟看鬼片相比。现在那楼还在那么使用，我为自己不必再到那里面上班而庆幸。推己及人，佟君的"逃离隧道"，更可理解。

在平房居主要形式的时代，过道是比较容易处理的，无论是古今中外，好的平房总是不仅让它起到一个过来过去的简单功能作用，比如北京的四合院，在二道门即垂花门以内，会有与房屋匹配的游廊，简单点的是罩棚式的回廊，复杂点的有通向正房前卷棚的穿山游廊，这过道建筑不仅可以使院内不同居室的人来往方便，起到避雨雪的作用，而且还具有审美功能，游廊本身造型上具有通透秀丽的风格，廊檐彩绘更经得起反复鉴赏，人们坐在廊子栅板上可以赏花望月、谈笑退思。中国南方的一些老式民居，以连续性的天井为中轴，阔檐下的石板道四通八达，也不仅是具有简单的功能，而能氤氲出一种杏花春雨或绿竹傲雪的诗意。

现在我们面临的是居住生活的迅疾城市化，许多农村也越来越多地盖起了楼房，城市里不仅楼房在以几何级数增加，而且有"森林化"倾向，北京虽然有限高规定，但随着环路的编码高度也就放宽，现在的趋势也就越来越"巨盆化"，这里暂不讨论大的城市规划上的问题，单挑出楼房内的过道设计处理问题来，讲一点个人看法。

我想，无论是写字楼还是居民楼，都绝不能把过道仅仅当成不得不有的"累赘"来处理，不能仅仅考虑其最基本的那一点功能性。我建议，第一，过道的设计处理要更鲜明地体现出人性化。像我上面所举出的佟君的旧居楼，以及我曾在内上班的那栋写字楼，把过道楼梯弄成暗无天日的隧道深井，以至令人精神上感到压抑荒谬的做法，再也不要出现了！现在有的商品楼盘开始注意到过道的透光，并加以合理利用，比如在稍宽阔处留出可以放置老人暂憩和邻居间闲聊的座椅，设置小巧的陶吧等，都是好的尝试。第二，过道应该具有一定的审美功能，略以另样色彩或小的装饰部件，使过道从"生硬""阴冷"化为"柔和""温馨"，是必要的。因为一般业主会考虑到，过道作为均摊面积，越少越好，所以开发商请人设计时，尽量求得过道的最小最优值，是可以理解的，但建议业主们也要想通，过道是生活中看似不重要，而实际上却需反复利用的"人生途程"，花一些钱在优质的过道上，还是值得的；开发商则应在"最优"的标准里，融进一定的审美含量。第三，无论是南方的通透式楼房过道，还是北方的内含式过道，都应该努力探索出具有中国特色的设计方案来，祥和充裕是中国人居住文化最核心的因素，为中国人盖房子，在过道处理上也要特别注意到这个心理需求。

漫话阶梯

　　我的祖籍，如果说到底，应该是四川安岳县龙台场高石梯。我曾返乡抵达丘陵起伏的龙台场，却未能去往高石梯。那是一个非常偏僻的小村庄。它的名字，就意味着，它最大的特点，是有一段高高的梯坎。人类的第一个阶梯，应该是人类在自然中发挥生存能力的一个杰作。后来人类能够建造房屋，阶梯往往是其中不可或缺的部件。

　　最早的阶梯，追求的应该完全是连接两个以上的不同平面的功能性。但是，随着人类文明的发展，阶梯逐渐具有了心理属性，也就是说，人们建造阶梯，不仅是因为必须方便从一个平面上升或下降到另一个平面，而且，也是为了利用阶梯，达到心理上一种满足。

　　比如北京紫禁城中轴线上的三大殿，本来，那地面是平的，可以平地起殿堂，但为了体现出天子的威严，就故意先平地起基座，再在五米高的基座上建造大殿，而分为几层的基座，再以阶梯连接，阶梯中段专供皇帝行走的部分，称御道，用最优质的汉白玉石，雕出祥云飞龙的图案。一位外国朋友对我说，他初次参观紫禁城的太和殿时，所体会到的，并非中国皇帝的得意心情，而是作为中国臣子的那一份诚惶诚恐。过去都称皇帝为"陛下"。"陛"是皇宫阶梯的专称。明明皇帝高高在上，臣民在他殿堂的阶梯下，还得匍匐着向他跪拜，似乎称他"陛上"才对，但皇帝至少在口吻上喜欢贬低自己，比如自称"寡人"。皇帝喜欢人们称他为"陛下"而拒绝"陛上"的谀词，这份虚伪很有意思。

　　中国古典建筑，不仅是皇宫，像祭坛、寺院、道观、王府等建筑群中的主体建筑，都一定要平地垒起高基座，建造有气派的阶梯，以体现出对神佛贵人的尊敬。现在仍存在的河南开封龙亭，是将这种心理需求达于极致的一个典型案例。这是一个清朝建筑。清朝时开封早已失去宋朝都城的威严。它必须向皇帝所在的北京表达出万分诚恳的臣服。于是有这样一个建筑出现。所谓龙亭并非龙王庙建筑。它是在平地拔起的十三米高台上盖出一个殿堂，里面供奉着称颂"真龙天子"即"皇帝万岁"的牌位，专用于在彼处由钦差大臣宣谕"圣旨"。殿堂即"龙亭"前面的台阶分三层共 72 级，而且故意建造得相当陡峭。无论是接近现场还是观看其照片，那夸张的阶梯造型都会给人强烈的视觉刺激，从而引发出心理反应。

近代社会通过变革逐渐使平等意识渗透到全社会。但建筑中的阶梯仍可起到主导人的心理意识的作用。由吕彦直设计的完成于 1929 年的南京中山陵，由陵下平地到达陵寝主体的坡地，落差为 73 米，设置了八个过度性平台，一共有 392 级台阶（当时中国人口为三亿九千二百万）。当谒陵者在头几个平台的阔台阶上往上行走时，他所望见的只是天宇，要随着一步步地攀登，踏过相当多的阶梯后，那顶部的蓝瓦祭堂才会慢慢地浮现眼前。这就是建筑师利用长距离、缓爬升的阶梯，来调整谒陵者的心理，使其能够"默默想音容"，将崇敬与缅怀的情绪达于浓酽。

1959 年建成的位于北京天安门广场西侧的人民大会堂，有意将其基座与紫禁城内的三大殿取齐，但阶梯的设计，则采取了广阔通透的方式，尤其是东门阶梯的设计，很有大国气派，可以容许成百上千的人同时拾级而上，确有"让人民当家做主"的韵味。莫斯科 1995 年为纪念卫国战争胜利五十周年建造的胜利广场，用若干大平台来达到提升主建筑的目的，其间的阶梯故意"不起眼"，这也是一种巧妙的手法，表达出一种苦尽甘来的欣慰与舒展。

城市公众共享空间的阶梯设置，一定要突破狭隘的功能需求，应该营造出奇趣妙境，使公众不仅获得实用的方便，更能消费心情，达到快乐。最成功的一个例子是意大利罗马的西班牙广场。说是广场，其实那空间最出彩的并非平面旷地，而是 1723 年由德·桑蒂斯和斯佩基设计的那一组面对"破船喷泉"的扇形阶梯，它不仅是"视觉冰激凌"，更可以当作舞台承载多种形式的表演。已经有太多的电影利用它作为背景去表现不同时代不同人物的命运，那一组台阶实际上已经是人们熟悉的具有生命的存在。

至于室内的阶梯，我们习惯叫作楼梯的建筑部件，虽然如今中高层建筑都普遍设置了垂直升降的电梯，它们仍是不可或缺的。北京王府井大街的华侨大厦，它的大堂南侧那一架弯转落地的宽大阶梯，十分堂皇，风姿高雅，是"以梯吟唱"的代表作。民居里的阶梯，现在花样很多，法式的旋转楼梯似乎相当流行，但照搬这种节约空间而且具有浪漫气息的楼梯时，一定要考虑到是在为什么样的居住者提供，倘若是为有老有小的家庭设计别墅，则这种沟通楼上楼下的梯子对于老小都具有安全隐患，需格外慎重。

阶梯并非简单事物，在当下生活中，除了其实用性，"阶趣"应该是设计者考虑的重点，特别是涉及公众共享空间时。

有人打伞在等你

——西直门交通枢纽印象

枢纽还处于初级阶段

原来我以为会来到美国纽约中央车站那样的地方，地铁和通向机场以及远方的火车、巴士全汇聚于斯，不用走出那庞大的建筑，就可以换乘任何一种交通工具到达任何目的地，当然，里面还会有若干配套服务措施，特别是供来往旅客吃、喝、休息的场所。记得我第一回进入纽约中央车站那阔大的圆形中庭，目睹匆匆穿梭的旅客如过江之鲫，"枢纽"于我不再是个抽象的概念，充满新奇，满心欢悦，特别是我亲自利用过它的便捷——乘火车去波士顿，后来又从伊萨卡乘"灰狗"巴士回纽约——起点和终点都是曼哈顿闹市区，接我的朋友也就在那庞大建筑的地下停车场里，让我坐进车里，一条龙地送往住处，那"一路顺风"的感觉真是妙极了。

西直门交通枢纽的出现，是北京市政建设进步的体现。但是目前的这个枢纽，基本上还只是个地铁和高架城铁的交换站。离它咫尺的铁路北京北站，由于某些原因，还没有纳入到这个枢纽之中，而城市巴士某些线路的集散地虽然预留了空间，也还没有建设起来。这是一个还处于初级阶段的交通枢纽。事情总得一步步来。

这个枢纽和东直门那个规模更大的交通枢纽，主持设计的都是城建集团的设计院，项目负责人都是尹强。三十三岁的尹强在我眼里还是个毛头小伙子，这个岁数的小伙子一般都火气大，我对他的采访很不规范，本不是记者，又很率性，提问有时相当地"无厘头"，比如当他翻动设计资料拿给我看时，我会忽然注意到他戴着一种很特别的手链，于是劈头便问："你为什么喜欢这奇怪的手链？"他竟不觉得我失礼，很耐心地给我解释：那是他前些时候去香格里拉观光时买到的，那是当地藏民自制的一种民间工艺品，所用的鼓形石料称"天珠"，上面那些特别的花纹是用祖传秘法形成的，现在看去绝不透明，但如果人坚持戴它，日长月久，最后它们一粒粒都能变得水晶般剔透！显然尹强会坚持戴它，过若干年，我若再采访他，那天珠手链会具有怎样的透明度？而他主持设计的新项目，又该比这两个交通枢纽精彩几成？

尹强不想吓人一跳

东直门交通枢纽目前还处在待施工阶段，虽然尹强他们的设计方案已经基本定型。他给我看了立面效果图，我的直觉是外观平庸，他笑了笑，暂不解释。但他带我去参观西直门交通枢纽已经启用的部分时，我粗粗一望，就指着他设计的那座控制中心讥评说："啊呀，竖起一个鞋盒子，太不跳眼！"他就慢声细语地跟我说起了他的设计理念：城市建筑不一定非要追求外观"跳眼"，这些年北京的不少大体量建筑一味追求"夺目"，过分在"艺术性"上下功夫，用很多费钱的装饰部件来刺激眼球，结果呢，所形成的强迫性审美，被市民所厌烦，甚至嗤笑，很难说为北京这个都会添了彩；其实好的城市建筑，特别是大型公共设施，平淡一点反而好，不去搞强迫性审美，不浪费资金去弄无功能的"艺术性"，注重在实际使用中，让人觉得舒服，人心里舒服了，才会拿眼睛细瞧建筑的细节，这些细节本不"跳眼"，跟功能性融合了，使用者或许会由衷地赞一声"好"，这是自愿审美，俗话说"平平淡淡才是真"，看似平淡的建筑，会以其"诚实""憨厚"的品质，获得真实的喝彩。

原来尹强搞设计，前提是不想吓人一跳。

我站在西直门交通枢纽东侧，细看这个建筑。确实，诚实、憨厚，像尹强本人一样，年轻，却又好脾气。它主要由两大部分组成。一是我形容为"竖起的鞋盒"的控制中心，一是南北向长达 200 米的三层换乘站台。控制中心不戴亭子顶，也不搞什么琉璃部件的装饰，不去肤浅地"维系古都传统风貌"，但它却让城铁轨道穿楼而过,乍看并不刺激,细观,则觉得那板楼与带廊顶的轨道,形成着"穿城墙而过"的意蕴,使本已荡然无存的西直门,在一种现代想象里恢复了精神。当然,这样的设计,需要高、精、尖的技术、工艺的支持。为了克服列车穿楼而过造成的震荡与噪音,在那通道里安装了从德国引进的最先进的减震隔音装置。三层的换乘站台,最上面一层是灰空间,那完全平直无坡的超长顶棚,给人一种"远行归来长吁气"的舒畅感,为了保证即使在暴雨发生时也能迅疾泄水,在顶棚上设计了功能完善的虹吸装置。

控制中心与换乘站的楼面,大量使用了穿孔铝合金板,这种材料铺敷的墙体,远观会以为是整体石材,给人以稳定坚固的感觉,使用者在里面,则会享受到非常好的透光、通风的效果。尹强选择的颜色,主要是灰褐色,他不想以夺目的亮色吓人一跳,他的追求,是以平淡的、几乎无色感的空间,来化解已经目睹了太多斑驳陆离的旅客们的眼疲劳,他为动态的人流选择了安静的颜色。

建筑的内在逻辑

深入参观后,我检讨自己那"竖立鞋盒"的讥评毋乃太鲁莽。其实那控制中心有若干很精彩的细部处理,那是任何简单立方体都不可能自然拥有的。里面根据不同功能切割成不同的空间,有个大通道贯穿其中,尹强让那通道终止在楼墙之外,呈现为一方通体透明的大落地窗面,望去那颜色虽然也还是安静而非喧闹的,却与整体墙面的灰褐色形成鲜明的对比。尹强解释说,他这是强调建筑内部的功能逻辑。还有一两处这样的外凸窗,也都是随功能之势而成型。这也是一种艺术性。

控制中心大量使用了钢化玻璃地板。这种透明地板似乎已成为一种时尚。我告诉尹强自己很怕踩在这样的地板上,总觉得缺乏安全感,比如北京有家书店的二层就铺的这种地板,虽然明知那建材是经过检验承重上没有问题,走在那上面还是惴惴不安。我问他为什么也来追这个时髦。他说那书店使用玻璃地板不知是依据怎样的内在逻辑,他将这控制中心设计成这样,是因为这里并非一个休闲场所,在里面活动的也应该不是老弱儿童,这里是容不得丝毫差错的工作场地，依据这个内在的逻辑，使用透明或半透明的地板，使各部门之间的工作人员在视觉上产生持续性关联，是必要的。

在控制中心朝向东边的相对窄长的墙面上，尹强设计出了一道自上而下，却又并不落地的纯装饰性部件，从二环路上望过去，仿佛是一件灰色唐装上的深蓝色纽袢的滚边。我说："你不是最反对搞'跳眼''夺目'吗？不是强调去除无功能性的纯装饰部件吗？怎么又弄出了这么一道'蓝标'？"他笑吟吟地说："这也是这组建筑的内在逻辑所决定的。这是个交通枢纽，行进在二环路上的车辆里的人士，在接近西直门地区时，总会想：它究竟在什么位置啊？这个深蓝色的'滚边'就仿佛在广而告之：我在这里哩。如果这里不是交通枢纽，这道'滚边'大可取消，但它的特殊性质决定了，它需要这样的一个逻辑，来联系二环那边的城市深处。"

好建筑必须注重细节

好的天际轮廓线固然重要，但更重要的，是建筑的细节。北京不乏那样的大体量建筑：有着雄奇的天际轮廓线，立面色彩鲜艳夺目，甚至在大结构上还有着明确的"主题"，但是走近观察，特别是进入内部使用时，就发现缺乏细节上的精心营造，显得粗疏、生硬。西直门交通枢纽的优点，恰恰体现在若干细节的设置上。

换乘站的最上方，也就是第三层那上部与外面通透的灰空间里，所有钢材立柱都设计成伞架型。这就是一个很精心的细节。这样的好处，首先是使所有支撑柱细化，望去不让人觉得沉重，遮蔽性化解到了最低程度。其次，伞似的龙骨使支撑顶棚的钢材能引发出花朵开放般的美感。更重要，也是尹强及其合作者刻意追求的，是"一排撑开的伞在迎接回家的旅客"，那样的富有诗意的喻意。三层的这个车站，是目前的13号城铁的终点站，当然，也是回驶的起点站。因为整个是灰空间，在站外望过去也能见到这一排壮观的"伞阵"。"伞阵"喷涂为米黄色，与总体的灰褐色既和谐，也明快。但愿那些匆匆过往于这个站台的旅客里，有越来越多的注意到这一细节的人士，他们想到这个终点站时，心灵里旋出这样的自我慰藉：有人打伞在等我啊……

　　第二层是一个转换空间，乘地铁的和乘高架铁的人士在这里可以分别找到换乘的出入口，这个空间里有一个装饰性细节值得一提，就是顶棚和当中两排大理石廊柱的处理，尹强设计出了从顶棚中心花瓣样缩减地延伸到柱体下部——并不接地——的覆盖部件，采用薄体钢材，也是用米黄色与深灰色的柱体形成既和谐又明快的对比，这个装饰性部件弯曲的弧线，化解了柱体和顶棚原来可能产生的僵硬直角关系，也化解了柱体的沉重。而一组这种装饰性部件的中心，则是花蕊般的照明装置，其空隙间故意显露出墨黑的建筑结构内部乃至某些管线，路过的人偶尔望去，会觉得颇为谐谑。

裹住交通枢纽的商用楼与酒店

　　一处交通枢纽，不令其仅仅满足市民出行方便，在其空间中，还允许商业性开发，使寸土寸金的首都地面，尽量产生出更多的价值来，这是可以理解的，于是，我们现在所看到的西直门交通枢纽，其天际轮廓线所凸显的，其实已经不是尹强和他的同事们精心设计的那座控制中心和棚廊式的换乘站，它的西面已经完全被纯商业开发的建筑物包裹。

　　首先赫然跳入我们视野的，是雄踞在200米长的换乘站顶上的三座高楼，在我采访时它们还在紧张施工中，尹强说那虽然不是他们设计的，但也多次协调关系，以求相得益彰而不是相互龃龉。据说将来那三座写字楼全是玻璃幕墙的外表，顶部呈逐渐上缩的圆弧形。按说建在二环边上，城市规划限高应在70米内，可是那三栋写字楼我看怎么也得有90米。尹强说不少商住楼总是在修造时突破限高，他也不知道是怎么能运作成那样的，目前已是"罪不罚众"的局面，已经建成的大体量豪华建筑，你怎么让它削顶缩腰？

　　那凌驾于换乘站上方的三栋大写字楼，总算没有连成一道巍峨的屏障，据说之所以设计成断续地耸起，是为了让在二环上行驶的车辆里的人们，特别是二环以内的一般居民楼里凭窗西望的人们，还能从那缝隙里望见北京展览馆，也就是原苏联展览馆的那个顶端上有红五星的镏金尖塔。平心而论，三座孪生写字楼的造型大体上还顺眼，但其最下部，一直勾连到尹强他们设计的换乘站一层的百货商场，建成后的功能性究竟怎么样，却令人狐疑，因为那将是个完全没有通透处的死闷子空间。

最令人置疑的，是非要把本来有着独立品格的城铁控制中心大楼的西侧，也包裹上一栋纯商用建筑——一座酒店，而且，最奇怪的是，又不愿与尹强他们设计的那个控制中心大楼齐肩，非要高出一块，而又是平顶处理，显得很颟顸。尹强说他确实感到非常遗憾，也曾提出意见，但资本的运作自有其强悍性，现在这模样已成定局，也只好无可奈何。

寄希望于新一代建筑师

尹强同我儿子一般大。说句"望子成龙终遂愿"，好脾气的尹强肯定不会见怪，读者诸君大概也不会嗔我孟浪。对老一辈建筑师，逝去的缅怀，健在的尊重，以及对崔恺等壮年建筑大师的倚重，并及时总结他们的经验，当然都应是我们常设的功课，但我现在还要特别强调对尹强这一辈新兴设计力量的重视，城建集团能把西直门、东直门这样两个重要的交通枢纽交给尹强负责设计，是值得赞许的。中国建筑设计的希望，正寄托在这新一代的身上。

跟尹强议论到库哈斯的中央电视台方案，我说我是反对者之一，当然我的声音只是一个业外的市民之声，我对他那外飘 70 米的处理尤其不能接受，技术、工艺上埋伏下的隐患且不论，那样的建筑风格与我中华民族的传统文化精髓是相忤逆的，用在中央电视台这样的项目上是绝不可取的。尹强就对我平心静气地说，他也不赞同库哈斯的这一方案，但他觉得库哈斯那不拘一格造房子的精神还是有可借鉴之处的，他前些时完成的城铁万柳机务段的设计方案，就汲取了库哈斯那驰骋想象力的优点，但他又很注意我们中国传统文化里"天人合一"等讲究，把那机务段设计成完全置于园林之下的不规则地显现状态，他把那设计沙盘拿给我看，我也不十分懂，但心里不住地祝福：年轻的建筑师，张开翅膀飞吧！

"大轮胎"与"大鸟巢"

2006 年的 6、7 月是"世界杯之夏"。我这人看球赛不但看比赛场面，也看观众席上的状态，还看运动场建筑。这叫作：散点透视，全面观察。

这回德国安排了十二个运动场用于比赛。首场的那个慕尼黑安联运动场是新造的，前年我去慕尼黑喝啤酒，远远看到工地，它还不成形，现在从荧屏上看到，它像个大轮胎。有人形容它像橡皮艇，确实也有点像。它那带有类似轮胎花纹的外壳，能以灯光显示出红、蓝、白三种色彩，如果它能呈黑色，那就更是个巨大无朋的橡胶轮胎了。

这安联运动场是如今世界最负盛名的瑞士建筑大师赫尔左格和德梅隆设计的。他们在中国知名度也很高，因为 2008 年北京奥运会主运动场就是他们设计的，那个"大鸟巢"现在已经初具雏形。

"大鸟巢"极尽建筑美学上的颠覆性浪漫想象。它和法国安得鲁设计的"水蒸蛋"（中国国家大剧院）和荷兰库哈斯设计的"大歪椅"（CCTV 新楼）一样，备受争议，但都已经接近于"既成事实"。这是他们个人设计风格的胜利？是全球一体化的象征？是世界大同的前奏曲？其实，应该说，那首先是当下中国欲望平均值的体现。

建筑是人类欲望的产物。经济快速升腾、民族自豪感高扬，使得城市规划和建筑上不但急着要跟世界接轨，而且，产生出要盖就盖最高、最大、最新、最奇、最怪、最让世人刮目相看、最能记载进吉尼斯纪录，当然也最昂贵的玩意儿来。这种民族综合性的欲望，有其合理的内核——谁说我们落后？谁说我们保守？谁说我们穷酸？谁说我们不懂后现代？谁说我们只会抄袭？谁说我们没财力没物力没能力没技术？谁说看最尖端的创意建筑只能到中国以外？来来来，现在我们要向全世界证明：最前卫的建筑在中国！——因此，不管反对的声音有多么响亮，到头来，"大鸟巢"一类的地标还是会印证一句"存在即合理"的哲言。

那么，德国人这几年的欲望综合是什么？怎么同样是赫尔左格他们的设计，慕尼黑安联运动场却完全没有"大鸟巢"那么"酷"，那么浪漫，那么出位？你看这个"大轮胎"，绝不像"大鸟巢"那么让你眼花缭乱，它对称、规整、敦实、稳定，把德国人民族性格里的理性、内敛、刚强乃至洁癖，都体现出来了。

其实，德国人在不同的历史时期，体现于建筑的群体欲望是不尽相同的。1972年慕尼黑奥运会建筑群，是在"冷战时期"的最冰点的国际环境下设计建造的，当时采用了德国自己的建筑设计师贝尼斯和奥托的方案，为了体现出西方从社会到科技到施工能力各个方面的优越性，大量采用了非规整的飞篷式顶棚，巨大的波浪式顶棚一时成为奇观。当然，后来这种玻璃钢弧线飞篷在建筑设计上成为滥觞，在改革、开放后的中国也一度处处开花，只不过波浪形篷子飞动的幅度都比较小，属于"小巫见大巫"。

两德统一之后，德国不必再"以西震东"，搞什么宣扬性的"前卫"名堂，体现在造运动场上，也就弃轻飘张扬风气，回归沉甸甸稳笃笃的路数。从传媒上的照片可以看出，2006年德国世界杯所使用的十二座运动场，无论翻修的法兰克福森林运动场、改造的多特蒙德的威斯特法伦运动场、新设计的盖尔森基辛的奥夫沙尔克竞技场……全都是对称均衡稳定的礼盒式古典风格，特别是位于前东德管区的莱比锡中央体育场，这座新体育场就建造在原东德设计的具有苏联式风格的旧球场旁边，现在在设计上不但没有刻意用新奇的造型去对比旧球场的落伍，而是用桥梁式通道将二者联为一体，使之整体和谐统一，然后在功能性上下工夫。如果说这些体育场有新意，那大多体现在设计细节与新型建筑材料的使用上，比如安联运动场，它那"大轮胎"造型不足为奇，但是它那由许多菱形组合而成的"胎壁"，使用的是全新的科技成果，材料既轻盈光洁，又具有阻隔紫外线和透光度高的双重功能。

赫尔左格他们是"看人下菜碟"，他们拿到北京投标的是"大鸟巢"，拿到慕尼黑投标的是"大轮胎"。倘若他们将两个方案互换，那一定全被淘汰出局！

化图为实

　　大约两年前，看到过一个关于建筑设计的电视节目，有一个镜头至今难忘。那个电视片展现了"长城下的公社"别墅群的设计建造过程，其中有一栋是张永和设计的，他的设计图相当诡异，因此将图像化为实体，也就特别困难。那个让我难忘的镜头，是施工负责人在向张永和抱怨："你就知道出奇，你不知道我们把它做出来有多难！"张永和呢，一脸不接受的表情，站在那里只顾看工人干活。当时我忍俊不禁。现在想起来还觉得实在有趣。画设计图的和将图像化为实体的两位领军人士，冤家路窄，短兵相接。施工负责人是隐忍多日，箭在弦上，不发不快；张永和呢，也深知自己纸上几许得意笔，施工者需克服万难方可呈现出。但施工方虽满口抱怨却尽心尽力化图为实，张永和呢，虽心存给人家添麻烦的歉意，却满脸"我还要继续创新"的盾牌式表情。说实在的，双方都很可爱。正是由于设计师的锐意创新和施工方的精确呈现，我们才能欣赏、享用到非同一般的好建筑。

　　张永和把自己的设计室命名为"非常建筑设计室"。其实不光他喜欢"非常"，现还有几个建筑师愿意"照常"呢？创新之风，横扫中华大地。

　　但是，"非常"的设计，如果没有非常杰出的施工力量，也就很难达到预期的效果，甚至会形成"画虎不成反类犬"的局面。

　　我们常能从电视里看到城市建筑的剪影和鸟瞰镜头，其实现在中国的许多城市的天际轮廓线和鸟瞰效果，往往已经非常西方化了，摩天楼，桁架杆，玻璃幕墙，花瓣形立交桥……但明眼人只要瞥一眼，就不难判断出那镜头里出现的高楼大厦是中国的还是西方某国的，区别在哪里？往往只是这里差一点精确度，那里差一点平整度，再差一点光洁度……简而言之，我们在设计上已经跟那边没有什么差距了，但化图为实的施工能力，显然还需大大提升才行。

北京新建的几个地标性建筑——2008年奥林匹克运动会主赛场"大鸟巢"、天安门斜对面的国家大剧院"水蒸蛋"，设计上的争议撇开不论，就化图为实的效果而言，现在从外部初观，应该说还是相当不错的。这要感谢众多参与其事的工程技术人员和工人师傅，没有活鲁班，何来新宫殿？

但是，相对而言，我的感觉是，中国建筑师里能高扬创新精神搞出"非常"设计的，似乎颇多，而中国建筑施工队伍里能将诡异设计顺利精确地化图为实的，就似乎比较匮乏。

北京东二环外侧的保利大厦，大家应该比较熟悉，它底层的保利剧场是北京音效最好的演出场所之一，但这所大厦现在看来不够大，也比较陈旧，这家著名的公司在马路对面，也就是东二环内侧，顺理成章地新造了一栋大厦，体量大了许多，设计上也更有新意，它的正面设计为两层玻璃幕墙，外面一层是由几个具有倾斜度的多边形玻璃墙组合起来，最后在斜置的一个凸起的异型玻璃空间的内侧角汇合封闭。这里且不讨论如此怪诞的造型在美学上和实用功能上的功过，这里要说的是如此设计在化图为实上实在是极其困难，而现在凡是经过那里的人们都可以清楚地看到，在几个具有倾斜度的玻璃墙汇合处，由于斜置的几根金属桁架未能精密吻合，导致镶嵌在桁架杠上的大玻璃难以伏贴，因此，就使用了大块的透明胶膜将一部分桁架杆和两边的玻璃贴牢，看去非常之破相。我想那块"创可贴"形状的透明胶膜不可能是原设计图上的部件。另外，这栋正待竣工的大厦楼体的石材，看去价值不菲，但在其性能特点是否与北京环境相匹配上，选择时显然缺了点心眼，因此，楼未启用，而几场春雨已经使得楼体石材"锈迹斑斑"，也就是说，那样的石材在北京属于最不经脏的，其实无妨选用更实惠而又更能耐北京环境污染的其他色调的石材。

西方的建筑施工，也是在不断提升水平的过程里，才建造出比如悉尼歌剧院那样的"大贝壳"、西班牙毕尔巴鄂市古根海姆博物馆那样的"舞蹈的建筑"来。

最近看到由重庆大学和丹麦COBE建筑事务所联合设计的"魔幻山群"资料，这组确实具有魔幻意境的建筑群，如果真在重庆江北城拔地而起，将成为整个中国的新地标之一，当无疑义。这个设计已经获得了 2006 年威尼斯建筑双年展的金狮奖，理当祝贺。但我们一边看那些效果图一边想，以我们现在的施工力量和水平，能够把这样的图像精确地转化为大地上的现实吗？特别是那些不规则的仿佛刀削斧砍手揉指捏的楼顶造型，虽然还不能说是"舞蹈"，却也"浪漫"得相当地"惬意"，如无众多的鲁班巧手，何能仙境现于人间？

　　由此，我想向建筑界发出呼吁：要像重视设计创新一样地重视施工水平的提升，当务之急是抓紧培养一大批能够精确地化图为实的能工巧匠；教育部门也应该顿悟：与其培养出过剩的设计师，不如大批培养急需的高级建筑技工。

夜都会的光定位

从杭州驱车进入上海,有点"背后观美人"的味道。晚霞落尽,果然璀璨一座不夜城。那都会的夜光,望去有如美人发髻上插缀的七宝钿钗,移步摇动,光华夺目。过几日又乘游轮在黄浦江上畅望,是正面赏美人了,锦绣衣衫,芙蓉艳绝,浦西浦东,夜光争辉,说不尽那铅华金粉的魅惑,道不明那闪烁穿梭的玄机,怪不得不少初临申江的外方人士诧讶惊呼:改革、开放的中国竟已繁荣到了这般程度!

显而易见,浦江两岸各幢建筑的夜光,皆有灯光师精心设计,入夜方各炫其艳、自呈其彩。但是细揆之后,就总觉得,似乎还缺乏整体性的夜光规划。城市的规划部门,应承担起为城市夜光的总体定位的责任,并根据总体定位协调各主要建筑、路段空间的布光。

夜上海确实亮丽。但上海夜光的总定位是什么?

世界上不少城市,在夜光上是有其自己定位的。比如美国的拉斯维加斯,那是一座赤裸的销金窟,沙砾滩上跃起万丈红尘,如是夜间飞抵此城,未下飞机,从舷窗朝外一瞥,全城夜光立即令人目眩神昏,那是一种非自然、反日常的怪异光影,很少有人觉得那是仙境,因为并不缥缈,倒是把人性深处的物欲给彻底地外化了,它的夜光定位,就是俗艳、妖冶,桃红柳绿,溢金泛银,大量使用横向、竖向、斜向的滚动光,以及跳动闪烁的强光刺激,金字塔般的恺撒宫顶上,利剑般的探照灯光束摆动着直刺天宇。它这样给自己的夜光定位是对的。谁会去那个地方寻求雅致、安谧呢?即使是最规矩的游客,到彼一游,也为的是一睹赌城之光怪陆离。

美国其他城市，在夜光总体格调的定位上，与拉斯维加斯有所区别。纽约，特别是曼哈顿，又特别是时代广场部分，夜光似乎与拉斯维加斯趣味雷同，但总体而言，纽约的夜光定位还并不是俗艳、妖冶，而是密集稳定、大气磅礴。旧金山，特别是渔人码头一带，夜光则定位于小康之乐的甜腻、温馨。中部城市丹佛，市中心的夜光则又以通透、闲适为主调。

英国伦敦的夜光，至今对滚动光有严格的限制，香港虽然回归已经十年，在车辆行人一律靠左行和限制夜光滚动方面，大体还沿袭英制。限制滚动光的初衷是保护市民旅客的视觉不至因强刺激而疲劳生厌，也兼保证司机驾车少受干扰而有利于交通安全，现在有的人士或许会觉得这种意识与做法保守，但伦敦和香港却也因此在夜光上保持了自己的绅士风格，这一定位看来以后也难改变。

法国巴黎的夜光定位是秀美、浪漫。也几乎不使用滚动光，而是大量使用白光，来把那些古典风格的建筑和埃菲尔铁塔的本身面目优美地呈现，但在布光上却又绝不追求"四面光，亮堂堂"，这除了节能方面的考虑，也是深谙必须既有光亮又有阴影，才能凸现建筑物的立体感，留下浪漫想象的余地。

上海夜光应该更多地从西欧汲取营养。其实乘游艇观夜光，还是外滩那些新古典主义和折中主义风格的旧建筑群，以白光勾勒出的剪影看上去是最舒服的，既有历史的沧桑感，也具有返老还童的意蕴。不过，上海的新建筑无论从数量和体量、气势和花样上，都已经远远超过了外滩建筑群，上海已经形成了新的天际轮廓线，因此，对夜上海光效应的风格定位，应该考虑进更多的新因素。

浦东江畔的东方明珠电视塔，无疑已经是上海的重要地标，它的夜光布置，也最引人瞩目。现在是用了多色布光、光球闪烁、光梭滚动的手法。其中冷光较多，冷光与暖光的匹配有些突兀，我个人以为目前的这种光效应有点"迪斯尼乐园"的味道，似与上海的国门重镇地位并不相称。如何使东方明珠的夜光既庄重也活泼，相信上海会调整出最佳方案来。

随着明年奥运会的临近，北京的夜光总体设计，想必也有了成熟方案。

都市夜光的总体规划、设计、协调、配置，也不仅是北京、上海等地需要认真研究的课题。祝愿富起来的中国，不是去用夜光炫富，而是以夜光喻示一种新文明的生成！

建筑的表情

建筑摄影是一个专门的领域，我们常看到关于建筑的照片，要么属于新闻摄影，要么属于旅游摄影，要么属于艺术摄影，摄影者对建筑感兴趣，然而却缺乏专业眼光。

专门的建筑摄影，至今还存在着这样的争论：镜头里只容纳净建筑，还是把人也拍摄进去？一种极端的意见是，建筑摄影必须拍摄建筑本身，镜头里是净建筑，而不能容忍人的出现。乍听到这种观点，有的人会立即反驳：建筑是人建造出来供人使用的，"以人为本"嘛，拍摄建筑时把人放进去，不是恰好可以说明这建筑与人的亲和关系吗？只拍建筑本身，那出现的画面跟设计师的效果图有何不同？更何况，许多设计效果图，也特意要点缀上一些人的剪影呢。

但是，如果你看到并欣赏了主张拍摄净建筑的专业建筑摄影家的作品，看得多，品得细了以后，你就会渐渐懂得，他们的道理和实践，都令人肃然起敬。

我对建筑素有兴趣，每到一地，总要探访那些独特的建筑。1987年我到美国加州圣迭戈访问，特别去观赏了路易斯·康设计的萨尔克生物研究所。参观的那天是休息日，研究所里几无人影。研究所的两排方型矮楼无甚稀奇，但两排矮楼之间宽阔的中庭却令人吃惊，没有一株树、一丛灌木、一片草坪、一盆花、一件装饰，只由中间一道规整的旱沟槽将中庭水泥地面分为两半，望过去，则是蔚蓝的海平面，深远处，是仿佛画笔一气划成的海平线。正是在那一刻，我第一次憬悟，原来建筑不是物体而是生命，我眼前的建筑，呈现出一种肃穆宁静的表情，使我不得不把自己浮躁的心绪收拾得平和通达，以使我与建筑达到心灵的默契。在那中庭，我让朋友给我拍照留念。回到北京，多年过去，捡出那几张照片，只证明着我"到此一游"，却并不能体现出那建筑的魅力。这就是因为，照片非专业建筑摄影师所拍摄。

2008年，清华大学出版社出版了韩国建筑大师承孝相的《建筑，思维的符号》一书，承孝相不仅是杰出的建筑设计师，也是建筑理论家和建筑摄影专家。他在这本书里所附的大量建筑照片，都显示出他的理念正是"正宗建筑摄影应拍摄净建筑"。在这本书里我见到了萨尔克生物研究所的"净像"，顿时心热眼亮，脑际忽然飘出李白的两句诗："相看两不厌，只有敬亭山。"一千多年前的李白就没有把敬亭山当作物，而是当作了与自己平等的生命存在，故而与敬亭山为友，你望我我望你，看见了山的表情，看到了山的内心。其实建筑也是如此，既已建成，犹如婴儿出了母腹，便是一个独立生命。我写此文时，正好大二学生小安来访，见我文章标题后，便道："啊，写建筑物表情呢！"我立即纠正他："注意我题目里故意没有'物'字！"倘若只把建筑看成物体，那就别来谈论建筑摄影了。建筑摄影所面对的，是一种特殊的生命，拍摄他们，认为应该只拍"净像"也罢，认为无妨拍入适当的人物也好，都应该拍出建筑的"活像"，特别是要表达出不同建筑的不同表情。

中国工程院院士、建筑大师马国馨，2009年交天津大学出版社出版了他个人历年来考察中华周游列国拍摄的建筑摄影选集《寻写真趣》。马国馨早期参与设计的作品有北京建国门外的国际俱乐部、毛主席纪念堂，他最成功的设计作品是1990年亚运会启用的国家奥林匹克体育中心。马国馨的设计风格，我以为基本上属于折中主义，再进一步说，则是在中西合璧的过程里，以西点眼，以中融通。他的建筑摄影，也是折中的，这本《寻写真趣》第一辑叫作《人和建筑百图》，说明他跟承孝相的拍摄理念正好相反，他认为要拍摄出建筑的呼吸与心跳，恰恰需要从人与建筑互动的角度来处理镜头，人在镜头里不是点缀不是参照不是起图解的作用，人与建筑是灵动的共生关系。第二辑叫作《俯视大千百图》，全是他从地面高处或飞机上俯拍的建筑。他第一辑的第二十图，是拍摄他自己设计的国家奥林匹克中心，就像父亲给儿子拍照一样，他轻易地捕捉到了那个建筑最灿烂的表情：帆形高立挂、斜拉索、凹型顶面……显示出"80后"那"我们是迈进现代化的一代"的豪气，同时，如果你"相看两不厌"地推敲，则可以发现，这一角也正好显示出那建筑内在的中华气质——"洋装穿在身，我心依然是中国心"——那凹型屋顶的前半部，饱含着中国古典建筑庑殿顶的意蕴。第一辑里还有一张施工中的"水立方"的照片（第九十图），把那 ETEE（乙烯—四氟乙烯共聚物）的特殊表情——我是多么新颖、轻盈、通透啊！——体现得十分充分。他在第二辑里第九十八图是从 83 米高的西苑饭店顶上俯拍的晚清建筑畅观楼，这座欧洲巴洛克风格的建筑被处理成前有大片尚未泛绿的春树后有大片灰白色现代楼房的颇为尴尬的处境中，但却"瘦影自临春水照，卿需怜我我怜卿"，一派"资深美人"的表情。慈禧皇太后曾两次到畅观楼，领略"泰西风情"，这一特殊建筑的前史与今况，令我们浮想联翩。

优秀的建筑摄影家，不必一定是建筑师，就像优秀的游泳教练员甚至可以完全不会游泳一样。但是鉴于我们国家目前纯专业的建筑摄影还不发达，似乎还没有知名的建筑摄影家出现一样，因此，自称也不过还属于"业余"的马国馨，他的这本《寻写真趣》的建筑摄影专著的出现，是值得重视、应予推荐的。

上海世博会不久开幕。世博会首先是各国场馆的建筑大观园。现在绝大多数场馆已经建成亮灯，也常有照片出现在网络和平面传媒，但我还没有看到与新闻摄影、艺术摄影严格区别开来的建筑摄影——即把世博会各馆建筑的表情传达出来的，动人眼目触到心灵的杰出作品。不要说世界各国的民众，就是中国百姓，也不可能人人都到上海一睹世博会真景，因此，切盼主办方不仅能提供关于世博会场馆的新闻照片、艺术照片，更能出版一本由专业建筑摄影师拍摄的照片集，把各国各地区场馆那百媚千娇的表情风姿，淋漓尽致地展现给我们！

把它看惯

　　已是八十一岁高龄的二哥从成都打来电话，感叹从奥运会实况转播中看到的"鸟巢"是那般美丽，尤其是开、闭幕式空中鸟瞰镜头，在灯光焰火衬托下，几疑仙境降京城。他和许多外地百姓一样，到北京一睹"鸟巢""水立方""水蒸蛋"真景，已成平生大愿。

　　但是，"鸟巢"的设计方案从一开始，就遭到严重质疑，建设过程当中，对其看不惯的批评、讥讽之声此起彼伏。其中比较有分量的批评者是本土的中国工程院院士、建筑大师马国馨，他本人是体育场馆的设计专家，代表作是1990年启用的国家奥林匹克体育中心，他在2007年出版的《体育建筑论稿——从亚运到奥运》一书里批评"大鸟巢"方案，并且强调这种地标性建筑的形象有个知识产权问题，这就引出了相关想象："鸟巢"的知识产权当然属于其设计者赫尔佐格和德梅隆，现在我们已经在北京奥运会的纪念币以及无数商品上使用了"鸟巢"形象，是其知识产权拥有者宣布无偿提供，还是我们今后将为此付出巨大代价？马国馨还在2008年出版的《学步存稿》一书中，收入《无题打油》一首："急功求绩欲拔尖，逐奇追新标志攀。文展博馆歪中扭，传媒巨厦斜加弯。枝外生枝钢巢贵，房中套房蛋壳宽。繁华应戒奢华物，辛苦血汗勿烧钱。"这里面批评到的北京新地标建筑起码有四种，但所配的彩色照片则是"鸟巢"，照片说明就是"枝外生枝"。

　　马院士看不惯"鸟巢"等建筑，当然更多地是从专业眼光出发，比如他认为支撑"鸟巢"的主体结构不需要那么多的"巢枝"，少花钱少用钢少迷眼也一样能达到功能效果，我们外行人就无从判断，一般来说，"外行看热闹"，这"热闹"主要就是视觉效果，唯有"枝外生枝枝插枝"，才能引出关于"鸟巢"

乃至"凤巢"的审美想象,就算因为"枝枝相护"一定程度上影响到通风散热,"越看越顺眼"的心理也就大大地补偿了功能性上的缺憾。

专业人士往往会鄙夷俗众的"随大流"。一个大型的公众共享性地标建筑,开始,某些专业人士的批评,会引起大部分俗众的共鸣,专业人士着眼在专业上的考量,俗众则是因为一时难以接受锐意创新的强刺激,因此这种具有实验性甚至"冒险性"的建筑在中标与修建初期总难免经历一段"雅俗共鄙"的"因不惯而不容"的尴尬期。但是,随着工程的进展,建筑物外观的整体凸现,一部分俗众就会向既成景观"投降",而这种对体现盛世气概的宏大叙事风格的认同,具有"传染性",当越来越多的"先睹为快"者手握数码相机拥到那建筑物前见证"奇迹"时,原来"看不惯"的俗众也就开始"刮目相看"了。某些专业人士当然可以把他们的批评立场坚持下去,但他们应该对俗众"看惯了也就觉得好了"的建筑审美心理加以尊重和研究。

巴黎铁塔、卢浮宫广场玻璃金字塔,都经历过从"看不惯"到"看惯了挺好"的审视过程。但并不等于说任何庞大建筑都能够获得"终极认可",同在巴黎,美式摩天楼蒙巴那斯大厦,建成近三十年,至今仍被众多巴黎俗众视为"城市败笔"。究其根由,就是铁塔、玻璃金字塔具有潜在的"环境融入素质",而蒙巴那斯大厦却不具备此种潜质,除非搬到纽约曼哈顿,否则断难融入巴黎固有的传统之中。北京的"鸟巢""水立方""水蒸蛋"目前大体上都被中国一般民众看惯并越来越产生美感,就是因为它们也都具有融入北京原有城市大环境的某些潜质,比如"鸟巢"和近旁的"水立方"满足着中国传统文化中"天圆地方"以及"水生木、木栖凤"等吉祥意蕴的心理需求。

到目前为止,在一般俗众眼里,新的中央电视台大厦仍然属于"难以看惯"的怪物,据说它的两部分主体空中歪架接龙前,有市民认真地向有关部门投诉:"施工部门竟然把楼造歪了,你们还不快管!"它现在被俗众揶揄为"大裤衩",这当然不是一个"鸟巢"般的昵称。其实俗众的"口碑"在渐渐看惯的过程里,是会不断变化的,比如"水蒸蛋"就是从很难听的几种绰号里修正成的,体现出俗众终于将它纳入自己日常生活的一种亲切。不知央视新楼到头来是否会被大家看惯而生发出一个非鄙夷性甚至是宠爱性的代称来?

寻求折中最佳值

王军的《城记》（三联书店 2003 年 10 月第一版）好评如潮，我不拟过多重复那些我很同意，并且相信还会有人一唱三叹地加以发挥的那些感慨。这本书的写法做到了尽可能地客观、真实、详备，资料丰富，引证有据，兼有史的恢弘、传的细腻、专业的准确、文学的情致，虽然语言平实和婉，但读来令人荡气回肠。

如果当年采纳了梁思成、陈占祥的那个方案，现在的北京老城区该有多么美好啊！这是许多读者读了《城记》后的共同想法。从"如果"出发的想法可以畅情任性地张扬飞腾，我从网上看到一些这样的想法：立刻拆掉从王府井南口到东单的那超限高两倍，而且大悖北京旧城风貌的东方广场建筑群！立刻在整个旧城区，停止名曰改造实为造孽的，拆除胡同四合院"危房"去修建"经济适用楼"的行为！这些想法都饱含激情，由正义感、合理性所支撑，我乍看到时也热血沸腾，如果——又是如果——真能实行那该多让人痛快啊！可是，一座城市的规划，或者说总体设计，一旦拍板并进入到实施，而且随着时间的推移已然呈现出一定的规模性状态，那么，从总体上反对的一方，就很难加以阻止，趋势已定，狂澜非一般人所能力挽。冷静下来以后，我这样想：从言论角度，"如果"引领的观点、态度、感慨即使"说了白说"，也还可以说，"立刻拆除东方广场"的声音一定要允许其存在，而且，这声音如果长期保持着呐喊的威力，那么，现在的东方广场虽然在几十年里都拆不掉，却有可能遏止类似的东西近年再在北京市中心冒出来。我在自己今后涉及北京建设规划等一类文章里，也还会以"如果"为前提，发出一个市民的肺腑之声。

城市的发展是由多方面的人的欲望所决定的。城，这首先是一个政治问题。政治背后是经济利益。像北京这样的作为首都的超大规模城市，当跨国资本进入，它的发展其实也是一个全球性的问题。谁是城的最大业主？我们应该心知肚明。科技知识分子，这里主要指建筑、规划、工程技术方面的专家，从城的角度来说，其身份是业主的雇员；而注重传统、文物、民俗、审美的人文知识分子，从城的角度来说，其身份充其量也只是高级参谋。《城记》这本书的封面设计得非常之好，它的上方以色彩淡淡的照片告诉我们，谁在为城市规划或者说城市设计拍板。它的下方把拆残的西直门城门实照，与计算机数字模拟的城楼按"如果"的思路合成在了一起，意味深长。但我在这里想强调的是，还可以从《城记》里得到"如果"以外的启发。

五十多年前的"梁陈方案"，最大的魅力就是将北京旧城完整地作为一个大型文物、一个活的博物馆保存下来，但仔细想来，这一方案的前提，是将北京定为了首都，因此，从最深处来说，这方案其实也是一种折中的变通。后来陈占祥、华揽洪有所差异还引出龃龉的方案，尽管横遭批判，观其详，更是在业主要求与维护古城之间寻求更得体的折中。再后来一定程度上得到采纳的陈干的方案，折中的特点更为昭显。到改革开放以后，像业主托付吴良镛先生设计的旧城保护区菊儿胡同危改工程，可以说是一次得到联合国教科文组织褒奖的出色的折中实践。《城记》开篇即写到的由吴良镛先生主持的"大北京规划"，更是意识到不能从美好然而空想的"如果"出发，只能从既成事实出发，来尽可能地保住应该保住的、消除应该消除的、疏导应该疏导的、增添应该增添的，这当然更是运行中庸之道，来寻求折中的最佳值。

《红楼梦》里有个大观园，这是个以政治目的为前提的园林（省亲别墅），作为业主的贾府在经济预算上也是有前提的，这其间也包含拆旧挪用改新的限定，从书里描写上看，业主把政治前提经济预算告诉设计师山子野后，对他相当信任，放手让他去恣意发挥，很少横加干预，因此盖成后当头号业主贾政去验收时，既不断地出乎意料，到头来又非常满意。山子野的设计特点，就是寻求到了折中的最佳值。比如业主要求他设计出一处稻香村，贾宝玉就刻薄地批评了这个景点的矫情，想必山子野心里也觉得"这又何必"，但雇员只能是尽量满足业主的要求，他就想方设法令那本非自然的景观，多少具有些真乡野的形态，比如用新稚树苗编就绿篱，留碣石以刻村名等等。

北京可以视为一个放大的大观园。不过如今"大观"已趋"大杂"。把"如果当时不让它杂多好"的话说过以后，我们还可以探讨一下如何在已经"大杂"的现实面前把它维护和建设得更好。从广义上说，北京的每一个市民都是这座城的业主，因此都至少有一票的发言权。不要放弃这一票。我的想法，目前更多的是在"如果"之外转悠。我且不提"拆除东方广场"，因为人家有狭义的业主，手续什么的都合法，有其受法律保护的利益在焉。但我建议大家都仔细看看《城记》十三页的《北京旧城二十五片历史文化保护区分布图》，相对于整个老城区，二十五片实在还是太少了，我不提把所有老城区全保护起来一点不能动，实际上许多非保护区已经在大动特动，不是我这样的"广义上的业主"所能喊停的，人家是实际上的业主，是资本运作，是办妥手续的，这我明白，但我仍然觉得，集合起有共同想法的"广义上的业主"，呼吁增加保护区，比如东单北大街到东单南大街两侧的胡同院落，还有永定门到前门大街两侧现保护区往南的全部胡同网，都应该增加进去。另外，在非保护区的地方的新建筑，特别是大型的公共建筑，我们也还要加强发言的力度，现在国家大剧院主体工程已经完成，奥体场馆"大鸟巢""水立方"已经破土动工，这些凸显西方现代派、后现代派意趣的大体量建筑究竟合不合适盖在北京，讨论应该进行下去，我虽然在具体问题上还有不同看法，但我很欣赏《北京观察》杂志上郑光复的文章《建筑的"艺术"骗局——从库哈斯央视方案始》，现在库哈斯的这个设计虽然中标，但事态似乎还没有进行到不可更易的程度，我觉得"广义上的业主"们应该发出声音，吁请具体的业主改戏——库哈斯的这个设计方案不合中国国情，不合北京城情，而且在功能性上也是打着"艺术"的旗号拿中国的电视人来"玩命"——它的悬空部分据说最大跨出量是 70 米，相当于把两座二十层的居民楼横悬在空中，并且还并不是两边都有支撑的桥状，即使应力在计算上精确、高技术实施上可行，远望、路过，特别是工作在其中的中国人的心理上，肯定会有一部分是觉得缺乏安全、安定的，与中国的传统文化是相悖的。退一万步说，倘若这是座外国银行建筑，倒也罢了，这可是中国中央电视台啊！就这个具体的建筑而言，我们要山子野，不要库哈斯！我这想法和做法，就是在寻求折中的最佳值。我们还可以在更多的现实个案里去寻求。

　　《城记》是一部悲情书，也是一部鼓劲书，它鼓励我们思索、发言，并且采取稳当合宜的行动，来行使我们作为城中一员的公民权利。

建筑评论——我的新乐趣

我在中国建筑工业出版社出版了《我眼中的建筑与环境》一书，前些时已经第四次印刷。近来常有人来问我：你的文字活动，是否越来越逾出了文学的范畴？是的。我很喜欢"越境漫游"。漫游到建筑与环境评论这个领域，既有偶然性，也有必然性。其中一个重要的因素是，作为一个城市居民，遇到很多与建筑和环境有关的迫切问题，期待着有人站出来为自己说话，可是，这样的话语却似乎相当匮乏，于是，产生出这样的想法：那么，干脆我自己站出来说吧！说多了，集中起来，便有了《我眼中的建筑与环境》这本书。

当然，建筑评论与文学有相通之处。文学是审美的产物，是诉诸心灵的。建筑也有很强的审美功能，而且，好的建筑，是把人的因素放在第一位，并能使人的心灵得到震撼或慰藉的。这是文学与建筑的最大的"通感"。另外，建筑和文学都重视形式。好的建筑评论，应该也是优美的散文随笔。

我从事建筑评论，有深层的缘由。我自 1950 年（八岁时）定居北京，近半个世纪，其中至少有一半以上时间，是居住在古老的胡同四合院或杂院里面，因此我与胡同四合院的关系很不一般，它们于我来说，不仅是一种装载生命的空间，可以说已成为与我血肉相连的亲属，在我眼里心中，它们也是一种生命存在。而且，这近半个世纪里，我目睹身受了北京城市改造的全过程，这种改造有时其实是一种破坏，如将大体完好的城墙城门拆毁殆尽；有时是一种亢奋，如玻璃幕墙高楼的春笋式拔地而起……当然，改革开放后，也有若干在理性思考与浪漫情怀相激荡中产生出来的好的建筑作品与环境配置。我大概是在上高中时就开始对北京的古典建筑有兴趣，那时我常以它们为对象，进行水彩写生。

改革开放后，逐渐产生出写些有关建筑和环境的文章的想法。近二十年来，有机会走出国门，境外建筑与环境方面的种种事物与氛围，对我的刺激与感染，也是我"越界漫游"，搞些建筑与环境评论的推动力。当然，深层的缘由，概括起来，恐怕还得说是我内心有一种对自己生存空间的自觉审视、无形批判、不懈渴望。

我的长篇小说有"三楼工程"：《钟鼓楼》、《四牌楼》、《栖凤楼》，它们的题目都牵扯到建筑，这确实不是偶然的。三部长篇虽然主要是写人的命运，但也都饱蓄着我对北京这座古老的城市在走向现代化的过程中那悲欣交集的复杂情愫。《钟鼓楼》里有一节专门写四合院，是把四合院作为一个角色，也就是一个独特的生命实体来描写的。《四牌楼》里有一章（单独发表时叫《蓝夜叉》），专门写到我对隆福寺的，伴随着对童年荒唐往事忏悔的回忆，那确是我个体生命体验中的难以克化的怅惘"情结"。《栖凤楼》的故事背景围绕着一栋中西合璧的楼房来进行，那栋楼房的命运与人物的命运纠葛在一起。我在自己的建筑评论和关于城市美学的思考中，都浸润着与我生命体验相关的，有时是很个人化的情感因素，我想这是我的评论和建筑界的专业评论的最明显的不同之处。

常有人问我：在北京的新建筑里，你最喜欢的是哪一栋或哪一组？到了我这个年龄，"最"字当头的思维判断基本上消失了。最喜欢哪个作家？哪部作品？最厌恶什么？最恨什么？一"最"字当头，我就觉得无法回答。因为，在人生中接触过，被感染或被刺激的事物，太多了，难以用唯一的单数来凸现自己的判断。当然，这也不是说，陷入了相对主义，失却了做出明确判断的能力或勇气。我愿意陈述以"比较"打头的判断：比较喜欢什么？比较不喜欢什么？在长安街上，我比较欣赏的建筑，可以举出两个，一个是建于 20 世纪 50 年代末的民族文化宫，我以为它是摆脱了苏式建筑影响后，把时代气派和民族特色结合得接近完美的一座建筑；另一个是建国门外的长富宫饭店，前些时我还到古观象台上对它细细品位，觉得它的体量与线条比例相当和谐，而且它的美学手段不是炫耀的、喧闹的，而是含蓄的、宁静的，有一种"守身如玉"的，难得的矜持感，这样的作品所给予人的不仅是视觉上的美感，而且能引出心灵上的感悟；可惜一般人似乎都还不能静下心来欣赏它，以及像它一样"内秀"的建筑。至于我比较不喜欢的，有长安俱乐部、东单体育场新楼等，它们不仅缺乏独创性，而且显得"辞藻堆砌"。当然我这只是一家之言，聊供参考吧。

建筑评论成了我的新乐趣，但我意识到，搞建筑评论应该特别小心。建筑作品以及环境配置，和我们写小说不一样，那是一种牵扯到许多人，许多道工序，许多复杂因素的大型、耐用，并且一旦建成，便难以改动的人文景观。当然，对之进行直言不讳的评论，是非常需要的。我国的建筑评论实在不够发达，在建筑界内部的专业性评论，又很难在一般民众中产生影响，所以，应当鼓励民间评论，即专业圈子以外的，来自一般民众的评论；我的有关言论，便是民间评论的一种吧。没有想到的是，我的一些关于建筑和环境的文章，引出了建筑界专业人士的重视，这是对我的鼓励。我今后还会保持自己对建筑和环境的关注，会继续发出声音。

最近我与北京电视台合作，把建筑评论搬上了荧屏。北京电视台有个专门表现北京地域文化的板块《什刹海》，原来主要是介绍北京的文化传统，我多次与他们合作过，如参加关于讲述四合院文化的节目。他们节目组里的年轻编导感觉到光是介绍老传统旧东西跟不上时代了，就主动邀请我来搞一套专门评说北京近半个世纪以来，特别是改革开放以来修筑的新建筑的节目，节目名称就叫《刘心武话建筑》，每集五分半钟，由我出镜向观众评说北京的新建筑。已经拍竣了十集，并于 2001 年 8 月 4 日开播，每周播出一集。节目的宗旨可以用三句话概括：城市属于市民。城市建筑与市民生活息息相关。评说建筑，市民有责。我想充当的角色，好比桥梁，自己既是一个就城市建筑发言的市民，又是一个与建筑专业领域有良好关系的"票友"，试图把一般市民与建筑界沟通起来，引导一般市民学会欣赏建筑、表达对建筑的感受和意见，又把一般市民心中有却说不出或说不透的意见，较为清晰地传达给建筑界，也包括政府有关职能部门。这当然是个尝试，究竟效果如何，还要等一段时间才能显现。

附录
刘心武文学活动大事记

1942年

6月4日生于四川省成都市育婴堂街。

后在重庆度过童年。

父母兄姊均热爱文学艺术，深受家庭熏陶。

1950年

随父母迁居北京，从此定居北京。

在隆福寺小学上小学，在北京二十一中上初中。

1958年

在北京六十五中上高中。

给若干报刊投稿，屡被退稿。

8月，在《读书》杂志发表《谈〈第四十一〉》一文，是投稿第一次成功。

1959年

在《北京晚报》"五色土"副刊陆续发表一些儿童诗、小小说。

为中央人民广播电台少儿部《小喇叭》（对学龄前儿童广播）编写若干

节目；其中快板剧《咕咚》经编辑加工、录制后大受欢迎；"文革"中录音带被销毁；1991 年重新录制播出。

1961年

毕业于北京师范专科学校，分配到北京十三中任教。

至"文革"前，在《北京晚报》《中国青年报》《人民日报》《光明日报》《大公报》《北京日报》《体育报》《儿童时代》《大众电影》等报刊上发表了约 70 篇小小说、散文、杂文、评论等文章。

1966年—1976年

"文革"中，因 1964 年曾发表过一篇关于京剧的文章，被以"反江青"罪名冲击。

1974 年后再试写作，曾写一关于"教育革命"的长篇小说，由出版社联系获准脱产修改，但终未达到当时出版要求。

1976年

写出一个大院里孩子们同坏蛋斗争的中篇小说《睁大你的眼睛》并得以出版（北京人民出版社）。

按照当时政治要求写出一些短篇小说、散文，有的到次年才收入多人合集中出版。

调到北京人民出版社（后恢复"文革"前社名：北京出版社）文艺编辑室当编辑。

1977年

11 月，在《人民文学》杂志发表短篇小说《班主任》，产生重大影响——被认为是"伤痕文学"的开山作，也是"新时期文学"的发端；从此成名。

从《班主任》后，写作冲破懵懂，沿着认定的方向跋涉，穿越风云，锲而不舍。

1978年

参加《十月》杂志（开始以丛书名义出版）创刊工作，在创刊号上发表短篇小说《爱情的位置》，经转载和广播，影响巨大。

在《中国青年》杂志上发表短篇小说《醒来吧，弟弟》，反应亦极强烈。

《班主任》《爱情的位置》《醒来吧，弟弟》均被改编为广播剧，由中央人民广播电台多次广播，《醒来吧，弟弟》被搬上话剧舞台；此年发表的短篇小说《穿米黄色大衣的青年》亦由电台播出。

1979年

在首届全国优秀短篇小说评奖中《班主任》获第一名。颁奖会上，从茅盾先生手中接过奖状。

参加中国作家协会第三次全国代表大会，被选为中国作家协会理事。

成为中华全国青年联合会常务委员，至1993年卸任。

9月，参加中国作家代表团访问罗马尼亚，此系"文革"后第一个作家出访团。

在《人民文学》杂志发表短篇小说《我爱每一片绿叶》，写作技巧有长足进步。

1980年

调至北京市文联当专业作家。

《我爱每一片绿叶》获1979年全国优秀短篇小说奖。

《看不见的朋友》获1954—1979年第二届全国少年儿童文学创作奖。

在《十月》杂志发表中篇小说《如意》，其弘扬人道主义的追求引起争议。

出版《刘心武短篇小说选》（北京出版社）。

1981年

在《十月》杂志发表中篇小说《立体交叉桥》，引起更大争议，一些评论家认为"调子低沉"是步入了写作上的歧途,另有评论家则认为此作标志着刘心武的小说创作在反映现实、探索人性及艺术功力上均达到了新的水平。

5月,应日本文艺春秋社邀请访问日本。

1982年

应导演黄建中之请,改编《如意》;北京电影制片厂拍成彩色艺术片《如意》。

1983年

11月,参加中国电影代表团赴法国,在南特"三大洲电影节"上,《如意》在开幕式上放映,获好评;后陆续在法国、西德电视台播出。

1984年

冬,应邀访问西德,参加"中德大学生会见活动",并在波恩大学、波鸿大学与威尔兹堡大学介绍中国当代文学。

年底,参加中国作家协会第四次全国代表大会,再次当选为理事。

在《当代》文学双月刊第5、6期连载长篇小说《钟鼓楼》。

1985年

出版长篇小说《钟鼓楼》(人民文学出版社),并获第二届茅盾文学奖。

因《钟鼓楼》获北京市政府嘉奖。

7月,在《人民文学》杂志发表纪实小说《5·19长镜头》,反响强烈。

11月,又在《人民文学》杂志发表纪实小说《公共汽车咏叹调》,引起轰动。

1986年

年初,应当代文艺出版社邀请访问香港。

6月,调中国作家协会《人民文学》杂志社,任常务副主编。

在《收获》杂志设《私人照相簿》专栏,进行图文交融的文本尝试。

散文集《垂柳集》出版,冰心为之作序。

1987年

1月，被任命为《人民文学》杂志主编。

2月，《人民文学》杂志1、2期合刊发表马建写的小说《亮出你的舌苔或空空荡荡》违反民族政策，承担责任，停职检查。

9月，复职。

冬，应邀赴美国访问。参观《美洲华侨日报》；在哥伦比亚大学，三一学院，哈佛大学，麻省理工学院，康奈尔大学，芝加哥大学，旧金山大学，史坦福大学，加州大学伯克利分校、洛杉矶分校、圣迭戈分校等处演讲，介绍中国当代文学，并参观耶鲁大学；参加爱荷华大学"作家写作中心"的纪念活动；游览华盛顿等地。

1988年

3月，应香港《大公报》邀请，赴香港参加五十周年报庆活动；在《大公报》安排的大型报告会上作关于改革开放与文学创作的报告。

5月，应法国文化部邀请，参加中国作家代表团访问法国，除在巴黎活动外，还访问了西部港口城市圣·拉扎尔。

《私人照相簿》在香港出版（南粤出版社）。

《我可不怕十三岁》获1980—1985年全国优秀儿童文学奖。

以上数年中，若干小说、散文还分别获得过《当代》《十月》《小说月报》《小说选刊》《中篇小说选刊》《儿童文学》《北方文学》等杂志，《人民日报》《文汇报》等报纸副刊的奖；拍成电视剧播出的有《没工夫叹息》《熄灭》（电视剧名《火苗》）《今夏流行明黄色》《到远处去发信》《非重点》《公共汽车咏叹调》和八集连续剧《钟鼓楼》；若干作品被英国、美国、西德、苏联、日本、法国、意大利、瑞士、瑞典等国翻译为英、德、俄、日、法、意、瑞典等文字出版；自1987年起被世界上有威望的英国欧罗巴出版社《世界名人录》收入辞条。

1989年

春，应香港中文大学翻译中心邀请，与妻子吕晓歌赴香港访问。

1990年

3月，以任届期满，免去《人民文学》杂志主编职务。

香港中文大学翻译中心编译的英文小说集《黑墙与其他故事》出版。

秋，以"鱼山"笔名在《钟山》杂志发表中篇小说《曹叔》。

1991年

出版小说集《一窗灯火》。

除小说外，开始发表大量散文、随笔。

1992年

长篇小说《风过耳》在内地（中国青年出版社）、香港（勤＋缘出版社）分别出版，反响颇为强烈。

长篇小说《四牌楼》完稿，交上海文艺出版社出版。

《献给命运的紫罗兰——刘心武谈生存智慧》由上海人民出版社出版，受到读者欢迎。

在《收获》杂志发表中篇小说《小墩子》，后由中国电视剧制作中心改编拍摄为电视连续剧。

至该年，在海内外出版的个人专著按不同版本计已达43种。

在《红楼梦学刊》1992年第二辑上发表论文《秦可卿出身未必寒微》，在"红学"界和读者中均引起注意；另有若干《红楼梦》人物论和《红楼边角》专栏文章发表。

冬，应瑞典学院邀请（斯堪的纳维亚航空公司赞助）赴北欧访问；在挪威奥斯陆大学、瑞典斯德哥尔摩大学和隆德大学、丹麦哥本哈根大学和奥胡斯大学的东亚系汉学专业以《九十年代初的中国小说》为题作学术报告；12月7日，参加诺贝尔文学奖有关活动,听1992年得主德里克·沃尔科特发表受奖演说。

1993年

华艺出版社出版《刘心武文集》(1—8卷)。

出版长篇小说《四牌楼》。

1994年

1月,应台湾《中国时报》邀请赴台参加"两岸三地文学研讨会"。

《四牌楼》获上海优秀长篇小说大奖,到沪领奖。

1995年

出版随笔集《人生非梦总难醒》(上海人民出版社)。

出版小说集《仙人承露盘》(华艺出版社)。

1996年

出版长篇小说《栖凤楼》(人民文学出版社)。至此,由《钟鼓楼》《四牌楼》《栖凤楼》构成的"三楼"长篇小说系列竣工。

应《南洋商报》邀请赴马来西亚访问并顺访新加坡。

1997年

应日本国际交流基金会邀请,与妻子吕晓歌访问日本。长篇小说《钟鼓楼》、儿童文学作品《我是你的朋友》、短篇小说《王府井万花筒》等此前已相继译为日文在日本出版。

1998年

建筑评论集《我眼中的建筑与环境》由中国建筑工业出版社出版,在建筑界产生影响。

应美国科罗拉多大学邀请,赴美参加金庸作品国际研讨会,在会上提交关于《鹿鼎记》的论文《失父：一种生存困境》。

1999年

出版纪实性长篇小说《树与林同在》（山东画报出版社）。

出版《红楼三钗之谜》（华艺出版社）。

赴新加坡出席国际环境文学研讨会。

2000年

应邀访问法国，并应英中协会和伦敦大学邀请，从巴黎赴伦敦讲《红楼梦》。

至此年底在海内外出版的个人专著（不含文集）按不同版本计达 101 种。

2001年

出版包含建筑评论的随笔集《从忧郁中升华》（文汇出版社）。

在北京电视台录制播出《刘心武谈建筑》系列节目。

2002年

出版小说集《京漂女》（中国文联出版社），自绘插图。

应澳大利亚雪梨华文写作协会邀请赴澳大利亚访问。

2003年

以马来西亚《星洲日报》世界华人文学"花踪奖"评委身份赴吉隆坡参加相关活动。

台湾联经出版社出版小说集《人面鱼》。此前台湾已出版过刘心武多种作品，如皇冠出版社出版了《钟鼓楼》，幼狮文化事业公司出版了《四牌楼》《为他人默默许愿》（散文集）。

2004年

赴法参加巴黎书展活动。书展上展出了译为法文的著作有小说《树与林同在》《护城河边的灰姑娘》《尘与汗》《人面鱼》《如意》与歌剧剧本《老舍之死》。

建筑评论集《材质之美》由中国建材工业出版社出版。

小说集《站冰》出版（人民文学出版社），自绘封面插图。

2005年

出版集历年研红成果的《红楼望月》（书海出版社）。

应CCTV-10（中央电视台科学教育频道）《百家讲坛》邀请，录制播出《刘心武揭秘〈红楼梦〉》系列节目23集，反响强烈，引起争议。

《刘心武揭秘〈红楼梦〉》第一、二部相继出版（东方出版社），畅销。

2006年

应美国华美协会邀请，赴纽约在哥伦比亚大学讲《红楼梦》。

应邀参加香港书展。

出版《刘心武揭秘古本〈红楼梦〉》（人民出版社）。

2007年

继续应邀到CCTV-10《百家讲坛》录制节目，并出版《刘心武揭秘〈红楼梦〉》第三部、第四部（东方出版社）。

访问俄罗斯。

2008年

出版随笔集《健康携梦人》（中国海关出版社）。

自1986年出版《垂柳集》，至此所出版的散文随笔集已逾三十种。

2009年

在《上海文学》杂志开《十二幅画》专栏，每期发表一篇写人物命运的大散文，并配发自己的画作。

4月，妻子吕晓歌病逝，著长文《那边多美呀！》悼念。

2010年

再应CCTV-10《百家讲坛》邀请，录制播出《〈红楼梦〉的真故事》系列节目。至此在《百家讲坛》录制播出关于《红楼梦》的个人系列讲座累计达61集。

出版《〈红楼梦〉的真故事》（凤凰联动·江苏人民出版社），在争议声中畅销。

4月，应台湾新地文学社邀请赴台参加"21世纪世界华文文学高峰会议"。

出版《命中相遇——刘心武话里有画》（上海文艺出版社）。

加快《刘心武续〈红楼梦〉》的写作。

至本年底，在海内外出版的个人专著，《文集》不算在内，重印亦不算，按不同版本计达182种（按不同书名计则为141种）。

年底，筹备编辑《刘心武文存》。

2011年

由江苏人民出版社出版《刘心武续〈红楼梦〉》。

至2011年底在海内外出版的个人专著以不同版本计达193种（《刘心武文集》不计算在内）。

2012年

江苏人民出版社出版散文集《人生有信》。

漓江出版社出版《刘心武评点〈金瓶梅〉》。

法国伽里玛出版社出版《尘与汗》《护城河边的灰姑娘》法译版的袖珍本。

江苏人民出版社出版《刘心武文存》40卷，收录1958年至2010年所能搜集到的全部公开发表过的作品。

2013年

漓江出版社出版散文集《空间感》。

2014年

漓江出版社出版长篇小说《飘窗》。

台湾学生书局出版宣纸线装本《刘心武评点全本金瓶梅词话》。

人民文学出版社出版"刘心武长篇小说系列"包括《钟鼓楼》《四牌楼》《栖凤楼》《风过耳》《刘心武续〈红楼梦〉》（修订版）五部作品。

2015年

漓江出版社出版《跨世纪的文化瞭望——刘心武张颐武对谈录》增订版。

至此年4月，不算《刘心武文集》《刘心武文存》，以单本著作计，已达227种，再剔除同一书名的不同版本，则有160种。

漓江出版社出版自2013年以来未入集的作品汇编《润》。

2016年

出版《刘心武文粹》26卷。

图书在版编目（CIP）数据

刘心武建筑评论大观 ／ 刘心武著 . — 南京 ：译林出版社，2016.3
（刘心武文粹）
ISBN 978-7-5447-6146-8

Ⅰ . ①刘… Ⅱ . ①刘… Ⅲ . ①建筑艺术－艺术评论－中国
Ⅳ . ① TU-862

中国版本图书馆 CIP 数据核字 (2016) 第 013286 号

书　　　名	刘心武建筑评论大观	
作　　　者	刘心武	
责任编辑	王振华	
特约编辑	赵　欢	
出版发行	凤凰出版传媒股份有限公司	
	译林出版社	
出版社地址	南京市湖南路 1 号 A 楼，邮编：210009	
电子邮箱	yilin@yilin.com	
出版社网址	http://www.yilin.com	
印　　　刷	三河市冀华印务有限公司	
开　　　本	710×1000 毫米　1/16	
印　　　张	29.25	
字　　　数	286 千字	
版　　　次	2016 年 3 月第 1 版　2016 年 3 月第 1 次印刷	
书　　　号	ISBN 978-7-5447-6146-8	
定　　　价	42.80 元	

译林版图书若有印装错误可向承印厂调换